上海三联人文经典书库

上海三联人文经典书库

97

自然史

[古罗马]普林尼 著

李铁匠 译

NATURAL HISTORY

上海三联书店

“十三五”国家重点图书出版规划项目
国家出版基金资助项目
北京师范大学历史学院“985 工程”资助项目
“上海市千人计划古典文明系列研究”资助项目

总　序

陈　恒

自百余年前中国学术开始现代转型以来，我国人文社会科学研究历经几代学者不懈努力已取得了可观成就。学术翻译在其中功不可没，严复的开创之功自不必多说，民国时期译介的西方学术著作更大大促进了汉语学术的发展，有助于我国学人开眼看世界，知外域除坚船利器外尚有学问典章可资引进。20世纪80年代以来，中国学术界又开始了一轮至今势头不衰的引介国外学术著作之浪潮，这对中国知识界学术思想的积累和发展乃至对中国社会进步所起到的推动作用，可谓有目共睹。新一轮西学东渐的同时，中国学者在某些领域也进行了开创性研究，出版了不少重要的论著，发表了不少有价值的论文。借此如株苗之嫁接，已生成糅合东西学术精义的果实。我们有充分的理由企盼着，既有着自身深厚的民族传统为根基、呈现出鲜明的本土问题意识，又吸纳了国际学术界多方面成果的学术研究，将会日益滋长繁荣起来。

值得注意的是，20世纪80年代以降，西方学术界自身的转型也越来越改变了其传统的学术形态和研究方法，学术史、科学史、考古史、宗教史、性别史、哲学史、艺术史、人类学、语言学、社会学、民俗学等学科的研究日益繁荣。研究方法、手段、内容日新月异，这些领域的变化在很大程度上改变了整个人文社会科学的面貌，也极大地影响了近年来中国学术界的学术取向。不同学科的学者出于深化各自专业研究的需要，对其他学科知识的渴求也越来越迫切，以求能开阔视野，迸发出学术灵感、思想火花。近年来，我们与国外学术界的交往日渐增强，合格的学术翻译队伍也日益扩大，同时我们也深信，学术垃圾的泛滥只是当今学术生产面相之一隅，高质量、原创作的学术著作也在当今的学术中坚和默坐书斋的读书种子中不断产生。然囿于种种原因，人文社会科学各学科的发展并不平衡，学术出版方面也有畸轻畸重的情形（比如国内还鲜有把国人在海外获得博士学位的优秀论文系统地引介到学术界）。

有鉴于此，我们计划组织出版"上海三联人文经典书库"，将从译介西学成果、推出原创精品、整理已有典籍三方面展开。译介西学成果拟从西方近现代经典（自文艺复兴以来，但以二战前后的西学著作为主）、西方古代经典（文艺复兴前的西方原典）两方面着手；原创精品取"汉语思想系列"为范畴，不断向学术界推出汉语世界精品力作；整理已有典籍则以民国时期的翻译著作为主。现阶段我们拟从历史、考古、宗教、哲学、艺术等领域着手，在上述三个方面对学术宝库进行挖掘，从而为人文社会科学的发展作出一些贡献，以求为21世纪中国的学术大厦添一砖一瓦。

目 录

汉译者前言

本书作者普林尼全名为盖尤斯·普林尼·塞孔杜斯(拉丁语为Gaius Plinius Secundus),后世为了将其与养子盖尤斯·普林尼·凯西利乌斯·塞孔杜斯(Gaius Plinius Caecilius Secundus)相区别,将其称为老普林尼,而将其养子称为小普林尼。

关于普林尼出生的时间,不同学者有不同说法,现代学者将其出生的时间定为公元23年或24年,[①]这个时间是根据小普林尼说老普林尼去世的时候享年56岁推断出来的。[②] 他的去世时间则是明确的,即公元79年8月25日。他的故乡是意大利波河以北、古代山南高卢的新科莫城(Novum Comum,今意大利北部科莫市)。关于其家庭的情况,我们知道他出生在一个富裕的罗马骑士等级家庭,这个等级属于仅次于元老贵族的统治等级,也知道其父母和妹妹的名字。

生平和著作

普林尼大概是12岁时来到罗马接受教育。他学习过语法、雄辩和法律。但是他的正规教育,开始于他家的世交、政治家、诗人帕布利乌斯·庞波尼乌斯·塞孔杜斯(Publius Pomponius

① 《简明不列颠百科全书·老普林尼》:中国大百科全书出版社,1986,6—549。

② 小普林尼:《书信集》,第三卷,5;转引自李雅书选译《罗马帝国时期(上)》,商务印书馆,1985,第177页。

Secundus)，此人和罗马上层联系广泛。普林尼说他曾经见过罗马著名人物马可·塞维利乌斯·诺尼亚努斯(Marcus Servilius Nonianus)。[③] 在22岁的时候，他还游历过阿非利加、埃及和希腊地区。

公元46年，普林尼23岁。他像当时很多骑士等级家庭出身的青年一样，选择了从军报效国家。他最初是在下日耳曼地区，参与了一系列镇压当地居民起义的战争，担任过步兵和骑兵的指挥官；然后他又转战上日耳曼，在他的老师和庇护者庞波尼乌斯手下服役。公元51—52年随老师一道回到罗马。公元57—58年重新回到日耳曼。在这里，他与罗马未来的皇帝韦斯帕芗(Vespasian)之子提图斯(Titus)在一起服役，并且有一定的私交。因此，《自然史》也就顺理成章地献给了提图斯，有人认为这个提图斯就是韦斯帕芗本人。这是因为韦斯帕芗父子的名字相同。不过，由于书中提到提图斯的兄弟，提到他们"伟大的"父亲，这证明普林尼所说的提图斯不是韦斯帕芗，而是韦斯帕芗之子提图斯。学者们根据普林尼的颂词提到提图斯曾经6次担任执政官，推断《自然史》完成的时间应当是在公元77年。[④]

公元59年，他回到罗马，此后有段时间似乎远离了政治活动，从事律师工作，同时写了许多著作。公元69年，韦斯帕芗成为罗马帝国皇帝，普林尼应召为国效力。从公元69—79年，他担任过许多重要职务，但详细情况不甚清楚。据小普林尼说，他的舅父在公元73—74年担任过西班牙的财务长官。普林尼传记的作者苏维托尼乌斯(Suetonius)担任过几个重要的官职[⑤]。还有人罗列出普林尼所担任过的官职，如纳博尼西斯高卢(今法国南部)、阿非利加、塔拉科西斯西班牙、比利时高卢的财政长官。这些职务使普林尼有机会亲眼观察帝国各地的实际情况，这对于写作《自然史》具有重要的意义。普林尼担任的最后一个

---

③ 普林尼：《自然史》，xxviii，29。

④ The New Encyclopaedia Britannica，14(15ed)，1977，p. 527；Beagon，Mary. The Elder Pliny on the human animal，Natural History Book，7. Oxford，University prees，2005，p. 7.

⑤ 见小普林尼前揭书，第178页；苏维托尼乌斯(著)张竹明等(译)：《罗马十二帝王传附名人传·老普林尼》，商务印书馆，1995，第382页。

职务是以米塞努姆(Misenum)为基地的罗马海军舰队指挥官。[⑥] 这个基地位于那不勒斯湾,距离维苏威火山不远。公元79年8月24日,维苏威火山发生了大规模的爆发。就是这场大灾难,毁灭了著名的庞培(Pompeii)和赫库兰尼姆(Herculaneum)古城。为了近距离观察火山爆发的情况,同时也为了救助自己的朋友,普林尼乘船赶往火山爆发的附近地区。他在庞培城附近的斯台比亚(Stabiae)登陆,安抚受灾群众。由于等待海上的风向转变,在火山爆发地区停留时间过长,他在25日窒息而死,结束了自己的一生。从某种程度上来说,可以说他是为了科学事业而牺牲的。但实际上他患有某些疾病,如小普林尼在致友人塔西佗(Tacitus)的信中就说"他的呼吸系统本来就脆弱多病,而且当时正因感冒发炎"[⑦]。现在一般认为他患有气喘病,这种病是不适合在火山爆发地区活动的。

普林尼一生共有7种著作。依照时间先后,大致排列如下:

1 *De iaculatine equstri*,《论骑兵投掷标枪》,1卷;

2 *De vita Pomponii Secundi*,《庞波尼乌斯传》,2卷;

3 *Bellorum Germaniae*,《日耳曼战争史》20卷;以上著作都是在公元62—66年之间写成,庞波尼乌斯自从回到罗马之后就不再有任何消息,因此学者们推断普林尼为他立传的时候,庞波尼乌斯已经去世了。《日耳曼战争史》是塔西佗《编年史》前6卷的主要资料来源。

4 *Studiosi*,《演说术》,也有人称为 *Ares Grammatica*, 3卷;

5 *Dubii Sermonis*,《语义双关的词汇》,8卷;以上两书是公元67—68年之间写成的。

6 *A fine Aufridi Bassi*,《续阿乌菲迪斯·巴苏斯史》31卷,完成于公元70—76年。该书风格曾经为普鲁塔克所模仿。以上6种著作,现在均已不存,只有古代作家的书信偶尔提到,才使我们知道这些著作的存在。

7 *Historia Naturalis*,《自然史》,我国过去又译作《博物志》。这

---

⑥ 见苏维托尼乌斯前揭书,382—383页。

⑦ 见小普林尼前揭书,第169—172页。

是因为我国旧时把动物、植物、矿物和生理学总称为博物学的缘故，而《自然史》就是这样一本包罗万象的博学著作。《自然史》是普林尼保存至今的唯一著作，也是使他千古流芳、名垂青史的巨著。除了上述著作之外，普林尼还有一些私人文牍，不过，这些东西后来也遗失了。下面，我们就来简单地介绍一下这部著作。

古代百科知识的巨著

一般人以为《自然史》是一部自然科学巨著，实际上，普林尼本人认为它只是“参考书而不是专著”[⑧]，“是希腊人所谓‘全面教育’的组成部分”[⑨]。这种所谓的全面教育(*enkyklios paideia*)发生在专业的、深入的研究之前，后世的百科全书一词就产生于此。所以，也有很多学者把此书称为百科全书，把普林尼本人称为百科全书式的作家。其实，《自然史》并不是现代意义上的百科全书。如果我们按照古希腊语“史”字的本意，把希罗多德的《历史》理解为当时希腊人所知道的故事，那么《自然史》实际上就是当时罗马知识界对自然界各种事物的记载而已。学术界把他称为百科全书式的作家，实际上是为了表达对这位伟大学者的尊敬，就像古人把善于讲故事的希罗多德尊称为“历史之父”是一样的道理。

普林尼为什么要写这样一本百科全书式的著作？一般认为，作者创作目的是为了歌颂罗马帝国，这一点是肯定无疑的。在阶级社会，每个统治阶级都需要有知识分子为自己歌功颂德，每个知识分子都必须为统治阶级歌功颂德。越是赞歌唱得美妙的知识分子，则越能取得高位，否则就难以在社会之中生存下去，更不要想出人头地。在《自然史》的前言和正文之中，我们就可以看到许多歌颂罗马皇帝和意大利的词章。[⑩] 但是，我们从普林尼的自述之中，也可以看到其内心似乎充满了

---

⑧ 普林尼：《自然史》前言，17。

⑨ 普林尼：《自然史》前言，14。

⑩ 普林尼：《自然史》前言，18、xxxvii，201。

一种知识精英所谓的社会责任感，认为能够为他人提供帮助，为民族、为国家尽力是一种幸福，[11]而他认为自己从事《自然史》研究，就是这样一种工作。

根据普林尼自己所说，他创作《自然史》的初衷只是“为了大众、为了一帮农夫和工匠，还有那些有闲暇从事这种消遣的人写的”[12]。不过，有人认为这是一种虚伪的说法。例如，俄国学者斯塔罗金(Старостин)就认为这本书是为了罗马军官而写，他“所关注的中心问题是军队的给养和日用品的保障”[13]。但是，我们从本书之中可以看到，作为一位斯多葛派学者(Stoics)，普林尼更重视人类日常生活之中所遇到的许多重要问题，重视把古代的科学技术与生产实践结合在一起，重视建立人与大自然的正确关系。

《自然史》是从什么时候开始写的，这一点普林尼没有明说。他在前言之中只是说到当他开始从事这部著作的时候，提图斯尚未运交华盖。[14] 这个时间就很早了，我们可以把它推断为公元58年普林尼与提图斯初识到公元69年韦斯帕芗担任皇帝之前，而且可以把它推断在这个时期的后期。这大概是普林尼为写作而收集资料的阶段。

《自然史》收集的资料是非常广泛的。根据普林尼自己在前言之中所说，他从100位学者的2000种著作之中，引用资料达20000条之多。[15] 而根据后代学者的研究，普林尼引用的学者共达473位之多(其中罗马学者146人，外族学者327人)，引用的资料达34707条之多。如果每条资料以100字计算，这也是一部大得吓人的著作。

《自然史》引用学者的职业包括各个领域的专家，如天文学家、地理学家、农业学家、历史学家和百科全书作者等；统治阶级上层人物，如罗马高级官吏、行省总督、军官、骑士和罗马附属国的国王；还有各地居

---

[11] 普林尼：《自然史》前言，6。

[12] 普林尼：《自然史》前言，11。

[13] Старостин Б. А. Пословие Ко II Книге Естественной истормй Полмний Старшего.. Архив истории，науки и техники，-Вып. 3. -Москва，Наука，2007，С. 367.

[14] 普林尼：《自然史》前言，6。

[15] 普林尼：《自然史》前言，17。

民、探险者，遍及三教九流。除此之外，他“还增加了许多前辈所不知道的事例，或者是后来从我个人经历之中发现的事例”[16]。普林尼为此书收集的资料达160余卷。其中很多当年他使用过的书籍后来都失传了，只是依赖《自然史》的摘录，人们才知道这些书籍的内容。所以，《自然史》对保存古代文献也作出了重要贡献。

根据他所引用的资料来源之广，我们可以说，《自然史》不仅是罗马的，而且是整个古典世界文化的遗产。不过，根据外国学者对《自然史》各卷引用资料出处的说明，笔者发现其主要资料来源不超过30位作者，[17]其余大多数作者只是一笔带过。普林尼在收集资料的时候，使用了两名奴隶为他读书和摘录资料。

普林尼把上述资料汇编成书大概是在公元69—77年之间，即韦斯帕芗担任罗马皇帝之后。这样才符合他在献词之所说的，他是在公务之余，在晚上从事研究。“我把白天献给了你，我一直以来可以指望的是正常的必须睡眠时间。”[18]因为在这之前，他没有担任公职，而是在从事律师工作。

《自然史》虽然引用了大量外族学者的著作，但它是以罗马人的民族语言——拉丁语——写成的第一部巨著，也是保存至今最长的拉丁语文献。它是罗马从共和制向帝制过渡之后，罗马国民作为世界征服者的意识在科技文化方面的反映。从此以后，拉丁语文献开始登上了世界历史的舞台，成了西方各族文化交流的重要工具。

《自然史》全书共37卷(book)。第1卷虽然排列在最前面，但从内容上判断其成篇是在其他各卷之后，因为其中包括全书所引用的作者名单，这个名单只有在全书完成之后才有可能列出。第1卷内容包括献给提图斯的献词，全书目录和引用作者的名单。在英译本和俄译本之中，献词现在被单独列为一卷，称为前言；目录与现代出版的书籍一样，置于正文之前。引用作者名单则被分置于各卷加以介绍。

---

⑯ 普林尼：《自然史》前言，17。

⑰ 见俄文版维基百科《普林尼》条目。

⑱ 普林尼：《自然史》前言，18。

《自然史》第2—37卷,可以说是《自然史》的正文。在英译本的全译本之中,《自然史》被分成10册(volum),各卷按照顺序排列,内部再划分为章;在一些节译本之中,有学者根据各卷内容,将其分成几个不同的专题。例如,有人把它分成无呼吸的物质(2—6卷、33—37卷)、动物(7—11卷)、植物(12—19、20—27卷)和动物药物(28—32卷),总共6个专题;除此之外,还有其他不同划分方法。根据第1卷内容推断,《自然史》原书只有卷名,其余则是后代学者加上去的。例如,英译本《自然史》有卷章名,而俄译本的节译本《自然史》只有卷名,没有章名。

不像斯特拉博的《地理学》,普林尼的《自然史》从问世之后就一直受到学术界的关注。公元2世纪即有百科全书对其进行了简明扼要的复述。中世纪时期,它出乎意料地受到了基督教会和人文主义者双方的赞扬,被视为知识的源泉。普林尼也因此被称为拉丁人的亚里士多德和提奥弗拉斯图斯。[19] 在这个时期,《自然史》约有200个重要版本的抄本。从12世纪开始,《自然史》开始被译成英文出版。文艺复兴时期的语言大师彼特拉克(Petrarch)等人曾经研究并且修订过《自然史》抄本之中的许多错误。但是由于该书篇幅过大,只能在学者圈之中传播。15世纪后期,威尼斯和罗马出版了《自然史》。据学者统计,到15世纪末,出版了14个不同版本的《自然史》。16世纪,开始有了第一个意大利文版的《自然史》。随后又出现了法文和英文译本。到20世纪初,西方至少出版了222种《自然史》译本、42种节译本和62种评点本。可以说,在古典著作之中像《自然史》这样受到重视的作品是非常罕见的。

在已经出版的《自然史》译本之中,有几个完整的英译本和一个近似完整的法译本。现在学术界使用的大多是英国在19世纪末期——20世纪初期出版的《洛布丛书》10卷本《自然史》,[20]这是一个拉丁文原

---

[19] 见俄文版维基百科《普林尼》条目。

[20] The Natural History of Pliny, translated by the late John Bostock, M. D., F. R. S., And H. T. Riley B. A., George Bell & Sons, York ST., Covent Garden, And New York 1890/1893.

文与英译文对照的本子。很多其他文字的译本都是据此译出。本书也是根据《洛布丛书》的英译本译出。沙俄时期没有《自然史》完整的译本,只出版过一个节译本。苏联时期发表过一些有关《自然史》的零星译文。苏联解体之后,俄国学者对《自然史》的研究有了进一步发展,出版了许多有关论文和书籍。进入新世纪之后,有人把这些学者散见于各种论文和书籍之中的译文搜集在一起,编成了一个电子版的《自然史》节译本。[21] 这个电子版的节译本,依据的也是《洛布丛书》的英译本。从这个译本之中,我们可以看到俄国学者现在的研究情况比苏联时期有了很大的进步。

我国在“文革”之前,由于受极“左”政治思潮的严重干扰,研究古代希腊罗马成为禁区。学术界很少有人触及《自然史》,更谈不上什么研究。直到最近几年,才有人开始从事这方面的研究工作。笔者相信,随着我国社会经济和文化的不断的发展,我国学者对《自然史》的研究也将越来越深入。

作为古代罗马帝国时期的皇皇巨著,几百年来西方学者已经给它许多非常客观而中肯的评价。首先,学者们肯定《自然史》作为一部“全面教育”著作,是后世西方百科全书的样板;其次,普林尼在《自然史》之中新创了许多术语和名词,又从希腊文献之中借用了许多词汇,大大地丰富了拉丁语的词汇,对于后来拉丁语成为欧洲学术界通用语言起了很大作用;第三,在中世纪前期和近代,宗教界和学术界把《自然史》当成是自然科学权威著作,只能说明那个时期知识界水平低下。因为普林尼本人从来就没有说过自己的著作是自然科学的著作,这属于后人对前人的误读。像文艺复兴时期意大利人文主义者尼科洛·列奥尼契诺对《自然史》的批评就是这样。在19—20世纪初,还有人甚至把《自然史》称为“长嘴婆无聊的笑话和故事集”[22]。这就不仅是误读,而且是

㉑ Плиний Старший, Естественная История. 见 yandekc. ru。

㉒ Литичевский Г. С, Природа моря в натурфилософских предствлений Плиний Ствршегего.. АрХИВ историинауки и техники, -Вып. 1. -Москва, Наука, 199, С. 191ю.

十足的无知。

《自然史》虽然不是严格意义上的自然科学著作，但保存了古代欧洲直至公元1世纪初期的自然科学知识，对于我们研究欧洲古代自然科学历史，仍然具有无可替代的作用。这里，我们只能举一些例子加以说明。

例如，在《自然史》有关罗马帝国农业生产的记载之中，普林尼提到了农民在收获季节使用了一种收割机器，过去有人对此表示怀疑，但后来在欧洲古代壁画之中发现了这种实物的图案，才使人相信普林尼的记载是确实的。[23]

再如，在《自然史》第13卷之中，普林尼细细地介绍了埃及和罗马的造纸技术。埃及造纸的历史非常悠久，保存至今的纸莎草文献最早可以追溯中王国时期，即公元前3千纪到公元前16世纪之间。[24] 罗马帝国时期，埃及造纸技术传入罗马后，有了很大的改进，可以生产出各种规格的高级纸张，供给罗马上层分子使用。遗憾的是埃及与罗马的造纸技术后来不但没有得到进一步发展，有些先进的技术反而失传了。[25]

在《自然史》之中，普林尼细细地介绍了西方的栽培植物和由植物之中提取的药物。他在本书中提到了不下百种治疗常见病的植物及其药用功能与治疗效果，还介绍了许多希腊罗马著名的医生。[26] 如果对西方草药感兴趣的读者，把西方与中国如何使用草药治病做一番比较，一定可以大有所收获。笔者注意到其中有一种植物曾经给中国造成了巨大的危害，但在罗马作为镇痛剂、麻醉剂和治疗麻风病的药物，虽然引起了社会争论，却仍然被允许继续使用，这就是罂粟(poppy)。[27] 从罗马皇帝戴克里先颁布的限制物价命令之中，我们知道当时罂粟籽的

---

[23] 普林尼：《自然史》，xviii，296。

[24] 苏联科学院主编：《世界通史》第一卷，三联书店，1959，第375页。

[25] 普林尼：《自然史》，xiii，68—89。

[26] 普林尼：《自然史》，xx-xxx。

[27] 普林尼：《自然史》，xx，198—202。

价格与三叶草籽、茴香籽、萝卜籽和芥籽等普通农产品价格相等。[28] 为什么它到了中国就成了洪水猛兽呢?

在《自然史》之中,普林尼还介绍了罗马的制盐业[29]、采矿业、金属冶炼[30]、青铜塑像合金的比例[31]、铁器的淬火技术[32]、著名建筑、雕刻、绘画、希腊罗马雕像的特点[33]、腓尼基染料[34]和玻璃[35]的制法等等。这些资料对于我们研究古代东西方科技文化和各个国家之间的文化交流史,都具有重要的意义。正因为如此,国外近代出版的《自然史》节译本,多偏重于科技文化发展方面。

丝绸之路研究的珍贵史料

对于今天的中国读者而言,普林尼《自然史》的意义还不仅于此。它是我们研究一带一路即陆上丝绸之路和海上丝绸之路的珍贵史料。

首先,《自然史》为我们提供了陆上丝绸之路中段与西段的重要资料,补充了我国古代史料记载的不足。

众所周知,“丝绸之路”(silk road)作为一个学术名词,是近代德国地理学家、地质学家李希霍芬教授(Ferdinand Paul Wilhelm Freherr von Richthofen, 1833—1905)在其著作《中国——我的旅行志研究》(3卷、1887年出版)中首先提出的。他在《中国地图集》(5卷、1885年出版)之中又提出了海上丝绸之路的说法。他的说法得到了另一位西方著名学者阿尔伯特·赫尔曼教授(Albert Herman,)的支持,并且将自己的一部著作题名为《中国和叙利亚之间的古代丝绸之路》(1910年

㉘ 巫宝三主编:《古代希腊罗马经济思想资料选辑》,商务印书馆,1990,第367页。

㉙ 普林尼:《自然史》,xxxi。

㉚ 普林尼:《自然史》,xxxiii。

㉛ 普林尼:《自然史》,xxxiv。

㉜ 普林尼:《自然史》,xxxiv, 144。

㉝ 普林尼:《自然史》,xxxv, xxxvi。

㉞ 普林尼:《自然史》,ix。

㉟ 普林尼:《自然史》,xxxvi, 190。

版）。但是，真正使丝绸之路的概念广为现代学术界接受，却是因为瑞典著名探险家斯文·赫定（Sven Anderes Hedin，1865—1952）于1936年发表的重要著作《丝绸之路》所产生的巨大影响。[36]

关于丝绸之路出现的时间，根据古代西域地区发现的实物，目前学术界倾向于认为丝绸之路出现的时间比后世文献资料记载的时间要早得多。[37] 一般认为，大约在2600年前左右，中国丝绸已经输出到了古代西域的吐鲁番境内。同时，国内学者们对于《穆天子传》，开始有了新的认识。[38]

在中国境外最早发现的丝绸，目前学术界讨论较多的是俄罗斯联邦阿尔泰山州乌拉干地区巴泽雷克（Pazyryk）墓葬群。其中第5号墓葬发现了中国的丝绸物品、漆器、伊朗风格的动物和骑士；第6号墓葬发现了中国式样的青铜镜。两座墓葬的年代确定为公元前4—前3世纪。这是当地与中国和伊朗进行奢侈品贸易的有力证据。因此，学术界认为中国的丝绸贸易，早期可能是通过比较靠北的道路——如阿尔泰的巴泽雷克——来进行的。[39] 王治来先生认为，巴泽雷克墓葬出土文物正好可以印证《穆天子传》有关战国时期东西方商路的实况，而且与希罗多德所说的斯基泰部落的情况相吻合。[40] 先秦时代中西商路可能是通过北方草原地区，即通过蒙古草原到西伯利亚草原，然后南去伊朗，西去俄罗斯草原。由于这条商路正好经过阿尔泰地区，因此在巴泽雷克地区才能发现那么多精美的中国丝绸、漆器和青铜镜。[41] 而根据美国学者乔格·比尔所说，中国丝绸早在先秦时代就已经到达了今德国的斯图加特（Stuttgart）。[42] 不过，这时控制着草原之路的还是匈奴，

---

[36] 斯文·赫定著，江红、李佩娟译，《丝绸之路》，新疆人民出版社，1997，代序，1，正文第212—213页。

[37] 《日知文集》，第4卷，高等教育出版社，2012，第263—267页。

[38] 王治来：《中亚史纲》，新疆人民出版社，1986，第47—55页。

[39] *The Cmbridge History of Iran*，1985，vol，3(I)，p. 539。中国学者对此叙述比较详细的有王治来前引书，第49—55页。

[40] 希罗多德著，王以铸译：《历史》，商务印书馆，2011，iv，13。

[41] 见王治来前揭书页。

[42] 见王治来前揭书，第55页注释1。

中国丝绸大概也是经匈奴转手运往西方其他国家。

古代西亚其他文明古国,在这个时期也留下了一些有关东西方交通的重要记载。例如,根据《圣经后典·多比传》记载,在亚述帝国时期,亚述都城尼尼微与和米底都城厄克巴丹就建立了稳定而长期的贸易联系,其主要经营者是被亚述国王强制迁移到尼尼微的以色列商人。他们作为亚述王室商人,在厄克巴丹建立了商站,而且贸易数额巨大。[43]《多比传》的记载,不能因为其是宗教文献就简单地加以否认。因为从古亚述王国起,亚述就有在古代东西方商路上建立商业殖民地的传统。[44] 在巴比伦时期,也有专门为王室服务的商人集团。[45] 阿契美尼德王朝大流士一世在《苏萨宫廷铭文》之中也提到在苏萨宫廷的建筑过程之中,从帝国各个行省运来的各种物资。[46] 这说明在古波斯帝国时期,存在一条贯通帝国东西部的交通线路。历史之父希罗多德在其著作之中,曾经对这条线路的西段,即从地中海沿岸城市以弗所到波斯都城苏萨到王家驿道设施赞叹不已。[47] 这条道路的存在,是后来丝绸之路从草原之路转为绿洲之路的重要条件。

按照美国学者弗赖(Frye)的说法,亚历山大大帝东征之后,棉花开始在地中海区域广泛种植,中国丝绸也开始大规模进入近东。东罗马作家普罗科匹厄斯(Procopius)则告诉我们,古希腊人把丝称为"medikon"(米底的),而在普罗科匹厄斯的时代,罗马人把丝称为"Seric"(塞里斯的)。[48] 那么,"米底的"衣服又是什么样的呢?如果我们想起古代希腊历史学家色诺芬所言,居鲁士盛赞其外祖父阿斯提阿格斯(Astyages)衣着豪华、美眉、涂胭脂、戴假发,而且所有米底人都是这样,[49]那么,我们是否可以设想在米底后期,中国丝绸就已经传入了

---

[43] 张久宣译:《圣经后典·多比传》,商务印书馆,1987,第1—36页。

[44] 刘文鹏等著:《古代西亚北非文明》,福建教育出版社,2008,第230—232页。

[45] 见杨炽:《汉穆拉比法典》,高等教育出版社,1992,注释36。

[46] 李铁匠选译:《古代伊朗史料选辑》,商务印书馆,1992,第57—58页。

[47] 见希罗多德,V, 52—54。

[48] Richard N. Frey, *The Heritage of Persia*, London, 1965, p. 151.

[49] 色诺芬:《居鲁士的教育》,III, ii,科学出版社,莫斯科,1967版。

当地?

公元前2世纪后期,汉武帝为了以武力打败匈奴。派遣张骞前往西域联合月氏、乌孙共同打击匈奴。张骞先后两次出使西域虽然没有达到原定目的,但他带回了有关西域各国的重要消息。张骞派出的副使,带来了西域各国的使节,沟通了汉朝与西域各国的官方关系,在历史上起到了“凿空”的作用。张骞第一次出使,出去走的是陇西、匈奴、大宛、康居、大月氏;回来走的是南山、羌中。第二次出使西域时,走的是由长安到乌孙的道路。后来,汉代自玉门阳关通西域的道路,主要是两条:从鄯善傍南山北波河西行至莎车为南道,南道西逾葱岭则出大月氏、安息;自车师前王庭随北山波河西行至疏勒为北道,北道西逾葱岭则出大宛、康居、奄蔡。[50] 这就是当时陆上丝绸之路东段的情况。

同时,张骞在西域也打听到自西南夷到身毒有海道相通。汉武帝虽然有意打通西南夷道,但终两汉时期,始终未能打通西南夷道。[51]

公元97年,班超遣甘英出使大秦,抵条支临大海欲渡不果。这是两汉时期中国使节到达西方最远之处。《后汉书》对此的解释是“其王常欲通使于汉,而安息欲以汉缯綵与之交市,故遮阂不得自达”[52]。

至于海上丝绸之路,我国通过南海与东南亚、南亚地区的海上交通,大概在西汉初期也形成了。自汉武帝时期,既有东南亚、南亚商人来中国做买卖,也有中国商人在政府的组织下,携带黄金彩缯前往上述地区市明珠、壁琉璃、奇石异物。据说中国商人最远曾达到今印度的康契普腊姆(黄支国)和斯里兰卡的已程不。[53] 不过,在东汉时期就再也没有提到中国商人经过海路前往印度经商的事情了。这就是在普林尼写作本书的时候,海上丝绸之路东段的情况。

在普林尼写作本书的时候,当时的中国人还不知道丝绸在离开了中国之后,经过什么道路运到了西方的大秦,更没有人亲自到过大秦。

---

[50] 见《前汉书·西域传》。

[51] 见《前汉书·西南夷传》。

[52] 见《后汉书·西域传》。

[53] 见《前汉书·地理志》。海上丝绸之路的情况,可参见陈炎:《海上丝绸之路与中外文化交流》,北京大学出版社,1996,第30页、71—75页。

《自然史》可以说充实了丝绸之路中段和西段的信息，使得这样一条古代世界著名的丝绸之路，更加的完整。

在《自然史》的第6卷之中，普林尼对于丝绸之路的中段有比较详细的记载，特别是对罗马帝国所控制的西亚地区，记载更为详细。这里我们举一些例子加以说明。由于安息控制了陆上丝绸之路的主要路线，因此希腊大夏王国从建立之时，就开辟了一条从印度、巴克特里亚经乌浒河、里海、亚美尼亚的居鲁士河前往地中海沿岸本都的商路，这条商路向西再进入欧洲各地。[54] 而安息也在自己控制的木鹿地区开辟了大致相同的一条商路，经乌浒河、里海、亚美尼亚进入地中海沿岸地区。后来罗马与安息反复在亚美尼亚地区发生战争，就是为了争夺这条商路的控制权。[55]

对于丝绸之路中段位于安息境内的道路，普林尼也有比较详细的记载。这条道路大体上起自安息东界木鹿城(普林尼沿用希腊人的称呼，称其为安条克城)，东联巴克特里亚和印度，西接安息的赫卡铜皮洛斯、厄克巴丹、塞琉西亚，然后进入罗马控制之下的杜拉幼罗波斯、巴尔米拉、提尔和安条克城，由此再进入地中海各地重要港口。在丝绸之路的每一个重要据点，都有完备的军事设施、商业驿站。而地中海的科斯岛，则是将中国丝绸加工成胡绫的重要地点。经过加工的胡绫，可以制成透明的服装，使妇女们看起来更性感。因此，它受到一部分上层分子的追捧，也受到包括普林尼在内的部分上层分子的的谴责，认为穿着透明的服装有伤风化。[56] 罗马皇帝提比略在位时期(14—37)，元老院曾经有人提议要通过法令，禁止男子穿着东方的丝织品。[57]

但是，普林尼在《自然史》之中虽然多次提到丝绸，却始终没有提到丝绸是何时传入罗马的。根据罗马作家卢奇安(Lucian)所说，公元前53年卡雷大战时，帕提亚人使用心理战术，突然在战场上亮出用中国

---

[54] 普林尼：《自然史》，vi，51。
[55] А. Г. Богщанин. Парфия и Рим，ч. II，мгу 1960，с. 220 - 221.
[56] 普林尼：《自然史》，xi，77。
[57] 巫宝三主编：前引书，第348页。

丝绸制造的龙旗,像无数条巨蟒在空中飞舞,罗马士兵第一次看见龙旗,以为这是什么新式武器,被吓得丧失了士气。[58] 我们猜测中国丝绸大概是在此后才大量传入罗马的。不过,比他时间更早的罗马作家普鲁塔克根本没有提到帕提亚人的龙旗,他认为是帕提亚人的战鼓和呐喊使罗马士兵丧失了战斗的勇气,最后被帕提亚人的利箭和铁甲骑兵所灭。[59]

在普林尼写作本书的时候,海上丝绸之路贸易有了进一步的发展。当时统治着印度的贵霜王朝(Kushan dynasty)也在积极从事对外贸易。由于安息人的阻拦,贵霜在原来贯穿亚洲内陆的商路之外,又开辟了一条从贵霜北部经印度西北部地区,沿着印度河南下到达印度南部沿岸主要商业港口的商路。这条商路不受安息控制,可以由印度商人与罗马商人,也就是罗马帝国东方行省商人,直接交易。[60]

根据普林尼所说,罗马帝国与东方的贸易,出发港口在埃及。使用的船只既有埃及的纸莎草船,也有罗马船,所有船只索具齐全,船只的容积是3000安弗拉(amphora),约合76500升。[61] 按照普林尼的说法,由阿拉比亚到印度的沿海地带海盗很多。他说阿拉比亚人一半是商人,一半靠抢劫为生。[62] 而印度的商业中心城市附近就有大批海盗出没。[63] 因此,所有船只都必须配备弓箭手护航。由于罗马商人的强势介入,直接与阿拉比亚和印度交易,阿拉比亚商人垄断海上贸易的局面被打破了。从此,繁荣的阿拉比亚南部开始进入了衰落时期。[64]

根据普林尼所说,前往东方的船只启程的时间选在仲夏季节,乘着印度洋上的贸易季风,即所谓的希帕卢斯风(Hippalus),经红海到阿拉

---

[58] 卢奇安(120—180)、罗马修辞学家和讽刺作家,原书为 *How to write history*, xxx. 转引自 *The Cmbridge History of Iran*, 1985, vol, 3(I), p. 562。

[59] 普鲁塔克(46—120),罗马著名传纪作家,关于卡雷大战情况见《希腊罗马名人传》,商务印书馆,1990,第605—608。

[60] 刘欣如:《印度古代社会史》,中国社会科学出版社,1990,第137—143页。

[61] 普林尼;《自然史》, vi, 82。

[62] 普林尼;《自然史》, vi, 162。

[63] 普林尼:《自然史》, vi, 120。

[64] 〔美〕希提著、马坚译:《阿拉伯通史》,商务印书馆,1995,第67页。

比亚的奥赛利斯(Ocelis)或卡利港需要30天,从那里到印度最近的商业中心城市又需要40天。普林尼是第一位明确指出希帕卢斯风就是西风的古典学者。这就证明希帕卢斯并不是某个发现贸易季风规律的航海家,而是古代航海者对西风的称呼。商船回程时间定在冬天的12月—1月初,乘着东风当年就可以赶回埃及。但是,普林尼在书中不忘提醒罗马上层分子,印度通过奢侈品贸易,“每年从我国吸走的货币不下于5.5亿塞斯特斯(sesterces)。而它作为交换所给予的商品在我国销售所获,足足是原来商品价格的100倍”㊻。普林尼的说法,比《后汉书·西域列传》的记载更为夸张。㊼《后汉书》说是“利有十倍”,而《自然史》却说利有百倍,说明当时从事奢侈品买卖的商人确实获利甚多。

《自然史》还提到斯里兰卡航海者在大海中利用信鸽与大陆保持联系。虽然《旧约全书·创世记》在几百年前就有信鸽传递信息的故事,㊽但在西方世俗文献之中,却是第一次出现航海者利用信鸽传递信息的记载。

说到丝绸之路,就离不开生产丝绸的中国人。可以肯定,在普林尼生活的时代,甚至在他去世之后相当长时期,还没有一个真正的罗马人到过中国。罗马著名讽刺诗人尤维纳利斯(55/60—127)在一首讽刺罗马上层分子的讽刺诗之中,就提到了罗马人迷恋遥远的塞里斯人:

> ……她知道世界上的一切,
> 她知道塞里斯人有什么,也知道色雷斯人有什么……㊾

这说明当时的罗马人对中国还是一无所知。

根据普林尼所说,在克劳狄皇帝时期,有一个斯里兰卡使节团来到罗马。这个使团首领的父亲曾经到过塞里斯,他告诉罗马人塞里斯人

㊻ 普林尼:《自然史》,vi, 120。

㊼ 《后汉书一百十八卷·西域列传》。

㊽ 《旧约全书·创世记》。

㊾ 尤维纳利斯:《讽刺诗集》VI, 402。转引自 А. Г. Богщанин. Парфия и Рим, ч. II, мгу 1960, с. 227。

居住在喜马拉雅山脉之后，长得什么模样，如何经商。[69] 根据使团首领所说，塞里斯人似乎是印欧人种的塞种居民。但这种看法遭到现代学者的质疑。[70] 不管如何，在古典学者之中，普林尼是第一个比较明确地描绘了塞里斯人外貌，说出了其居住地域的人。如果我们把普林尼[71]与斯特拉博[72]有关塞里斯人的记载加以比较，两者之间的区别是很明显的。例如，斯特拉博只是提到了塞里斯人的名字，至于他们属于什么民族、外貌如何、物产和居住地区，则完全没提到；[73]而普林尼则提到了塞里斯人的外貌、物产、居住地区和周围的自然环境[74]。这些记载，可能是来自克劳狄时期斯里兰卡使团带来的最新消息。[75] 现代学者对于塞里斯人到底是什么民族看法有很大的不同。例如，在英国学者约翰·希利的《自然史》节译本之中，就把塞里斯人直接称为中国人，把塞里斯地区直接称为中国。[76] 而俄国学者则认为塞里斯人是中亚地区的西徐亚人（即俄国学者所说的斯基泰人）。[77] 因为在古代中亚地区，从蒙古大草原到今伊朗北部、南俄罗斯大草原，以及我国新疆大部分地区，都曾经是西徐亚部落活动的舞台。在中国古代正史《史记》[78]、《汉书》[79]和《后汉书》[80]之中，对此也有明确的记载，这些记载可以得到汉译大藏经的印证。近代新疆地区发现的大量印度雅利安语文书、印度雅利安人墓葬，也可以证明这一点。而且，我们还以设想一下，既然在公元前 2 世纪初希腊巴克特里亚王国就已经将领土扩张到了今新疆境内

---

[69] 普林尼：《自然史》，vi, 88。

[70] 见哈马特的观点。

[71] 普林尼：《自然史》，vi, 53 - 4、88；vii, 27；xii-xiii, 38、84；xxxiv, 145。

[72] 斯特拉博：《地理学》，Xi, I, 1；Xv, I, 34、37。

[73] 斯特拉博：《地理学》，XI, xi, 1；XV, i, 34、37。

[74] 普林尼：《自然史》，VI, 54—55、88。

[75] 普林尼：《自然史》，vi, 88。

[76] John F. Healy, *Pliny the Elder*, *Natural History*, *A selection*, penguin books, 2004.

[77] 俄国学者的看法。

[78] 《史记·大宛列传》。

[79] 《汉书·西域列传》96 卷。

[80] 《后汉书·西域列传》。

的塞里斯和弗里尼地区，公元1世纪后期贵霜的军队也曾打入新疆地区，他们怎么能不知道古代新疆地区居民是何模样？所以，笔者倾向于认为塞里斯人可能是居住在古代新疆境内、曾经与印度和斯里兰卡商人有过交往的塞种居民，他们在种族上属于西徐亚人。而真正的中国商人（汉人），那时很可能只能把丝绸卖给西域的中介商人塞种居民，由他们再与伊朗人、印度人和斯里兰卡人交易。这也没有什么可奇怪的，既然安息人可以垄断陆上丝绸之路的中段，阿拉比亚商人可以垄断海上丝绸之路的西段，为什么贵霜人就不能垄断丝绸之路中段的起点？所以，印度和斯里兰卡人与之打交道的塞里斯人，就只能是塞种居民。

其次，《自然史》比较明确地列出了丝绸之路沿线各地著名特产。这些特产既是丝绸之路贸易所经营的主要商品，也是供统治阶级上层分子消费的奢侈品。它们是：斯里兰卡的金银、彩色大理石、珍珠、宝石和海龟；[81]印度的胡椒、大象、象牙、珍珠、宝石、珊瑚、棉布、蔗糖；[82]阿拉比亚的乳香、香料、香水、金矿、蜂蜜、蜂蜡、长颈鹿、珍珠、蔗糖；[83]埃及引进的大马士革花缎、弗里吉亚的手工绣花长袍、阿塔罗斯织金绣；巴比伦的各种花色纺织品、绣花套；[84]腓尼基的紫色染料、紫袍、珍珠、玻璃制品；[85]塞里斯的铁、丝绸和皮革；[86]波斯的棉花、珍珠和木鹿铁；[87]还有许多地区出产的水晶、萤石等等。[88] 在《汉书》和《后汉书》的西域传之中，也有关于这些物品记载。[89]

普林尼在列举上述物品的过程之中，还对各地相同的产物进行了比较。例如，在谈到珍珠的时候，他把波斯湾、红海、印度和斯里兰卡的珍珠逐一进行比较，最后指出斯里兰卡和印度的产量最高，阿拉比亚、

---

[81] 普林尼：《自然史》，vi, 89。
[82] 普林尼：《自然史》，vi, 31 - 32；xii, 29 - 30；xxxii, 21 - 23。
[83] 普林尼：《自然史》，xii, 51 - 84。
[84] 普林尼：《自然史》，viii,196。
[85] 普林尼：《自然史》，ix, 125 - 133。
[86] 普林尼：《自然史》，xxxiv, 144。
[87] 普林尼：《自然史》，xii, 38 - 39。
[88] 普林尼：《自然史》，xxxiii, 5；xxxvi, 23 - 24。
[89] 《后汉书·西域传》。

波斯湾和红海的质量最值得称赞。[90] 在谈到玻璃的时候，他又把腓尼基、意大利、高卢和印度的玻璃进行了比较，指出印度的玻璃质量最好；[91]在谈到珊瑚的时候，他也对各地出产的珊瑚进行了比较。普林尼正确地指出在印度人的观念之中，珊瑚具有躲避危险的宗教力量，价格不下于珍珠[92]。这种说法与印度佛教徒有关七宝的概念是相符的。但是，普林尼在谈到这些奢侈品的时候，总是念念不忘地提醒国民："按照最低的估计，印度、塞里斯和阿拉比亚半岛每年从本帝国拿走了 1 亿塞斯特斯，这就是奢侈品和我们的妇女使我们所付出的代价。至于这些商品有哪些被献给了天上和地下的诸神，请问有谁能找出线索？"[93]如果我们把这个数字与仅仅印度一个地区每年从罗马就获得 5.5 亿塞斯特斯相比较，就可以看出这里的统计数字显然出现了很大的矛盾。我们到底是相信前一个数字，还是相信后一个数字的准确性呢？笔者认为，在没有更确切的证据之前，这两个数字都不能认为是准确数字。

在这里，我们想插入一个与本题关系不大的问题，即很多中国学者经常以"在罗马帝国时期，丝绸价比黄金"来说明丝绸之珍贵[94]。但是，我们在《自然史》之中并没有发现"丝绸价比黄金"的说法，反倒是发现两种不起眼的商品——姜和胡椒需要用等重的黄金白银购买。[95] 据普林尼所说，在罗马贵族眼中，最昂贵的是物品依次是金刚石、珍珠与祖母绿。这些最昂贵的珠宝，还有其他各种宝石都出产在印度和阿拉比亚。[96] 遗憾的是在《自然史》之中没有提到金刚石的价格，只提到罗马皇帝盖尤斯之妻罗利雅·保利纳在一次日常的宴会上佩戴的珍珠和祖母绿价值 4000 万塞斯特斯，[97]而埃及末代女王克娄巴特拉拥有的 2 颗

---

[90] 普林尼：《自然史》，ix, 106。

[91] 普林尼：《自然史》，xxxvi, 189 - 99。

[92] 普林尼：《自然史》，xxxii, 21 - 3。

[93] 普林尼：《自然史》，xii, 84。

[94] 周一良主编：《中外文化交流史》，河南人民出版社，1987，第 268 页。

[95] 普林尼：《自然史》，xii, 28。

[96] 普林尼：《自然史》，xxxvii, 55 - 66。

[97] 普林尼：《自然史》，ix, 117。

最好珍珠，价值2000万塞斯特斯。[98] 这大概是因为在普林尼生活的时代，金刚石属于真正的无价之宝，只有少数国王才能拥有。[99] 在《自然史》结尾部分世界上最昂贵物品的清单之中，丝绸并没有占据什么特殊的地位，只是与其他贵重物品一起被提及。按照普林尼的排位，黄金在罗马并不是最昂贵的物品，只能排到第10位，而白银还排到了第20位。[100]

普林尼在提到各种珠宝的时候，还提到它们的鉴别方法，对收藏有兴趣的读者如果看看古代罗马贵族对各种珠宝的评价，一定能使自己的收藏更上一层楼。

在古代，无论是陆上丝绸之路还是海上丝绸之路的贸易，都是由沿线各地王室、部落首领或者是他们的代理商来进行的。贸易商品主要是各地稀有的奢侈品，目的是为了满足统治阶级上层分子的需要。其价格严重脱离了商品交换规律，而由此造成的沉重负担又都落在下层群众身上。因此，这种奢侈品贸易从它在中国的两汉、西方的罗马帝国时期开始兴盛之日起，就一直遭到两国上层分子之中有识之士的不断批评。例如，在汉武帝时期，由于当局奉行招徕远人的政策，“赂遗赠送，万里相奉，师旅之费不可胜计”，后来造成了“民力屈，财用竭，因之以凶年盗寇并起，道路不通”的严重局面，使雄心勃勃的汉武帝也感到害怕，不得不下诏罪己。在汉成帝时期，朝臣又对派遣使节护送罽宾商人回国提出尖锐批评，指出“今遣使者奉至尊之命送蛮夷之贾，劳吏士之众涉危难之路，罢弊所恃以事无用，非长久计也”[101]。尤其可笑的是，在汉平帝时期，王莽专政，欲耀威德，“厚遗黄支王，令遣使献生犀牛”。说白了就是为了制造万国来朝的虚假景象，不惜花大钱请外国人来捧场。遗憾的是这笔钱送出去之后，黄支有没有送来犀牛，《汉书》却没有了下文。[102]

---

[98] 普林尼：《自然史》，ix，119。

[99] 普林尼：《自然史》，xxxvii，55。

[100] 普林尼：《自然史》，xxxvii，204。

[101] 《汉书·西域传》。

[102] 《汉书·地理志》。

在罗马，上层分子同样对奢侈品贸易造成统治阶级腐化堕落提出了批评。像前述罗利雅·保利纳佩戴的珍珠和祖母绿，就是其祖父敲诈勒索所得之物。其价值相当于4000万塞斯特斯，可谓数额巨大。其祖父也不得不为此自杀谢罪。[103] 在《自然史》之中，普林尼不止一次提到奢侈品贸易耗尽了罗马的钱财，败坏了公民的道德。[104] 以至于在罗马皇帝提比略时期，元老院经常有人提出应当通过禁止男子穿着丝绸服装的法律。不过，提议归提议，最后都没有通过。因为罗马皇帝也害怕得罪群臣，不敢通过法律手段强制上层分子回到那种回不去的简朴生活之中去。[105]

当然，除了奢侈品贸易这种消极因素之外，丝绸之路在其存在的几千年历史之中，对沿线各国人民在文化、技术、动植物品种的交流，起了许多巨大的然而又不易觉察到的积极作用。在《剑桥伊朗史》之中，就提到罗马、伊朗、印度和中国在各方面的交流，其中既包括四个国家之间的各种动物、植物的互相交流，如伊朗的马匹传入中国，罗马的技术传入伊朗，中国的丝绸、冶铁技术和植物传入西域等等；也包括思想文化艺术方面的交流，如经过中亚传入中国的佛教、祆教、基督教以及犍陀罗艺术等等。这些交流在当时虽然没有引起人们的重视，但后来却给各国人民的物质和精神生活留下了深远的影响。[106] 也正是这种积极作用，才使人们对于古代丝绸之路赞叹不已。

正因为如此，瑞典探险家斯文·赫定(Sven Andres Hedin)才说，“丝绸之路所经之地，许多国家和帝国之间不知发生过少腥风血雨的战争，但是和平往来却并未因此中断，因为大家懂得，这条世界贸易中最伟大最丰富多彩的大动脉是最有利可图的，是极端重要的……中国政府如能使丝绸之路重新复苏，并使用上现代交通手段，必将对人类有所贡献，同时也为自己树立一座丰碑”[107]。

---

[103] 普林尼：《自然史》，ix, 117－118。

[104] 普林尼：《自然史》，xi, 78。

[105] 巫宝三主编：前揭书，第348—353页。

[106] *The Cmbridge History of Iran*，1985, vol, 3(I)，pp. 563－567.

[107] 斯文·赫定著，江红、李佩娟译，《丝绸之路》，新疆人民出版社，1997，第220页。

今天,世界历史已经进入了一个新时代。2013年,我国政府提出共建丝绸之路经济带和21世纪海上丝绸之路的倡议,希望以和平合作、开放包容、互学互鉴、互利共赢的丝绸之路精神,推进新的"一带一路"建设,促进沿线各国的经济合作、共同发展、友好往来和人文交流。这个倡议提出之后,得到沿线各国的积极响应,并且取得了许多实际的成果。为此,我们希望本书的翻译出版,将会对人们研究古代丝绸之路的历史起到一定的促进作用。

关于《自然史》的版本

如前所述,至20世纪初,普林尼的《自然史》就已经出现了222种全译本、42种节译本和62种评点本。但是在我国,目前似乎还只有北京大学图书馆藏有英国伦敦1890年以后出版的,由John Bostock, M. D., F. R. S., and H. T. Riley, Esq., B. A. 翻译的英译本普林尼《自然史》,全书共10卷,收入Bohn's classical library。[108] 这还是当年哈佛燕京学社的遗产。本人所使用的则是1855年出版的,由John Bostock, M. D., F. R. S., and H. T. Riley, Esq., B. A. 翻译的英译本普林尼《自然史》电子版。[109]《自然史》全书出版延续了很长的时间,在该书第一卷出版的时候,两位译者就已经去世。前两种版本虽然出版时间和出版单位都不相同,但文字内容和注释都是相同的。20世纪30年代末期到60年代初期,西方又把《自然史》收入著名的《洛布丛书》出版,在60年代初期到60年代后期又再版一次。该书原计划为10卷本,有拉丁文与英译文对照,但只出版了1—9卷,第10卷仍然在研究之中。国外学者认为这套书是最好的版本,可惜一直没有出全。

---

[108] John Bostock, M. D., F. R. S., and H. T. Riley, Esq., B. A., *The Natural History*, Pliny the Elder, London, George Bell and Sons, York street, Covent garden, 1890.

[109] John Bostock, M. D., F. R. S., and H. T. Riley, Esq., B. A., *The Natural History*, Pliny the Elder, London. Taylor and Francis, Red Lion Court Street, 1885.

目前在网上也无法找到20世纪60年代的《自然史》电子版。本人在翻译的过程中，认真校对了由John F. Healy翻译的《自然史》节译本（2004年版）和俄国学者编辑的《自然史》节译本电子稿。注释则采用了1885年电子稿的注释，再加上自己的一些注释。在这里，译者要感谢刘峰博士为我提供了电子版英译本。感谢出版社编辑的辛勤劳动。

第一卷　献辞：普林尼致朋友提图斯·韦斯帕芗

普林尼向其朋友提图斯(Titus)皇帝致以问候。最威严的统治者,愿这个尊号——最真诚的尊号——永远属于你,愿你的父亲千秋万代永远享有"最尊贵者"的尊号。在这封冒昧的信件之中,我决定向你陈述我的最新作品《自然史》,对于激励罗马公民的缪斯而言,这是一个新奇的冒险。"为了你经常想起我绵薄之力"——顺便也是为了安慰我的"同道"(你知道这个军队的行话)卡图卢斯(Catullus);因为正如你所知道的,他把其第一首诗第4行前面的音节改洪亮,为的使"其好友维拉尼乌斯(Veranius)和法布卢斯(Fabuliuses)"[①]认为他不那么死板。

2—4. 同时,我正在做的这件事情,是为了使我的无礼行动可以达到我的另一封冒昧信件所没有取得的成功。因此,你的不满,即某些具体的结果,还有每个人可能都知道帝国和你就是一回事。你举行了为你争光的凯旋式。你是监察官,你曾经六次担任元老,你拥有保民官的权力,你是你父亲的警卫军长官:所有这一切都属于你的政治生涯。当我们在一起积极履行军役时,你是一位多么杰出的战友!你的好运从来没有离开过你。除了已经给予你的之外,还给予你所希望的一切。因此,尽管对你表示尊敬的所有方式已经人所周知,但是我还要冒昧地以一种更亲密的方式来表示尊

① 维拉尼乌斯和法布卢斯两人公元前57—前58年在西班牙服役,见Catullus, *Poems*, XII, XVI, and XVII, I, ff。

敬。如果你将来为此而受到责备，请原谅我的过错。

5．你在修辞学方面高超的能力，你的才智如保民官的权力，从来没有显得不如他人。你以高超的口才赞美你的父亲，以高超的口才赞扬自己的兄弟！你的诗歌是多么优美！啊，你是多么伟大和富有天才，你已经想出了模仿你兄弟的方法！

6．但是，谁能毫无畏惧地评论这些作品，谁不信服你天才的评论，特别这件事是被乞求办理的时候？形式上，奉献给你的《自然史》，从单纯出版该书的角度上来说，使我处于一种不同的境地。在后一种情况下，我敢说："我的皇帝，你为什么要读这些东西？这只是一些为了大众，为了一帮农夫、工匠，还有那些有闲暇从事这种消遣的人写的。为什么你要自任评判员呢？当我开始从事这部著作写作的时候，你还没有运交华盖呢。"

12．当我决定把这部著作献给你的时候，我把我的设想组合起来——这是一部分量无足轻重、缺乏天才的著作——就我而言，这是一部非常平凡的著作。这里没有离题的话、演说、说教、稀奇古怪的事情，或者是杂闻——尽管我乐意记载这些事情，而且对于我的读者而言也是一种娱乐的资料。

13．我的研究对象自然界或者生命（就其最基本方面而言的生命），是一个枯燥的课题，包括许多例子，使用许多本国和外国的术语——确确实实的蛮族词汇，它们在"如果你不介意这种表达方式"的借口下被介绍过来了。

14．而且，我的行动路线对于许多作者而言并不是老套的，不是那种沿着这条路线思想漫无边际地游荡的方式，没有一个罗马作家希望课题相同，没有一个希腊人会单枪匹马地处理这些问题。我们大多人都会寻找有趣的研究领域，但也有人研究非常复杂的课题，这些课题可能会把人击倒，而且看不到任何成果。我肯定是第一个，也是最早研究这些课题的，这些课题也是希腊人所谓"全面教育"②的组成部分。但是，学术界并不了解这些东西，或者是糊

② Enkyklios paideia.

里糊涂地引进了这些东西。

15．还有一些问题被出版界过度曝光，成了令人厌烦的东西。因此它很难使那些问题旧貌换新颜，使小说披上权威著作的外衣，使 *passe*（意为半老徐娘——汉译者注）重返青春，使黑暗变光明，使令人厌恶的事情变成令人喜欢的事情，使受人质疑的事情变成令人可信的事情——确实，它也很难使大自然所有的事情、大自然本身以及大自然内在的所有本质出现改变。因此，即使我没有成功，我仍然愿意从事这种非凡的、高尚的努力。

16．至于我个人而言，我认为有些人在学习之中有他们自己的特殊之处，他们喜欢从事可以提供帮助一般人克服所遇到困难的有益工作，这种工作能够使人增加幸福感。在我的其他著作之中，我遵循的也是这个原则，我承认我曾经对最著名的作家李维感到过惊奇，他的《建城以来的罗马史》开场白是这样的："我已经获得了足够的荣誉，我可以隐居林下，但是这不符合我以工作为生的好动性情。"他确信为了罗马人民、各个民族征服者的光荣、为了罗马的声望而不是自己的名声，应当完成这部历史。对于坚持自己意见的人而言，这是一个非常重要的优点，因为他热爱工作而不是为了内心的平静。为罗马人民而完成这件工作比单纯地为自己工作更好。

17．用多米提乌斯・庇索的话来说，我们需要的是参考书而不是专著。因此，在拙著《自然史》37 卷之中，我收集了出自 2,000 卷读物的资料，其中少数资料由于艰深难懂，学者们从来没有接触过——收集了大约 20,000 个值得重视的事例，这些资料出自我已经研究过的 100 名学者著作之中。在这些资料之外，我还增加了许多前辈所不知道的事例，或者是后来从我个人经历之中所发现的事例。

18．毫无疑问，有许多事情曾经难倒过我。因为我是独身一人，又忙于公务。我只能在公务之余，也就是在晚上从事研究。正如你所想象的情况那样，我是在工作结束之后才开始研究的！我把白天献给了你，我一直以来可以指望的是正常的必需睡眠时间。

我只要这种报酬就满足了，因为用瓦罗的话来说，我忙于这些琐事的时候，也就大大地延长了自己的生命。

19. 可以肯定，活着就是醒着。由于这些原因和困难，我不敢做出任何许诺：我向你说的正是你说过的话。这就是拙作的保证及其价值的证明。许多物品之所以被认为非常有价值，那是因为它们献给了神庙的缘故。

20. 我已经在一部相当的著作之中，写完了有关你的一切情况，你的父亲、你的兄弟和你本人的情况。近代历史开始于奥菲迪乌斯·巴苏斯的《历史》结束之处。你可能会问："这部著作现在何处？"这部著作很久以前就完成了，它是一部神圣的著作。我已经决定把它交给我的继承人，所以没有人认为我是一个名利心很强的人，所以我乐意善待那些占据清闲位置的人，也愿意真诚地对待我们的晚辈，我知道他们将会在一场决战之中挑战我们，就像我们挑战自己的前辈一样。

21. 你可能会把我在之前提到的那些书籍和我的权威作为我职业精神的证据。我认为，这些知识只是一个人成功的起点——我已经提到，不像大多数作家的实践活动——这是一部优雅的著作，充满了可敬的恭谦态度。

22. 你要知道，当我在比较各位作者的时候就发现，许多古代的作家曾经被最可靠的现代作家一字一句地抄袭，但是没有得到认可。这样做的有维吉尔著名的竞争精神，或者是西塞罗(Cicero)笨拙的方式。他声称自己是柏拉图(Plato)的同道，在致女儿的《慰问信》之中，他还说："我追随克兰托(Crantor)③。"同样的事情也发生在帕内提乌斯(Panaetius)身上，他在《论职责》一书之中说道，应该用心灵去领会书本，而不仅仅是每天拿在手中。

23. 毫无疑问，这是一种心胸狭窄和对待因盗窃而被捕者不适

③ 古代学院的哲学家，来自西利西亚的索利(约公元前335—前275)，他对柏拉图《蒂迈欧篇》所作的注释，是古代对柏拉图对话集所作的最长的注释。他的著作《论不幸》受到后世作家高度赞扬，其中就包括西塞罗。

当的做法，正确的做法是追回贷款，特别是那些以高利贷借来的资金，希腊人拥有为书本取名的惊人天赋。他们把一本书叫做“蜂巢”，另外一些人又把自己的著作叫做“紫罗兰花”“缪斯”“百科全书”“手册”“牧场”“瘟疫”和“即兴之作”——这些吸引眼球的书名，可以使人们在保释之后逃之夭夭，但是当你深入书中之后，看到的却是空洞无物！

26. 至于我自己，我不会因为没有凭空捏造一个书名而感到羞愧。

28. 我公开承认，我可以为我的著作增加许多内容，不仅仅是为《自然史》，还有我已经出版的许多著作，但我必须坚持反对你提到的所谓“荷马的天谴”。由于我听说斯多葛派学者，即学院派和伊壁鸠鲁派人士——我总是从文学家的立场先人一步——正在回击我已经出版的语法方面的书籍。确实，这些著作已经遭受了10年的指责，甚至比大象怀孕的时间都长。

29. 但是，我知道甚至还有一位妇女也写了一本书，反对提奥弗拉斯图斯(Theophrastus)这位非常杰出的演说家，他曾经获得了“世上超人”的称号。这就是谚语“害人反害己”的起源。

30. 我忍不住引用了元老加图(Cato)许多有关的言辞，以证明他的著作《军队的纪律》遭到了早有准备的批评家的攻击，这是一群企图以诋毁他人的专长来提高自己威望的批评家。与其说加图在西庇阿·阿非利加努斯(Scipio Africanus)④手下服役时学会了军事艺术，不如说他在汉尼拔(Hannibal)手下学会了军事艺术，他也丝毫不比阿非利加努斯逊色，虽然后者作为军事统帅赢得了凯旋仪式。这一切的结果难道不是这样吗？加图在上述著作之中说道：“我知道真实的文献一旦出版之后，就会引起许多争论，遭到无理的攻击。但是，这些人大部分是无知的糊涂虫。至于就我而言，我已经打算让他们的批评这个耳朵进，那个耳朵出。”

---

④　西庇阿在扎马打败汉尼拔(公元前202年)，结束了第二次布匿战争和汉尼拔建立迦太基帝国的梦想。

31. 当听到有人说阿西尼乌斯·波利奥(Asinius Pollio)[⑤]正在写作攻击他的慷慨激昂演说,或由其自己出版,或者由其子在他死后出版(因此他无法回击),普兰库斯(Plancus)不失优雅地说道:“只有鬼才和死人打仗!”这种反击对那些慷慨激昂的演说产生了强烈的影响。在学者圈子里认为,没有什么事情比这更可耻的了。

32. 因此,为了防备吹毛求疵者的攻击(这是加图发明的一个意味深长的组合词——用来指那些在争论之中不干别的,专门喜欢在小事上面斗嘴的人),我将继续完成自己原定的计划。

33. 为了公众的利益和节省时间起见,我还在这封信后附上一份精心准备的《自然史》的目录,以备你从头到尾阅读。同样,你可以让其他不需要仔细阅读整本著作,只要浏览他所需要部分的人阅读。这样,他们就知道在在什么地方可以找到这些内容。这个工作已经由我们的瓦勒里乌斯·索拉努斯(Valierius Soranus)完成,他在自己的著作之中把它称为“诀窍”。

I　前言:致提图斯·韦斯帕芗凯撒的献辞

II　世界、组成世界的要素和天体

III-VI　地理,包括各国的位置、居民、海洋、城镇、港口、山川、河流、面积大小现存和消亡的部落、

VII　人类及其发明创造

VIII　陆地动物

IX　水生动物

X　鸟类

XI　昆虫

XII　香料植物

XIII　外来植物

---

⑤ 阿西尼乌斯·波利奥(公元前76—公元4年)在公元前45年支持凯撒,但后来与安东尼联合在一起。他保护了维吉尔的地产免于被没收(公元前41年)。他利用战胜伊利里亚的帕提尼人获得的战利品,在罗马建立了第一个公共图书馆。他后来献身于文学事业。

第二卷　世界与宇宙

普林尼以介绍世界和天体知识开始了其自然史

1. 世界和这个广大的空间——无论如何，可以用人们喜欢的另外一个名字天空来称呼它，它覆盖着宇宙和穹窿——它们完全是依靠众神支撑着的，[①]这是永恒的、无边无际的、无始无终的存在。人们不热衷于探索外星是什么，人类的智力也无法猜透这些事物。

2. 世界是神圣的、永恒的、无边无际的、不受外界影响的，也可以说是自身非常完美的，有限的又类似无限的，所有的事物是真实的，又好像是不真实的，在它的怀抱之中，紧紧抓住里里外外的、一切的事物。这个世界是大自然的杰作，同时也是大自然本身的化身。

3. 有件疯狂的事情是，有些人一门心思想要测量世界，并且胆敢把他们的结果公之于世。还有一件疯狂的事情就是，其他人[②]抓住机会，或者按照上述人的指导，提出存在着其他无数的世界，因此人们必须相信有许多相应的体系，或者相信如果一个体系可以控制所有的世界，就可以控制同样多的太阳、月亮和无数的天体，就好像在一个世界上存在的事情一样。

4. 我重复说一遍，还有一件疯狂的事情，绝对疯狂的事情，超

---

① 这种理论符合毕达哥拉斯派和斯多葛派的教条。

② 这里指的是留基伯和阿夫季拉的德谟克里特，后者是原子论的创立者。

出了我们对这个世界的考察，它已经超出了我们的所有知识。确实，如果有人不知道如何测量自己，他怎么能够去测量其他的东西，或者人的智力如何才能认识这个世界本身所没有的各种事物。

5. 这个世界外观像一个完美的球形。首先就是因为它使用了“球形”这个词来描述它。这个术语一般用来描述世界。许多事实也证明了这件事。

6. 太阳和月亮的升起、降落使我们毫不怀疑这个世界是球形的，它的运动是永恒的，永不停止的，速度是无法形容的，每个周期花费 24 个小时。

……

宇宙、天空和黄道宫

8. 希腊人把世界称为“装饰品”，而我们把世界叫做 *mundus*，这是因为它完美无缺、极其完美的缘故。正如马可·瓦罗所说的，天空的名字毫无疑问出自术语“雕刻”。[③]

9. 它有秩序的结构也支持这种观点，它的圆周称为黄道，被分成 12 个类似的动物，太阳被认为几千万年以来一直在黄道带之中运行。

四种元素、行星和太阳

10. 我认为四种元素的存在是毫无疑问的。最高级的元素是火，它是星球燃烧产生的巨大火光在人类眼睛中的反映。下一个元素是气，希腊人和我们自己都把它称为“空气”。这个元素是生命的起源，它渗透到宇宙的每个部分，并且和所有的东西混合在一起。由于它的力量，地球平衡地悬挂在太空之中，并且与第四种元素——水——在一起。

---

③ 普林尼在这里把拉丁语单词 *caelum* 与 *caelare*（雕刻）搞混了。

12. 我们把七颗星星称为行星[④]，是因为它们在运动（虽然没有星星不运动），它们同样是由于空气的作用，悬浮在天空和地球之间，并且由固定的空间分隔开来。太阳不仅是季节和大地的主人，也是所有星星和天空的主人，它在行星中间运动：太阳是体积最大、最有力的行星。

13. 如果我们考虑到它的作用，我们就必须相信太阳是炙热的，或者更清楚一点地说，太阳是宇宙的心脏、统治大自然的法则和神性。太阳照亮整个世界，驱赶黑暗：它也使其他星球黑暗或者发亮。太阳按照大自然的规律，控制着季节变更和年周而复始变化。它驱散天空中的乌云，照亮人们的心灵。它的光芒照亮其他星球，它最辉煌，至高无上，预知天下一切；关于太阳的作用，我认为文学界最杰出的人物荷马也支持这种观点。

寻找神

14. 我认为人类弱点的标志就是总想找出神的特殊形状和外形。神是谁——倘若他真的存在——他又在什么地方？神是感觉、视觉、听觉、灵魂、智力和自身的完美体现。人们或者认为无数的神既有人类的邪恶，也有他们的善德——就像贞洁女神、和谐女神、智慧女神、希望女神、正义女神、慈善女神和忠诚女神——或者像德谟克利特（Democritus）一样，认为只有两类神灵，即惩罚和奖励，陷入了更加愚蠢的深渊。

15. 软弱的、辛苦的人考虑到自身的弱点，会把这些神祇分成几组，以便分组祭祀他们——每个人都会祭祀自己最需要的神。因此，不同的种族对同样一些神祇也会有不同的名字。我们在同样的种族之中也发现了许多的神祇。甚至还有下层社会的许多神祇、疾病和各种各样的瘟疫一起，也列入了人们极力想要安抚的名单中。

---

④ 源出于希腊动词 *planasthai*（移动）。

16. 由于这个原因，在帕拉丁(Palatine)建立了由国家祭祀的热病(Fever)神庙，在王室(Household)神庙附近建立了亡者(Bereavement)神庙，在厄斯奎莱恩(Esquiline)建立了厄运(Bad Luck)祭坛。人们可以由此表明天神比人类还多，因为个人也制造了许多的神祇，敬奉朱诺(Junos)和掌管命运之神(Genii)。有些民族饲养动物——甚至厌恶动物——像诸神一样，还有许多事情说来就更没面子；他们发誓用的是腐烂食物或者诸如此类之物。

17. 甚至有人相信男神与女神之间的婚姻，相信这么长时间都没有子女就是因为这种结合；相信有些神总是老态龙钟、头发灰白，而其他的神却是年轻有力或者是儿童；相信诸神是怒气冲冲的、有翅膀的、瘸腿的、从蛋壳之中出生的，或者是相信他们的生死时间是可以选择的——这样的信仰无异于儿童的幻想。而且，还虚构男女诸神的婚外行为、他们的争论和仇恨，虚构诸神的盗窃和犯罪行为，超过了一切伤风败俗的行为。

18. 神是帮助人类的人：这是通向永恒的光荣道路。这是当代罗马领袖们所走的道路，也是所有时代最伟大的统治者韦斯帕芗的道路，他和自己的子女为了解救这个苦难世界而经历的艰巨道路。

19. 神化这类人是一种报答其善行的古老方法。谁能禁止人们彼此以朱匹特(Juoiter)或墨丘利(Mercury)相称，或者根据他们的性格称为别的名字，谁能够否认这种做法是天体取名的起源？

20. 而且，还有一种可笑的想法，认为神——无论如何——是关心人类各种事情的。难道我们就能相信如此忧心忡忡和全面的关心，不会亵渎神的神圣？我们是否可以怀疑这一点？很难想象，当着某些人不敬重诸神，却对外族神灵表示可耻的卑躬屈节时，什么才是是对人类更有益的事情。

21. 他们以外来的仪式侍奉诸神，他们亲手装点打扮他们的偶像；他们对自己献祭、供奉食物的怪物进行审判；他们给自己加上可怕的僭主政治，即使在睡觉的时候也不得安宁；他们无法决定婚姻、生育子女和其他事情，除非得到献祭的命令。有些人在卡皮托发假誓，以雷神朱庇特(Jupiter Tonans)之名发假誓，他们从自己的可耻行为之中牟取利益，而其他人却因为致力于自己的祭品而受到惩罚。

命运女神

22. 人们在这两种观念之间，已经把自己确定在半神的地位。因此，我们对于神的推测仍然是不清楚的。在整个世界，在所有的地方、所有的时代，命运女神都是唯一受到祈求的，唯一受到赞扬的，唯一受到指责和谴责的神灵；她也被大多数人认为是转瞬即逝的、难以理解的、难以捉摸和变幻无常的；她的恩宠反复无常，并且恩宠一些卑鄙无耻的小人。所有一切已经花费之物都是欠着她的，所有一切已经获得之物都是她贷给的；而且，只有她为凡人记下两种分类账单；我们如此屈服于命运，是因为命运女神处于神的地位；她也证明了神是喜怒无常的。

23. 有些人甚至诅咒命运女神，把一些意外事件归罪于她们的星座和控制生育的规律；这些人相信，神一旦为所有将要出生的人制定了天命，这些人日后就有了舒适的生活。这种思想开始成为有地位的、有知识的和无知识的大众信仰，好像是为他们制定了一条捷径。

24. 预言家从闪电之中可以推断出警示，神托所的预言，预言家发布的预言，甚至微不足道的小事也被看成了预兆——如打喷嚏和摔跤。已故的奥古斯都皇帝说他有一天几乎被军事政变赶下台去，是因为他把自己左脚的鞋子穿到了右脚上。

25. 这些奇异的现象使人们发现了许多不知道的事情，在这些事情之中，没有什么事情是真实的，但有一件事情却是真的，没有什么比人类更讨厌，更喜欢夸夸其谈的。确实，其余的动物把饮食作为自己唯一的追求，因为大自然的天性之一就是自我满足。还有一件比其他所有事情更好的是，这些动物不考虑荣誉、金钱和野心，尤其是不考虑死亡的问题。

诸神的力量

26. 人们认为在这些问题上，诸神对人类事务的关心与生活经验相似：惩罚错事，虽然有时发生在很久之后——因为神忙于许多类似的事情——但一定会惩罚。人类天生就与神有密切的关系，并不是没有价值的，也没有降低到野兽的地步。

27. 对于人类天生的缺点，最重要的安慰就是神什么事情也不要做。因为他不是万能的，例如，即使他非常想做，他也不能自杀，自杀是神赐予人类所有重大缺点之中最大的恩典。神不能赐予人类长生不老，不能使死者复生，也不能使有经验者变成无经验者，或者使某个有官职者变成无官职者。对于已经过去的事情而言，除了忘记它们，他无能为力。他以诙谐的证据强调我们与神的关系，他也无力改变二二得四的规律，或者办成类似的其他事情。这些事实毫无疑问地证明了大自然的力量，也证明了我们所说的神是什么。这些离题的话并没有什么不当之处，因为通过我们对神的本性持续考察，这些事实早就众所周知了。

行星

28. 让我们重新回到有关大自然的其他问题上。正如我们已经指出的那样，许多星球被这个世界所吸引，它不像市井小民所想象的那样，已经分给了我们每个人，它按照我们个人的命运好歹发出亮光，富人的光线明亮，穷人光线暗淡。弱者的光线模糊。这些行星并没有随着人类的降生而成为“被保护人”，它们下落的时候，也不意味着某个人的死亡。

29. 天空与我们自己之间不存在这样密切的关系，因此，星球照亮我们的强烈光线必定会熄灭的，就像我们命中注定终有一死一样。

32. 下面几点是毫无疑问的：我们所谓的土星(Saturn)是最高

的，因此也是最小的行星，它所运行的圆周最大，回到它的出发点最少需要 30 年时间。其他所有行星——包括太阳和月亮——朝着与地球相反的方向运行，即朝着左边运动，而地球总是朝着右边运动。

33. 尽管它们都受到它的压力，而且以难以测量的速度不停向西运转，行星沿着各自的轨道反向运动。因此，作为地球不停旋转的结果，空气在同方向运转的过程中，没有在缓慢运转的球体之中卷成一团，而是由于正面撞击行星的结果分散到了各个轨道。

34. 土星本身严寒，冰天雪地。木星(Jupiter)的轨道比它低很多，因此旋转速度更快——每 12 年一个周期。第三颗行星是火星(Mars)，有些人把它称为武仙座(Hercules)。由于它距离太阳很近，散发着强烈的光辉；它运转一个周期大概是 2 年。由于火星过热、土星过冷，在它们之间的木星受二者的影响，结果很正常。

35. 太阳的轨道分为 360 度，因此，观察它的阴影必须与其出发点相符。我们测量到太阳运转的周期是每年加 5 天，再加上每 4 年 1 个闰日。

36. 金星在太阳的轨道之下运转，它有可供选择的轨道和名字，证明它是太阳和月亮的对手。当它在前进，在黎明之前升起的时候，它被人叫做晓星(Lucifer)，作为另一个太阳带来曙光。另一方面，在太阳下山之后，它闪烁着光芒，又被人称为昏星(Vesper)，它延长了白昼，起到了月亮的作用。

37. 萨摩斯的毕达哥拉斯(Pythagoras of Samos)⑤在大约第 42 届奥林匹亚运动会时——罗马建城之后 142 年⑥——发现了金星的特点。金星比其他所有行星体积更大，它是这样的明亮，它是唯一以自己的光线投射出影子的行星。

39. 在火星附近的是水星(Mercury)，有些人又把它称为阿波

---

⑤ 毕达哥拉斯(约公元前 531 年)出生于萨摩斯，后移居克罗同，最著名的数学家和天文学家。

⑥ 公元前 612—前 609 年。

罗(Apollo);它的轨道是相同的,但体积和力量绝不相同。

41—43. 最后一个行星比所有其他行星都奇怪。它是地球最熟悉的行星,用以驱逐黑暗,这就是月球。它有许多令人难于解释的不同面孔,人们观察它,又因为对这个离地球最近的行星一无所知而感到羞愧,它有盈有亏,时而弯曲成镰刀状,时而变成半个月亮,时而又变成圆月。它时而被乌云遮住,随后又突然发出明亮的光芒。它时而变得又大又圆,然后又突然消失不见。有时整个晚上都有月光,有时它出来得很晚,作为每天的一部分,它有助于阳光,在遇到食的时候,也可以看到月食。它在月底的时候看不见,但不要认为这是月食。有的时候,它低垂在天空之中,有的时候又高悬在天空——但并不固定,有时候高悬在天空,有时候仅仅掠过山顶,有时升起在北方,有时降落在南方。恩迪米昂(Endymion)⑦是第一位观察到月球这些不同现象的男子汉。这就是传说他爱上了月亮的原因。但是,我们并不对那些关注这些资料解释的人们表示感谢。幸亏人类头脑之中这种奇怪的痛苦折磨,使我们有幸能够在我们的历史文献之中,记载下这些流血和屠杀的故事,以便那些不了解这个世界的人,可以知道人类本身的罪恶。

44—45. 月球离地极最近,由于这个缘故,它的旋转轨道也最短,每 27 又 1/3 天,它就完成了一个旋转周期;而轨道最高的土星如前所述,需要运转 30 年时间。有时,新月的出现比月球与太阳的合延迟 2 天,至少在第 13 天之后出现,在同样的路线开始运转。在观察天空所有可见现象时,月球是可以给我们提供实证加以证明的教师。例如,把 1 年分成 12 个月的单位,因为月球是随着太阳运动的,这些月数正好是太阳回到其起点的时间。像其他行星一样,月球也是在太阳的光辉统治之下。它发出的光芒完全是拜太阳所赐。当它照射在水面时,我们就可以看见水面上波光闪闪。由于它只能缓慢地、无力地使水分蒸发,当太阳光线减弱的时候,

---

⑦ 恩迪米昂是月神喜欢的美男子,在埃利亚的传说之中,月神为他生了 50 个女儿,这就是奥林匹亚历有 50 个月的缘故。

它甚至还能大量增加水分。月球看起来发光强度不一，因为它只有正对着太阳的时候，光线才是充足的。而在其他的时间，它投射给地球的只是它自己从太阳所获得的光线。

46. 当月球与太阳在一起的时候，它是看不见的，因为它朝着太阳，将来自太阳的光线全部反射出去了。毫无疑问，行星受到来自地球的水分滋养。月食和日食是我们所见过的大自然最令人兴奋和神奇的现象，也是其星等和阴影的象征。它表明由于月球凌日，太阳被遮住了，而月食则是因为地球进入了月球与太阳之间的缘故。

51. 月食毫无疑问是太阳体积的证明，正如在月食的过程之中，太阳本身证明了地球的体积较小一样。

月食和日食：苏尔皮西乌斯·加卢斯、泰勒斯和喜帕恰斯的研究

53. 第一个预报月食和日食的罗马人是苏尔皮西乌斯·加卢斯(Sulpicius Gallus)[8]，他是当时的军事保民官，后来与马可·马塞卢斯(Marcus Marcellus)同任执政官。在珀尔修斯(Perseus)国王被埃米利乌斯·保卢斯(Aemilius Paulus)打败之前，加卢斯被带到司令官召集的军队之前，预先发布将要出现月食的警告，因此消除了军队的恐慌情绪。后来，加卢斯写了一本有关月食和日食的著作。无论如何，在希腊人之中，米利都的泰勒斯(Thales)[9]是第一个研究月食和日食的人，在第48届奥林匹克运动会的第四年，他预报了一次日食，两年之后，阿利亚特斯(Alyattes)在位时期出现了日

---

⑧ 加卢斯预报了公元前168年埃米利乌斯·保卢斯打败珀尔修斯国王的皮德纳大战前夕的月食，罗马军队得以胜利地击败马其顿方阵。

⑨ 米利都的泰勒斯是希腊七贤之一，长于经济、工程、地理学、天文学和数学。传说他预报了公元前585年5月28日哈里斯河大战时出现的日食。

食。[10] 在他之后，喜帕恰斯(Hipparchus)记录了600年前直到当时两个行星的轨道。他利用当时的资料，收集各国的年历、地名索引和民族介绍，以这种方式表明他已经掌握了大自然宏伟的构思。

赞美使人们摆脱恐惧的自然科学家

54. 啊，超越凡人思想的伟人，由于你发现的规律具有如此伟大的神力，使人们摆脱了由于恐惧而产生的可悲想法——害怕月食和日食象征着某种罪恶或死亡(尊贵的诗人斯泰西科鲁斯和品达显然经历过日食造成的这种恐惧)，或者当月亮"死亡"之后责怪毒药，因此发出鼓噪之声以表示支持月亮。由于极度恐惧和对于重要任务的无知，雅典统帅尼西亚斯(Nicias)害怕率领他的舰队离开港口，因此毁灭了强大的雅典人。[11] 赞美你的非凡才智，你是口衔天命者，你是包含宇宙者，你发明的理论，使诸神和人类结合在一起！

56. 现在已经确定，食在223个月之中重复发生一次。只有在月亮处于最后或最初阶段——人们把这个阶段称为"合"——才可能发生日食。月食只有在圆月的时候才出现，总是在它们的最后阶段出现。每年在确定的日期和钟点，两个行星的食发生在地球的下方，即使在地球的上方，有时由于浓雾的原因，也不是在任何地方都可以看到的。

有关行星之间距离的某些估计

83. 有些人企图计算从地球到各个行星之间的距离，并且公开

---

[10] 盖吉兹王朝的吕底亚国王阿利亚特斯赶走了辛梅里安人，把自己的国土扩张到哈里斯河边，在那里与库阿克萨列斯(约公元前585年)开始交战。

[11] 在雅典远征锡拉库萨时期出现了月食(公元前413年8月27日)，使尼西亚斯放弃了围攻锡拉库萨，造成了灾难性的后果。见 Plutarch, Nicias, 23。

宣称从月球到太阳的距离等于从地球到月球距离的 19 倍。毕达哥拉斯是洞悉一切的天才，他估计从地球到月球的距离是 14500 罗马里；从月球到太阳的距离是 29000 罗马里；从黄道到太阳的距离是 43500 罗马里。我的同乡苏尔皮乌斯·加卢斯赞成这种观点。

85. 波塞多尼奥斯(Posidonius)指出，雾、风和云层离地面的高度不到 5 罗马里，超过这个高度的空气是干净的、液体状的和没有扰动的。他还说从云层到月球的距离是 230000 罗马里，从月球到太阳的距离是 575000 罗马里。这段距离阻止了巨大的太阳把地球烧毁。而且，大多数权威都说云层的厚度是 103 罗马里。

彗星及其含义

89. 还有几种不同类型的星星会突然出现在天空。希腊人把它们称为“彗星”；我们把它们称为“长发星”，因为它们拖着一条血红的、像头发一样的尾巴。希腊人把这些尾部长着像长胡子一样鬃毛的星星称为“芒星”。“标枪星”运动如长矛，预示着某些东西十分可怕。这是提图斯凯撒在其第五任执政官任期内[12]用一首非常著名的诗歌记载下来的预兆。这也是它最近一次出现的记载。

90—91. 根据记载，一颗彗星可以观察到的最短时间是 7 天，最长时间是 80 天。有些彗星像行星一样运动，其他的则固定不动；后面的这种彗星几乎全部在北方——在北方没有任何确定的位置，但大部分在明亮地带，即所谓的银河。亚里士多德(Aristotle)认为，[13]在相同的时间可以观察到几颗彗星。不过据我所知，没有其他任何人看到过这种现象。这种现象意味着强风或者酷热。在冬天或在南极也可以看到彗星出现，但是这个地区的彗星没有光芒。

---

[12] 公元 76 年韦斯帕芗和提图斯共治，是第七任执政官。

[13] Meteorologica，345^{a}29。

象征凶兆的彗星

堤丰(Typhon)国王在位时期，埃塞俄比亚人和埃及人曾经看见过一颗可怕的彗星，并且用他的名字命名了这颗彗星。这颗彗星出现的时候正在燃烧着，并且以螺旋的方式旋转着。它看起来像野兽，完全不像一颗星星，更像是一团火球。

92. 行星和其他星星偶尔也带着像头发一样飘动的尾巴。有的时候，在西边的天空也会出现彗星。一般来说，星星引起的恐慌不容易消除。这颗彗星出现在内乱时期，那时屋大维还是执政官，[14]还有在庞培和凯撒内战初期；[15]在当代，这颗彗星大约出现在下毒的时候，结果是克劳狄·凯撒(Claudius Caesar)把帝国传给了多米提乌斯·尼禄(Domitius Nero)，[16]然后在尼禄担任元首时期，这颗彗星几乎一直都可以观察到，它出现的时候非常可怕。人们认为彗星开始移动的方位具有一定的意义，彗星从那颗星星之中获得了强大的力量，就类似那颗星星，并且在那个地方发出自己强烈的光芒。

93. 人们认为，如果彗星外貌像长笛，它就是音乐的预兆；如果它在星宿的私处，它就是行为放荡的预兆；如果它像三角形或正方形，与某些固定的星星高度有关，它就是才子和智者的预兆；如果它在北方或南方巨蛇座的头部，它就会带来毒害。全世界只有一个地方即罗马的神庙奉祀彗星。已故的皇帝奥古斯都本人认为这颗在他开始执政之初出现的彗星最吉祥，他当时作为共治者之一发现了它。当时他正在举行运动会以纪念生育者维纳斯(Venus)，这是在其父尤里乌斯·凯撒(Julius Caesar)逝世不久之后举行的。

---

[14] 公元前 43 年。

[15] 公元前 49 年。

[16] 公元 54 年，尼禄继承了养父的权力，用暗杀不列塔尼库斯的手段巩固了自己的地位。

94. 他对下面这段言辞公开表示高兴：

> 在我举行运动会的每一天，在天空的北部区域连续7天都可以看见一颗彗星。它通常在黑暗来临之前1小时升起，它是明亮的，各地都可以看见它。普通民众相信，这意味着凯撒的灵魂已经进入不死的众神之列。这就使我们在广场奉献凯撒的雕像之后不久，就有一颗星星对着它。

这就是他公开发表的谈话；由于他认为这颗彗星的出现对他有利，相当于他自己的高贵出身，所以他从内心感到高兴。如果我们承认事实，它确实是给世界带来了繁荣兴旺。有些人认为，即使彗星一直在运动，而且有自己的轨道，除非没有太阳，否则它们也是看不见的。但是，其他人则认为彗星出自附近的水中，出自火的力量，并且因为同样的原因而消失不见。

喜帕恰斯的天文学

95. 喜帕恰斯从来没有受到过分的赞扬。没有一个人曾经认真地证明过星星和人类连在一起，我们的灵魂是天国的一部分。他发现了他那个时代存在的一颗新星，对于这颗星星，他感到好奇的是它在亮度方面的变化，这种变化是否是经常的，我们认为是固定的星星是否真正在移动。因此，他敢于面对一件连神都要感到吃惊的事情，即为后人列举众星的数目，按照名字和各个星座区，发明星座表，以指明它们的位置和亮度，使它们比较容易辨别，不仅可以辨别出这些星星是已经死亡的还是新生的星星，还可以辨认出它们是经过的，还是在运转。同样，还可以辨认出它们是在变大还是在变小。因此，喜帕恰斯使天空成了全人类的遗产——哪怕有人想要争夺这份遗产也枉然。

流星和圣埃尔莫之火

96. 流星(Meteoors)只有在陨落的时候才可以看见,当日耳曼尼库斯·凯撒(Germanicus Caesar)在观看角斗士表演的时候,正好有一颗流星在中午时分在众人眼前划过天空。流星(主要)有两种:希腊人把第一种称为 *lampades*,即"火炬";另一种称为 *bolides*,或"火箭",就像穆蒂纳战争(Battle of Mutina)中所看见的那些一样。[17] 其他的流星出现方式相同;例如,有一种被希腊人称为 dokoi,即"光柱"的流星,它类似于在斯巴达舰队被击败,丧失对希腊控制权的时候出现的彗星。[18]

97. 天空也会出现空洞,人们把它称为裂口,还会出现某些东西以及血与火,它会从这个空洞之中落到地下;人们不再有担惊害怕的原因。这些现象出现在第 107 届奥运会的第三年,[19]当时腓力(Philip)国王引起了希腊内部的动乱。我认为已经发生的这些事情,确实是其他现象发生的原因,在一定的时间也是大自然力量造成的结果,而不是大多数人所设想的那样,是由于人类的聪明才智所造成的其他原因。可以确定,这些流星不能预言重大的灾难。我认为它们的出现是自然的现象,是由于它们在任何地方都可能出现。它们出现的原因,由于它们的出现非常罕见而被掩盖了,因此它们不被人们所理解。像尤里乌斯·凯撒被暗杀之后,就出现了不祥的、长时间的日食。[20] 在安东尼战争期间,几乎一整年都出现了连绵的暮曙光。

99. 而且,在同一个时期,可以看见有几个太阳:不论在高处还是低处,这些被看到的都不是真正的太阳,但是位于一个角度;

---

[17] 公元前 44 年,布鲁图被安东尼包围在穆蒂纳。

[18] 公元前 394 年尼多斯战争时期。

[19] 公元前 349 年。

[20] 公元前 44 年。

它们与地球从来不接近也不对立，而且在晚上看不见它们，只有在日出和日落的时候才能看见。在一个特殊的时期，有报道说中午在博斯普鲁斯不止看见一个太阳，这些太阳常常可以看见——例如，它们曾经在斯皮里乌斯·波斯图米乌斯和昆图斯·穆西乌斯、[21]昆图斯·马尔西乌斯和马可·波尔西乌斯、[22]马可·安东尼和普布利乌斯·多拉贝拉、[23]马可·李必达和卢西乌斯·普兰库斯[24]担任执政官期间。这种现象也出现在克劳狄成为皇帝，他和科尼利乌斯·奥尔菲图斯担任执政官时期。[25] 至今为止，最多有3颗太阳被报道过。在格内乌斯·多米提乌斯和盖尤斯·法尼乌斯担任执政官时期，还出现过3个月亮。[26]

100. 被大多数人称为"晚上的太阳"的这种现象，曾经在盖尤斯·凯西利乌斯和格内乌斯·帕皮里乌斯[27]担任执政官时期的晚上，还有其他时候经常可以看见。由于它出现的时候像白天一样明亮，尽管这是晚上。在卢西乌斯·瓦勒里乌斯和盖尤斯·马里乌斯担任执政官时期，[28]一块燃烧着的盾形物体在日落时分从西向东划过天空，并且在运动时散发出火花。在格内乌斯·屋大维和盖尤斯·斯克里波尼乌斯[29]担任执政官时期，有一颗火星从星空落下，当它接近地球的时候体积在不断地变大。当这颗星星变成月亮那么大体积的时候，它在阴天闪闪发亮；当它返回天空的时候，变成了一个火炬。这是一个孤立的现象。西拉努斯(Silanus)总督及其随从看见了这个现象。许多星星看来就在附近快速运动，绝没有什么理由好解释的；因为这个现象预示了同一地区将要有飓

[21] 公元前174年。
[22] 公元前118年。
[23] 公元前44年。
[24] 公元前42年。
[25] 公元51年。
[26] 公元前222年。
[27] 公元前113年。
[28] 公元前86年。
[29] 公元前66年。

风来袭。

101. 在大海和陆地上都可以看到星星；我曾经看到过它们像是晚上守卫在前线城堡士兵手中的长矛闪闪发亮。在大海之中，我曾经在军舰的横桅杆端和其他位置上看到圣埃尔莫(St Elmo)之火，[30]在周围跳跃着，发出类似鸟叫的声音，好像小鸟从一根树枝上跳到另一根树枝上。当这些星星单独出现的时候，它们是巨大的，可以使船只沉没；如果它们坠落在船底，它们的火焰可以烧毁船只。当它们成双成对的出现时，预兆着旅途平安顺利。许多人认为最可怕的星星是海伦娜(Helena)，它们的来临可以使人们逃之夭夭。这就是两颗名叫北河二(Castor)和北河三(Pollux)的星星，在海上被称为神的原因。在晚上，星星也照亮周围人群的头顶；它们形成了一些具有重大意义事件的预兆。所有的这些现象都没有确切的解释，隐藏在大自然神秘的威严之中。

天气和天体对自然现象的影响

102. 我对世界和星座的叙述到此结束。下面我将讨论有关天空值得提到的其他问题。我们的前辈所说的“天空”，也可以理解为“空气”——所有这些类似虚空的虚空，但充满了生命的气息。从天空之中产生了云雾、雷鸣、雷电、冰雹、冰冻、雨水、暴风雨、飓风，还有许多对人类而言不幸的事情以及大自然各种元素之间的斗争。

103. 星座的力量挤压着地球上不肯低头的万物，使其不能实现自己的目的。雨水降落，云雾上升，河水向下流，冰雹向下砸；太阳的光辉炙烤和照耀着宇宙中心地球上的每一个地方，它破坏、修复并且得到所有醉意醺醺者的喝彩。水气从高空落下，又回到高空。空虚的风猛烈横扫下界，又带着它的战利品而去。因此，万物

[30] 圣埃尔莫之火是发亮的，与大气放电产生的丛林大火同时发生，在暴风雨天气，它的电光射在船只的桅杆上。圣埃尔莫是水手神圣的庇护者。

从高空的大气之中获得了它们呼吸的空气，但大气的运动方向相反。地球又把大量可呼吸的空气送回太空，好像它们是真空一样。

104. 只要大自然像弩炮一样来回地运动，这个世界运动的速度就能激起不和谐。战争不会停止，但被夺走的东西常常又会恢复原状，揭示了环绕着这个世界的巨大天体之中万物的起因，它是如何以云雾覆盖其他天体的。这是风的王国。这里最能表现风的本性，它包容了几乎所有属于大气的现象。大多数人把雷鸣和闪电归罪于风的暴行——确实，天空有时还会落下石头雨，这些石头就是风从空中刮来的。还有很多事情也是这样。

普林尼时代研究的衰退

117. 至少有二十多位古代希腊作者出版了自己有关这些课题的观察报告。这使我感到惊奇，虽然这个世界处于巨大的变化之中，并且被分成了许多王国，有这么多人关心这么难以研究的问题——特别是当他们还生活在战乱之中，军队和海盗横行，普遍的灾难阻碍了信息自由交流渠道的时候。因此，现在人们可以从那些从未到过此地者的笔记之中，了解自己本地的某些事情，比从当地居民了解的东西还更准确。而且在当今这个和平幸福的时代，皇帝乐于提倡文学和科学，已经没有任何东西可以作为原创性研究成果加入到知识的总和之中；确实，即使是人们很久以前的发现，也已经被完全吸收了。

119. 如果把这些成果在众多研究者之间分配，收获并不是很大。确实，从地下发掘出的大量物品，除了有助于后世的思考，没有其他的益处。人们的道德品质已经世风日下，但收入并未减少，因为所有的大海已经开放，所有的海岸都提供了优良的码头，大量的人群在海上来来往往，不是为了追求知识，而是为了利润。他们的内心不假思索就被贪婪所占据，无法理解知识可以保证使他更加安全。因此，考虑到成千上万在大海波涛之中航行的人们，我必须更加认真地讲述各种风向，这或许更符合我将要完成的任务。

八种主要的风

119. 古代作家认为总共有 4 种风，每种风占世界的 1/4（至于其中的原因，连荷马也没有多说）——正如不久之后对它的评价一样，这是一种粗糙的分类方法。后来又增加了 8 种风，在先前的每种风之间增加一对，这证明分类过分细致和刻板。接下来决定走中间路线，从过长的名单之中把增加的风减到 4 种。因此，现在是每 2 种风占世界的 1/4：[31]东风（希腊语称 Eurus）和东南风（希腊语称 Apeliotes）；[32]南风和西南风（希腊语 Notus 和 Libs）；[33]西风（希腊语称 Zephr）和西北风（Argestes）；[34]北风（希腊语称 Aparctias）和东北风（Boreas）；[35]

旋风

131. 如前所述，突然出现的狂风由于地球的呼吸作用而形成，又重新降落在地面上，它以乌云的外衣隐蔽着，以多种形式出现。确实，这些狂风像一股洪流，横扫一切，不可阻挡，而且带来了雷声和闪电。如果它们在干旱的云层之中发生严重的碰撞，炸出一个大洞，就可以造成暴雨，希腊人称之为“大暴雨”；如果它们从稍微旋转的下弧线之中突然出现，就将造成旋风。

132. 对于海员来说，龙卷风是最大的灾难，它们在船的周围旋转，不仅毁坏横桅杆端，而且毁坏船只。唯一的办法，而且是不太管用的办法，就是在它出现之前倒醋，这种物质本质上是冷的。旋

---

[31] 由维特鲁威列表，参见：On Architecture，I，6，4。参见雅典市场八角风塔顶部周围的图案。

[32] Subsolanus and Vulturnus.

[33] Auster and Africus.

[34] Favonius and Cornus.

[35] Septentrio and Aquilo.

风由于自身的压力回转时，将把许多物品卷起，把它们卷上天去，带往高高的地方。

133. 如果狂风出现在低压风的巨大空洞之中，但这个空洞比不上暴风所造成的空洞那么大，而且伴随着巨大的声音，这种风就是人们所说的“旋风”，它可以毁坏前进道路上的一切东西。当着旋风温度很高，而且带着炙热火焰的时候，它就被称为“火柱”；它可以点燃并且毁灭它所遇见的一切物品。但是，在刮北风的时候，就没有龙卷风；而正在下雪或者雪花飘落在地面的时候，就没有大暴雨。

雷与闪电

135. 在冬季和夏季都很少出现雷电，但原因相反。在冬季，由于厚厚的云层，空气变得稠密，地面上的浓雾变得凛冽而严寒，温暖的水蒸汽消失了。这就是为什么西徐亚和周围冰冻地区没有雷电的原因。另一方面，被非常炎热天气笼罩的埃及同样也没有雷电，因为地面热而干燥，雾气很少凝结，只能形成稀薄的、飘浮不定的雾气。

136. 由于夏季和冬季的原因，在春季和秋季经常出现雷电，两个季节的每个季节都有雷电。为什么它们经常出现在意大利可以这样解释，由于冬季温暖、夏季多雨的原因，大气流动不受阻碍，使它们有点像春天和秋天。在意大利有些地区，自北向南的山麓比较温暖，例如罗马和坎帕尼亚地区的冬季和夏季有闪电。这种现象在其他任何地方都是见不到的。

138. 伊特鲁里亚的作家认为，有 9 位神可以发出 11 种雷电——因为光是朱庇特就可以发出 3 种雷电。罗马人只保留了诸神的两种雷电。他们认为白天的闪电属于朱庇特，而晚上的闪电属于萨马努斯(Summanus)，后者不常见，自然是由于气候寒冷的缘故。

140. 根据历史资料记载，雷电的出现，有时是由于某些祭祀和祈祷的结果，或者是对它们的回应。伊特鲁里亚有一个古老的传说，就是这类祈祷得到了回应：有一个凶兆（他们称之为奥尔塔）降临沃尔西尼城（Volsinii），使它的土地变得一片荒芜；闪电回应了该城国王波尔森纳（Porsenna）[36]的祈求。正如权威作家卢西乌斯·皮索（Lucius Piso）在其《编年史》第一卷之中告诉我们的，在他之前的努马（Numa）[37]也经常举行这种祈祷。他进而指出，在图卢斯·霍斯提利乌斯（Tullus Hostilius）继承了努马之后，由于忽视祭祀，他被闪电击毙。我们还有圣树林、祭坛和神圣的祭仪；朱庇特的称号包括“支持者”“雷神”“征服者”和“被祈求者”。

141. 根据各人的性格不同，人类对这个问题的看法也各不相同。勇敢的人认为大自然应当服从神圣的祭祀仪式。同样，愚蠢的人否认祭祀仪式是有益的力量，因为在解释雷电形成的原因方面，知识已经有了非常巨大的进步，它甚至可以预告在某个预定日期将要发生的其他事情。这种进步是由无数公众和私人经验得出的。

闪电及其影响

142. 可以肯定，在暴风雨之中，人们在听到雷声之前就已经看到了闪电的光芒；这并不是一件奇怪的事情，因为光速快于音速。大自然使闪电的电光与声音在一起，但是声音出自闪电开始之时，而不是在放电的时候。没有任何人在观察闪电时，或者在听到雷声之前被击中过。闪电在左边被认为是有运气，因为太阳是从地球的左边升起来的。

145. 没有雷声的闪电经常出现在晚上而不是在白天。人是闪电不经常打击的唯一的动物，其他动物立刻被打死了。显然，大自然授予人类这种荣誉，是因为有许多动物在力量上超过了人类，所

---

[36] 传说波尔森纳来自伊特鲁里亚中部的克卢西乌姆城。

[37] 努马继承罗慕路斯担任罗马国王。

有动物都倒在闪电相反的方向。如果人们不被闪电打得转身，他就不会死亡；他受到来自天上的打击，倒在地下缩成了一团。如果闪电击中的是一个尚未睡觉的人，可以发现他的眼睛是紧闭的；如果击中的是睡梦中的人，他的眼睛是张开的。火葬这样死去的人是不符合宗教习俗的；宗教习俗要求墓葬。没有一种动物不能被闪电烧着和幸存下来。闪电造成的伤口，最近的部位温度比身体其他部位更低。

146. 所有在地面生长的东西之中，只有月桂树从没有遭到过闪电的打击。闪电不能穿透地下 4 英尺深的地方。由于这个原因，那些害怕闪电的人们都认为深深的洞穴，或者用被称为斑海豹的动物皮革做成的帐篷是最安全的地方，因为在所有的海洋动物之中，只有它们没有遭受过闪电的打击。

鹰是唯一没有遭受过闪电打击的飞禽，因此其象征就是长着翅膀的闪电。在意大利内战期间，[38]人们停止在塔拉齐纳与费罗尼亚神庙之间修建瞭望塔，因为没有一座塔逃脱了被闪电摧毁的命运。

天空中的神奇事件

147. 除了在低空发生的这些事件之外，据记载，在马尼乌斯·阿奇利乌斯(Manius Acilius)和盖尤斯·波尔齐乌斯(Gaius Porcius)担任执政官时期，天上曾经下过牛奶雨和血雨，在其他时候还经常下过肉雨。在帕布利乌斯·沃兰尼乌斯(Publius Volumnius)与塞尔维乌斯·苏尔皮西乌斯(Servius Surpicius)担任执政官时期，鸟群叼来的肉类没有不变质的。同样，根据记载，在马可·克拉苏(Marcus Crassus)被帕提亚人所杀的前一年，[39]在卢卡尼亚下过铁雨，还有大量在其军中服役的卢卡尼亚士兵和他一起被杀死。落下来的铁，外形就像是海绵；占卜官根据上述征兆预

---

[38] 公元前 49——前 44 年。

[39] 公元前 53 年卡雷大战被杀。

言将有灾难降临。在卢西乌斯·保卢斯(Lucius Paullus)与盖尤斯·马尔塞卢斯(Gaius Marcellus)担任执政官时期,在康普萨要塞附近,天上落下了羊毛雨;一年之后,提图斯·安尼乌斯·米洛(Titus Annius Milo)在附近被杀,当时米洛正在为一个案件辩护,天上掉下了许多火红的砖块——这是当年官方的记载。

148. 我听说在与辛布里人(Cimbri)战争时期,天空中传来武器的撞击声、号角的声音,这种现象在之前和之后曾多次出现。在马里乌斯(Marius)担任第三任执政官的时候,[40]阿梅利亚和图德尔的居民看见天上有军队从东方和西方赶来参加战争,西方的军队溃逃了。天空常常看见着火了,云层被巨大的火焰点燃,这种现象丝毫不令人惊奇,而且经常可以看见。

149. 希腊人断言安那克萨哥拉(Anaxagoras)[41]在第78届奥林匹亚运动会的第二年[42]利用他对天文学的知识,预言在某个确定的日子有一块陨石将要从太阳坠落,这件事情那天在色雷斯的伊哥斯波达米(Aegospotami)出现了。这块陨石甚至在今天还可以看到,它的体积像一辆轻便两轮马车大小,颜色是褐色的。这里晚上还可以看见火红的彗星。如果有人相信这个预言,他同时就必须承认安那克萨哥拉预言奇迹的能力是有充分理由的。而且,如果我们相信太阳本身是一块石头,甚至它的内部有石头,我们对于宇宙的认识也就被倾覆了,一切事情都变得混乱不堪了。但是,有一件事情是毫无疑问的,天上经常掉下陨石。

---

[40] 公元前103年。

[41] 克拉佐梅尼的安那克萨哥拉(约公元前500—前428)是第一位移居雅典的哲学家。他宣称在开辟鸿蒙的时候,世界是一片"混沌",包含了许多在自然本质上截然不同的、有机的、无机的种子;这些物质可以无限地划分为许多基本构成部分,所有部分都代表了安那克萨哥拉的基本要素。奴斯开始了一个逐渐扩大的旋转运动。因此这些种子被分离出去,密集的、(潮湿的)、寒冷的和黑暗的种子(aer)进入了中心地带,它们的对立面(*aither*)则处于周边地带。天体是石头,从旋转得赤热的地球之中分裂出来。安那克萨哥拉了解爱奥尼亚传统的地平学说,而且知道日食的原因。

[42] 公元前467年。

150. 确实，由于这个原因，直到今天在阿拜多斯城(Abydus)的体育馆之中还供奉着一块体积中等的陨石，同一位安那克萨哥拉据说就曾经预言它将坠落在这个国家的中心地带。还有一块陨石供奉在卡桑德里亚(Cassandria)城，它从前叫做波提戴亚(Potidaea)；它就是由于这个奇迹而建立的殖民地。我曾经亲眼看过不久前坠落在沃康提人(Vocontii)土地上的一块陨石。

彩虹

151—153. 彩虹(Rainbows)经常出现，它们既不神奇，也不重要。它们甚至也不是下雨或者好天气的可靠标志。显然，投射到云层中的阳光，可以折射太阳与各种云彩、发光体和大气混合而形成不同色彩。彩虹只与太阳一起出现，而且总是半圆形的。彩虹不会在晚上出现，尽管亚里士多德说在某个时候的晚上可以看见彩虹，但必须指出这只能发生在朔望月的14日。[43]

大地母亲

154. 接下来是大地，它是自然界的一部分，我们把大地尊称为“母亲”，以表示最高的敬意，因为这是她应得的称号。大地是人类活动的地区，而天空则是诸神活动的区域。自从我们降生之后，大地就接受了我们，养育了我们，总是支持我们，最后又使我们安息在她的怀抱之中，特别是在我们被大自然其他部分抛弃之后。她的神圣不是因为伟大的服务，而是因为她使我们也成了神圣的人——保留我们的坟墓和碑文，使我们的名声传之久远，使我们的记忆世代相传。对于我们在愤怒之中祈求“深深地埋葬”的那些死者而言，她的神性是临终的关怀，似乎我们不知道她是唯一对人类不生气的神圣。

---

[43] Meteorologicam, III, 372ᵃ27.

155. 水可以变成雨、冰和冰雹，可以掀起汹涌的波浪，像倾盆大雨一样猛烈地落下。天空由于云雾而变得阴沉，在暴风雨中发出怒号的声音。

大地母亲的礼物和人类的滥用

无论如何，大地是仁慈的、温和的、宽容的、总是为人类需求服务的，无论是被迫的生产还是自愿的慷慨赠予。多么好的香气，多么好的味道，多么好的汁液，多么完美的各种东西，多么美妙的色彩！凡是所借之物，她多么守信地偿付利息！她为我们培育了多少的食物！凡是有害的生物——如有害的动物，必定遭到谴责——在种子播种之后，她负责收获，当种子成熟之后，她负责保护；但是，它们受到伤害是由于那些制造伤害者的邪恶。大地不接受曾经咬伤过人的蛇，她甚至以这些死者的名义进行惩罚。

156. 确实，大地是可以信任的，由于怜悯我们，她甚至制造出了毒药，以免当我们对生命和饥饿感到厌倦时，死亡完全违背大地的恩典，以缓慢的、使人耗尽精力的方式毁灭我们；以免悬崖使我们破碎的身体化为乌有；以免滥施刑罚，如使人窒息的绞刑，使我们备受痛苦；以免我们在深渊寻死，我们的坟墓变成了鱼儿寻觅食物之地；以免铁器的惩罚撕裂我们的身体。因此，大地出于对我们的怜悯，生产出了一种物质——一种非常可口的饮料——像口渴的人饮用饮料，使我们可以毫不费力地夺走自己的生命，既不伤及身体，又不会流血。使用这种方式去死，没有飞禽走兽敢碰我们的遗体，使用这种方法自杀的人，也将被保存在大地的怀抱之中。

157. 大地也为我们生产了许多治疗疾病的药物，而我们却制造出了毁灭自己生命的毒药。我们为什么不使用铁器呢，它不同样是毁灭生命必不可少的工具吗？由于我们对大自然各种元素之一不知感恩，即使她出于罪恶目的生产出毒药，我们在也没有权利抱怨。她为什么高兴的事情或受到什么冒犯而不再赐恩给人类？她被倾倒在大海之中，或者被挖出来供给水渠使用。她总是受到水、铁器、树木、火、石头和农作物的祸害，而且，她提供给我们的快乐比我们的需求多得多。

158. 所以，她在地面上、在最外层表皮受到的损害，相对而言还是可以忍受的，我们钻进了她的最深之处，从中挖出了金矿、银矿，还有铜矿和铅矿。我们使用沉井进入地下深处，寻找宝石和某些非常小的钻石。我们硬是从大地的内部掏出了东西；我们寻找戴在手指上的钻石。为了一个人的手指光彩夺目，多少工人被累得精疲力尽！如果地下世界还有什么东西存在，可以肯定，由于贪婪和奢侈的结果，必然会挖一条坑道把它们挖出来。如果大地将来创造出什么危害我们的动物，我们还会感到奇怪吗？

159. 我相信，野兽也会保护大地，防止罪恶之手的伤害。为什么我们不去地下寻找毒蛇，而要在有毒的植物之中寻找金矿？又，由于所有这些物品的出售，由此而获得的财富，都导致了罪恶、流血和战争，这就必须由慈悲女神来加以缓和。我们用自己的热血灌溉了大地、用自己的白骨覆盖了大地。可以说，当我们的疯狂被清除之后。大地自己掩埋了这些白骨，也掩盖了人类的罪恶。我认为，我们忘恩负义所造成的罪恶，是因为我们对于大地的本性一无所知的缘故。

大地及其球形

160. 大地的外形是头等重要的问题，关于这个问题基本上是一致的。无论如何，我们把大地成为称为球体，而且认为它有两极。但是，它的外形不是完美的球形，因为它有高山、辽阔无垠的平原……不过，宇宙围绕着大地不停地运转，使它变成了一个球形的巨大的球状物。

161. 在这个问题上，知识分子和市井之徒的观点有很大的冲突。学者们认为人类已经扩散到大地上所有的地方，他们用脚站立在大地上彼此对立的两边，天空对于所有人而言都是一样的，他们的脚从他们所在之处指向了大地的中心。但是，寻常百姓可能会问，为什么站在大地对面的人不会掉出去？对于他们而言，如果没有一个相当好的理由来解释，可不是会奇怪为什么我们没有掉出去。

海洋

163. 不过，对于普通大众而言，最大的问题还是他们是否应当相信海洋(oceans)也是球形的。在自然界，至今还没有其他东西比它更明显，即小滴的液体掉下来时是小小的球体。当它掉在地面或者叶片毛茸茸的表面，它们的外观绝对是球形的。虽然在倒满液体的杯子之中有一个弯月形的液面，由于液体的透明性和流动性，它可以形成自己的水平面。这些事实从理论上比观察还更容易理解。还有更加令人惊奇的现象，这就是在向一个已经注满水的杯子中注入少量水的时候，水会溢出杯子。相反，在加入重物的时候——通常是多达20个银币：假定它们进入水中，仅仅是使液体的表面凸起；水灌到液体表面之后就流走了。

164. 同样的理由，也可以解释为什么站在船只的甲板上看不见土地，而站在桅杆上却可以看见，为什么船只走远之后，绑在桅杆顶部的某些发光物体发出的光芒是微弱的，后来竟然消失得看不见了。最后，我们凭什么认为海洋的边缘地区有其他的外形，为什么它的边界在没有被包围时，它能够汇聚在一起而不致消失？尽管大海是球形的，为什么它的边界不会消失，而且还十分令人吃惊。

周航已知世界

167. 现在，从加德斯(Gades)和赫拉克勒斯石柱(Pillars of Hercules)到西班牙(Spain)和高卢(Gaul)，整个西部地区已经进行了周航。在已故奥古斯都(Augustus)皇帝的支持之下，北洋的大部分也已经进行了考察。当着舰队环绕日耳曼(Germany)航行到辛布里海角时，看到了眼前出现的辽阔大海，根据报告知道了它的情况，前进到了西徐亚(Scythia)和非常潮湿的结冰地区……在同一颗星星之下，东部整个地区从印度洋(Indian Ocean)到里海(Caspian Sea)，在塞琉古(Seleucus)和安条克(Antiochus)统治时期，马其顿军队都走遍了，他们希望以自己的名字把它们命名为塞琉古和安条克。

168. 环绕着里海的大洋[44]沿岸许多地方已经被考察过了，罗马战舰几乎走遍了整个北方地区，以至于现在对梅奥提斯湖(Maeotic Lake)的情况已经不存在任何推测的空间。正如我所看到的，许多人相信它是个海湾或者是海湾的溢流口，被一条狭窄的海峡与大海分割开来。在加德斯的另一边，从西部同一个地点出发，在毛里塔尼亚(Mauretania)沿岸南部海湾的大部分也被人们走遍了。确实，亚历山大大帝(Alexander the Great)东征已经走遍了它的大部分地区，直到阿拉伯湾(Arabian Gulf)。当奥古斯都之子盖尤斯·凯撒(Gaius Caesar)在这里战斗时，一些西班牙沉船的船艏首饰像被认出来了。

169. 在迦太基(Carthage)势力全盛时期，汉诺(Hanno)[45]曾经从加德斯远航到阿拉比亚(Arabia)最远的地区，并且出版了他的远航记。在同一个时期，希米尔科(Himilco)[46]则出发探险欧罗巴(Europe)沿岸地区。凯利乌斯·安提帕特(Caelius Antipater)也说，他曾经看到过有人从西班牙航行到埃塞俄比亚(Ethiopia)做买卖。

---

[44] 古人认为大洋是环绕地球陆地的大海的一部分。

[45] 迦太基探险家(公元前480之前)，他记载了西非的情况——只是唯一保存下来的布匿文献——保存在希腊语的译文之中。他大概受到了希罗多德风格的影响。参见：C. Muller, Geo-graphici Graeci Minotes(Paris, 1882), vol. I. P. 1FF。

[46] 迦太基航海家(公元前480之前)，他对从加德斯到不列颠的欧洲西部海岸线进行了探险。

人类占据地球小部分，本身只是宇宙的一个小点

174. 即使把所有这些部分[47]都从地球上拿走，正如大多数著名学者所说，它也不过是宇宙中的一个小点，因为整个的地球，处于整个宇宙之中——这是有关我们荣誉的基础和家园，我们在这里占据统治地位，我们在这里追求财富，并且使人类陷入无休无止的动乱和战争之中——甚至是内战——由于互相残杀而使大地一片荒芜。

175. 要考虑各个民族外在的疯狂，在这块土地上，我们驱逐过自己的邻居，开垦和盗窃他们的土地以增加自己的土地，有人为了标榜自己土地辽阔，赶走了自己的邻居，并且以占有无边无际的土地而沾沾自喜。

日出、日落随黄经而改变

181. 虽然全世界同样有黑夜和白天，它们的时间却是不同的。由于许多实验的结果，这一点已经为人们所知——例如，与汉尼拔在阿非利加、西班牙和亚细亚建立的堡垒一起，由于害怕海盗骚扰，作为防护措施，在那些地方同样也建立了瞭望塔。人们发现在这些地方中午点燃的烽火，在下午 9 点钟也可以被遥远后方的人看见。亚历山大的一名传令兵菲洛尼德斯(Philonides)，日出之后用 9 小时跑完了从西锡安(Sicyon)到伊利斯(Elis)的 138 罗马里的路程，[48]虽然返回的路程是下坡路，也一直跑到下午 9 点钟。这种事情是经常发生的。原因是在去的时候他的路线是顺着太阳的，但是在他返回的时候是迎着太阳的，阳光从对面的方向迎着他。这就是为什么船只向西航行，即使在最短的白天航行距离也超过晚上航行的距离，因为他们是顺着阳光航行。

---

[47] 普林尼包括了大海、航道、湖泊、沙漠和其他无人居住的地区。

[48] 两地之间实际的直线距离大约是 80 罗马里。

太阳的高度随纬度而改变

182. 日晷仪不能同样记下各个地方的情况，因为阴影是由阳光投射的，每隔 300 斯塔德、最远是每 500 斯塔德，太阳的投影就变了，随着它一起，时间的刻度也改变了。例如，在埃及正午二分点时刻，日圭的阴影略长于其长度的一半，而在罗马阴影的长度比日圭短 1/9，在安科拉（Ancola）长 1/35，在意大利威尼斯（Venetia）地区，在同一时刻阴影等于日圭的长度。

白天的时间与纬度一起改变

186. 这种情况也经常发生，由于白天的时间长度发生变化，在麦罗埃（Meroe）最长的白天长达 12 又 8/9 二分点小时，在亚历山大是 14 小时，在意大利是 15 小时，在不列颠（Britain）是 17 小时，那里每晚明亮的夏季符合向极力使我们相信的理论，即由于太阳在夏季距离地球的顶点更近，有一个狭小的光圈照亮位于地球两极的各个地区，在一个时期造成了 6 个月漫长的白天，而当太阳转移到相反的冬至方向，就造成了 6 个月漫长的黑夜。

187. 马西利亚（Massilia）的皮西亚斯（Pytheas）[49]写道，这件事情发生在距离不列颠 6 天航程的图勒（Thule）岛上，也有人说它发生在距离不列颠城镇卡穆洛杜南（Camulodunum）约 200 罗马里的莫纳（Mona）。

日晷仪和日的长度

阿那克西曼德（Anaximandesr，我已经提到过他）的学生、米利

㊾ 希腊探险家，周航不列颠和图勒。他计算过马西利亚的纬度，他奠定了绘制通过高卢北部和不列颠纬线圈的基础。

都(Miletus)的阿纳克西梅涅斯(Anaximenes)[50]发明了投影理论，人们把这个理论称为“日圭测定论”。他是在斯巴达(Sparta)展出日晷仪的第一人，他们把这个设备称为“追踪阴影”(sciothericon)。

188. 不同的民族用不同方法测得的实用单位称为“日”。巴比伦人(Babylonians)认为这个单位等于两次日出之间的时间；雅典人(Athenians)认为等于两次日落之间的时间；翁布里亚人(Umbrians)认为是从中午到中午的时间；通常各地的居民认为是从黎明到天黑。罗马祭司和那些制定“民用日”的人像埃及人(Egyptians)和喜帕恰斯一样，认为日是从子夜到子夜的时间。不过，情况很清楚，在日落与日出之间白天的间隔，短于分至点时的夏至，因为黄道带(Zodiac)位置在中点附近更倾斜，在至点附近更直。

气候及其对人种特征的影响

189. 毫无疑问，埃塞俄比亚人受到阳光的炙烤，生来就有黑色的外貌，鬈曲的胡须和头发。而在这个世界对面的地区居住的种族则有着白色的、灰白的皮肤，笔直下垂的亚麻色头发。

190. 在大地的中部，由于火和水正常的混合，这里的土地对各种东西来说都是肥沃的；男子是中等身材，他们的气质具有非常明显的、和谐的和重要的特征；他们的举止和行为是高尚的，他们的感觉灵敏，思维能力丰富；他们有能力理解整个自然界。这些民族有政府，这是偏远民族从来没有的机构，正如他们从来也不服从中央民族一样，因为他们是分裂的、孤立的、与压迫他们的大自然野性是一致的。

---

[50] 自然哲学家(活动时期约公元前546年)，他认为气是万物的本质，灵魂由气组成。

地震

191—192. 根据巴比伦人的理论，地球上的地震和裂缝像所有的自然现象一样，它的发生是由于行星的力量引起的——不是所有的行星，只有 3 颗行星，他们把雷电也归之于 3 颗行星。[51] 当行星与太阳一起运转时，这种情况就出现了。我们认为一个重要的、流芳百世的占卜，要归功于米利都的自然科学家阿那克西曼德，据说他曾经警告过斯巴达人保护他们的城市和房屋，因为一场地震即将要发生。等到那个时候，整个城市都将变成一片废墟，像船尾一样显眼的泰格图斯山(Taygetus)，大部分将要崩塌，化为一片废墟。毕达哥拉斯的老师菲勒塞德斯(Pherecides)[52]作出了进一步的预报，这个预报也是正确的。他在预报之中警告其公民同胞将要发生地震，他说他在从水井之中汲水的时候，便预感到有地震发生。如果这些说法是真的，即使这些人活着的时候，又与神能有多少区别？虽然这类问题应当根据各人的判断能力而定，我认为毫无疑问是风造成了地震。除非大海风平浪静，天体静止不动，鸟儿不能飞翔，因为承载它们的所有空气都消失了，地震才不会出现。

地震来临的预警信号

193. 地震以各种不同的方式出现，具有严重的后果，在某些地方推到墙壁，在另外一些地方又把它们吞没到深深的地下，在有些地方带走了大量的泥土，在另外一些地方又造成了河流，有时甚至还出现火和温泉，有时又改变了河道的河床。在地震之前或

---

[51] 土星、木星和火星。

[52] 锡罗斯岛的抒情诗人(约公元前 550 年)。菲勒塞德斯的创世神话 *Epitamychos* 描写了世界由一组或多组三位一体永恒的神建成，他们是：扎斯(宙斯)、克罗诺斯(克罗诺斯)和克托涅(盖亚)。

者同时还有可怕的声音，有时发出隆隆的声响，有时又像牛群低沉的声音、人类的呼声和武器在一起碰撞发出的撞击声。所有这些都取决于接收振动波的物质性质，或者是声音所穿过的洞穴形状。

194. 有的时候，大地并不是简单地震动，而是在颤栗和颤动。确实，有的时候裂缝张开大嘴，显示出被它吞没的物体；有的时候它又闭上嘴巴，把这些东西藏起来，或者用土壤把峡谷堰塞起来，用这种方法使它们消失得无影无踪。许多城市和大片的农田就这样被吞没了。但是，沿海地区特别容易地震，山区也难逃这种灾难。我发现阿尔卑斯山脉（Alps）和亚平宁山脉（Apennines）的小地震也经常被记录下来。

196. 当着没有风的时候突然掀起海浪，或者惊涛骇浪撞击他们的船只，水手们可以非常准确地预告地震即将发生。甚至船上的桅杆也开始抖动，就像在建筑物之中一样，他们也可以根据连续不断的响声预测地震开始发作；胆小的鸟儿停止飞行了。天空中也会出现一个信号：在晴朗的天空，白云像一条延伸的带子覆盖在即将发生地震前的广大地区，这种情况或者是发生在白天，或者是在日落之后不久。

197. 井中的水更加浑浊，发出了难闻的味道。在水井中可以防备地震，就好像洞窟常常使人们得以摆脱令人窒息的状态。这在许多城市都可以看到。建筑物的地基被许多排水管道打穿，不怎么震动。正如在意大利所看见的，在阴沟之上的建筑物要安全得多。在奈阿波利斯（Neapolis），城市坚固的建筑反而更容易遭受这种灾难带来的损失。建筑物最安全之处是拱门、墙角和柱子，柱子可以将各自交替的推力反弹回去；墙壁是用生砖建筑的，很少受到震动的损害。

历史上的地震及其后果

199. 正如我从伊特鲁里亚宗教箴言书籍之中所知道的那样，

在卢西乌斯·马尔西乌斯(Lucius Marcius)和塞克斯都·尤里乌斯(Sextus Julius)担任执政官时期,在穆蒂纳地区(Mutina)曾经发生过一场不祥的重大地震。两座山峰一起倒塌下来,发出了巨大的声音,先向前滚动,然后又转回来,在它们之间,火焰和浓烟直冲云天。这件事情发生在白天,大群罗马骑士、他们的朋友以及路人都在埃米利亚大道上(Via Aemilia)看到了这次地震。在这种巨大力量的打击之下,农庄所有房屋都轰然倒地,建筑物之内的许多动物也死了。这件事情发生在社会战争的前一年,[53]这次地震可能比内战对于意大利本土造成的灾难更大。在近代,居然也看到在尼禄皇帝最后一年[54]出现的令人惊奇的景象,我已经把它记录在在拙作尼禄在位时期的历史之中。草地、橄榄树和之间的公路都跑到对面去了。这事发生在马鲁西尼人(Marrucini)的领土上,发生在一位罗马骑士维提乌斯·马塞卢斯(Vettius Marceillus)的地产上,他是尼禄商业利益的管理者。

200. 洪水伴随着地震同时发生。最大的地震发生在提比略凯撒(Tiberius Caesar)在位时期,在小亚细亚有 12 座城市一夜之间被夷为平地。在第二次布匿战争(Second Punic War)时期,发生了一次地震和多次有记录的余震。在一年之中,有 57 次余震的报告送到了罗马。[55] 正当迦太基人(Carthaginians)和我们自己陷入战争之际,这年发生了一次大地震,但双方都没有感觉到这次地震。地震不是普通的灾难,地震本身是不可控制的危险。但是,对于今后的预告而言,它同样是或者是更严重的危险。罗马城市从来没有在尚未得到灾难警告的情况下,就发生地震的事情。

---

[53] 又称马尔西战争或意大利战争。这是一场罗马反对意大利同盟者的战争(公元前 91—前 87),在这些同盟者之中马尔西人地位突出。主要的战争发生在公元前 90—前 89 年,罗马人赢得胜利,大部分是通过政治让步,授予同盟者罗马公民权来取得的。这使波河以南的意大利得以巩固。

[54] 公元 68 年。

[55] 公元前 217 年。

从大地获得的产品

207—208. 让我来说说大地的奇迹而不是大自然犯下的罪孽。我可以肯定地说，即使天象也是不难记载的。下面我来说说这么多年被发掘出来的矿产资源是如何多种多样、如何丰富和如何高产，尽管每一天全世界的火灾、房屋倒塌、船只沉没、战争和欺诈造成了如此巨大的破坏。人类是如此的奢侈和浪费。我想提到各种各样的钻石、五光十色的宝石。在这些宝石之中，有一种闪光的宝石，只有阳光才能穿过。还有许多具有医疗效果的泉水，许多地方燃烧了几个世纪的烟火，还有从深渊之中、或者仅仅是由地表结构散发出的致命气体。在某些地方，这种有害气体仅仅是对鸟类产生致命的危害，如在罗马附近索拉克特山(Soracte)周边地区就是这样；在其他地区则对除了人类之外，对所有活着的动物都有致命危害，有时候对人类也有致命的危害，例如在锡纽萨(Sinuessa)和普特奥利(Puteoli)地区就是如此。一些人把上述地区称为“通气孔”，[56]另外一些人又把它称为“地狱的入口”——散发致命气体的通道。还有一个地方在赫皮奈人(Hirpini)地区安普桑克图姆(Ampsanctum)湖的梅非提斯(Mephitis)神庙附近；人们进入这个地区之后就会死掉。同样，在小亚细亚的希拉波利斯(Hierapolis)有一个洞穴，它只是对大母神的祭司没有伤害。在其他地方还有预言家的洞穴，洞穴中的人被烟雾熏得昏昏沉沉之后开始预言未来，就像在著名的德尔菲(Delphi)神托所一样。这些事情除了说是大自然的神秘力量造成之外，普通人还有其他什么好解释的呢？大自然的神秘力量充斥整个宇宙，以各种不同的方式爆发出来。

---

[56] 位于那不勒斯附近弗莱格拉平原，那里轻微的火山活动都可以从火山的气孔之中观察到。

各地的奇迹

210. 塞浦路斯(Cyprus)[57]的帕福斯城(Paphos)某个院落之中有一座维纳斯(Venus)的著名圣坛,这个院子里没有降水;在特洛阿德(Troad)的尼亚城((Nea))有个院落中有座密涅瓦(Minerva)的雕像,这个院落同样不下雨。在同一座城市,献祭的物品不会腐烂。

211. 在哈尔帕撒城(Harpasa)附近,有一块粗糙的卵石用一个手指头就可以移动,但是要顶住这种移动却要使用全身的力量;在陶里人(Tauric)半岛上的帕拉西努姆地区(Parasinum),有某种土壤可以治愈所有的伤痛;在特洛阿德的阿索斯(Assos)附近,有一块名叫"石棺"的石头,所有尸体都被它腐蚀了;在印度河(Indus)附近有两座高山:一座山的特点是吸铁,另外一座山则排斥铁。因此,如果有人的鞋子上有钉子,他在一座山上很难把脚从地面移动一步,在另外一座山上他又无法下脚。据记载,在洛克里(Locri)和克罗顿(Croton)从来没有瘟疫和地震,而在吕西亚(Lycia),在地震之后接着是40天好天气;在阿尔皮(Arpi)地区,播下去的种子不能生长,而在图斯库卢姆(Tusculum)维爱城(Veii)附近穆西乌斯(Mucius)的圣坛和西米尼亚(Ciminian)森林,许多地方打进地下的界碑就拔不出来。生长在克鲁斯图米乌姆(Crustumium)的草料是有害的,但在被割下来之后又是有益的。

火:石油、石脑油和火山

235. 在科马吉尼(Commagene)首府萨摩萨塔(Samosata),有一块沼泽地流出名叫沥青矿的泥浆状可燃物质。[58] 它接触到任何

---

[57] 根据传说,塞浦路斯是阿弗罗蒂忒的出生地。

[58] 原文为*maltha*,意为"软沥青"。

固体物质,就粘在上面;当它碰到人的时候,它就粘在那些想要躲避它的人身上。因此,当受到卢库卢斯(Lucullus)进攻的时候,[59]萨摩萨塔人就用这种物质来保卫他们的城墙,而军队也反复被自己武器的烧伤。水可以助长火势。实验证明,这种火焰只能用泥土熄灭。石脑油(Naphtha)——这是这种物质的名字——具有同样的性质。在巴比伦(Babylon)和阿斯塔库斯(Astacus)附近的帕提亚(Parthia)境内,它可以像熔化的沥青一样流动。它容易着火,无论在什么地方,火一旦遇上它,立刻就会把它烧掉。根据传说,美狄亚(Medea)就是这样烧死了她的对头,当后者走向祭坛献祭的时候,她的花环就着火燃烧了。

236. 在与高山有关的壮观现象之中,埃特纳火山(Etna)总是在晚上火焰熊熊,并且在很长的时间为火焰提供了足够的燃料,尽管这座高山在冬天白雪皑皑,并且为火山爆发后留下的灰烬披上一层白霜。遭到愤怒的大自然以土和火威胁的,并不止埃特纳一个地方。在法塞利斯(Phaselis)的希梅拉山(Chimaera),火焰一天到晚不停地燃烧;尼多斯(Cnidus)的克特西亚斯(Ctesias)[60]认为水可以助长火势,只有土和污物可以扑灭火焰。吕西亚的赫菲斯托山脉(Hephaestus)燃烧如此强烈,如果遇上了燃烧的火焰,即使是河中的石头或沙子也会燃烧起来;雨水可以助长火势。据当地人说,如果有人点燃一根树枝,在地上划出一条沟,立刻就会出现一条燃烧着的小河。

237. 正如泰奥彭波斯(Theopompus)所指出的那样,即使是水神庙(Nymphaeus)令人喜欢的水池(它不能烧着神庙上方茂密森林的树叶,尽管它靠近一股冷泉,它总是火热的)不再溢出,对于它在阿波罗尼亚(Apollonia)的邻居而言,它仍然是可怕事件的预兆。

---

[59] 公元前 74 年。

[60] 公元前 5 世纪后期的希腊医生,曾经在波斯宫廷充当医生。他在库那克萨战役之中帮助阿尔塔薛西斯,并且作为使节被派往埃瓦戈拉斯和科农处(公元前 398 年),他是用爱奥尼亚语写成的 23 卷本波斯史(*Persika*)的作者。他也写过 3 卷本地理学(*Periodos*)专著和有关印度(*Indika*)的著作。

它因为雨水而外溢，流出的沥青和泉水混在一起，这股泉水不能饮用，但无论如何比沥青流动快点。

结束，普林尼记载各地之间的距离和对地球周长的估计

247. 我认为厄拉多塞(Eratosthenes)得到所有人的高度称赞，是一位精通各种知识的权威。在这些特定的问题上，他确实是第一流的权威。他认为地球的周长大约是29000罗马里。这是一个具有勇气的大胆估计，这种巧妙推理的结果，使那些不相信这个数据的人感到惭愧。喜帕恰斯在批驳厄拉多塞和辛勤从事研究方面是一位非凡的人物，他又加上了几乎3000罗马里之多。

248. 狄奥尼索多鲁斯(Dionysodorus，因为我不会忘记这位希腊杰出幻想家的形象)与他们不同，他是米洛斯人，并且终老于故乡。他的女性亲属作为其继承人料理了他的葬礼。他们在葬礼之后举行仪式的时候，据说发现了一封由狄奥尼索多鲁斯签名，寄给那些留在凡间的人的信件。信中写道，他已经从他的坟墓走到了大地最深的地方，它大约是4830罗马里之遥。[61] 几何学者们解释这句话的意思是，这封信是从地球的中心寄出来的，这是从大地的表面到中心最长的距离，这也是地球的圆心。他们由此得出的计算结果，使他们认为地球的周长是29000罗马里。

---

[61] 即地球的半径。按照专家的做法，假定$\pi=3$，周长则等于$\pi\times 2\rho$，结果大约是29000罗马里。

第三卷　地理学：从西班牙到梅西亚

普林尼开始记叙古代世界自然、政治和历史地理。

1. 现在，我将开始叙述世界地理。然而，这是一件永远不会结束的工作，不是一件轻而易举就可以完成的工作，它还是必须甘冒某些批评风险的工作。而且，没有其他规则可以非常公正地评论，即使找不到一个精通人类各种知识的人，这也丝毫用不着惊奇。因此，我将不会只根据一个普通专家的意见，而将引用在各个领域之中我认为最可靠专家的意见，因为所有的作者在这一点上几乎是共同的，即每个人在他所写的那个领域，叙述都是非常细心的。

2. 由于这个原因，我将不会责备任何一个人或者给他们找岔子。我将尽可能简短地列举出各地的名字，找出它们在相应时期得名的各种原因。现在我就开始记叙整个的世界。

3. 整个地球被分为 3 大洲：欧罗巴(Europe)、亚细亚(Asia)和阿非利加(Africa)。我们从西方的赫拉克勒斯石柱(Pillars of Hercules)开始自己的旅程，大西洋(Atlatic)就是在这里进入地中海的(Mediterranean)。

5. 我从欧罗巴开始叙述，因为这里是征服了所有国家的这个民族的发源地，显然也是世界上最美丽的地区。许多专家认为，而且是正确地认为它占有世界的一半，而不是三分之一的面积(用直线从塔奈斯河[Tanais]到赫拉克勒斯石柱把整个圆周分开)。

16. 马可·阿格里帕(Marcus Agrippa)认为贝提卡(Baetica)的总长度是 475 罗马里，它的宽度是 258 罗马里，但这只是边界在新迦太基(New Carthage)时期的事情。由于各个行省边界的变化，常常在距离的计算方面造成了很大的错误,里程数或者是超过,或者是不足估计的数值。长期以来,海洋侵蚀海岸线或者海岸向前移动,河流变得弯弯曲曲,或者此前蜿蜒曲折,现在变得笔直。此外,不同的人从不同的起点开始测量,他们所划的直线也是不同的。结果是没有两位专家的数据是一致的。

17. 谁都可以相信马可·阿格里帕在这个领域非常努力和细心,奥古斯都皇帝把一幅世界地图送给罗马人民观看是否犯了错误?因为奥古斯都要完成的柱廊就包括了这幅世界地图。这座建筑物由他的妹妹按照马可·阿格里帕的设计和初步的说明,已经开始建设了。

30. 整个西班牙几乎都蕴藏着丰富的铅(lead)、铁(iron)、铜(copper)、银(silver)和金矿(gold);在较近的西班牙(Hither Spain)有透明石膏矿(Selenite),在贝提卡有朱砂矿(cinnabar)。此外,这里还有大理石采石场。

38. 接下来是意大利,它的第一部分居住着利古里亚人(Ligurians)。然后是伊特鲁里亚,翁布里亚(Umbria)和拉丁姆(Latium),在其境内有台伯河(Tiber)的许多河口和全世界的都城——罗马城——它位于距离大海约16罗马里的内陆地区。在这些地区之后是沃尔西人(Volci)的海岸线、坎帕尼亚、皮塞努姆城(Picenum)、卢卡尼亚和布鲁蒂乌姆(Bruttium)。布鲁蒂乌姆是意大利最南部的地方,正好位于从亚平宁新月形山脉进入大海的突出部位。在布鲁蒂乌姆之后是大希腊(Magna Graecia)的海岸线。

39. 我非常清楚,如果我对意大利的评论漫不经心和肤浅,这就有可能被指责为典型的忘恩负义和懒惰心态(这也是应当的)——意大利是所有其他国家的发源地和母邦。意大利是由诸神的圣灵挑选出来的,以提高天堂的神威,统一各个分散的帝国,更文雅地举行各种风俗礼仪,通过使用一种共同的语言,把各个民族完全不同的、野蛮的语言融合在一起,以创造人类的文明。简而言之,意大利就是全世界所有民族唯一的监护人。

40. 但是,现在我应当做什么?有谁能够指出意大利各地最大的区别在哪里？有许多出名的东西和人物让我迷恋。我如何才能叙述好富饶而又以风景宜人著称的坎帕尼亚沿岸地区，以证明它确实是大自然在心情愉快时刻的产物？

41．而且，这里确实有令人惊奇的生活必需品、健康的空气、一年四季气候温和；它的平原地区非常肥沃，山区阳光灿烂，森林地区安全可靠，树木生长非常茂密。坎帕尼亚山区出产各种不同的财富，如树木、煤粉、大量的谷物、葡萄酒和橄榄油；当地出产的优质羊毛、脖子漂亮的公牛；大量的湖泊、遍布全境的河流和溪水提供了丰富的水利资源。它的许多海洋、港口和广阔的陆地都对商业活动开放。如果天助人意，连陆地也想变成大海。

42．我还没有提到坎帕尼亚的特点和风俗习惯，他们的居民或民族以语言和军事力量从事政府活动。希腊人自动地放弃了他们占领的意大利一个非常小，却被称为大希腊地区的审判权。

53—55．台伯河先前叫做蒂布里斯河（Thybris），在这以前叫做阿尔布拉河（Albula），它发源于亚平宁地区中部附近的阿雷提乌姆（Arretium）。它最初只是一条涓涓细流，可以通航的仅仅是那些水闸中收集了水源，然后再排泄下来的地方，就像其支流提尼亚河（Tinia）和格拉尼斯河（Glanis）一样，它们要用水坝蓄水 9 天，除非下雨才放水。而且，河流的河床有很长一段崎岖不平，台伯河即使可以通航，也只能允许木筏，或者更确切地说是原木漂流。它从距离提费尔努姆（Tifernum）、佩鲁西亚（Perusia）和奥克里库鲁姆（Ocriculum）不远的地方开始，流了 150 罗马里，把伊特鲁里亚与翁布里亚人（Umbrians）、萨宾人（Sabines）分割开来。但是，在阿雷提乌姆的格拉尼斯河以下，台伯河由于汇入了 42 条支流，特别是纳河（Nar）和阿尼奥河（Anio）之后，水源充沛。后者可以航行，从后方环绕着拉丁姆，它大大地增加了通过饮水槽输入罗马的河水与泉水。由于这个原因，它可以通行大船，不管你提到多大尺寸的地中海船只都行。台伯河也是世界各地产品最温和的经纪人，它的两岸高高地耸立着许多别墅，这些别墅比任何别的河流、别的地方都更多：没有一条河流两岸有这么多建筑。还有，台伯河没有经历过战争，但是它经常遭受突发的洪水危害，（这条河的）任何地方都比不上罗马城本身水灾严重。实际上，水灾被看成是一个警告信号，河水的上涨成了被宗教利用的工具，甚于它的破坏力量。

56. 古代的拉丁姆从台伯河延伸到喀耳刻伊（Circeii），长度只有 50 罗马里——帝国的根基开始就是这样微弱。

60. 接下来就是以土地肥沃而闻名的坎帕尼亚地区。正如古代作家所言，它的山谷地区是葡萄果实累累的小山，这对于享誉世界的葡萄酒具有重要的影响，它是最大的竞争对手巴克斯（Bacchus）和刻瑞斯（Ceres）争夺的地方。从这里一直延伸到塞提努姆（Setinum）和凯库布姆（Caecubum），通过上述地区又与法勒鲁姆（Falerum）和卡莱努姆（Calenum）连接在一起。在这之后是马西库斯山（Massicus）、巴尔巴鲁斯山和苏伦图姆山丘。莱波里乌姆（Leborium）平原由这里开始伸展出去，这里的二粒小麦碾净之后可以做成可口的面粉。上述沿岸地区有温泉灌溉，在不靠海的情况下，能使他们出色的渔业和有壳类水生动物养殖业（shellfish）与海洋地区同样出名。无论什么地方都出产优质的橄榄油，这是人类所喜好的另外一种物品。这里生活着奥西人（Oscans）、希腊人、翁布里亚人、伊特鲁里亚人和坎帕尼亚人。

61. 在海边有萨乌斯河（Savus）、沃尔图努斯城（Volturrus）及与其同名的河流、利特努姆城（Liternum）、库迈城（Cumae，它最初的建立者是卡尔西斯人 Chalcidians）、米塞努姆角（Misenum）、贝伊城（Baiae）的港口、博利城（Bauli）、卢克莱恩湖（Lucrine）和阿维尔努斯湖（Avernus），靠近这个湖边先前曾经有一座辛梅里乌姆城（Cimmerium），最后是普特奥利城，它曾经被称为狄凯阿科斯（Dicaearchus）的殖民地。在这之后是弗莱格拉平原和靠近库迈的阿谢鲁西亚沼泽（Acherusian Marsh）。

62. 海岸的这边是那不勒斯，它也是卡尔西斯人建立的，曾经因塞壬女妖之一的陵墓得名帕尔忒诺珀（Parthenope）；赫库兰尼姆（Herculaneum）、庞培城（Pompeii）靠近维苏威山（Visuvius），有萨尔努斯河灌溉；努切里亚地区（Nuceria）和距离大海 9 罗马里的努切里亚港本身，以及密涅瓦海角的苏伦图姆城，先前是塞壬的巢穴。

66—67. 罗慕路斯(Romulus)留给罗马3座，或者我们按照某些人的说法，最多有4座城门。在韦斯帕芗担任元首和执政官时期，[①]这个地区被围上了城墙，周长为13罗马里，包括了七丘在内。罗马城本身分为14个区、265个交叉路口和他们的家神。如果从罗马广场的里程碑起点画一条直线到每个城门，它们现在是37座(其中包括12座双城门，不算7座已经不再存在、被废弃的老城门)，连续不断的总长度是20罗马里。除此之外，如果人们把建筑物的高度也考虑在其中，就难免会做出这样的结论，全世界没有一座城市的规模可以与罗马相比。在东部，它的边界是骄傲的塔尔奎尼乌斯(Tarquinius Superbus)陵墓，它是世界上最重要的建筑奇迹之一；由于当地道路平坦，罗马是最容易受到攻击的城市，他把陵墓建成了一道高墙。在其他方向，城市则是由高高的土墙，要不然就是陡峭的山丘保护着，连绵不断的建筑物在城郊形成了许多的社区。[②]

86. 西西里(Sicily)在名声上远远超过所有的岛屿。它曾经被修昔底德(Thucydides)称为西卡尼亚(Sicania)，被其他的作家称为特里纳克里亚(Trinacria)，因为其形状是三角形。根据阿格里帕所说，[③]它的海岸线长528罗马里。它先前是与布鲁提乌姆(Bruttium)连接在一起的，但后来海水侵蚀陆地，皇家石柱(Royal Pillar)附近一条长14罗马里、宽1.5罗马里的海峡把它和大陆分割开了。由于西西里的"分离"，希腊人就把位于海峡意大利这边的一座城镇称为雷吉乌姆(Rhegium)。[④]

---

① 公元73年，韦斯帕芗和提图斯(其父的助手)共同担任执政官的职务。

② 即提布尔和阿里西亚。

③ 作为奥古斯都部下的将领，阿格里帕(公元前64/3—公元12)组织考察了罗马帝国。他写下了地理记——这是罗马帝国地图的基础，展示在韦斯帕芗柱廊(其死后建成)上。

④ 雷吉乌姆之名被认为源自希腊动词 rhegnunai，意为"破裂"。

87. 在这些海峡之中，斯库拉(Scylla)[5]是岩石的，卡律布迪斯(Charybdis)[6]是漩涡，二者都以危险和变化莫测而闻名。正如我先前所说的，西西里是三角形，佩洛鲁姆角(Pelo-num)朝向意大利，对着斯库拉；帕奇努姆角(Pachynum)朝向希腊，距离伯罗奔尼撒半岛440罗马里；利利比乌姆角(Lilybaeum)朝向阿非利加，距离墨丘利角约180罗马里，距离撒丁岛(Sardinia)的卡拉利斯角(Caralis)190罗马里。

88—89. 西西里有5个殖民地、63座城市和城邦。离开佩洛鲁姆，在面对爱奥尼亚海的海岸线上有梅萨那城(Messana)；它的居民马麦丁人(Mamertines)是罗马公民。接下来是特拉帕尼角(Trapani)——它是陶罗梅尼乌姆城(Tauromenium)即先前的纳克索斯(Naxos)的殖民地，阿西内斯河(Asines)、埃特纳山——它喷出的火焰是造成夜晚奇观的根源。火山口的周长是2.5罗马里；炙热的火山灰可以飞到陶罗梅尼乌姆和卡塔纳(Catana)，而它的声响远在马罗尼乌姆(Maronium)和盖梅利山(Gemelli)都可以听见。然后是库克罗普斯人(Cyclopes)的3座暗礁、西米图姆河(Symaethum)和特里亚斯河(Trias)。

92. 朝着阿非利加的岛屿如下：高利岛(Gauli)、梅利塔岛(Melita)、潘达特里亚岛(Pandateria)、利帕拉岛(Lipara)、特拉西亚岛(Therasia)和圣岛(Holy Island)，它之所以叫圣岛，是因为它被献给了伍尔坎(Vulcan)。特拉西亚岛上有座山丘晚上冒者火焰。接下来是斯特隆吉尔岛(Strongyle)，它位于利帕拉岛以东6罗马里，该岛由埃俄罗斯(Aeolus)统治。它与利帕拉不同之处是它的火焰更明亮。据说当地居民可以根据火山冒出的烟雾，预测可能会刮什么风；这种信念的依据就是埃俄罗斯管着风。

---

⑤ 斯库拉为传说中的6头海怪，居住在卡律布迪斯对面的洞穴里。它代表了海中的礁石或其他天险。

⑥ 根据传说，漩涡在海中狭窄的航道——墨西那海峡——之中。当地把一些小漩涡称为 *carofali* 或者 *vortici*，在海峡很多地方都可以看见。这种漩涡是由于洋流速度不同而造成的。

117. 希腊人把帕杜斯河（Padus）称为埃里达努斯河（Eridanus），它在名声上是首屈一指的河流，因为法厄同（Phaethon）受罚的故事而名闻天下。[⑦] 当着天狼星升起的时候，积雪融化，它的体积增大，虽然它的洪水对于土地的影响比对于航海更大，但它自己并没有获得一点好处，它带来了淤泥，使土地变得非常肥沃。帕杜斯河从发源地到亚得里亚海（Adriatic）直线距离为300罗马里，再加上88罗马里弯弯曲曲的河道。它不仅汇合了从亚平宁山区和阿尔卑斯山区流出的可以通航的许多河流，而且还有许多大湖汇入其中，它总共汇合了多达30条小河一起流入大海。

119. 帕杜斯河经由奥古斯都运河水道流到拉文那城（Ravenna）名叫帕杜萨（Padusa）的地点（先前称为梅萨尼库斯[Messanicus]）。在最接近拉文那的河口形成了瓦特列努斯港（Vatrenus），克劳狄就是从这里扬帆进入亚得里亚海的。当他在举行庆祝征服不列颠凯旋仪式的时候，海中真的有一个比军舰还大的漂浮物。

121. 帕杜斯河汇合了这些小河，流过这些地区汇入大海，在阿尔卑斯山脉与海岸之间形成了一个三角形地区，就好像尼罗河（Nile）形成的地区一样（人们把这个地方称为三角洲）。它的三条边长度是250罗马里。

122. 我很惭愧引用了希腊人有关意大利的记载。不过，锡普西斯的梅特罗多鲁斯（Metrodorus of Scepsis）[⑧]认为这条河流得名于这样一个事实，即在它的源头附近有许多松树类植物，它们在凯尔特语（Celtic）之中被称为 *padi*。在利古里亚（Ligurian）方言之中，它被称为博丁库斯（Bodincus），意思是"无边无际的"。

---

⑦ See, Ovid, *Metamorphoses*, II, 47ff. 朱庇特以雷电打击偷驾其父太阳神战车导致失控的法厄同，将他打入帕杜斯河（波河），以防他使地面着火。

⑧ 哲学家和国务活动家，他生活在本都国王米特拉达梯·欧帕托（公元前120—前63）时期，这位国王可能要对他的死亡负责。梅特罗多鲁斯因为其非凡的记忆力和对罗马的仇视而受到赞扬。

138. 诸神的意大利情况就是这样，这就是她的种族，人民居住的城镇。她比任何国家都蕴藏了更丰富的矿藏；但是，矿藏的开采受到元老院关于保护意大利的古代法令禁止。

149. 梅西亚(Maesia)行省与潘诺尼亚(Pannonia)相连，它沿着多瑙河(Danube)延伸到攸克辛海(Euxine)，在梅西亚居住着达达尼人(Dardani)、克莱格里人(Celegeri)、特里巴利人(Triballi)、梅西人(Maesi)、色雷斯人(Thracians)，还有攸克辛海沿岸的西徐亚人(Scythians)。[9]

⑨ 梅西亚行省分成上下两部分，上梅西亚在东部，下梅西亚在西部，下梅西亚与西徐亚有关。该地西南部是多瑙河口，居住着从提拉斯河与伊斯特河来的移民。斯特拉博曾经提到这个地区，把它列入所谓的小西徐亚地区(见斯特拉博，《地理学》、VII，4、5)。

第四卷　地理学：欧罗巴和不列颠

9．伯罗奔尼撒(Peloponnese)先前称为阿皮亚(Apia)和佩拉斯吉亚(Pelasgia)，它是一个半岛，和其他地区相比，它在名气上首屈一指。它位于爱琴海(Aegean)和爱奥尼亚海(Ionian)之间，外形像一片悬铃木叶子。据伊西多鲁斯(Isidorus)[①]所说，其尖尖的锯齿状地形使海岸线延伸了563罗马里，如果加上港口的海岸线，就接近2倍多长。伯罗奔尼撒从陆地上伸出的狭长部分称为地峡。爱琴海和爱奥尼亚海从两边，即从北面和东面侵蚀着半岛。两个海包围了半岛，在海岸之间仅留下不到5罗马里的地方任由相反方向的海水侵蚀。希腊和伯罗奔尼撒就这样被陆地上一条狭长的地带连接在一起。

10．科林斯湾(Corinth)在一边，而萨罗尼亚湾(Saronic)在另一边。一端是莱契伊港(Lechaeae)，另一端则是森契雷伊港(Cenchreae)。[②] 伯罗奔尼撒四周的道路漫长而又充满危险，因为船只太大，[③]不能用低架车运过地峡。德米特里(Demetrius)国王、尤里乌斯·凯撒、卡里古拉(Caligula)和尼禄皇帝都想挖一条运河，为过往地峡的船只提供一条水道，但诸神不喜欢这种冒险行为，证据就是运河被毁灭了三次。

---

① 查拉克斯的伊西多鲁斯是公元1世纪的地理学家。

② 科林斯港口，分别位于萨罗尼亚湾。

③ See R. M. Cook, 'The Diolkos', *Journal of Hellenic Studies*, XCIX(1979), pp. 152f., and B. R. MacDonald, ibid., CVI(1986), pp. 191 - 195.

11. 在这个地区的中部是我所说的地峡，它是科林斯人的殖民地，先前称为埃菲拉(Ephyra)：它的房子靠近山边，阿克罗科林斯(Acrocorinth)要塞可以饱赏两边大海的风光，其顶部流出一股清泉名叫佩雷内。

23. 我们把希腊称为赫拉斯(Hellas)，它始于地峡的狭窄部分。这个地区有阿提卡(Attica)——在远古时代它叫阿克特(Acte)。皮雷乌斯港(Piraeus)和法莱隆港(Phalerum)距离地峡约55罗马里，距离雅典5罗马里，有长城与雅典相连。雅典是一座自由城市，不需要更大的名气，它的大名已经大到无以复加了。在阿提卡有凯菲西亚河(Cephisia)、拉里纳河(Larine)、卡利罗河(Callirhoe)和九眼井；有布里莱苏斯山(Brilessus)、[④]埃贾卢斯山(Aegialus)、伊卡里乌斯山(Icarius)、伊米托斯山(Hymettus)和利卡贝图斯山(Lycabettus)，还有一个名叫伊利苏斯(Ilissus)的地方。苏尼乌姆角(Sunium)和托里库斯角(Thoricus)，距离皮雷乌斯港约46罗马里。

66. (基克拉泽斯群岛的)其他岛屿有：米科努斯岛(Myconus)，岛上有狄马斯图斯山(Dimastus)，距离提洛岛(Delos)15罗马里；锡弗诺斯岛(Siphnos)，其周长为28罗马里；还有塞里福斯岛(Seriphos)、普雷佩辛托斯岛(Prepesinthus)和金图斯岛(Cynthus)。在基克拉泽斯群岛之中，最有名的海岛是位于群岛中央的提洛岛，它因为岛上的阿波罗神庙(Apollo)和商业活动而声名大振。根据传说，提洛漂流了很长时间，直到马可·瓦罗(Marcus Varro)时期才停下来，它是唯一没有受到地震破坏的岛屿。穆西亚努斯(Mucianus)说它曾经遭受过两次地震的破坏。亚里士多德说，它得名于自己突然出现在大海中。阿格劳斯提尼斯(Aglaosthenes)把它称为金图斯。其他人把它称为奥尔提吉亚岛(Ortygia)、阿斯特里亚岛(Asteria)、拉吉亚岛(Lagia)、克拉米迪亚岛(Chlamydia)和皮尔皮利岛(Pyrpile，因为在岛上发现了火焰)。

---

④ 可能是著名的采石场彭特利库斯另一个名字。

它的周长是5罗马里，最高点是金提乌斯山(Cynthius)。

67. 然后是以盛产大理石闻名的帕罗斯岛(Paros)，以及狄奥尼索斯(Dionysus)之岛纳克索斯岛(Naxos)，以葡萄园的高产而闻名。

75. 欧罗巴第四大海湾始于赫勒斯滂(Hellespont)，终于梅奥提斯湖口。我必须对黑海(Black Sea)的整个外形作一番简短的介绍，以便大家更好地了解这个地区。它是亚细亚大门口的一个辽阔的大海，被赫勒斯滂使它与欧罗巴隔离。黑海在大陆之间开辟了一条道路，它用一条宽度不足1罗马里的狭窄海峡把欧罗巴与亚细亚分割开来。海峡的第一部分名叫赫勒斯滂，波斯国王薛西斯(Xerxes)[5]曾经在这里建造过一座浮桥让他的军队渡海。从这里开始，一条狭窄的航道延伸了86罗马里，直到亚细亚的普利阿普斯城(Priapus)；这座城市就是亚历山大大帝渡海的地点。

76. 在这之后，大海再度出现或宽或窄的情况。宽的部分称为马尔马拉海(Marmara)，窄的部分叫做博斯普鲁斯(Bosporus)。薛西斯(Xerxes)渡海的地方宽度大约是500码，从这里到赫勒斯滂的距离是240罗马里。

77. 接下来是黑海，先前叫做阿薛努斯海(Axenus)。[6] 它曾经淹没大片的陆地，迫使陆地在海水面前退缩。由于海岸线极其曲折，黑海反向弯弯曲曲地流动，向两边伸展，形成非常类似西徐亚弓形的地貌。在这个弯弓的中部，梅奥提斯湖口注入了黑海。湖口称为辛梅里安地峡(Cimmerian)，宽约2.5罗马里。根据波利比奥斯(Polybius)所说，从赫勒斯滂开始计算，总距离是500罗马里。

---

[5] 大流士国王之子薛西斯(公元前486—前465)，通过圣山挖了一条运河，并且用浮桥渡过了赫勒斯滂，薛西斯赢得了阿尔忒弥西乌姆和温泉关的胜利(公元前480)，希腊人被迫退往科林斯地峡。但地米斯托克利赢得了萨拉米斯的决定性海战(公元前480)。

[6] 这个名字来自希腊语 *axenos*，意为“不好客的”海。这是一个寒冷、多暴风的地区，一些没有避风港的岛屿。希腊水手通常尽可能从一个海岛到另一个海岛，而不是横渡外海。

根据瓦罗(Varro)和古代专家通常所说,黑海的周长是2150罗马里。科尼利乌斯·内波斯(Cornelius Nepos)增加了350罗马里;阿尔特米多鲁斯(Artemidorus)认为周长是2119罗马里,阿格里帕与穆西亚努斯各自认为是2540罗马里和2425罗马里。

88. 接下来是里平山脉(Ripaean Mountain)和由于不停地下着鹅毛状大雪而被称为特罗夫罗斯(Pterophoros)⑦的地区,这是大自然宣告不宜居住的地区之一,沉浸在极度的黑暗和北风造成的严寒和冰天雪地之中。

89. 在这些山脉之后朝着北风的那边(如果我们相信这一点),居住着一个幸福的民族,名叫希佩尔波里人(Hyperboreans),他们可以活非常高的年纪,并且因为流传下来的神奇事情出名。一般认为这里是个枢纽,地球围着它转动,而且是行星运转的极限。希佩尔波里人喜欢6个月的白天。太阳每年在仲夏升起一次,在仲冬降落一次。这是一个阳光灿烂,气候变化不大的地区,没有什么可怕的大风。希佩尔波里人居住在森林和果园之中,个人和集体都崇拜许多神灵;不知道任何争吵和烦恼的事情。不到他们享尽天年的时候,死亡不会光临。他们举行一次非常快乐的宴会庆祝自己的高寿,然后从某个悬崖上纵身跳入大海。这种安葬方式才是最高贵的。

90. 有些专家认为希佩尔波里人不住在欧罗巴,而是在亚细亚沿岸最近的地区。他们把这些人放在只有6个月白天的地区,认为这些人在早晨播种,中午收割,黄昏从树上摘取果实,晚上在洞穴中过夜。

91. 毫无疑问,这个种族是存在的,因为有许多专家认为他们的仪式是把自己收获的初熟果实送往提洛岛,作为他们最崇拜的阿波罗神的祭品。贞女们通常带着这些祭品,多年来受到敬重,并且受到当地居民的热情款待。直到这种善意被破坏,他们才开始改变习惯,把祭品存放在邻人最近的要塞;这些人反过来拿着邻人的祭品等前往提洛岛。不久之后,这种习惯就不复存在了。

---

⑦ 得名于 *pterophoros*,意为"有翅的"。

102. 正对着莱茵河(Rhine)和默兹河(Meuse)是不列颠岛，它在希腊罗马历史文献中都有详细的记载。[8] 它位于西北方，面对日耳曼、高卢和西班牙，但被一条宽阔的海峡所隔开，它们共同组成了欧罗巴的大部分。不列颠在本地语言中叫做阿尔比昂(Albion)，而所有的岛屿(我稍后将要说到)则称为不列颠群岛。从莫里尼人(Morini)居住的海岸热索里亚库姆(Gesoriacum)出发，最短的距离是50罗马里。皮西亚斯(Pytheas)和伊西多鲁斯记载它的海岸线长达4,875罗马里。罗马军队大约在30年前曾经远征不列颠，但没有深入喀里多尼亚(Caledunia)森林之后的地区。[9] 阿格里帕认为这座岛屿的长度是800罗马里，宽度是300罗马里；海伯尼亚(Hibernia)宽度相同，长度只有600罗马里。

103. 海伯尼亚位于不列颠之后，最短的横渡航程是——从西卢尔人(Silures)之处出发——只有大约30罗马里。据说剩下的岛屿没有一个海岸线超过125罗马里长。

其他的岛屿还有：奥尔卡德斯群岛(Orcades)、阿克莫迪群岛(Acmodae)、赫布德斯群岛(Hebudes)、莫纳岛(Mona)和莫纳皮亚岛(Monapia)。

104. 历史学家提米乌斯(Timaeus)说这里有一个名叫米克提斯(Mictis)的海岛，距离不列颠6天航程，岛上发现了锡矿，不列颠人乘坐用柳条编成，蒙着兽皮的科拉科尔(coracle)小艇渡海前往该岛。

112. 从比利牛斯山脉(Pyrenees)开始，整个地区盛产金、银、铁、铅和锡矿。

119. 在凯尔特伊比利亚(Celtiberia)对面的诸多岛屿，希腊人称为卡西特里德斯群岛(Cassiterides)，[10]因为那里发现了丰富的锡矿资源。

---

⑧ 例如，在狄奥尼修斯·佩里厄格特斯的《已知世界记》(*Periegesis tes oikoumenes*)之中。这是一部仿史诗风格写成于哈德良时期的著作。

⑨ See generally Tacitus, Agricola.

⑩ 在希罗多德的《历史》，III, 115之中第一次提到“锡岛”。

第五卷　地理学：阿非利加和亚细亚大陆

1. 阿非利加被希腊人称为利比亚(Libya)，它前面的大海称为利比亚海；它和埃及交界。世界上没有其他任何地方比这里海湾更少，海岸线从西边斜斜地延伸过来。它的人民和城镇名称非常拗口，除非用本地语言来说。

2. 我们从两个名叫毛里塔尼亚(Mauretanias)的地方开始说起，它们在卡利古拉皇帝之前还是两个王国，由于他的残忍被分成了两个行省。在赫拉克勒斯石柱之后，过去有利萨(Lissa)和科特城(Cotte)；但现在只有廷吉(Tingi)，最初是由安泰乌斯(Antaeus)所建，后来克劳狄皇帝在这里建立了一个殖民地，把它称为特拉图克塔·尤利亚城(Traducta Julia)。距离廷吉63罗马里是利克苏斯城(Lixus)，它也是这个皇帝建立的殖民地。关于这座城市，古代作家有许许多多说不完的神话故事。

3. 这就是安泰乌斯的宫殿遗址，这里曾经发生过与赫拉克勒斯的斗争，还有赫斯珀里得斯(Hesperides)花园的遗址。一条河道以奇怪的方式从大海流入内陆，就正如现代人解释的那样，它好像一条蛇在保卫着这个地方。它包围着一座岛屿，这是唯一没有被潮水淹没的地方，即使邻近地区海拔更高。这座岛上还有赫丘利的祭坛，除了野橄榄树，还有著名的、传说会结金苹果的果园遗址之外，[1]没有其他任何东西。

---

[1] 欧里西乌斯为赫拉克勒斯12大功绩所建立的舞台之一。根据传说，赫斯（转下页）

4. 毫无疑问，随心所欲地编造希腊有关蛇和利克苏斯河的故事并不奇怪，我们在不久前已经记载下来了他们的故事，他们反映的东西没有什么神奇的地方。根据记载，利克苏斯城比大迦太基城(Carthage)还要更强大和伟大，而且它与迦太基同样处于鼎盛时期，距离廷吉十分遥远。科尼利乌斯·内波斯饶有兴趣地相信这一切甚至更多的东西。

6. 有关阿特拉斯山(Atlas)的神话传说比阿非利加任何其他山脉都多。许多人说它升起在蓝天之下的沙漠之中，在朝着海洋沿岸的那边崎岖不平，起伏连绵，并且因为大洋而得名；在朝着阿非利加内陆的那边，它是绿树成荫，有喷泉灌溉。各种果类在这里自由地、茂盛地生长，各种令人愉快的事物都可以得到满足。

7. 据说在白天看不见一个人影和任何东西，它是寂静的，令人恐惧的寂静，就像置身于沙漠一样；害怕使人变成哑巴的恐惧感悄悄地笼罩在登山者的心头，人们同样担心那高耸入云，几乎挨着月亮的山峰。在晚上，阿特拉斯山闪烁着火光，人们因此说它充满了好色的潘神部落(Goat-Pans)②和萨蒂人(Satyrs)淫荡的嬉戏，回荡着长笛、排箫、鼓和钹的音乐声。许多著名的作家不但讲述这些故事，而且还添加了赫拉克勒斯和珀尔修斯(Perseus)在这里建立的功绩。阿特拉斯山的距离非常遥远，要到达那里需要通过许多未知的地区。

8. 迦太基统帅汉诺(Hanno)保存了一些记录，他在迦太基全盛时期曾经受命进行环绕阿非利加的航海活动。大多数希腊罗马作者，都在神话故事及其在阿非利加建立许多居民点的记载方面追随汉诺的说法；无论是遗物或这些居民点的痕迹现在都已经没

(接上页)珀里得斯花园(位于阿特拉斯山之后)的金苹果，有一条蛇守卫着。这些苹果是大地在赫拉与宙斯结婚时赐给赫拉的。普林尼企图使这个神话传说稍微理性化，他提出，这个地区大海弯弯曲曲的入口使人们产生了蛇的想法。

② Aegipanes.

有了。

9—10. 当西庇阿·埃米利亚努斯(Scipio Aemilianus)[③]在阿非利加担任统帅的时候,历史学家波利比奥斯得到一条船去考察世界的这个部分。波利比奥斯环绕着海岸航行,他报告说阿特拉斯山西部森林之中有许多阿非利加特有的野兽。在班博卢斯河(Bambolus)有许多鳄鱼和河马。[④]

11. 罗马军队第一次在毛里塔尼亚作战,是在克劳狄担任元首时期。托勒密国王被卡里古拉处死,他的释放奴隶埃德蒙(Aedemon)寻求为他报仇。一般认为我国军队最远到达阿特拉斯山,当地居民就是逃到了这个地方。

12. 这个行省有5个罗马殖民地。根据流传广泛的报道所说,它似乎是容易进入的地区;但是经过考察,这种看法被证明完全是虚构的;因为人们有一定地位之后就不愿追求事实,也不会因为谎话连篇而感到惭愧,也不能承受承认自己无知的压力。当着某位重要的专家支持一种错误的主张时,他的信任度并不会因此立刻彻底毁灭。至于我自己,我认为对于骑士等级的人们——特别是某些现在已经进入元老院的人们而言——不知道某些事情完全用不着奇怪,它总比对奢侈豪华一点也不知道更好,奢侈豪华是一股非常巨大、有权有势的力量,正如人们走遍森林以寻找象牙和柚木,走遍盖图里亚(Gaetulia)所有的岩石以寻找骨螺和紫红染料一样。

14. 在我那个时代的执政官苏埃托尼乌斯·保利努斯(Suetonius Paulinus)[⑤]是第一位事实上越过阿特拉斯山脉,并且继

---

③ 埃米利乌斯·保卢斯之子,第三次马其顿战争期间,他在皮德拉打败了珀尔修斯国王(公元前168年)。由于收养的关系,他也是西庇阿·阿非利加努斯之孙。

④ 绘于罗马壁画和马赛克中。See D. Strong, History of Roman paiting(Harmondsworth, 1976), p. 36.

⑤ 公元66年。

续向前走了一段路的罗马统帅。[6] 他估计的山脉高度与其他专家的估计是相同的，但是他又进一步指出，在较低的山坡上长满了茂密的森林，这些高大的树木不知道是什么种类：它们的树干高大，而且具有光泽，没有节疤的特点。它们的树叶好像柏树叶，除了具有浓郁的香味之外，薄薄的向下低垂，利用适当的技术，可以用树叶做成衣服，就好像是蚕丝一样。阿特拉斯山顶即使在夏季也覆盖着厚厚的积雪。

15. 苏埃托尼乌斯·保利努斯用 10 天时间到达那里，并且越过高山到达盖尔河(Ger)，穿越黑沙漠，那里有许多突出的、好像燃烧过的岩石——这是一个炎热而无人居住的地区，虽然他所经历的季节已经是冬季。卡纳里人(Canarii)居住在附近的森林里，那里有许多各种各样的大象和蛇类。

33. 昔兰尼(Cyrene)的土地被认为是肥沃的，从海岸边向内陆深入 15 罗马里，宜于各种树木生长，但再向内陆走 15 罗马里，就只适合谷物生长；然后是一块狭长的地区，宽 30 罗马里，长 250 罗马里，只适合罗盘草生长。

34. 在纳萨莫尼人(Nasamones)之后，接着是阿斯比泰人(Asbytae)和马凯人(Macae)。在他们之后大约 12 天旅程，是阿曼特人(Amantes)。他们的西边被沙漠阻隔，但是在大约 3 英尺深的水井中寻找水源并不困难，因为这个地方可以得到从毛里塔尼亚来的洪水。阿曼特人用盐建造排屋，这种盐从山上开采出来，像岩石一样坚硬。

44. 尼日尔河(Niger)与尼罗河性格一模一样。它出产芦苇、纸莎草和同样的动物，在相同的季节泛滥。有些人认为阿特拉斯部落居住在沙漠的中央，他们邻近的是半野兽的潘神部落布莱米

---

⑥ 卡里古拉统治末期，由于处死托勒密国王，激起了毛里塔尼亚叛乱。托勒密是奥古斯都任命的朱巴之子。这场革命被不列颠未来的统治者苏埃托尼乌斯·保利努斯所镇压。作为行省的省长(公元 42 年)，为了追击叛乱者，他翻越阿特拉斯山，一直追到了撒哈拉。克劳狄执行了其前任的计划，把这个王国变成了两个行省，即毛里塔尼亚·凯撒里恩西斯(阿尔及利亚)和廷吉塔纳(摩洛哥)。

伊人(Blemmyae)、冈法桑特人(Gamphasantes)、萨蒂人(Satyrs)和斯特拉普非特人(Strapfeet)。

45. 阿特拉斯部落是未开化的、低智能部落,如果我们相信自己所听说的故事,他们彼此都不用名字打招呼。当他们看见日出和日落时,就十分恐怖地诅咒这种现象,以为它会对自己和自己的土地造成灾难。他们睡觉的时候像其他人一样不做梦。穴居者(Cavedwellers)挖洞穴作为自己的房屋;[⑦]他们的食物是蛇肉。他们不表达自己的意见,而是发出尖锐的声音,因此缺乏任何语言方面的沟通。加拉曼特人(Garamantes)没有婚嫁,而是与自己的妇女乱交。奥吉利人(Augilae)只祭祀冥界的诸神。冈法桑特人不穿衣服,不打仗,也不和任何的陌生人交往。

46. 据说布莱米伊人没有脑袋;他们的嘴巴和眼睛长在胸部。萨蒂人除了形状之外,没有人类的特性。潘神部落外貌说来非常粗俗。斯特拉普非特人(Strapfeet)的脚像皮带,他们天生靠爬行走动。法鲁西人(Pharusi)先前来自波斯,据说是赫拉克勒斯前往赫斯珀里得斯花园的旅伴。关于阿非利加的情况,我认为没有任何更多的记载。

47—48. 亚细亚与阿非利加连在一起;从尼罗河的克诺珀斯河口(Canopic)到黑海入口的路程,根据提莫斯提尼(Timosthenes)所说是2638罗马里。紧邻阿非利加的有人居住地区是埃及,它向南方一直延伸到内陆地区,埃塞俄比亚人(Ethiopians)与它的边界后部在这里相连。尼罗河分成左右两条支流,组成了下埃及的边界;克诺珀斯河口把它与阿非利加分开,培琉喜阿河口(Pelusiac)又把它与亚细亚分开,两地相隔170罗马里。由于这个原因,有些专家把埃及看成一个岛屿,因为按照这种划分方式,尼罗河形成了一个三角形地区;后来,许多人用希腊字母Δ[⑧]来称呼埃及。

---

⑦ See Herodotus, IV, 183; Diodorus Siculus, III, 32-3; Strabo, 775-776 关于穴居者的描述。

⑧ 意为“三角洲”。

51. 尼罗河的源头现在还不能确定，因为它在炎热的沙漠地区流过了很长的距离，除了战争时期之外，只有毫无武装的旅行者考察过它；历次战争给其他地区带来了光明。直到朱巴(Juba)国王[⑨]时期，它的源头才被发现在离开大洋不远的下毛里塔尼亚山中；它在这里形成了一个不流动的湖泊，名叫尼利德斯(Nilides)。这里发现的鱼类称为 alabeta、coracinus 和 silurus。朱巴从这个湖泊中抓走一条鳄鱼以证明他的理论，并且把它作为供品安放在凯撒里亚(Caesarea)的伊西斯神庙(Isis)之中，直到今天它仍然在那里。而且，当毛里塔尼亚下雪或下雨淹没它的时候，就可以观察到尼罗河泛滥。

53. 尼罗河把阿非利加和埃塞俄比亚分隔开来，虽然河岸没有人类居住，但到处是野兽和大型动物，并且为森林提供了养料。在它把埃塞俄比亚从中间分开的地方，被称为阿斯塔普斯河(Astapus)，它在当地语言之中意为“从阴凉处流出的水源”。

54. 这条河流经常受到许多岛屿的阻拦，由于这些障碍物而水流湍急，最后被群山所包围；它在这里流速比其他地方更快，被激流带到埃塞俄比亚一个名叫卡塔杜比(Catadupi)的地方。就是在第一瀑布(First Cataract)这个地方，由于水流巨大响声，尼罗河似乎不是在流动，而是在挡在河道中的岩石之间飞奔。此后，水流和缓，汹涌的水势受到阻拦，变得驯服了；由于经历了长途跋涉，河流自己也感到疲倦了，通过许多河口流入地中海。无论如何，当它的水量大大增加之时，它有相当长时间泛滥，灌溉着整个埃及，以这种方式使土地变肥沃。

55. 人们对尼罗河的泛滥作出了各种各样的解释，但绝大多数人倾向于认为或者是由于地中海季风造成河水回流的原因，它的风向与每年该季节河水的流向相反——造成外海的海水倒灌进尼罗河各个河口——或者是由于埃塞俄比亚夏季雨水的原因，这同样是地中海季风从世界各地带来的乌云造成的结果。

58. 尼罗河的涨水，可以通过许多标有刻度的水井观察到。它

---

⑨ 朱巴原为努米底亚国王，后为毛里塔尼亚国王(公元前46—前19)，多产作家。

的平均高度是 24 罗马步。水量较大的时候，由于退水太慢，土地潮湿的原因，妨碍了植物的生长，推迟了最佳的播种季节；但在水量较小的时候，它又无法灌溉所有的地方，退水时间也短，造成了土地干旱。在克劳狄皇帝时期，有记载的最高水位是 27 罗马步，水位最低是法萨卢斯大战之年，[10]仅有 7.5 罗马步。似乎尼罗河也想用某些预兆来阻止庞培被谋杀。当着水位停止升高的时候，防洪闸被打开，河水流入田地。当每一块土地都不再潦水横流，播种开始了。尼罗河是唯一没有水蒸气的河流。

59. 埃利潘蒂斯(Elephantis)是一个有人居住的岛屿，它在最后一个大瀑布以下约 4 罗马里，在赛伊尼(Syene)以上约 16 罗马里。这里是埃及内河水道的最后一站，从亚历山大城到这里大约是 585 罗马里。埃利潘蒂斯也是埃塞俄比亚船只造访之地，因为这些船只是可以拆卸的，当船只到了大瀑布的时候，船员们就把它们扛在自己肩上。

60. 像其他人声称拥有过去的光荣一样，在阿马西斯(Amasis)担任国王时期，[11]埃及以拥有 20000 座城市而闻名于世，它甚至在今天仍然拥有许多城市，但这些城市已经无足轻重了。

62. 不过，亚历山大城(Alexaderia)[12]是真正值得赞美的；这座城市是亚历山大大帝建立的，位于地中海沿岸，距离靠阿非利加一边的克诺珀斯河口 12 罗马里，与马雷奥提斯湖(Mareotis)为邻。它是由拥有各方面天才的著名建筑师狄诺卡尔斯(Dinochares)[13]设计的。按照图纸，这座城市宽 15 罗马里，外形类似马其顿士兵的

---

[10] 公元前 48 年。

[11] 阿马西斯与吕底亚、萨摩斯、昔兰尼，可能还有斯巴达结盟对抗波斯人，这导致埃及在他死后不久便被征服(公元前 525 年)。

[12] 亚历山大大帝所建立的这座城市位于大海与马雷奥提斯湖之间的狭窄地带，两边都有港口。城市的建筑师戴诺克拉特斯按照通常希腊城市的规划把亚历山大城设计成长方形。已经揭露出来的道路是罗马人修筑的，不过，我们有关希腊化城市的知识主要出自斯特拉博的记载。进一步的知识见，W. W. Tarn and G. T. Griffith, Hellenistic Civilisation(London, 1966), pp. 183ff。

[13] 普林尼必定是指戴诺克拉特斯。

斗篷，它的周边是锯齿形，左右两边是突出的角。第5块地基是留给王宫的。

马雷奥提斯湖在城市的南部，从内陆运送货物依靠从尼罗河克诺珀斯河口修建的运河。

66—67. 接下来的海岸地区是叙利亚(Syria)，原来是最大的陆地；在海岸外的整个大海称为腓尼基海(Phoenocian)。腓尼基人拥有发明字母、通晓天文科学、航海和军事战略的巨大荣耀。

70—71. 在伊杜米亚(Idumaea)和撒马利亚(Samaria)之后，绵延着犹太(Judaea)广阔的空间。约旦河(Jordan)发源于帕尼亚斯(Panias)的山泉。这是一条令人愉快的小河，凉风沿着地面吹来，并且使居住在河边的居民感到舒适。它似乎很不情愿地朝着阴沉的死海(Dead Sea)流去，最后被死海吞噬了。

72. 死海只出产沥青，它的名字就出自沥青。⑭ 在死海之中，动物的身体不会下沉，即使是公牛和骆驼也能浮起来；由此而出现了没有东西会沉没的传说。它的长度超过100罗马里，最宽的地方为75罗马里，最窄的地方只有6罗马里。死海东部对着游牧民族居住的阿拉比亚(Arabia)，南部是马契鲁斯(Machaerus)，它曾经是犹太地区仅次于耶路撒冷(Jerusalem)的要塞。在同一边还有一眼卡利罗温泉(Callirrhoe)，具有增进健康的作用，它以自己的名字证明了自己的名声。⑮

73. 在死海的西岸存在着有害的气体，居住着孤立的艾赛尼部落(Essenes)。⑯ 这个部落比全世界其他所有部落都更引人注目，因

---

⑭ *Asphaltites lacus*.

⑮ 本意为“秀美的流水”。

⑯ 一个活跃在巴勒斯坦的宗教派别或兄弟会组织(公元前2世纪到公元1世纪末期)。艾赛尼人组织成遁世的社区，这种社区至少是排斥女性的。财产是公有的，每日的生活细节由管理人员管理。普林尼认为他们大约有4000人。像法利赛人一样，艾赛尼人谨小慎微地遵守摩西律法、安息日和宗教洁净仪式。他们也公开表明信仰灵魂不灭和末日审判。他们否认人死还能复活，拒绝参加公共生活。

为它拒斥妇女，拒绝性欲，没有货币，只有成片的棕榈树。成群的难民不断得到成群对生命感到厌倦、被命运所驱赶的人们补充，并且接受了他们的风俗习惯。因此，在经过几百年之后——出现了令人难以置信的结果——这个民族没有一个人活下来；因此，对于他们来说是有益的事情，对于其他人而言则是对生活有害的东西！

在艾赛尼部落下方是恩盖达城（Engeda），它在土地的肥沃和棕榈树园方面仅次于耶路撒冷，但现在它像耶路撒冷一样，也化为了一堆灰烬。然后到了马萨达，这是一座建立在岩石上的要塞，距离死海不远。这里也在犹太的范围之内。

74. 紧邻犹太，朝着叙利亚的是德卡波里斯（Decapolis）地区，它叫这个名字是因为它有许多城镇，虽然所有作家所列的城市名单并不相同，但大多数人所列的名单之中包括了大马士革（Damascus）。

88. 巴尔米拉（Palmyra）是一座出名的城市，它因为自己的地理位置、土地的富饶和令人愉快的泉水而出名。城市四周的土地被沙漠所包围，可以说被大自然把它与其他地方孤立起来了。它天生就处于两个超级大国罗马和帕提亚（Parthia）的控制之中。

115. 靠近岸边有亚马孙人（Amazons）在皮翁山（Pion）斜坡上建立的诺蒂翁（Notium）和以弗所（Ephesus），有凯斯特河（Cayster）灌溉，这条河流发源于西尔比（Cilbian）山脉，汇合了许多小溪，吸走了由菲里特斯河（Phyrites）泛滥形成的珀加西沼泽（Pegasaean）的积水，这些河流带走的大量的淤泥推进了海岸线，现在已经有一片泥滩把它和西里耶岛（Syrie）连接在一起了。在以弗所城内有一条小河名叫卡利皮亚（Callippi a），还有狄安娜神庙（Diana）。

124. 特洛阿德现在仍然有一个小小的城市国家斯卡曼德里亚（Scamandria），距离它的港口伊利乌姆（Illium）2.5罗马里，这是一座豁免了关税的城市。伊利乌姆是著名史诗的背景。[17]

128. 在小亚细亚海岸之外的岛屿，第一个是尼罗河克诺珀斯

---

[17] 荷马史诗的《伊利亚特》。

河口的岛屿，它以墨涅拉俄斯（Menelaus）的舵手克诺珀斯（Canopus）命名。第二个是法罗斯岛（Pharos），有一座桥梁与亚历山大城连接，它是独裁者尤里乌斯·凯撒的居住地；从前，只能白天航行离开埃及，现在晚上有灯塔为船只导航。由于害怕变幻莫测的暗礁，因此前往亚历山大城只能通过 3 条航道，即斯特加努斯（Steganus）、波塞迪乌姆（Posidium）和托罗斯（Taurus）航道。然后是位于乔帕城（Joppa）之外、腓尼基海之中的帕里亚岛（Paria），它完全是一座城市。人们说这就是安德洛墨达（Andromeda）被献给海怪的地方。[18] 在乔帕城之外还有一座海岛，这就是阿拉杜斯岛（Aradus）；根据穆西亚努斯所说，在这里与大陆之间，可以使用皮管把从 75 英尺深海床喷出的淡水吸上来。

---

⑱　安德洛墨达被珀尔修斯所救，他用戈尔工（Gorgon）的头使海怪变成了岩石。

第六卷　地理学：黑海、印度和远东

1. 黑海濒临欧罗巴和亚细亚。它先前被称为阿薛努斯海，是因为其海水非常汹涌，这是由于大自然一方特有的妒忌心理造成的，它纵容大海在这里恣意妄为。

2. 博斯普鲁斯(Bosplus)得名于它的航道可以骑牛涉水而过。在这里，一边鸟儿的歌唱声、犬吠声甚至是人类争吵的声音，在另一边都可以听见；确实，在欧罗巴和亚细亚两个世界之间可以进行对话，除非大风盖过了交谈声。

3. 有些专家认为从博斯普鲁斯到梅奥提斯湖，黑海的距离是1438罗马里，但是厄拉多塞估计是1338罗马里。

43. 米底(Media)首府埃克巴坦那(Ecbatana)是塞琉古(Seleucus)国王所建，距离伟大的塞琉西亚(Seleuceia)750罗马里，距离里海门(Caspian Gates)20罗马里。米底主要的城市有：法扎卡(Phazaca)、阿甘扎加(Aganzaga)和阿帕米(Apamea)。之所以称为"门"的原因，是因为这座山脉用人力打通了一条8罗马里长的狭窄通道，宽度仅容一辆马车通过。高悬于道路左右两侧的岩石，显示出被火烧过的痕迹。这个地区有28罗马里路程缺少水源。这条狭窄的通道被一条岩石中流出的盐水河所阻碍，使它大大偏离了同一条道路。而且这里有很多蛇类，人们只能在冬天通过。

44. 帕提亚都城赫卡通皮洛斯(Hecatompylus)距离里海门1033罗马里。帕提亚王国以非常有效的方式控制着这些大门。在走过这些大门之后，我们遇到了里海人，他们散居在里海沿岸，并且用自己的名字命名了这些大门和这个海。它的左边是群山起伏的地区。从这个地方折向北方的居鲁士河，距离据说有220罗马里。但是，如果我们从这条河下行到里海门，距离是700罗马里。在亚历山大大帝远征的过程之中，这些大门成了重要的中转站。从里海门到印度边境距离是5600罗马里加80斯达德。到巴克特拉，一般称为扎里亚斯帕(Zariaspa)，距离是3700罗马里。从这里到药杀水(Yaxartes)，距离是5000斯达德。

45. 接下来是马尔吉安纳地区(Margiana)，以阳光充足的气候闻名。在上述所有地区之中，它是唯一出产葡萄的地方。它的周边环绕着青翠的、生机盎然的山峦。这个地方周长1500斯塔德，由于沙漠的缘故，以难以通行闻名。这个沙漠绵延120罗马里，正对着帕提亚地区。亚历山大大帝在这里建立了一座亚历山大城。这个地方被蛮族破坏之后，塞琉古之子安条克又在原址上建立了一座叙利亚城市，因为他看见它有马尔古斯河(Margus)灌溉，这条河流过当地，然后分成几条支流，灌溉着佐塔莱地区(Zothale)，所以他修复了它，而且兴致勃勃地把它命名为安条克城(Antiochia)。这座城市周长70斯塔德。奥罗德斯(Orodes)把那些在克拉苏失败后侥幸活命的罗马人送到了这个地方……在这条河之后是西徐亚部落。波斯人把他们统称为塞种(Sakas)，他们是距离波斯人最近的部落。古代作家把他们称为阿拉米人(Aramii)。西徐亚人对波斯人自称为“乔尔萨里人”，他们把高加索山脉称为格劳卡西斯(Graucasis)，意为“雪山”。这些西徐亚人数量多得数不清；在生活和习俗方面类似于帕提亚人。在他们之中比较著名的部落有塞种、马萨革泰人(Massagetae)、大益人(Dahae)、艾塞多尼人(Essedones)、阿里亚基人(Ariacae)……

51. 亚历山大大帝说过，里海(Caspian Sea)的饮水味道是甜美的。马可·瓦罗说，米特拉达梯战争期间，庞培在当地作战时饮用水是从那里运去的。毫无疑问，大量河流汇入里海，冲淡了海水的咸味。……从印度到巴克特里亚境内的伊卡鲁斯河，路途需要7

天时间。这条河流汇入了乌浒河(Oxus),印度的商品从那里[1]通过里海运输到居鲁士河,就可以通过陆路到达本都的法西斯城(Phasis),最多只需要5天。整个里海有许多海岛,只有一个塔扎塔岛(Tazata)出名。

53. 我们离开里海之后,就到了西徐亚人那里和更荒凉的、野兽居住的地区,直到一座被称为塔比斯山脉(Tabis)的地方,它像悬崖峭壁一样耸立在海面上;我们还没有走到这条朝着东北方海岸线长度的一半,这是一个有人居住的地区。

54. 我们遇到的第一个民族是塞里斯人(Seres),[2]他们以取自于其森林的毛织品闻名于世。[3] 他们把叶片浸在水中之后,梳洗出白色的东西,此后我们的妇女还有两件工作要干,即纺纤维,再把纤维织在一起。其工作程序是如此复杂,其出产地是如此遥远,这一切都只是为了罗马妇女可以在大庭广众面前炫耀其透明轻盈的服装。塞里斯人的性格是温和的,但是他们又像野蛮人一样回避与其他人交往,而是坐等商人前去寻找他们。

55. 他们第一著名的河流是普西塔拉斯河(Psitharas),其次是坎巴里河(Cambari),第三条是拉罗斯河(Laros)。在这条河流之后是赫里斯角(Chryse)、基纳巴湾(Cynaba)、阿提亚诺斯河(Atianos)和那个海湾边的阿塔科人(Attacori),他们被许多阳光普照的山丘隔绝了各种有害的微风——他们与希佩尔波人(Hyperborei)一样在温和的气候之中生活,关于他们的情况,阿莫梅图斯(Amomeitus)特地写了一本著作,就像赫卡泰奥斯(Hecateus)一样——他也谈到了希佩尔波人。在阿塔科人之后是弗鲁里人(Phruri)、吐火罗人(Tochari)和在内陆的印度卡西里人(Casiri),他们面朝着西徐亚人的方向,并且吃人肉。印度的游牧者也来这里

---

① 从乌浒河。

② 西方史学界一般认为塞里斯人即中国人,但俄国学者 и. в. куклна 认为,塞里斯人是古代西徐亚王室成员的自称,他们生活在天山南麓地区。见俄国学者编辑的《自然史》,vi, 54,注释3。——中译者注

③ 这种物质大概是棉花做成的东方棉布或者平纹细布。

放牧。有些人说他们的北面与西科雷人(Cicones)和布里萨人(Brysari)交界。

56. 对于在喜马拉雅山脉(Himalayas)前面的各个民族，意见是完全一致的。这里第一个民族是印度人。他们不仅居住在东海(Eastern Sea)，而且也居住在南海(Southern Sea)，我们曾经把这个海称为印度洋(Indian Ocean)。

57. 大部分权威认为印度海岸线长度为40昼夜的航程，从北部到南部距离是2850罗马里。阿格里帕认为它的长度是3300罗马里，宽度是2300罗马里。波塞多尼奥斯记载了从东北到东南的距离，认为整个印度面对着高卢的西边。

58. 如果有人想要把他们的民族和城市都列举出来的话，他们的民族和城市可以说是多得数不清。亚历山大大帝、塞琉古国王及其继承人安条克的军队，还有他们的海军将领帕特罗克莱斯(Patrocles)，他曾经环绕印度航行，甚至进入了希尔卡尼亚海和里海，证明了这一点。同样，曾经受到过印度国王款待的其他希腊权威，例如麦加斯提尼(Megasthenes)④和菲拉德尔福斯(Philadelphus)为了那个目的派出的狄奥尼修斯(Dionysius)，他们都报道了这些民族的实力。

59. 但是，在这些问题上没有严谨准确的信息。因此，现有的报道是有严重分歧和难以相信的。随从亚历山大大帝的人们写道，他在印度地区征服了5000座城市，没有一座城市的人口少于2000人，还有9个民族；他们认为印度构成了世界全部陆地面积的三分之一，它的人口多得数不清。后一种说法是很有可能的，因为印度人实际上是唯一没有离开自己领土的民族。从狄奥尼修斯神到亚里士多德时期，即在6451年零3个月之中，印度共有153位国王。

---

④ 叙利亚君主制度的建立者塞琉古·尼卡托的使节，他写了一部有关印度的著作*Indika*，这是他以出使普拉西人国王亲身经历得到的成果。

60. 印度的河流[5]在长度方面是很长的，根据记载，亚历山大大帝沿着印度河(Indus)航行，每日不少于75罗马里，走了5个多月尚未到达河口。至今为止，有一点是一致的，即印度河比恒河(Ganges)更短。罗马作家塞内加(Seneca)写过一篇有关印度的论文，记载了60条河流和118个民族。要把印度的山脉全部列举出来，是一件相当艰巨的任务。

65. 有些专家认为，恒河像尼罗河一样，发源于未知的源头，以同样的方式灌溉着邻近的地区；但其他人认为它发源于西徐亚山区，它是一条流速缓慢的河流，平均宽度为12.5罗马里，最狭窄之处宽度为8罗马里。这条河流无论何处都不下于100罗马步深。最后，一个民族位于恒河两岸，名叫甘加里德·卡林盖人(Gangarid Calingae)。

66. 他们的国王居住在波塔利斯城(Pertalis)，他率领着60000名步兵、1000名骑兵和700名象兵。他们时刻枕戈待旦，准备作战。比较开化的印度民族，根据其日常生活情况把人民分成许多等级。有些人在田野里工作，有些人在军队之中服役，有些人输出本地产品，输入外地产品；社会上的精英分子和最富裕的人，作为法官和国王的顾问管理国家。那些致力于研究哲学的人分为5个等级，他们受到印度人的尊重，几乎达到了虔诚的地步。这些人自愿躺在他们预先点燃的柴堆上，结束自己的生命。这里还有一个等级：半野蛮的人们，他们终日忙于猎取和驯养大象，先前提到的等级不从事这种职业。这些人使用大象犁地和作为坐骑；大象是他们最好的牲口，在保卫本国边界的时候，他们也使用大象作战。在决定挑选哪头大象参战的时候，大象的力量、年龄和体格都是重要的因素。

70. 恒河以南的部落由于炎热的阳光成了有色人种，但又不像埃塞俄比亚人晒得那么黑。他们越是靠近印度河，肤色越是深。印度河紧邻普拉西人(Prasii)之后，在普拉西人的山区据说有俾格

---

⑤ 普林尼使用的是亚历山大大帝远征时的测量员第欧根尼图斯和贝通的记载。

米人(pygmies)。阿尔特米多鲁斯(Artemidorus)记载从恒河到印度河的距离是 2100 罗马里。

71. 本地人把印度河称为新头河(Sindus)，发源于东部高加索山脉(Caucasus)的帕罗帕米苏斯山脊(Paropanisus)；它汇合了 19 条支流，其中最有名的是希达斯佩斯河(Hydaspes)，由于河水流动比较缓慢，印度河在任何地方都不超过 6 罗马里宽，7 罗马步深。它形成了一个面积相当大的岛屿，名叫普拉西亚内(Prasiane)；还有一个较小的帕塔雷岛(Patale)。

72. 根据最保守的专家们所说，这条大河可以通航的距离是 1240 罗马里，沿着太阳西下的方向汇入大洋。

74—75. 接下来是纳里伊人(Nareae)，他们被印度最高的山脉卡皮塔利亚山脉(Capitalia)所包围。这座山脉边远居民在辽阔的地区从事金矿和银矿的开采工作。接下来是奥东比奥雷人(Odonbaeoraes)和阿拉巴斯特雷人(Arabastrae)，他们最美的城市托拉克斯(Thorax)由一片沼泽河网保护着，沼泽河网之中的鳄鱼非常凶恶地攻击人类。迫使人们通过桥梁进入当地。

81. 塔普罗巴内(Taprobane)[⑥]由于名叫"安提克托尼斯的土地"(Antichthones)，[⑦]长期以来被视为另一个世界。亚历山大时期和他的到达，已经证实它是一座海岛。亚历山大海军将领奥内西克里图斯(Onesicritus)写道，这里训练的大象比印度的体型更大，更加好斗。麦加斯提尼认为塔普罗巴内被一条河流所分隔，本地人叫做"阿博里吉内人"(Aborigines)，[⑧]他们出产的黄金和大珍珠比印度人多。厄拉多塞认为这座海岛的长度为 804 罗马里，宽度为 575 罗马里；[⑨]他还说这里没有城市，只有 700 座村庄。

82. 塔普罗巴内位于东海之中，沿着印度的海岸自东向西延

---

⑥ 今斯里兰卡。

⑦ 希腊语，意为"相反的地区"。

⑧ Palaegoni：'born long ago'.

⑨ 斯里兰卡岛实际面积是 271×137 罗马里。

伸。先前认为从普拉西人之地出发到这里需要20天航程，但近来雇佣来自尼罗河装备索具的纸莎草船只。根据资料证明，使用我们的船只，它的距离可以确定是7天航程。位于塔普罗巴内和印度之间的大海不深，不超过18罗马步，但是在某些航道海水深到锚具无法固定在海底。因此，船只的船首两头在通过航道狭窄的部分时，通常无法掉头。船只的容积是3000安弗拉(amphora)。

83. 塔普罗巴内人在航海时不观察任何星星；这里也确实观察不到大熊星座。他们随身带着鸟儿，他们把鸟儿放走，让它们沿着他们航行的路线飞回大陆。他们每年在大海中航行不超过4个月，特别是在仲夏之后的100天避免出海，因为那时的大海多暴风雨。

84. 古代作家对这一点记载很多。克劳狄在位时期，我们得到非常准确的信息，有一个使团因为风云际遇从塔普罗巴内来了。安尼乌斯·普洛卡姆斯(Annius Plocamus)曾经接受过国库一份艰巨的工作，从红海地区征收关税。他的一名释放奴隶当时在环绕阿拉比亚航行时，被从卡尔马尼亚(Carmania)那边吹来的北风刮走了，40天之后到达了塔普罗巴内的西普里港(Hippuri)，受到了当地国王友好的款待。他花了整整6个月时间学习语言，才回答了国王提出的问题，告诉国王有关罗马人民及其皇帝的事情。

85. 国王听到了许多事情，对其客人所拥有的钱币表现出的罗马人的质直，印象非常深刻，尽管钱币的肖像表明它们是不同的皇帝铸造的，但迪纳里(denarii)在重量上是完全相等的。他因此受到感动，对罗马人采取了特别友好的态度，派遣了一位名叫拉齐亚斯的人(Rachias)率领4名使节前往罗马。从这些人嘴中，我们得知了塔普罗巴内如下事情：它包括500座城镇，有一个面朝南方的港口紧邻帕里西门杜斯城(Palaesimundus)，这座城市是岛上所有地方之中最有名的地方；它有一座王宫和200000人口。

86—87. 印度最近的海角是科利亚库斯角(Coliacus)，渡过它需要4天航程，在中途有一座太阳岛。这里的海水呈深绿色，岛上的树木为灌木林，树顶掠过船舵。[10]

88. 使团成员还告诉我们，塔普罗巴内面朝印度的一边长度是1250罗马里，位于印度东南方向；在喜马拉雅山脉之后是塞里斯人，他们通过贸易知道了塞里斯人。拉齐亚斯的父亲曾经到过塞里斯；他们到达的时候，塞里斯人总是急急忙忙前去欢迎他们；使节们这样解释说，这个民族身高超过中等身材，长着金黄色的头发、蓝眼睛，说话声刺耳，但是没有与他们交谈过。使节们谈到的其他问题与我国商人的传闻相同，即他们的货物放在河流的对岸，与放在那里出卖的货物紧靠在一起；如果双方同意交换，他们就可以拿走这些货物。在不同的情况下，对于奢侈品的厌恶，就算这种想法传播到那些地方，并且反复思考了从那里可以获得什么，使用什么样的贸易方式和为什么这样做，也可以认为是正当的。

89. 不过，虽然塔普罗巴内被大自然排除在我们的世界之外，它也摆脱了我们的钳制。这里的金银也是很贵重的，还有像类似玳瑁壳的大理石、珍珠和非常珍贵的宝石；确实，所有奢侈物品堆积在一起，比我们的东西还更多。塔普罗巴内的使节告诉我们，他们的人民比我们富有得多，但是我们的财富使用得更多。他们没有一个人拥有奴隶，也没有一个人黎明之后还在睡觉或者享受午睡；他们的建筑物不太高；谷物的价格从不上涨；这里没有法庭或者是诉讼案件；他们崇拜赫拉克勒斯；国王是人民选举的——有人在位多年，态度克制，没有子女。如果国王在位之后有一个儿子，他就必须退位，以防君主制将来变成世袭的。

90. 他们继续解释说，人民为国王指定了30位顾问，除非这些人的大多数投票同意，没有一个人会被判处死刑。这种权利看来是属于人民的，有70位陪审员是任命的；如果他们宣判被告无罪，这30个人将会名声扫地，并且陷入深深的耻辱之中。国王穿着自由之父的衣服，其他人穿着阿拉比亚长袍。

91. 如果国王做了什么错事，就会被判处死刑。虽然没有人执

---

[10] 普林尼描写的是沼泽地。

行判决；人民却会联合起来抵制他，拒绝与他交谈。

人们以狩猎度过自己的节日；猎取老虎和大象需要很多人手。他们是勤劳的农夫，虽然没有任何人种植葡萄，但苹果树却非常多。他们喜欢捕鱼，特别是海龟，它们的外壳大得可以用来做房顶。一百岁的寿命被认为是寻常的寿命。

100—101. 通往印度的航路。现在有一个确定的事实是，从阿拉比亚的锡亚格鲁斯角(Syagrus)[11]到帕塔雷(Patale)距离是335罗马里，在有西风的时候航行最顺利，西风在当地被称为希帕卢斯(Hippalus)。

后来又发现了一条更短和更安全的道路，使人们可以从同一个海角到达印度的港口西格鲁斯(Sigerus)；这条道路使用了很长时间，直到商人们和那些渴望寻找到前往印度更近道路的人们后来又发现了一条捷径。现在，每年都有船只前往印度；船上还有许多弓箭手，因为这些大海中有许多海盗出没。现在，有一点是肯定的，从埃及出发的航路已经搞清，我们后代的人也已经知道，这些信息都是可信的，这是第一次公布。有一件事情值得我们注意，即印度每年从我国吸走的货币不下于550000000塞斯特斯(sesterces)，而它换来的商品在我国销售所获，足足有原来商品价格的100倍。

104—106. 旅行者一般在仲夏，也就是在天狼星升起之前，或者在那之后立刻扬帆出航，大约30天到达阿拉比亚的奥赛利斯(Ocelis)[12]或者是另一个港口卡内(Cane)[13]，这是一个出产乳香的地区。这里还有阿拉比亚的第三个港口穆扎(Muza)[14]；但是，它不是人们用来前往印度的港口，而只是人们经营阿拉比亚香料和香水的地方。……对于那些前往印度的人而言，奥赛利斯是最好的进

---

⑪ 很可能是阿拉比亚半岛最东面的哈德角。

⑫ 阿拉比亚半岛费利克斯西南角的商业中心和港口。

⑬ 阿拉比亚半岛南部沿岸商业中心或海角，位于阿德拉米提人境内。

⑭ 可能是靠近阿拉比亚半岛费利克斯南端穆哈以北的穆什。

出口港口，如果遇上刮希帕卢斯风，大约40天就可以到达印度最近的贸易中心穆齐里斯(Muziris)[15]。但是，这里并不是一个非常理想的上岸之地，因为海盗经常出没于城市的周围，他们在那里占据了一个名叫尼特里亚斯(Nitrias)的地方。实际上，它在商业文献之中也不是一个非常富裕的地方。除此之外，船舶的停泊地点距离岸边太远，装卸货物都必须使用船只驳运。在我写本章的时候，统治那里的国王是克洛博特拉斯(Cælobothras)。另一个非常方便的港口巴拉塞(Barace)位于尼辛迪人(Neacyndi)的土地上。那里的国王潘迪翁(Pandion)住在距离商业中心相当远的内陆城市莫迪拉(Modiera)。科托纳拉(Cottonara)出产的胡椒用独木舟运往巴拉塞。……旅行者从印度乘船回到欧罗巴，是在埃及的提比斯月(Tybis)，即我们的12月，不管如何也要在埃及的梅西尔月(Mechir)6日即我们的1月13日返回；如果他们这样做，就可以在当年回来。他们从印度出发的时候，是趁着东南风，而在进入红海的时候，是趁着西南风或者南风。

109—110. 帕提亚总共有18个王国，像其行省的划分一样，正如我们先前已经指出，它们沿着红海向南延伸，沿着希尔卡尼亚海(Hyrcanian Sea)向北延伸。在这些行省之中，有11个行省被称为上行省，它们位于亚美尼亚边界和黑海沿岸，一直延伸到西徐亚人地区，他们的生活方式在各方面都相同。其余7个帕提亚王国称为下行省。至于帕提亚人本身，帕提亚[16]位于经常提到的山麓[17]，他们高居于所有这些民族之上。它在东面与阿里人(Arii)为邻，南面与卡尔马尼亚和阿里亚尼人(Ariani)为邻，西面与普拉提泰人(Pratitae)为邻，这是米底人部落之一，北面与希尔卡尼人(Hyrcani)为邻。它的四周被沙漠包围。更遥远的帕提亚人被称为游牧者；他们的这边是沙漠。西边是先前提过的伊萨提斯(Issatis)

[15] 根据迪博卡热所说，该港是今印度门格洛尔。

[16] 帕提亚最初在今霍腊桑。

[17] 即高加索山脉。

和卡利奥普(Calliope)城,东北方是幼罗波斯(Europus),东南方是马里亚(Maria);中部是赫卡通皮洛斯、阿萨克(Arsace)和尼萨(Nisiaea),这是帕提亚境内美丽的地方,亚历山大城(Alexandropolis)就在这里,它得名于城市的创建者。

在这里有必要描绘一番米底的地理位置,接着再来叙述直到波斯湾地区特点,以便更好地理解我们接下来的报告。米底位于通往西部的交叉路口上,斜对着帕提亚,控制着内部分成两个王国的通道;[18]因此,它在东面控制着里海人和帕提亚人;在南面控制着西塔塞内(Sittacene)、苏萨地区(Susiane)和波斯地区(Persis);在西面控制着阿德西亚贝内(Adsiabene);在北面控制着亚美尼亚。波斯人早就居住在红海沿岸,由于这个原因它被称为波斯湾。波斯这个沿海地区名叫锡里波(Ciribo);它的一边延伸到米底的阶梯形(Cimax Megale)地区,那里的山脉像陡峭的阶梯急剧升高,提供了一条通往被亚历山大毁灭的这个王国故都波斯波利斯(Persepolis)的狭窄通道。在它最边远的地方是安条克建立的劳迪西亚城(Laodiceia)。这个地方的东面是麻葛占据的帕萨迦达(Passagarda),其中有居鲁士(Cyrus)的陵墓。他们还有一座厄克巴丹城,城里的居民被大流士迁到了山区。在帕提亚人和阿里亚尼人之间是帕里塔塞尼人(Paraetaceni)的土地,在这些民族和幼发拉底河边(Eupharates)是帕提亚的下行省王国;我们将在叙述完美索不达米亚之后,再叙述其他问题。我们现在就来不带偏见地说说美索不达米亚和阿拉比亚的人民,我们在前面一卷之中已经提到过他们。

121. 巴比伦是加勒底人(Chaldaean)的首都,它在很长的时间都是全世界最著名的城市。由于这个原因,美索不达米亚(Mesoptamia)和亚述(Assyria)也被称为巴比伦尼亚(Babylonia)。这座城市有两道城墙,周长为60罗马里,每道城墙高200罗马步,宽50罗马步。幼发拉底河穿过这座城市,两岸是壮观的堤岸。朱

---

[18] 即上行省和下行省。

庇特·贝卢斯(Jupiter Belus)[19]神庙至今犹存；贝卢斯(Belus)是天文学的发明者。

122. 巴比伦其他地方已经是一片荒漠，它的居民由于邻近塞琉西亚而慢慢地走光了。这座城市是尼卡托(Nicator)兴建的，用以取代巴比伦的地位，距离巴比伦不到90罗马里。在有一个地方，幼发拉底河(Euphrates)的运河与底格里斯河(Tigris)连接在一起。塞琉西亚被认为像巴比伦尼亚一样，但它现在是一座自由的、独立的城市，保持着马其顿的风俗习惯。据说它有600000人口。城墙的设计像一只展翅的雄鹰。最后还要补充一点，这个地区是整个东方最富饶的地区。

160—161. 由于奥古斯都之子盖尤斯·凯撒对这个地区的短视，骑士埃利乌斯·加卢斯(Aelius Gallus)是唯一率领罗马军队进入阿拉比亚地区的人。加卢斯报告说，在回师的路上居住着游牧部落，他们依靠乳品和野兽肉为生，其他部落像印度人一样，用棕榈树榨酒，用芝麻榨油。荷马族人(Homeritae)数量众多；米尼人(Minaei)的土地种植棕榈树，森林很多，还有很多畜群；塞巴尼人(Cerbani)、阿格里人(Agraei)，特别是查特拉莫提泰人(Chatramotitae)在好战方面胜于其他部落。赛伯伊人(Sabaei)最富有，因为他们的森林盛产香料，他们拥有金矿、有水灌溉的土地以及盛产蜂蜜和蜡。

162. 阿拉比亚人穿长袍，留着长发不剪；他们刮掉络腮胡子，留着八字胡子——但其他人连络腮胡子也不刮。说来奇怪的是这些数不清的部落有一半是依靠贸易为生，另外一半是依靠抢劫为生。他们全都是最富有的人，这是因为他们在与罗马和帕提亚(Parthia)做买卖的时候，他们把自己从大海和森林之中获得的东西卖掉，但却什么也不买，积聚了大量财富的原因。

165. 接下来是提尔部落(Tyro)和红海(Red Sae)边上达内奥

---

⑲ 贝卢斯(Belus)是巴力(Ba'al)的希腊化形式，贝勒(Bel)从前被认为是神的称号；通常被用于东方国王的名字。

人(Daneoi)的港口,埃及国王塞索斯特里斯(Sesostris)就出自该部落。他打算修筑一条运河,使尼罗河可以流入现在称为三角洲的地方;运河的长度超过60罗马里。后来的波斯国王大流士(Darius)也有同样的打算,托勒密二世也是一样,他挖了一条水渠,宽100罗马步,深30罗马步,长约35罗马里,直达苦湖(Bitter Lake)。

166. 由于人们发现红海的水位比埃及陆地高出4.5罗马步,生怕洪水会阻止他前进得更远。有些人不提这个原因,只是说自己担心海水倒流,混入唯一的饮用水源尼罗河水之中。

187. 如果你承认火在铸造人体和雕刻人类外形方面的能力和速度,对埃塞俄比亚最边远地区生长的动物和畸形人,就一点也不会感到奇怪了。根据一些来自内陆地区的确凿报告,在东部的民族没有鼻子,脸部非常扁平;在某些地方,部落居民没有嘴唇,在另外一些地方则没有舌头。

188. 一群人没有嘴巴,没有鼻孔;这些人通过一个洞眼来呼吸,好像用燕麦杆吸饮料,他们也收割野生燕麦做食物。有些人用点头或者手势代替交谈,直到埃及国王托勒密·拉图鲁斯(Ptolemy Lathurus)在位时期,有些人甚至还不知道使用火。有些作家真实地记载了生活在尼罗河发源地沼泽之中的俾格米人的情况。

198. 埃福罗斯(Ephorus)、[20]欧多克索斯(Eudoxus)[21]和提莫斯提尼(Timosthenes)[22]认为东海分布着许多海岛。克利塔库斯(Clitarchus)[23]说,有人告诉亚历山大国王这里非常富有,以至于其居民付出1塔兰特黄金购买1匹马,他还说这里发现了一座圣山,

---

[20] 基梅的埃福罗斯(约公元前405—前330)是伊索克拉底的门徒,也是狄奥多罗斯·西库卢斯主要的资料来源。他把希腊半岛历史想像成一个整体,他也是第一位完整记载了从神话传说开始到马其顿腓力结束的作家。他的历史著作后来成了许多历史著作的基础。

[21] 欧多克索斯(约公元前240年左右)是希腊基奇库斯的旅行家。

[22] 提莫斯提尼是罗德岛人,担任埃及国王托勒密·菲拉德尔福斯的海军统帅(约公元前280年左右)。

[23] 亚历山大大帝远征亚细亚历史的作者,他曾经随从参与远征。

山上覆盖着茂密的森林，森林中的树上掉下的水珠具有令人心旷神怡的香味。

200. 人们告诉我们，在西部海角的对面有一个群岛叫做戈尔加德斯群岛（Gorgades），先前是戈尔工（Gorgons）的巢穴，根据兰普萨库斯的色诺芬（Xenophon of Lampusacus）所说，从大陆到这里需要 2 天的航行时间。迦太基的将军汉诺到过这些岛屿，并且报告说[24]妇女们用毛发来遮羞。汉诺把两名妇女的人皮献给朱诺（Juno）神庙，作为珍贵的证据以证实他所说的故事；在罗马征服迦太基（Carthage）之前，它们一直陈列在那里。

---

[24] 在其著作《沿岸航行纪》（*Periplous*）之中。

第七卷 人类

1. 研究世界所有生物的性质,就像研究其他任何领域一样重要。但是,人类的智力不可能把这个问题的所有方面都讨论到。把人类放到首要的位置是正确的,大自然似乎为人类创造了所有的其他礼物,但是她也为这些礼物索取了沉重的代价,以至于我们很难说清大自然到底是我们亲爱的母亲,还是可恶的后妈。

2. 人类是大自然为其穿上以其他物质制成衣服的唯一生物。而对于其他生物,她给予各种不同的覆盖物,如甲壳、树皮、荆棘、皮革、绒毛、刚毛、毛发、羽绒、羽、鳞片和毛皮,即使是树干,她也用树皮使其免于严寒和酷暑,有的时候还有双层的树皮。只有人类在出生的时候是伴随着哭喊声,赤条条地来到这个世上的。没有其他的动物流出过这么多眼泪——这就是新生命开始的情况。婴儿第一次出现熟悉的微笑,最早也要在出生40天之后。

4. 最初赠予的力量和时间使人类像四条腿的动物。人类是何时开始行走的?人类是何时开始说话的?人类的牙齿是何时坚固到足以吃进坚硬的食物?人类的囟门跳动了多长的时间——它是不是人类在所有动物之中最弱小的象征?然后是人类经常罹患的疾病,还有治疗这些疾病的办法,这些办法可能对新的疾病无能为力。所有其他的动物都知道它们自己的特性:有些动物善于奔跑,有些善于翱翔,还有一些善于游水。但是,人类除非通过学习,否则什么也不会——既不会交谈,也不会行走,不会进食;一言以蔽之,他天生只知道一件事情,这就是如何哭泣。因此,有许多人认为与其出生,还不如不出生的好,或者还不如马上死掉的好。

5. 人类是唯一被赐予悲伤的动物，也是唯一被赐予各种各样奢侈生活方式的动物，通过每一个单独的生命——同样，他也被赐予了野心、贪婪，对于生命的无限眷恋、迷信，对于死亡甚至对自己的生命结束之后将会发生什么事情的忧虑。没有一种生物的生命如此脆弱；没有一种生物如此的贪婪，也没有一种生物对于恐惧有如此混乱的感觉，或者是更强烈的愤怒感。太阳升起的时候，其他的生物在自己的群体之中度过自己的日子。我们看见它们集合在一起，抵抗其他的种类；即使是愤怒的狮子也不会同类相残，毒蛇不会撕咬毒蛇——除非是对抗其他种类，甚至连海怪和鱼类也没有如此残忍的行为。但是我发誓，人类正在经受其同类一手造成的最可怕灾难。

6. 我们已经谈过了人类的总体情况，大多谈的是各个民族，而不是我们现在将要讨论的生活方式和风俗习惯。但是，我认为有一些民族不应当被遗漏，特别是那些远离大海民族。在这些民族之中，当然有些东西会被大多数人认为是虚构的、不可相信的。例如，人们在看见埃塞俄比亚人之前，有谁会相信他们的存在呢？或者当我们第一次见到某些东西的时候，为什么不认为它是不可思议的东西呢？

7. 有多少东西在它们出现之前被人们认为是不可能的呢？确实，如果人们认为大自然的这些表象是零碎的，而不是把它们作为一个整体来接受，大自然的力量和威严在每一个紧要关头就将无人相信。如果忽视孔雀、老虎和豹子有斑点的皮毛、忽视无数动物的颜色，这还只涉及一些小问题。但各个民族使用的许多语言和方言，确实是重要的问题。说话的方式和发音的变化是如此之大，以至于有些人被认为是其他种族，而外国人则勉强被认为是人类！

8. 尽管我们的面孔包含有10个或者更多的特征，但在成千上万的人之中，却没有两个人的面孔是完全相同的——任何的艺术形式也无法达到这种境地。对于大多数例子，我不敢表示相信。我相信我引用的作家，相信他们引用的那些事实经过多方的质疑，我认为学习希腊人的无比勤奋和研究古代是可以接受的。

9. 我也注意到一个事实，即有些西徐亚人部落——确实是他们大部分人——以人肉为食物。这件事情看起来似乎难以置信，如果我们忘记了在世界的中心还居住着如此奇怪的部落——库克罗普斯人和莱斯特里贡人(Laestrygones)——就是现在，阿尔卑斯山北的部落还在用人举行祭祀，这与吃人肉又相差多远呢。

10. 接下来是居住在北方的居民、北风出现的地方和以北风命名的洞穴，人们把它称为"大地的门栓"，据说阿里马斯皮人(Arimaspi)就居住在那里，他们以额头中间长着一只眼睛而闻名。许多作家，其中最杰出的是希罗多德和普罗康内斯的阿里斯蒂斯(Aristeas)①。他们都写到在阿里马斯皮人为了争夺矿山经常与格里芬发生战争，后者据说是一群长着翅膀的野兽，它们从矿井中挖掘出黄金。格里芬保护黄金，而阿里马斯皮人则盗窃黄金，双方都非常贪婪。

11. 在西徐亚部落坎尼波人(Cannibals)之后，在喜马拉雅山脉的大峡谷里有一个叫做阿巴里蒙(Abarimon)的地区，那里居住着森林居民，他们的脚可以翻转到自己的小腿之后；他们奔跑的速度非常快，与野兽一起四处流浪。亚历山大大帝的道路测量员贝通(Baeton)认为这些人在其他的气候条件下不能呼吸，因此没有一个人被送给邻国的国王或者亚历山大本人。

12. 根据尼西亚的伊西戈努斯(Isigonus)所说，西徐亚部落的坎波尼人最初居住在北方，距离波里斯提尼斯河(Borysthenes)那边10天的行程，他们以人头作为饮器，使用带发的头皮做围巾挂在胸前。伊西戈努斯还说，在阿尔巴尼亚(Albania)出生的某个民族长着明亮的灰蓝色眼睛；他们从小就是秃头，晚上比白天看得更清楚。他补充说索罗马提人(Sauromatae)居住在距离波里斯提尼斯河那边13天行程的地方，他们总是每隔两天进一次餐。

---

① 有一首史诗说他生活在克罗伊斯时期，传说是阿波罗的仆人。对于阿波罗崇拜而言，他的故事有三点特别有趣：a，灵魂与肉体分离；b，非人类的外貌；c，传教士的精神。

13. 帕加马(Pergamum)的克拉特斯(Crates)指出,[②]在赫勒斯滂的帕里乌姆(Parium)附近有一个名叫奥菲奥格内斯人(Ophiogenes)的民族;他们通常善于治疗蛇伤,方法是把他们的双手置于皮肤的表面,通过触摸或者是挤压的方法排出体内的毒液。瓦罗写道,即使在今天,当地还有少数人用他们的唾液来治疗蛇伤。

14. 根据阿加萨奇德斯(Agatharchides)的记载,在阿非利加,也有一个以国王普西卢斯(Psyllus)命名的同样部落,名叫普西利人(Psylli),这位国王的陵墓在大西尔提(Graet Syrtis)湾地区。他们的体内有一种对于毒蛇有致命作用的毒液,其气味可以使毒蛇沉睡。他们有一个风俗习惯是将新生儿放在最凶残的毒蛇之前,用这些蛇来检验自己的妻子是否贞洁,因为毒蛇在妻子与外人所生的婴儿前面不会逃走。这个部落几乎被纳萨莫尼人(Nasamones)全部赶走,现在纳萨莫尼人占领了这个地区。但是,有一个出自他们的部落在战争爆发的时候逃得远远的,他们至今仍然居住在一些地方。

15. 意大利也有一个同样的部落马尔西人(Marsi),人们说他们起源于喀耳刻(Circe)之子,因此天生拥有这种力量。所有人都拥有毒药,可以有效地对抗毒蛇:据说毒蛇躲避他们的唾液,就像躲避沸水一样。如果有一滴毒液进入它们的咽喉,它们就死定了。如果这个人正在斋戒,唾液的作用还更大。根据卡利法尼斯(Calliphanes)所说,在纳萨莫尼人之后,紧邻着他们领土的是马赫利人(Machlyes),他们是两性人,轮流承担两性的角色。亚里士多德补充说他们的右胸部是男人的胸部,左胸部是女人的胸部。

② 克拉特斯是帕加马第一任图书馆长,出于对哲学和古代文物的兴趣,他写了许多有关古典作家的论文。他曾经作为帕加马国王阿塔罗斯的使节访问过罗马(约公元前168年)。

16. 伊西戈努斯[③]和尼姆弗多鲁斯[④]指出，在阿非利加同一个地区有许多家庭行魔法

他们用魔法使牧场干枯、树木枯萎、婴儿死亡。伊西戈努斯还说，在特里巴利人（Triballi）和伊利里亚人（Illyrians）之中也有同样的人，他们的魔法是使用眼光一瞥，特别是如果用愤怒的眼光一瞥，就能杀死那些他们长期注意的人物。成年人更容易受到他们邪恶的眼光伤害。更值得注意的是他们的每个眼睛都有两个瞳孔。

19—20. 在距离罗马城不远的法利斯齐人（Falisci）土地上，居住着名叫赫皮人（Hirpi）的小部落，他们每年在索拉克特山向阿波罗献祭的时候，要走过一个燃烧的柴火堆而不会被烧伤。因此之故，罗马元老院发布永久的命令，免除他们的兵役和其他一切公共义务。某些人的部分肢体生来就具有特点；例如，国王皮洛士（Pyrrhus）右大脚趾如果被触动，就能治好脾炎。还有人传说当他被火化的时候，他的大脚趾头没有随着其他部分一起被烧掉，而是被保存在神庙的库房里。

21. 印度和埃塞俄比亚许多地区稀奇古怪的事情特别多。印度生长着最大的动物：例如，印度的狗比其他地方更大。据说树木高到人们无法用箭射过树顶。肥沃的土地、温和的气候和充沛的雨水提供了这一切可能——如果人们相信这个故事的话——一个骑兵中队可以躲藏在一棵无花果树之下。芦苇是如此之高，以至于用芦苇节之间的部分就可制造一条能够供 3 人乘坐的小船。

22. 众所周知，许多居民的身高超过 7 罗马步，他们从来不吐痰，不感到头痛、牙痛和眼痛，身体的其他部分也很少疼痛；他们由于炎热的阳光而变得坚强。他们的哲学家称为裸体派信徒

---

③ 来自尼多斯的希腊语法家，可能是埃及国王托勒密九世（约公元前 141—前 81）的警卫人员，其著作的摘要保存在福提乌斯和狄奥多罗斯·西库卢斯的著作之中。

④ 尼姆弗多鲁斯（活动时期约公元前 335 年），来自叙拉古的希腊人，写过有关亚细亚和西西里的著作。

(Gymnosophists),从日出到日落一直站在炎热的阳光之下,目不转睛注视着太阳。他们先用一只脚休息,然后再换另一只脚休息。

23. 麦加斯提尼说在努卢斯山(Nulus)有些人的脚是相反的,每只脚有8个脚趾头;在许多山区有狗头人,他们披着野兽皮,他们以尖叫代替交谈,以狩猎和养禽为生,用栅栏把它们固定住。他在书中写道,这些人有120000人之多。克特西亚斯说到在印度某个部落之中,妇女一生都在生孩子,孩子们一生下来头发就开始变白。他还说有一个男性的部落名叫莫诺克利人(Monocoli),他们只有一条腿,但跳跃速度飞快。这些人又称为伞形腿,因为当天气炎热的时候,他们用背躺在地上,用脚的阴影来保护自己免遭日晒。莫诺克利人距离穴居者不远,在这个部落的东方,某些人没有脖子,眼睛长在双肩上。

24. 在印度东部山区卡塔尔克卢迪(Catarcludi),也居住着萨蒂。[⑤] 这是一些行动非常敏捷的动物,有时用四肢跑动,有时又像人类一样直立行走。由于它们速度极快,只有老弱者才能被抓住。陶龙(Tauron)提到一个名叫乔罗曼迪人(Chonomandae)的部落——这个部落没有语言,但是有令人恐怖的声音,还有毛茸茸的身躯、灰色的眼睛和狗一般的牙齿。欧多克索斯说道,在印度南部男子的脚长18英寸,而女子的脚是如此之小,被人们称为麻雀脚。

25. 在印度的游牧部落之中,麦加斯提尼提到了一个斯基里太人(Sciritai),他们在鼻孔的位置只有两个洞窟——就像蛇一样——还有罗圈腿。他说在印度东部最边远的地区,靠近恒河的发源地居住着阿斯托米人(Astomi),他们没有嘴巴,全身长着毛发。他们穿着棉织品,吸气为生,通过他们的鼻孔吸入气味。阿斯托米人不吃食物、不喝饮料,只吃从树根、花朵和树林之中果实发出的各种气味。他们在长途旅行之中也带着它们。麦加斯提尼说,他们也很容易被一种强烈的气味杀死。

26. 在阿斯托米人之后的大山深处,据说居住着特利斯皮塔米

⑤ 可能是猴子。

人(Trispithami)和俾格米人。他们的身高不超过3指距,即大约2.5罗马步。这里有北方的山脉保护着,气候正常,四季如春。荷马说俾格米人曾经受到仙鹤的攻击,传说俾格米人在春天以弓箭为武装,骑在公羊和母羊背上,全体一起走向大海,吃掉了仙鹤的蛋和幼鸟,这次袭击持续了3个月之久。如果他们不这样做,他们就无法保护自己免遭鹤群的危害。俾格米人的房屋用泥巴、羽毛和蛋壳做成。

27. 亚里士多德认为他们住在洞穴之中,至于其他的细节问题,他与其他作家的意见是一致的。根据伊西戈努斯所说,印度部落西尔尼人(Cyrni)可以活140岁——埃塞俄比亚人、塞里斯人和圣山的居民同样是长寿者。因为后者吃蛇肉,他们的头部、身体和衣服都不受有害物质的危害。

28. 奥内西克里图斯[6]认为在印度许多地区没有阴影,那里的人民可以活到130岁,帕加马的克拉特斯说居住在河谷地区的潘迪人(Pandae)可以活200岁,他们在年轻的时候是白头发,到了老年的时候是黑头发。

30. 据阿尔特米多鲁斯记载,塔普罗巴内的居民非常长寿,而且体力没有任何损失。

32. 在阿非利加沙漠之中,幻影会突然出现在行人的面前,又闪电般地消失。这些现象和人类相似的现象,都是大自然精心设计的,为的是给自己,也给我们解闷。这些创造物是如此的神奇,谁能够数得清大自然日日夜夜,时时刻刻创造的奇迹呢?为了充分显示出大自然的力量,必须把所有的人类都归入大自然所创造的奇迹之中。现在我们就来谈谈某些属于人类的奇迹。

33. 三胞胎的出生已经得到贺拉斯(Horatii)和库里亚提

---

[6] 奥内西克里图斯追随奈阿尔科斯,写了自己的亚细亚远征记。他驾驶亚历山大大帝的船只沿着杰赫勒姆河而下。奥内西克里图斯写过历史故事(参见色诺芬:《居鲁士的教育》),他把亚历山大大帝比作犬儒派的英雄和文明的赐予者。普林尼引用了他的著作。

(Curiatii)兄弟的实例证实。超过这个数目的多胞胎被认为是不吉利的事情，只有在埃及是例外。那里由于有尼罗河水灌溉，土地非常肥沃。现在，在奥古斯都皇帝安葬的日子，有一位出身下层的妇女福斯塔(Fausta)，在奥斯提亚(Ostia)分娩生了2个儿子、2个女儿。毫无疑问，这就成了日后遭受饥饿的先兆。我们在伯罗奔尼撒还发现有一名妇女曾经有4次生下了五胞胎，每次出生的婴儿大部分都活下来了。据特罗古斯(Trogus)所说，在埃及有一次出生了七胞胎。还有许多人是两性人，我们把他们称为阴阳人，希腊人把这种人称为*androgyni*。他们被人视为怪物，现在也是人们茶余饭后谈论的资料。众所周知，大庞培曾经把一些著名奇迹的肖像放置在他所建立的剧院装饰之中，这是一些大艺术家极其细心、勤奋制作的。在这些肖像之中，我们知道优迪克(Eutyche)，她生了30个孩子，有20个孩子送往特拉雷斯(Tralles)的火葬场。还有阿尔基普(Alcippe)，她生了一头大象；还有一名女仆，她生了一条蛇。克劳狄·凯撒记载在色萨利(Thessaly)出生了一个半人半马的怪物，但在当天就死了。他在位时期，我亲眼看见一个从埃及运来的半人半马的怪物，用蜂蜜保存着。在这些稀奇古怪的事情之中，萨贡图姆(Saguntum)的婴儿一出生，就被送回到母腹之中。这件事情发生在这座城市被汉尼拔(Hannibal)毁灭之年。

36. 女性变成男性并不是神话。我们在历史文献之中发现，在帕布利乌斯·李锡尼·克拉苏和盖尤斯·卡西乌斯·朗基努斯(Publius Licinius Crassus、Gaius Cassius Longinus)[7]担任执政官时期，卡西努姆(Casinum)有一名女孩当着她的双亲面前变成了男孩，按照占卜官的命令，他被送到了一个无人居住的海岛上。根据穆西亚努斯的记载，他在阿尔戈斯看见一个名叫阿瑞斯康(Arescon)的人，曾经名叫阿瑞斯库萨(Arescusa)，已经嫁了丈夫，后来长出了胡子，具有男性的特征，娶了妻子。他还在士麦拿(Smyrna)看见一名男孩经历了同样的命运。我在阿非利加亲眼看

---

⑦　公元前171年。

到有些人在婚礼当天变成男子

37. 在双胞胎出生的时候，据说常常能保住母亲或者是一个双胞胎的性命。如果双胞胎是不同的性别，两个胎儿存活下来的机会更少。女婴出生比男婴更快，也更容易衰老；男婴通常在娘胎里躁动，位于右边，女婴在左边。其他的动物有固定的时间交配和生育，而人类一年四季都可以生育。怀孕的周期也没有固定的时间——有的时候是 7 个月，有的时候 8 个月，还有长达 10 个月的。在 7 个月之前出生的一般是死胎。在 7 个月出生的人，其受孕期或者是在满月的前后一天，或者是在没有月亮的时候。

39. 在埃及，婴儿通常在第 8 个月出生——在意大利的情况也非常相似——这些人能够活下来，就违背了古代的信条。在怀孕 9 天之后，会出现头痛、晕眩、视力降低、厌食、恶心，这些现象都是受孕的征兆。如果婴儿是男性，孕妇的脸色比较好，分娩比较顺利，胎动在第 40 天就开始出现。如果胎儿是女性，所有的征兆都是相反的：很难搬动重物，腿部和腹股沟有轻微的肿胀，第一次胎动在第 90 天。

42. 但是，当着胎儿开始长出头发，两种性别都感到非常的软弱，在满月的时候，尚未出生的婴儿非常危险。人们行走的道路，还有可能提到的各种事情，对于孕妇而言都是重要的。例如，妇女吃的食物过咸，就可能使婴儿生下来没有指甲。殴打可能导致死亡，就好像在性交之后打喷嚏会导致流产一样。

43—44. 由此开始，暴君出现了；由此开始，自豪的精神被消灭了。那些相信自己实力的人，那些抓住了命运女神恩典的人，还有那些认为自己不仅是命运女神垂青，而且就是命运女神之子的人，他们的心思完全在考虑帝国的问题。他们由于取得了某些成功而趾高气扬，认为自己就神灵。你能甘于在这种平凡的情况下死去吗？即使在今天，你能甘于在这种更加毫无意义的情况下死去吗：如被毒蛇的牙齿咬死，或者像诗人阿纳克雷翁(Anacreon)一样被葡萄干噎死，或者像行政长官、元老费边一样，被一杯牛奶之中的一根头发呛死。确实，只有一直关注人类之脆弱的人，才能真正准确地认清生命的价值。

45. 臀位分娩脚先出来，这是违反常规的。这就是为什么这样出生的人被称为阿格里帕，[8]因为他们这样出生很困难。据说马可·阿格里帕就是这样出生的，他也是所有这样出生的人之中少有的成功者。还有人认为他因为这种不正常的出生方式受到了惩罚：他从小就不幸患有脚疾；他在战争之中度过了一生，时刻面临着死亡的到来；他的所有子女还给世界造成了不幸，特别是两个女儿阿格里皮娜(Agrippina)，她们为皇帝生下了盖尤斯·卡利古拉和多米提乌斯·尼禄两个疯子。尼禄的母亲阿格里皮娜写道，尼禄在整个统治时期都是人类的敌人，他就是脚先出来的。人类合乎自然的分娩方式是头先出来，人类安葬时的风俗习惯是脚先出门。

48. 在少数有生命的创造物之中，女性在怀孕时必须性交。根据医生的记载和那些专门收集此类资料的人所说，曾有一次流产之中有 12 个胎儿是死婴。但是，如果在两次妊辰之间有一段小间隔时期，每次妊辰都可以达到正常的分娩期，赫拉克勒斯与其兄弟伊菲克勒斯(Iphicles)就是这样。还有的妇女生了双胞胎，一个婴儿像其丈夫，另一个像其情夫。同样的情况也发生在普罗康内斯岛的女仆身上，她在同一天性交了两次，生下一对双胞胎，一个像她的主人，一个像主人农庄的管理人。

50. 下面的知识人所共知：畸形的儿童可能是由健康的父母所生；但是健康的儿童，或者同样畸形的儿童也可能是由畸形的父母所生。某些特征、色素痣和疤痕，都可能重复出现；在有些情况下胎记会出现在第四代人的手臂上。

51. 李必达(Lepidus)家族生了 3 个儿子(但他们之间有间隔期)，我听说他们的眼睛蒙上了一层薄膜。其他的孩子像他们的祖父，还有一对双胞胎，其中一个像他们的父亲，另外一个像他们的母亲。还有一个例子是，有个孩子像他的兄弟，虽然他是在一年之

---

⑧　阿格里帕源出于 aegre partus，意为“难产”。

后出生的,可是却像双胞胎一样。还有一个不容置疑的例子是拜占庭(Byzantium)著名拳击师尼西乌斯(Nicaeus);虽然他的母亲是与埃塞俄比亚人非法结合生下的,她的肤色和其他妇女并没有区别,但尼西乌斯的肤色却类似埃塞俄比亚的外祖父。

52. 外表相似的例子实在太多,人们认为其中大多是偶然性在起作用,包括相貌、声音和正在怀孕时期获得印象。

53. 有一个平民阿尔忒莫(Artemo)长得非常像叙利亚国王安条克,[⑨]国王的妻子劳迪加(Laodice)在安条克被谋杀之后,成功地利用阿尔忒莫的帮助,伪造推荐信登上了王位。大庞培有两个面貌相同的人,在外表上几乎与他毫无区别:他们是平民维比乌斯(Vibius)和释放奴隶帕布利西乌斯,他们两个人都再现了大庞培男子汉的气概,还有其高贵的、突出的前额。

54. 由于同样的原因,庞培的父亲获得了梅诺格尼斯(Menognes)的外号,这是他的厨师的名字,虽然他由于眼睛斜视[⑩]早就被人称为斯特拉博(Strabo),这是他的奴隶发现的。

57. 有些人在身体上不能互相配合,因此没有生小孩,但是他们与其他人结合在一起,就可以生育。还有些妇女专门生女儿或者专门生男孩,但是在大多数情况下,两种性别是轮流出现的。例如,奥古斯都、利维娅和其他人就是这种情况;格拉古兄弟的母亲生了12胎,日尔曼尼库斯的妻子阿格里皮娜生了9胎。有些妇女年轻的时候没有子女,有些终生只有一个孩子。

58. 某些妇女不能等到足月分娩,如果她们为了避免这种习惯性的早产而使用药物,通常生出的是女儿。在大量的、与奥古斯都皇帝有关的意外事件之中,有一件事是他生前看见了自己的外孙马可·西拉努斯(Marcus Silanus),他出生于奥古斯都逝世之年。

---

⑨ 从公元前293/292年起,安条克一世·索特尔(公元前324—前261)统治着塞琉西王朝东部的领土。除了他是继亚历山大大帝之后最伟大的建城者之外,关于他的事迹所知甚少。

⑩ 斯特拉博在拉丁语中意为"斜眼"。

西拉努斯继尼禄之后担任了执政官；他统治过亚细亚行省，但被尼禄毒死了。[11]

59. 昆图斯·梅特卢斯·马其顿(Quintus Metellus Macedonius)[12]留下了6个子女，11个孙辈，但是如果我们把他的继子和继女全都算上，称他为"父亲"的就有27个人。

62. 妇女过了50岁就不能生育小孩，大多数人40岁已经到了绝经期。至于男子，众所周知的是马西尼萨国王(Massinisa)，[13]他在86岁的时候还生了1个儿子，名叫梅西曼努斯(Methimannus)。监察官加图在81岁的时候，还与其被保护人萨洛尼乌斯(Salonius)之女生了1个儿子。

63. 妇女是唯一有月经的动物。

66. 这种大麻烦每30天出现一次，每3个月出现一次更严重的麻烦；有时候它出现更加频繁，不止1个月一次。有些妇女从来没有月经，因此也就不能生小孩，因为这种经血是人类生育的物质。

67. 据说最容易怀孕是一个周期开始或结束的时候，人们认为这是妇女受孕的可靠标志，[14]如果给眼睛涂上药物，这种迹象就出现在分泌物之中。

68. 婴儿长出第一颗牙齿是在6个月之后——通常是先长上牙，乳牙在6岁之后脱落。有些婴儿生下来就有牙齿。有两个著名的例子：一个是马尼乌斯·库里乌斯(Manius Curius)，[15]他因此

---

[11] 公元54年，见塔西佗：《编年史》，XIII，I。

[12] 梅特卢斯击败克里托劳斯(公元前146年)对罗马在希腊权威的挑战。他严厉地批评提比略·格拉古的改革，参加了攻击盖尤斯·格拉古的行动(公元前122年)。梅特卢斯死于公元前115年。

[13] 他是努米底亚国王，在第二次布匿战争时期，当罗马人在阿非利加登陆的时候(公元前204年)，他和罗马联合在一起。

[14] 普林尼使用的词语是fecunditas，但在此处可能是受孕的意思。

[15] 马尼乌斯·库里乌斯·邓塔图斯在贝内文图姆击败伊庇鲁斯国王皮洛士之后(公元前275年)，举行了凯旋仪式。他死于公元前270年。普林尼的年代是不正确的。

获得了“邓塔图斯”(Dentatus)的外号，还有格内乌斯·帕皮里乌斯·卡博[16]。在王政时期，生女孩被认为是不幸的事情。

69. 瓦莱里娅(Valeria)生下来就有牙齿，占卜者在被问到这件事情的时候发布神谕说，她将给所有她去过的地方带来灾难。因为这个预言，她被送往那时非常繁荣的城市苏伊萨·波梅提亚(Suessa Pometia)，这个神谕被证明是确实的。

70. 牙齿在火的面前非常坚固，当着它们与身体其余部分一起火葬的时候，它们不会被烧毁。火不能战胜它们，但某些有害的分泌物可以腐蚀它们。它们也可以使用某些药物变白。它们也会因为使用而磨损。有些人的牙齿很久以前就坏了。牙齿的作用并不是仅仅是为了营养而用来进食的，前面的牙齿还用来控制语调和说话，根据牙齿的结构和数量，利用舌头的互相配合发出和谐的声音，说出简短的、柔和的或者愚蠢的话来。当牙齿被腐蚀掉了之后，它们也就完全丧失了清晰的发音能力。

72. 我们知道只有一个人——琐罗亚斯德(Zoroaster)，[17]他在出生的那天是笑着出生的，他的囟门跳动是这样强烈，以至于可以把放在脑门上的双手震走，这就是其未来知识渊博的预兆。

73. 有一个确定的事实是，一个人3岁时的身高是他成年之后身高的一半。但是，有一个明显的事实是，全人类所有民族的身高在一天一天地变矮，只有少数人的身高能够超过他们的父辈。当一次地震劈开克里特(Crete)一座高山的时候，人们发现了一个身高超过70罗马步的骷髅。一些人认为它就是俄里翁(Orion)的骷髅，[18]另外一些人认为是奥图斯(Otus)的骷髅。[19] 根据历史记载，按

---

[16] 提比略·格拉古的支持者，受委托从事土地改革(公元前129年)。

[17] 琐罗亚斯德据认为曾经在巴比伦教过毕达哥拉斯，曾经对加勒底天文学理论和魔法有影响。

[18] 在神话故事中，俄里翁是一位伟大的猎手，他有一个以其名字命名的星座。

[19] 奥图斯与其兄弟厄菲阿尔特威胁要对众神发动战争，他们企图把奥萨山堆在奥林波斯山之上，把皮利翁山堆在奥萨山之上，这样他们就可以到达众神的居住地；宙斯用雷电把他们杀死了。

照神谕所的命令，俄瑞斯忒斯（Orestes）的骷髅被挖出来，[20]长度超过10罗马步。确实，在一千多年前著名诗人荷马就不停地哀叹人们的身高比不上古代。

74. 当代身材最高的人名叫加巴拉（Gabbara），他在克劳狄皇帝在位时期从阿拉比亚被带到罗马；他的身高差一点不到10罗马步。

75. 奥古斯都在位时期，身材最矮的男子是科诺帕斯（Conopas）；他的身高大约是2.5罗马步。最矮的女子是尤利娅·奥古斯塔（Julia Augusta）的释放奴隶安德洛墨达（Andrometa）。马可·瓦罗提到罗马骑士马尼乌斯·马克西姆斯（Manius Maximus）和马可·图利乌斯（Marcus Tullius）的身高大约是3罗马步，我亲眼看见过他们保存在棺材中的遗体。

76. 在历史记载之中，我发现萨拉米斯岛欧西梅尼斯（Euthymenes）之子在3岁的时候就长到了4.5罗马步高：他行动缓慢，感觉迟钝，但是他的性器官已经成熟，说话声音低沉。不过，他在不久之后就突然死于麻痹症。除了成熟的性器官之外，我亲眼看见了罗马骑士科尼利乌斯·塔西佗（Cornelius Tacitus）之子所有这些外表的东西，塔西佗曾经负责比利时高卢（Belgic Gaul）的财政。希腊人称这些人是“怪物”[21]；我们还没有给他们命名。

79. 据说在帕提亚卡雷大战被杀的克拉苏的祖父克拉苏从来不苟言笑，因此被人们称为阿格拉斯图斯（Agelastus）[22]。还有许多从来不哭的例子。苏格拉底（Socrates）因为其哲学而出名，他总是保持着同样的表情，从来不露出高兴或悲哀的的表情。有的时候，这些具有特殊理智者的性情会变成某种固执和毫不让步性格，不考虑人们的感情。

---

[20] 斯巴达人是在公元前54年，见希罗多德，I，65ff。

[21] *ektrapeloi*.

[22] 希腊语词语 *agelastos* 意为“不苟言笑”或“庄重”。

80．希腊人见识过许多这种人，把他们称为“无情的人”[23]，让人感到奇怪的是——这些人大多是各个哲学流派的创始人：如犬儒学派的第欧根尼（Diogenes）、皮浪（Pyrrho）、赫拉克利特（Heraclitus）和提莫（Timo）。最后这位竟然走到了仇视整个人类的地步。但是，这些微不足道的性格特征在许多人看来是各不相同的：例如，德鲁苏斯的女儿安东妮亚从来不吐痰，前执政官和诗人庞波尼乌斯（Pomponius）从来不骂人。

81．在有关特异力量的记载之中，瓦罗提到了角斗士学校善于使用萨莫奈人武器的著名角斗士特里塔努斯（Tritanus）。他是一个身材苗条，但力量很大的人；其子是大庞培的士兵，他的肌肉像网格一样布满全身——即使在手臂和手掌也是一样。他和敌人单打独斗，打败了对手，虽然没有武装，但他轻而易举把敌人抓住，带回了营房。

82．维尼乌斯·瓦伦斯（Vinnius Valens）曾经在奥古斯都皇帝的卫队之中担任军官，他能够抬起一辆满载酒囊的车子，直到酒囊被卸光。他还可以用一只手抓住四轮马车，使驾车向前跑的牲口停下。在他的墓碑上，可以看到他还有许多其他惊人的事迹。

83．同一个瓦罗还说到外号为赫拉克勒斯的鲁斯提塞利乌斯（Rusticelius）可以举起他的骡子。富非乌斯·萨尔维乌斯（Fufius Salvius）可以在腿上绑 200 磅重物，在他的手上和双肩也绑上同样的重量爬楼梯。运动员米洛（Milo）站在地面上，没有人能够推动他。当他握紧一个苹果的时候，没有人能够掰开他的手指。

84．菲迪皮得斯（Phidippides）从雅典跑到斯巴达，130 罗马里用了 2 天时间[24]——这是一个巨大的功绩，直到斯巴达的长跑运动员阿尼斯提斯（Anystis）和亚历山大大帝的传令兵菲洛尼德斯（Philonides）为止，他们在一天之内从西锡安城跑到伊利斯，全程 150 罗马里。据我们所知，在大竞技场（Philonides），有些人能够跑

---

[23] *Apatheis.*

[24] 他被派去请求援助抵抗波斯入侵（公元前 490 年），见希罗多德：VI，105。

160 罗马里。就在最近，在丰提乌斯(Fonteius)和维普斯塔努斯(Vipstanus)担任执政官时期，有一个 8 岁的男孩从中午到傍晚跑了 75 罗马里。如果我们记住提比略·尼禄在 24 个小时之内，完成了现在已知的最长的旅行(200 罗马里)，急忙前往日耳曼尼亚看望其生病的兄弟德鲁苏斯(Drusus)，那这些重要的奇迹就完全可以理解了。

85. 还有许多目光敏锐的事例，超出了人们的想象力。西塞罗认为抄录在羊皮纸上的荷马《伊利亚特》抄本，只保留了一个梗概。他提到有一个人可以看清 135 罗马里之外的东西；马可·瓦罗说他的名字叫斯特拉博，并且说在布匿战争的时候，他时常站在西西里的利利比乌姆(Lilybaeum)海角，就可以报告有多少船只驶离了迦太基港口。卡利克拉特斯(Callicrates)用象牙雕刻了一只非常小的蚂蚁和其他作品，没有一个其他人能够看清它们的各个部位。米尔梅齐德斯(Myrmeccides)因为具有同样高超的技艺而闻名于世。他用象牙制成驷马战车微雕是这样的小，连昆虫的翅膀都能遮住这驾马车。还有一条军舰是如此之小，以至于一只小蜜蜂用翅膀就可以把它隐蔽起来。

86. 还有一个远程传递声音的神奇例子。在锡巴里斯城(Sybaris)被毁灭的那场战争之中，奥林匹亚(Olympia)在战争爆发的当天就知道了消息。[25] 传播胜利消息的使节走遍了辛布里人地区。[26] 卡斯托尔(Castor)和博卢克斯(Pollux)兄弟在当天就把罗马战胜珀尔修斯的消息送到了罗马，[27]它们是诸神的显灵和预言式警告。

87. 命运充满了灾难，有数不清的身体遭受磨难的例子。在妇女之中最著名的是娼妓利埃纳(Leaena)的例子，她虽然遭受折磨，

㉕ 这里提到的实际上是发生在意大利南部的萨格拉达河战斗，在这场战争中洛克里人打败了克罗顿(公元前 560 年)。

㉖ 马里乌斯在劳迪乌斯场打败辛布里人(公元前 101 年)。

㉗ 埃米利乌斯·保卢斯在皮德纳打败珀尔修斯(公元前 168 年)。

但并没有背叛诛戮暴君者哈莫迪乌斯(Harmodius)和阿里斯托吉通(Aristogiton)。[28] 在男子之中有安纳克萨库斯(Anaxarchus),[29]他因为同样的原因受到折磨,用牙齿咬掉了自己舌头——背叛者潜在的工具——并且把它吐在暴君的脸上。

88. 至于生活中最基本的工具——记忆力,很难说谁是最优秀的人物,因为有许多人都赢得了这种荣誉。居鲁士(Cyrus)国王[30]可以叫出自己军队之中所有士兵的名字,而卢西乌斯·西庇阿(Lucius Scipio)可以叫出全体罗马人民的名字。皮洛士国王[31]的大使西尼亚斯(Cineas)在来到罗马城一天之后,就可以把罗马所有元老和骑士的名字与人物对上号。米特拉达梯曾经是 22 个民族的国王,他可以在议会之中用同样多的语言,向每一个民族宣读判决,而用不着翻译人员。

89. 在希腊,有个查尔马达斯(Charmadas),如果有人要求他背诵的话,他可以背诵出图书馆之中任何一卷书的内容,就好像他正在读这本书一样。最后,抒情诗人西莫尼德斯(Simonides)发明了一套记忆系统,对这个系统最后的改进由锡普西斯的梅特罗多鲁斯完成,因此任何被听到的东西都可以一字不差地背诵下来。

90. 人类其他机能都比不上对意外失败的敏感。它对于来自疾病和不幸的伤害有反应,或者是对它们感到害怕,有时是丧失了某些特定的记忆力,有时是完全丧失了记忆力。有一个被石头击中的人,仅仅是忘记了如何读写。另一个从很高的房顶上掉下来的人,忘记了自己的母亲、亲人和熟人。还有一个人甚至连自己的仆人也忘记了。雄辩家梅萨拉·科维努斯(Messala Corvinus)不记得自己的名字。当着一个人正在睡觉的时候,可能会出现口误,但

---

[28] 他们在雅典联手杀死了喜帕恰斯(公元前 514 年),但是没有证据支持这种说法。

[29] 亚历山大大帝的宫廷哲学家,他被塞浦路斯的萨拉米斯国王尼科克雷昂所杀。

[30] 居鲁士(公元前 559—前 529 在位)是阿契美尼德王朝的建立者。

[31] 皮洛士(公元前 319—前 272)是伊庇鲁斯国王,亚历山大大帝时期曾经在希腊人之中进行多次军事冒险活动。

他是在睡觉。当着睡意悄悄地笼罩着某人的时候，它就限制了记忆力，使迟钝的大脑对此感到疑惑。

91. 我认为独裁者尤里乌斯·凯撒在精神力量方面是最杰出的人物。在这里，我不准备谈他的勇气和决心，也不准备谈他包容一切的崇高精神。我要谈的是他的内在精神力量和敏捷的头脑。在某种程度上，它像火焰一样在飞扬。人们对我说，他习惯于同时读书、写字、口授和听取汇报。当着重要事情出现的时候，他习惯于向他的秘书们同时口授 4 封信件，如果没有其他事务，他一次可以口授 7 封信件.

92. 凯撒一共经历过 50 次阵地战，他是唯一超过马可·马塞卢斯(Marcus Marcellus)[32]作战记录的统帅，后者经历了 39 次战争。但是，我不认为这件事情也是他的光荣，即他在反对同胞公民的内战之中取得的胜利，他在战争之中一共屠杀了 1192000 人——即使他是被迫这样做的，这也是最严重的反人类罪行。同样，他自己也承认没有公布内战屠杀结果的详情。

93. 公正地说，大庞培从海盗手中夺取 846 条船只是可信的。[33]此外，凯撒因为自己的仁慈而享有特别的美名，他在这方面超过了所有的人，即使对自己的对手他也广施仁德。凯撒为我们提供了一个崇高的、不可超越的、理想的典范。

94. 这些活动也可以归属于此，即他装模作样，大手大脚挥霍金钱，或者从事公共工程，这也可以说明为什么某些人恣意豪华生活的原因。但是，当着大庞培的公文包在法萨卢斯，[34]还有西庇阿

---

[32] 公元前 222 年任执政官，第二次布匿战争时期，不顾阿基米德设置的城防工程设施，征服锡拉库萨城(公元前 211 年)。

[33] 公元前 1 世纪，海盗是地中海地区的灾难。在昆图斯·梅特卢斯讨伐这些克里特的海盗行动之后(公元前 68—前 67 年)，该岛成为罗马帝国的行省。但是，饥荒对于罗马的威胁，迫使部落会议重建安东尼的 imperium infinitum(公元前 67 年)，授予他对抗庞培的无限权力；他率领 270 条战船、10 万名军团士兵肃清地中海的海盗。

[34] 庞培在法萨卢斯与凯撒打仗(公元前 48 年)。庞培的军队失败之后逃亡埃及，庞培在那里被年轻的国王托勒密·狄奥尼修斯下令杀死。

的公文包在塔普苏斯(Thapsus)被缴获之后,凯撒表现出崇高的道德原则,他没有阅读这些东西,就把它们烧掉了。这件事显示了一种不可征服的心灵真正无比崇高的精神。

95. 确实,这件事不仅关系到个人,而且关系到整个罗马帝国的荣誉,详细地列举大庞培所有的胜利和凯旋仪式;它不仅可以与亚历山大大帝的功绩同辉,而且可以与赫拉克勒斯和巴克斯的功绩同辉。

96. 因此,他在收复西西里之后,就以共和国的保卫者和苏拉党成员的身份出现,当整个阿非利加被征服,并且处于我国统治之下以后,庞培获得了纪念碑和"伟大的"称号。虽然只是一名骑士,他也乘着凯旋的战车,这是以前从来没有人做过的事情。他很快又渡海前往西方,在比利牛斯山建立了记功碑;在他的这些胜利之上,他又把从阿尔卑斯山到未来西班牙边境的876座城市置于我国的统治之下。由于其伟大高尚的品质,他没有举行战胜塞多留(Sertorius)的凯旋仪式,[35]他结束了内战,这场战争挑起了各种各样的外交问题,他作为骑士驾着凯旋的战车进入罗马城——他曾经两次担任指挥官,此前担任过不同级别的官职。

98. 庞培消灭了沿海地区的海盗,把海洋的统治权交还了罗马人民。他举行了战胜亚细亚(Asia)、本都(Pontus)、亚美尼亚(Armenia)、帕夫拉戈尼亚(Paphlagonia)、卡帕多西亚(Cappadocia)、西利西亚(Cilicia)、叙利亚、西徐亚人、犹太人、阿尔巴尼亚人、伊比利亚(Iberia)、克里特、巴斯塔尼人(Bastanae)的凯旋仪式,在这些胜利之外,还要加上战胜米特拉达梯和提格兰(Tigranes)的功绩。

99. 正如他自己所说,他一生声望的最高点是他在大会上谈

---

[35] 昆图斯·塞多留在西班牙卢西塔尼亚人之中发动叛乱(公元前80年),引起了9年的战争。公元前73或72年通过一项法律,赋予李必达先前的同伙豁免权,削弱了塞多留对意大利军官的权威,公元前72年,这些流亡者之中的马可·帕尔彭纳杀死塞多留,篡夺了他的指挥权。庞培很快就打败了帕尔彭那(公元前71年)。

论自己的经历，亚细亚已经确定成为最边远的行省和重要行省之时。同样，如果有人希望评价凯撒的功绩，凯撒显然比庞培更伟大，他必定会提到整个的世界，他必定同意这是一个永恒的任务。

104. 虽然这些人创造了英勇的丰功伟绩，命运却扮演着最重要的角色。至少是在我看来，没有一个人可以把任何人置于比马可·塞尔吉乌斯(Marcus Sergius)的地位之上，虽然他是喀提林(Catiline)的曾祖父，就是此人给自己曾祖父的名声带来了耻辱。[36]塞尔吉乌斯在第二次战争之中失去了右手。他在两次战争之中一共受伤23次，因此他无法使用任何一只手和脚，只有他的忠诚没有受到损伤。尽管他是残废人，塞尔吉乌斯后来还参加了许多战争。他被汉尼拔——一位不平凡的对手——俘虏过两次，尽管在20个月之中他每天都带着脚镣手铐，他两次都从俘虏营中逃跑了。在四场战斗之中，他只用左手作战，当时他骑的两匹马腹部都受伤了。

105. 他有一只用铁做的右手，他在参战的时候把这只手固定在手臂上，他两次打破克雷莫纳城(Cremona)的包围圈，解救普拉森提亚城(Placentia)，在高卢占领12座敌人的营房。在他担任行政长官时，所有这些丰功伟绩都得到他亲口证实，当时他的同僚把他当成残废人，企图阻止他接近祭品。而当他英勇地面对各种敌人的时候，他曾经获得多少胜利的花环！

106. 由于在许多情况下对人们显示男子汉的勇气产生了巨大的影响。由于特雷比亚(Trebia)、提西努斯(Ticinus)或特拉苏梅努斯(Trasumenus)的原因，他又被授予了多少市民的花环？他在坎

[36] 喀提林(公元前108—前62)出身于一个没落的贵族家庭，曾经服务于苏拉。作为执政官的候选人(公元前63年)，他把自己的运气押注在全面废除债务的纲领上，希望以此获得贫苦农夫的支持。骑士阶层和西塞罗反对喀提林，因此他企图与苏拉的殖民者和其他人进军罗马，元老院接受了西塞罗有关叛乱的证据，利用阿洛布罗克斯人进攻他；大部分阴谋家立刻被处死了，但是喀提林在下一年的战争之中逃脱了死亡的命运。

尼(Cannae)又获得了多少的花冠?[37] 勇敢的最高功绩在这里为什么又溜走了呢? 可以肯定,其他人打败的只是普通人,而塞尔吉乌斯要战胜的却是命运。

107. 有谁能够制定一份严格的著名人物名单,把那些在各个学科、各种非常不同的课程和课题论文之中发挥特殊才能的人都包含进去? 除非人们同意最成功的范例就是伟大的希腊史诗诗人荷马,除非有某种标准可以提供,或者是其著作的内容。有一次人们获得了一个用来收藏珍珠和宝石的珍贵黄金香水盒子,许多朋友指出它的各种用处,但是亚历山大大帝反驳说,对一名衣衫褴褛的肮脏士兵而言,香味没有用处——"不用谢,把这个盒子拿去装荷马的书吧,以便人类最宝贵的思想成果,可以放在这个最贵重的容器之中保存下来。"

109. 当亚历山大大帝洗劫底比斯(Thebes)的时候,他下令保护诗人品达(Pindar)的故居。他认为哲学家亚里士多德的故乡也就是自己的故乡,并且把广施仁政与自己极其崇高的威望结合在一起。阿波罗在德尔菲把谋杀诗人阿基洛库斯(Archilochus)的罪行公之于众,巴克斯在最重要的悲剧诗人索福克勒斯(Sophocles)去世时,下令在拉克代蒙人(Lacedaemonians)包围城市的时候为他举行葬礼。他们的国王来山德(Lysander)经常在睡梦中得到警告,必须允许安葬巴克斯爱的诗人。来山德问清楚雅典死了什么人,立刻明白神指的是什么人,并且同意在葬礼期间休战。

110. 僭主狄奥尼修斯(Dionysius)是不同的、本性残酷和傲慢的人,他派了一条装饰华丽的船只前去迎接"哲学的最高祭司"柏拉图(Plato)。[38] 当柏拉图上岸之后,他亲自驾着四匹白马拉的战车前去迎接。伊索克拉底的一篇演说可以卖 20 塔兰特。雅典最早

---

[37] 在第二次布匿战争初期(公元前 218—前 216),罗马军队遭受了许多惨重的失败。在卡尼,一名执政官死亡,另一名执政官瓦罗带着自己的部分军队逃跑。

[38] 柏拉图拜访了叙拉古年轻的僭主狄奥尼修斯,在公元前 367 年之后不久又再次拜访了后者。

的演说家埃斯奇涅斯(Aeschines)读过他对罗德岛人发表的演说《反泰西封》和狄摩西尼(Demosthenes)的《论王冠》，这篇演说使他被流放到了罗德岛。他们以钦佩的心情欢迎这篇演说，但是他说，如果他们听到演说家本人的演说，那就会更喜欢它了。因为狄摩西尼本人所遭到的不幸，对于他的敌人违法犯罪行为而言，他就是一个有力的证据。

111. 雅典人流放了作为将军的修昔底德，又把他作为历史学家召回。[39] 他们钦佩那些人的口才，却又谴责他们的勇敢精神。埃及和马其顿诸王得到米南德(Menander)在喜剧方面所取得成就的有力证据之后，派出了一个使节团乘船前去迎接米南德。但是米南德本人提出了更有力的证据，他更喜欢文学方面的成就而不羡慕王家的钱财。

112. 罗马重要的人物可以证明外国人的技巧。在米特拉达梯战争末期，格内乌斯·庞培(Gnaeus Pompey)当时大概进入了著名哲学家波塞多尼奥斯的屋内，命令他的随从用通常的方式敲门。他向他建议，把象征权力的束棒东西向放在知识屋内。在由三位著名哲学家组成的使团从雅典出发之后，监察官加图细心听取了卡尔梅德斯(Carmedes)的发言，他提议尽快派出使节，因为卡尔梅德斯已经详尽地解释了自己的理由，很难确定他的真话在哪里。[40]

113. 风俗习惯已经发生了多么巨大的变化！在从前的时候，有一位著名人物总是提议把希腊人从意大利赶出去。但是，这个人的曾孙、乌提卡(Utica)的加图在其担任军事保民官的时候却带回了一位哲学家，他出使塞浦路斯时又带回另一位哲学家。这两位加图，前者注重驱赶，后者却引进了同样一种语言。

---

[39] 作为雅典舰队的指挥官，修昔底德前去解救被斯巴达将军布拉西达斯占领的安菲波利斯行动太迟缓。结果修昔底德选择自愿流放以避免法庭审判。在民主制度恢复不久之后，他被召回，并且实行了全面大赦。

[40] 卡尔尼德斯(约公元前214—前128)是雅典学院的哲学家。公元前155年他是出使罗马的使节。

114. 我们现在来仔细研究著名的罗马人。老阿非利加努斯[41]定制了一尊昆图斯·恩尼乌斯(Quintus Ennius)的雕像,把它放置在他自己陵墓上,为的是人们可以读到其陵墓上著名的名字和诗人撰写的墓志铭。已故的奥古斯都禁止焚烧维吉尔(Virgil)的诗歌,表达了他内心最大的谦逊。诗人的诗歌因此受到了更高的赞赏,比他自己赞赏自己的诗歌更好。

115. 在阿西尼乌斯·波利奥(Asinius Pollio)[42]建立的罗马图书馆——世界第一座图书馆,收藏了许多战利品,唯一还活着的人物雕像是马可·瓦罗的。这种崇高的荣誉是授予一位著名演说家和公民的,他是当时在世的许多天才之中唯一的人。我认为他的荣誉,丝毫不逊于大庞培在战胜海盗之后把船型冠赐予的同一个人。

116. 如果人们有意研究,这里还有无数罗马人的范例。因为这个民族产生的杰出人物,比所有国家在一切活动领域产生的都多。由于我没有介绍你,马可·图利乌斯(Marcus Tullius),我还能作何辩解?或者,根据什么评审标准,我可以称赞你的杰出美德?或者有什么其他东西可以和整个民族的命运这样重大的事件相比,从你整个的生涯之中挑选出来的,难道仅仅是你担任执政官时期的成就?

117. 多亏你的发言,许多部落宣布废除了他们生活之中真正支柱的土地法。根据你的建议,他们宽恕了戏剧法的提议者罗齐乌斯(Roscius),[43]平静地接受了那些微不足道的歧视,包括剧场中指定座位的做法。你的恳求使那些因为可耻之事而被流放者的儿子可以担任公职。由于你的保护,喀提林因此得以逃走。你剥夺了马可·安东尼的公民权。向第一公民欢呼必须高喊"祖国之

---

[41] 在第二次布匿战争期间,西庇阿·老阿非利加努斯(公元前 236—前 184)在阿非利加进行战争,最终打败了扎马的迦太基人(公元前 202 年)。

[42] 演说家和诗人(公元前 1 世纪),他引领维吉尔走上自己的生涯。

[43] 罗齐乌斯通过法律(公元前 67 年),在剧院中为骑士保留位于贵族之后的前 40 排座位。

父”。第一等的平民因为自己的演说、父母的口才和拉丁文学，可以赢得凯旋仪式和桂冠。你昔日的对手独裁者凯撒，把你当成写作对象。你赢得了比任何凯旋式都更大桂冠，因为推进罗马人尚未完全开拓的智力领域开发，比开拓罗马帝国的边界更重要。

123. 无数人成了不同科学领域的杰出人物，顺便谈谈我们挑选出来的这些杰出人物是恰当的。在天文学方面，雅典人以国家的名义为贝罗苏斯(Berosus)㊹竖立了一座雕像，雕像的舌头是镀金的，这是因为他的预言像神一样准确；在哲学方面是阿波罗多罗斯(Apollodorus)，㊺他受到希腊近邻同盟成员的敬奉；在医学方面是希波克拉底(Hippocrates)，㊻他预测到从伊利里亚传来的瘟疫，并且派遣学生前往周边城市施救；由于他的功劳，希腊决定把授予赫拉克勒斯的荣誉授给他；托勒密国王在梅加莱节(Megalensian)赏给凯奥斯(Ceos)人克莱昂布罗图斯(Cleombrotus)100塔兰特，由于他的医药知识，他后来拯救了安条克国王的性命。㊼

124. 克里斯托布卢斯(Critobulus)由于从腓力眼中拔出一支箭矢，㊽治疗好了他受损的视力而没有使他的面部破相而享有盛名。普鲁萨(Prusa)人阿斯克勒皮阿德斯(Asclepiades)㊾由于如下原因而非常出名：他创立了一个新的医疗学派，拒绝了米特拉达梯官方的使节和允诺，发明了一种用葡萄酒治病的方法；他使病人起

㊹ 贝罗苏斯(活动时期约公元前290年)是贝勒神庙的祭司，创作了3卷本巴比伦历史献给安条克一世。其著作的价值在于传递了巴比伦历史和天文学知识。

㊺ 阿波罗多罗斯(公元前3世纪)来自亚历山大城，他是一名医生和科学家。其主要著作为*Poisonous Creatures*(*peri ton therion*)，它是后世所有药物学著作最早的源头。

㊻ 希波克拉底生于科斯(约公元前324—前261)，他是古典时期最著名的医生；他被认为是医学科学的奠基人。

㊼ 安条克一世·索特尔(公元前324—前261)，叙利亚国王。

㊽ 在包围迈索尼城期间(公元前354年)。

㊾ 比希尼亚国王普鲁西亚斯的医生。阿斯克勒皮阿德斯来到罗马行医(约公元前50年)，他反对体液理论和自然治疗力量理论，他把健康解释为人体细胞不受阻碍的运动；疾病是受到了阻碍的运动。他的治疗方法存在于日常饮食而不是药物之中。

死回生，挽救了患者的生命。总之，他之所以出名，是因为他在打赌的时候总是和命运女神在一起。如果他自己一直不生病的话，没有人会认为他是医生。他赢得自己的赌注，因为他在年龄很高的时候从楼梯上失足掉下来，丧失了性命。

125. 在占领锡拉库萨之后，马可·马塞卢斯下令让阿基米德(Archimedes)[50]独自一人，免受一切干扰，为自己的几何与机械知识提供有力的证据。但是，一名愚蠢无知的士兵破坏了马塞卢斯的命令。在这些获得赞扬的人之中，还有克诺索斯人(Cnossus)切尔西弗隆(Chersiphron)，因为他建筑了以弗所著名的狄安娜神庙；菲洛(Philo)在雅典建立了一个可以容纳400条军舰的船厂；克特西比乌斯(Ctesibius)发明了空气泵理论和水力机械；[51]还有埃及亚历山大城兴建时，亚历山大的测量员狄诺卡尔斯。除此之外，亚历山大大帝还下令不要让别人，只能由阿佩莱斯(Apelles)[52]为他绘像，只能由皮尔哥特雷斯(Pyrgoteles)为他制作石雕像，只能由利西波斯(Lysippus)[53]为他制作铜像。这些艺术家还有许多出名的事情。

130. 毫无疑问，罗马人是全世界具有高尚道德民族之一。但

---

[50] 锡拉库萨著名的数学家和发明家(公元前287—前212)。在锡拉库萨被罗马人包围期间，阿基米德制造器械抵抗罗马人的进攻。他懂得流体静力学和杠杆原理："给我一个地方站立，我就能移动地球。"他利用排水量的原理测量过希伦王冠的体积，由此可以确定它的密度和纯度。阿基米德还发明了螺旋式的装置用来提水。在数学领域，他计算出π的值，他还有许多涉及圆锥、螺旋、平面重力中心和抛物线的弦的发明。他最有趣的发明之一是引入了一个符号(该符号以100000000作为基数，犹如我们用10做基数)，来表示极大的数字。

[51] 克特西比乌斯(生于约公元前250年)是亚历山大城的机械工程师。根据维特鲁威乌斯(《论建筑》，IV，8，2ff.)所说，他的发明是水钟构造的工作原理。

[52] 公元前4世纪科洛封城(后称以弗所)著名画家，死于科斯岛。有时被称为科斯人，得名于其所绘科斯的阿弗罗蒂忒像。

[53] 利西波斯(公元前4世纪后期)主要制作青铜工艺品，有1,500座雕像被认为是他的作品，现存的雕像之中最著名的是*Agias*(德尔斐)，*Apoxymens*(梵蒂冈博物馆)。

是，一个人最大幸福是什么并不是一个问题，它完全可以由人们认知能力来决定。根据自己本人的性格，每个不同的人对于成功都有不同的看法。如果我们不受命运女神的各种迷惑，做出公正的判断和结论，则没有一个凡人是幸福的。命运女神的施舍是慷慨的，而且对于那些可以说并非不幸的人是十分的溺爱。另一方面，人们又总是担心命运女神会逐渐感到厌倦，一旦有了这种想法，幸福就失去了可靠的基础。

131. 常言说得好，没有人是一辈子走运的。许多人很可能不同意这种观点，而不把它作为预言家的申明！人类是空虚的，善于使用自我欺骗的方式。例如，色雷斯部落把不同颜色的石头投入瓮中，根据石子的颜色来计算每日是否顺利，而在临终之日把它们按照颜色分开计算，以此确定每个人的情况。

132. 我们从这个事实之中是否能够演绎出，受到计数员纯洁赞美的每一天，控制着不幸源头？有多少人获得了压倒一切的力量？有多少破产的、陷入极度困难的人还拥有财产？

134. 现在我们就来谈谈命运女神(Fortune)改变心意的无数事例。为什么她要不就是在灾难之后带来巨大的快乐，要不就是在在巨大的欢乐之后带来巨大的灾难？

147. 即使就已故的皇帝奥古斯都来说，所有的人都认为他应当列入幸福者的名单。但是，如果人们把所有的事情都仔细衡量一番，就会发现人的命运被完全颠倒过来了。例如，他的舅舅[54]拒绝任命他担任司马的官职，而宁愿任命他的对手李必达；[55]这种排斥造成了很大的仇恨，他在三头政治之中和最邪恶的公民联合在一起——他并没有得到平等的地位，因为安东尼起着更重要的作用。在腓力城(Philippi)大战之后，[56]他生病逃走了，在一片沼泽地之中过了 3 天，除了疾病，正如阿格里帕和梅塞纳斯指出的那样，

---

[54] 尤里乌斯·凯撒。

[55] 公元前 46 年。

[56] 公元前 42 年。

他的肿胀也必须消除。他曾经在西西里遭受船舶失事，并且在当地的山洞之中又躲藏了一段时间；当着他在海上撤退被敌军紧紧逼迫的时候，他曾经请求普罗库利乌斯(Proculeius)把自己杀死。然后是对于佩鲁西亚(Perusia)战斗结局的焦虑；亚克兴(Actium)大战[57]的变幻无常；然后是他在潘诺尼亚(Pannonian)战争中从塔楼掉下来，他的军队发生了多次兵变，多少次危险的疾病，他对马塞卢斯誓言的怀疑，对阿格里帕被流放的不同意见，多少谋害他的阴谋活动，受到造成其子女死亡的指控。[58] 他的悲痛还包括失去亲人。他的女儿通奸，并且被揭露出阴谋暗杀其父，无理地撤销其继子尼禄，[59]另一次通奸涉及其孙女。但是，这还不是事情的全部，还有许多不幸接踵而来，包括军队缺乏金钱、伊利里亚叛乱、奴隶应征入伍、缺少年轻人、罗马城的瘟疫、意大利的饥荒、限制自杀行为、忍饥挨饿 4 天死亡人数超过预定的一半。

150. 然后是瓦鲁斯(Varus)[60]的灾难、不公正地侮辱其崇高的声望、在波斯图姆斯·阿格里帕(Postumus Agrippa)被确定为继承人后宣布与其断绝关系，在他被流放之后又感到受了损失；他怀疑费边和泄密，此后，他的妻子与提比略私通——这是在他晚年焦虑不安的终极原因。

165. 人的命运反复无常还有许多其他的例子：荷马告诉我们，命运多么截然不同的人们，如赫克托耳(Hector)和波利达马斯

---

[57] 公元前 31 年。

[58] 卢西乌斯和盖尤斯是尤利娅和阿格里帕之子，他把他们收养为自己的儿子。他们的失势可能受到利维娅的影响。但奥古斯都被怀疑是共犯，为的是确保提比略继位。

[59] 提比略·克劳狄·尼禄即皇帝提比略。他是利维娅第一次婚姻所生之子，因此成了奥古斯都的继子。公元前 6 年他主动流放到罗德岛，他在那里呆了 7 年研究哲学。

[60] 昆提利乌斯·瓦鲁斯及其军队在日耳曼被阿米尼乌斯率领的起义者彻底消灭(公元 9 年)，后者是切鲁斯齐人的酋长，曾经在罗马军队中服役。

(Polidamas)是如何在同一个晚上出生的。[61] 马可·凯利乌斯·鲁弗斯(Marcus Caelius Rufus)和盖尤斯·李锡尼·卡尔乌斯(Gaius Licinius Calvus)两人都是演说家,但成就截然不同,他们都出生在盖尤斯·马里乌斯(Gaius Marius)和格内乌斯·卡波(Gnaeus Carbo)担任执政官时期的同一天。[62] 在全世界,这种情况每天都可能发生。即使是出生在同一个时辰,也有人是主人,有人是奴隶,有人是国王,有人是穷人。他们都有共同的出生时间。

166. 卢西乌斯·帕布利乌斯·科尼利乌斯·鲁弗斯(Lucius Publius Cornilius Rufus)和马尼乌斯·库里乌斯(Manius Curius)一起担任执政官,他在睡觉的时候失明了,当时他正梦到自己发生了这种事情。相反,菲雷(Pherae)的伊阿宋(Jason)[63]长了一个肿瘤,他的医生已经放弃了治疗,他在战争之中寻求死亡,但只伤到了胸部,他发现自己被敌人治好了。8 月 8 日,在伊萨拉河畔(Isara)进行的反阿洛布罗克斯人(Allobroges)和阿维尔尼人(Arverni)的战争之中,有 130000 名士兵被杀,而元老昆图斯·费边·马克西穆斯(Quintus Fabius Maximus)却在战争之中治好了三日虐。[64]

167. 大自然赐给我们礼物是变幻无常的、转眼即逝的、十分勉强而短暂的,即使是对于那些非常幸运的人来说,联系各种情况看来也是这样。如果我们把晚上睡眠时间计算在内,我们每个人只度过了自己生命的一半时间,而另外一半的时间则好像处于死亡状态,如果他处于失眠状态,就好像是在接受惩罚。我们还没有计算婴儿时期缺少知觉的时间,也没有计算老年时期经受痛苦折磨

[61] 见《伊利亚特》,XVIII, 249ff。波利达马斯是潘图斯之子,以为赫克托尔提供聪明的建议闻名,后者拒绝承认他的价值。

[62] 公元前 82 年。

[63] 公元前 370 年谋杀。伊阿宋非常清楚自己在希腊东部的目的,狄奥尼修斯在希腊西部已经取得了最高地位。对于马其顿而言,他已经活下来来了,色萨利也成功地完成了预定的角色。

[64] 公元前 121 年,昆图斯·费边·马克西穆斯打败了阿尔维尼人,他们当时修建的许多横跨罗纳河的桥梁,由于不堪军队后撤的重负而倒塌了。

的时间，也没有计算各种各样的危险、疾病、惧怕和焦急。当着这些情况出现的时候，人们祈求死亡常常超过祈求其他。

168. 确实，大自然赐予人们的任何礼物都比不上人类短促的生命。观感逐渐地迟钝，四肢逐渐地麻木，视力、听力，甚至牙齿和营养系统，在我们还能动弹之前就已经衰退了。但是，这个衰退时期仍然被认为是生命的一部分。因此，有一个奇迹——这也是人们发现的唯一例子——音乐家色诺菲卢斯(Xenophilus)活了105岁，而且没有任何的病残。

169. 在某种程度上，智力的衰退就是一种疾病。因为大自然为疾病强加了某些条件。三日虐从来不在仲冬季节或者冬季的月份发生，有些人超过60岁之后就对它产生了免疫力，而另外一些人，特别是女性在青春期之后不可能死于三日虐。老年人最不容易受到疾病的影响。疾病危害整个民族和特定的阶级：有时是奴隶，有时是贵族阶级，有时是其他的社会阶层。人们已经注意到，瘟疫总是从南部地区传播到西部，从来不传播到其他方向：瘟疫从来不在冬季出现，持续最多不超过3个月时间。

171. 死亡临近的征兆如下：疯狂、大笑、大脑紊乱、挥舞流苏或蜷缩在床罩上、不在乎人们弄醒他、不能自制。最明显的征兆是双眼和鼻孔流出液体；老是用背部躺着；脉搏跳动不规则或者跳动过慢；还有医学界领军人物希波克拉底指出的其他征兆。尽管死亡的征兆数不胜数，还没有人能够做出确保健康的许诺。确实，监察官加图发表了自己的看法——似乎是出自某种神谕——青年人出现衰老的迹象，就是夭折的征兆。

172. 各种各样的疾病是如此之多，以致于叙利亚人菲勒塞德斯死的时候许多寄生虫挤爆了他的身体。有些人长期发烧，例如盖尤斯·梅塞纳斯(Gaius Maesenas)在临死前3年就从来没有睡过1小时好觉。西顿的诗人安提帕特(Antipater)[65]每年生日都要患热病，他活到相当高寿的时候，还是死于这种疾病。

---

[65] 活动期约公元前100年左右。

173. 前执政官阿维奥拉(Aviola)在火葬堆上苏醒过来了，但是由于火势太大，他无法得到救援，就这样被活活烧死了。根据记载——还有几位权威人物重复过这个故事——行政长官卢西乌斯·拉米亚(Lucius Lamia)也是死于同样的情况。相反，同样担任行政长官职务的埃利乌斯·图贝罗(Aelius Tubero)却被人从火葬堆上救下来了。这就是凡人的命运：我们来到这个世界，面对命运女神安排的这些人和类似惊奇的事情，所以人们也不能太相信死亡。

174. 在其他许多事例之中，我们发现克拉佐梅尼的赫尔莫提姆斯(Hermotimus)的灵魂会离开躯体，四处流浪，并且告诉他一些远方发生的事情，这些事情只有身临其境的人才能知道；同时，他的躯体只有一半活着。这种情况可以说一直持续到某些名叫坎萨里德人(Cantharidae)的对手把他的身躯烧掉，并且拿走了他的外皮才结束，这层外皮就是其灵魂寄身之所。在普罗康内斯岛，有人看见阿里斯提乌斯(Aristaeus)的灵魂从他的嘴巴之中飞出，变成了一只渡鸦；这件事后来引发了许多虚构的故事。

175. 我对于克诺索斯城埃皮米尼得斯(Epimenides)的故事反应是相同的。当他还是一个孩子的时候，由于疲劳和旅途炎热，埃皮米尼得斯在一个山洞之中沉睡了57年，但他醒过来之后，就好像是发生在昨天的事情。他对于外界的情况和世事的变迁如此之大感到惊奇。与他同样年纪的老年人偶尔会遇到他，他活了157岁高龄。

176. 瓦罗是在卡普阿分配土地的20名官员之一。他提到过一个突发事件，有一名男子已经被放在棺材架上抬出去安葬，但是他用双脚走回了家里。

177. 他又补充了许多奇怪的事情，这些故事还可以讲得更加详细。有两兄弟名叫科菲迪乌斯(Corfidius)，两人都是骑士。老大看来好像要死了，他的遗书也已经宣读了。老二被宣布为他的继承人，开始料理丧事。这时，那位看来已死的兄弟拍拍自己的双手，呼唤他的仆人。他告诉他们，他已经从自己的弟弟那里回来，弟弟将其女儿委托给他照顾，并且给他指了一个其他任何人都不知道的地方，他弟弟在那里的地洞之中埋藏了一些黄金。弟弟还问到自己为兄长作出葬礼的安排，是否对他还有效。正在兄长说话的时候，弟弟的仆人急忙带来了他们的主人已经死亡，黄金已经在他所说的地方被发现的消息。

178. 生活充满了这样那样的预言，但是不可能把它们都搜罗起来，因为它们多半是虚构的，我将用一个著名的事例来证明这一点。西西里战争期间，[66]凯撒舰队之中有一个最勇敢的人加比耶努斯(Gabienus)被塞克斯都·庞培(Sextus Pompeius)俘虏了，根据庞培的命令，他的喉管被割开了，而且几乎被切断了。他躺在岸边一整天。当着夜幕降临，他在痛苦和哀求之中要求聚集的人群前去请庞培到他这儿来，或者是派一个他信任的人来，因为他已经从鬼门关回来，有重要的信息要告诉庞培。

179. 庞培派了自己的几个朋友前来。加比耶努斯告诉他们说，下界的诸神赞成庞培的原因是他们这派是正确的，因此最终的结果将是他所希望的结果。加比耶努斯继续说，他受命传达这个消息，这个消息的可靠证据就是在他完成这个使命之后，他会立刻死去。故事就这样结束了。还有许多人在安葬之后又出现了的例子，但是我研究的主题是大自然创造的成果，而不是超自然的怪异现象。

180. 突然死亡(人生的终极幸福)是不可思议的，也是经常发生的事情：我现在就来证明这是自然现象。维里乌斯(Verrius)记载下来了许多的事例，但是我只能适当地挑选一些例子。有些人死于欢乐之中，包括索福克勒斯(Sophocles)、西西里的僭主狄奥尼修斯，他们两人都是死于听到自己的悲剧获得了头等奖的消息之后。还有一位母亲也是死于欢乐之中，因为她不相信其子死亡的虚假信息，看到了自己的儿子平安地从坎尼回来。逻辑学教授狄奥多罗斯(Diodorus)则是死于耻辱之中，因为他无法立刻解决斯提

---

[66] 屋大维与塞克斯都·庞培之间的战争(公元前38—前36)。

尔波(Stilpo)开玩笑提出的一个问题。

182. 还有一位使节在元老院为罗德岛人民进行了辩护之后，在一片赞美声之中，正当他要离开的时候突然倒在元老院的台阶上死了。格内乌斯·贝比乌斯·坦菲卢斯(Gnaeus Baebius Tamphilus)曾经担任行政长官，死于他向自己的奴隶询问时间之后。奥卢斯·庞培(Aulus Pompeius)在卡皮托向诸神表达自己的敬意之后，就断气了。

183. 马可·特伦提乌斯·科拉克斯(Marcus Terentius Corax)在广场写信的时候突然死去。去年有一名罗马骑士在与前执政官耳语某事的时候，倒在奥古斯都广场阿波罗象牙雕像之前死了。最著名的是盖尤斯·尤里乌斯(Gaius Julius)医生，他在涂药膏的时候由于一根飞来的探针刺穿眼睛而死了。

184. 科尼利乌斯·加卢斯(Cornelius Gallus)[67]曾经是行政长官，提图斯·赫特奈乌斯(Titus Hetereius)是罗马骑士，两人都死于与妇女性交时。最期盼的安乐死例子，是古代作家记载的马可·奥菲利乌斯·希拉鲁斯(Marcus Ofilius Hilarus)的例子。

185. 他是一名喜剧演员，在人们的眼中他非常得宠，在他生日的时候还举行了宴会。在用午餐的时候，他要求来一大杯热饮料，同时取下了那天带着的面具，端详着面具，并且把自己头上的花圈取下来放在面具上。他保持这种姿态僵硬不动，直到离他最近的人提醒他的饮料已经变冷了，也没有任何人注意到他已经死了。

186. 这是一些幸运的例子，另一方面也有许多不幸的例子。卢西乌斯·多米提乌斯(Lucius Domitius)出身名门望族，他在马西利亚(Massilia)被打败，在科菲尼乌姆(Corfinium)[68]被凯撒俘虏，由于他对活命不抱幻想，服毒自杀了，但后来又想方设法挽救自己。在官方记载之中还发现在一位红党车手(Reds)菲利克斯(Felix)的葬礼上，一名赛车的赌徒自己也投身到火葬堆上——这是一个凄惨

[67] 加卢斯(约公元前69—前26)是诗人和政治家，奥古斯都和维吉尔的朋友。
[68] 公元前49年。

的故事——反对者企图阻止这个故事流传，又为车夫加上了光环，声称此人只是因为大量香料的气味而昏倒了。不久之前，出身高贵的马可·李必达(Marcus Lepidus)由于离婚的压力去世了，他的遗体由于猛烈的火焰而从火葬堆上掉下来了，而且，由于强烈的热浪，他的遗体也无法再放回火葬堆。人们把另外一个柴堆摆在他身旁，把他光秃秃地烧掉了。

187. 火葬并不是罗马最初的习俗，因为死者通常是土葬。但是，当着人们一旦知道在异域战死者的遗骸可以挖出时，火葬就被引入了。不过，许多家庭仍然坚守古老的仪式。例如，在苏拉(Sulla)之前，科尼利家族(Cornelii)没有一个人是火葬的——他表达了自己希望火葬，因为他挖出了盖尤斯·马里乌斯的遗骸，害怕自己遭到报复。

188. 死者安葬之后的灵魂是虚幻的。所有人从他们的末日开始，就如他们在自己未出生之前一样，都处于同样的状态。无论是人或者思想，在死后或者出生之前都没有任何感觉。但是，这种虚幻的观念使它延长到了未来，并且虚构了它在生命结束之后仍然存在的理论，或者是通过赋予灵魂不朽的方式，或者是通过外形改变的方式，或者是通过祭祀地下诸神，或者是通过把那些早已不存在的人奉为神灵的方式。难道大自然以某种方式使人类的生命不同于其他动物的生命，或者我们没有发现许多动物的寿命更长，但没有人预言它们同样是不朽的！

189. 如果我们认为灵魂是独立存在的，那么它是如何形成的？它是什么物质？它的思考力在何处？它是如何倾听或者说话的？这些感官有什么用处？或者没有它们有什么好处？还有，它们的载体是什么？灵魂的体量有多大？灵魂要过多少年才消失？这些设想都带有幼稚的胡言乱语和凡人迷恋长生不老的特点。同样，保留死者的遗体[69]和德谟克利特关于我们将获得重生的允诺，都是毫无价值的，他自己死了就没有再回到世上来！

---

[69] 这里提到的是埃及流行的尸体防腐制度。

190. 根据这种疯狂的思想，瘟疫就是生命通过死亡而获得新生的途径。如果灵魂在上界保留着感觉，在下界保留着幽灵，对于新的一代人而言，这是不是生命的暂时中止？可以肯定，这些美好而又天真的看法毁灭了大自然的恩惠——死亡——还有对于死亡的悲哀和对于未来的悲哀。因为对于人们而言，如果活着是令人愉快的事情，结束生命怎么可能是愉快的事情？对于每个自信的人来说，这是一个多么安全和可靠的基础。对于我们而言，重视我们自古以来就有的经验，就能赢得我们未来的自由。

191. 在离开我们所讨论的人性之前，指出不同的民族有不同的发明似乎是恰当的。巴克斯创造了买卖、王冠、王室的徽章和凯旋仪式。刻瑞斯发明了谷物，而在此之前人们只能依靠橡树的果实为生。她还在阿提卡(根据某些专家所说是在西西里)发明了磨面和做面粉。这也是刻瑞斯被奉为女神的原因。刻瑞斯还是第一个创造法律的神，或者像某些人所主张的，这是拉达曼图斯(Rhadamanthus)[70]的功劳。

192. 我认为亚述人一直有文字，但其他人，如格利乌斯(Gellius)却认为文字是埃及的墨丘利发明的。还有其他人把发明文字归功于叙利亚。这两组专家都认为是卡德摩斯(Cadmus)把16个字母从腓尼基引进到了希腊，在特洛伊战争期间，帕拉梅德斯(Palamedes)增加了4个字母Z、Ψ、Φ和X。后来，希腊抒情诗人西莫尼德斯(Simonides)又增加了4个字母Α、Ξ、Ω和Θ——它们的读音在罗马字母表之中得到认可。亚里士多德指出，古代的字母表只有18个字母，是埃庇卡摩斯(Epicharmus)，而不是帕拉梅德斯增加了两个字母Ψ和Z。

193. 根据安提克利德斯(Anticlides)记载，某个名叫梅诺斯(Menos)的埃及人比希腊最早的国王福罗尼乌斯(Phoronius)发明字母要早15000年。并且企图用纪念碑文来证明这一点。另一方面，一位有重要影响的专家和最有影响的人物埃皮格尼斯

---

[70] 宙斯和欧罗巴之子拉达曼图斯以公平和正直闻名，因此成了地狱的判官。

(Epigenes)却告诉我们,巴比伦人观察天象,并且把它记在焙干的泥板上,已有730000年之久。但是,有些专家确定的时间却非常短,例如贝罗苏斯和克里托德姆斯(Critodemus)却认为只有430000年。根据这些评论,人类使用字母显然已经有很长的时间。佩拉斯吉人(Pelasgians)把字母引入了拉丁姆地区。

194. 欧里亚努斯(Euryanus)和西佩尔比乌斯(Hyperbius)兄弟第一个把砖窑和房屋引入雅典(Athens),此前则是以洞穴为房屋。格利乌斯则认为是乌拉努斯(Uranus)之子托克希乌斯(Toxius)以燕子筑的巢穴为样板,发明了泥屋。塞克罗普斯(Cecrops)以自己的名字命名了第一座城市塞克罗皮亚(Cecropia),这就是现在雅典的卫城。有些人毫无根据地断言阿尔戈斯(Argos)在福罗尼乌斯国王(Phoroneus)之前很早就建立了。还有权威人士认为西锡安也是同样的情况。而埃及人认为他们国内的狄奥斯波里斯城(Diospolis)很早就建成了。

195—196. 阿格里奥帕(Agriopa)之子奇尼拉(Cinyra)在塞浦路斯发明了瓦片和青铜冶炼。他也是钳子、锤子、撬杠和砧座的发明者。达那俄斯(Danaus)从埃及来到希腊名叫"干旱的阿尔戈斯"地区,发明了水井;卡德摩斯在底比斯发明了采石,但提奥弗拉斯图斯说是在腓尼基。根据亚里士多德所说,斯拉松(Thsrason)发明了城墙,库克罗普斯人的塔楼。但是根据提奥弗拉斯图斯所说,后一项发明应当归功于梯林斯人(Tirythians)。埃及人创立了纺织业,吕底亚人(Lydians)在萨迪斯(Sardis)创立了羊毛染织业。制造毛织品使用的锭子,则是由阿拉克内(Arachne)之子克洛斯特(Closter)发明的。阿拉克内本人发明了亚麻布和网。迈加拉的尼西亚斯(Nicias)发明了漂洗,维奥蒂亚(Boeotia)的提齐乌斯(Tychius)发明了制鞋业。埃及人宣称医药是他们发明的,但是根据其他专家所说,这个发明大约是通过巴比伦和阿波罗之子阿拉布斯(Arabus)的中介发明的。药草和毒药是萨图恩和菲利拉(Philyra)之子客戎(Chiron)发现的。

197. 亚里士多德认为,西徐亚人吕杜斯(Lydus)教会了人们如何冶炼和加工青铜器，但提奥弗拉斯图斯把此事归功于弗里吉亚(Phrygia)的德拉斯(Delas)。有些人认为是卡里比人(Chalybes)发明了青铜工艺品制作方法，另外一些人认为是库克罗普斯人发明的。赫西奥德(Hesiod)把冶铁归功于克里特——归功于伊达山(Ida)的达克提利(Dactyli)。雅典的埃里克托尼乌斯(Erichthonius)发现了白银，而根据其他人所说是埃阿科斯(Aeacus)。开采和冶炼黄金是是潘盖乌斯山(Pangaeus)的腓尼基人卡德摩斯发明的，而根据其他人所说是托阿斯(Thoas)或者是埃阿科斯在潘契亚(Panchaia)[71]发明的。或者是俄克阿诺斯(Oceanus)之子太阳发现的，格利乌斯认为他还发现了矿物质药材。锡最早是由米达克里图斯(Midacritus)从卡西特里德斯(Cassiterides)输入的。

198—199. 铁器制造是库克罗普斯人发明的，陶器制造是雅典人科罗布斯(Coroebus)发明的，陶轮是西徐亚人阿纳查西斯(Anacharsis)发明的，或者根据其他人所说是科林斯人西佩尔比乌斯发明的。代达罗斯(Daedalus)发明了木工手艺，还有锯子、斧子、准线、手钻、胶水和牛皮胶。但是，直角尺、铅锤、车床和杠杆是萨摩斯的西奥多鲁斯(Theodorus)发明的。我们应当把发明度量衡归功于阿尔戈斯的菲敦(Pheidon)。皮罗德斯(Pyrodes)用燧石生火，而普罗米修斯(Prometheus)把火保存在茴香杆之中。弗里吉亚人(Phrygians)用四个轮子造成了车子，腓尼基人发展了贸易。雅典人尤摩尔普斯(Eumolpus)的贡献在于葡萄和树木种植。西莱努斯(Silenus)之子斯塔菲卢斯(Staphylus)发明了用水稀释葡萄酒。雅典人阿里斯提乌斯(Aristaeus)制造出油料和榨油机，而且生产出蜂蜜。雅典人布奇格斯(Buzyges)改进了牛耕技术，也有些人说这是特里普托勒摩斯(Triptolemus)的功劳。埃及人采用了君主制度，雅典人在忒修斯(Theseus)之后实行了民主制度。

200. 第一位僭主是阿克拉加斯(Akragas)的法拉利斯

---

[71] 阿拉伯半岛以东想象中的一座海岛，盛产珍珠、香料和没药。

(Phalaris)。[72] 斯巴达人发明了奴隶制度，谋杀案的审判最初在雅典最高法院(Areopagus)进行。

213. 根据费边·维斯塔利乌斯(Fabius Vestalius)记载，第一座日晷是在与皮洛士开战之前11年安装的，[73]放置在奎里纳斯(Quirinus)神庙，这是卢西乌斯·帕皮里乌斯·科索(Lucius Papirius Cursor)根据其父的遗愿向这座神庙奉献的。费边·维斯塔利乌斯没有记载这座日晷的性能和制造者的名字，也没有指明它的产地、没有确定它的权利人的名字。

214. 马可·瓦罗断言国家的第一座日晷安装在大讲坛附近的一根圆柱上，时间是在第一次布匿战争期间西西里的卡提纳(Catina)被执政官马尼乌斯·瓦勒里乌斯·梅萨拉(Manius Valerius Messala)占领之后，它是从西西里运回的，比帕皮里乌斯日晷安装的时间要晚30年，即罗马建城之后的491年。[74] 日晷盘上的直线与时间不能重合，但罗马人使用它的时间达99年之久，直到昆图斯·马尔西乌斯·腓力(Quintus Marcius Philippus)时期(他曾经与卢西乌斯·保卢斯一起担任监察官)，他才在这座日晷附近建立了测量时间更准确的日晷；这份礼物是腓力的活动成果之中最受欢迎的礼物。

215. 但是，即使是那个时候，碰到多雾的天气仍然难以确定时间。直到5年之后，利纳斯(Laenas)的同僚西庇阿·纳西卡(Sipio Nasica)制造出一座水钟，把时间分成黑夜和白天两个相等部分才解决；罗马建城之后的595年，他把这个计时仪器放置在一座有屋顶的建筑物之中。[75] 因为罗马人长期以来就没有划分过白天的时间。

---

[72] 在位时间约公元前570—前554年。

[73] 公元前3世纪初期。

[74] 公元前263年。

[75] 公元前159年。

第八卷　陆地动物

1. 大象(Elephant)是最大的陆地动物。就理解力而言，它与人类最接近。因为它懂得本地的语言，服从命令，记得自己所学的职责，而且具有慈爱和荣誉感。确实，大象具有的这些品质甚至在人类身上都很少见到，即荣誉感、出色的智力、公正，以及尊重星星、太阳和月亮。

3. 人们认为大象也理解其他的宗教，因为当它们走到渡海的地点时，在赶象者发誓保证把它们送回，以安抚它们的情绪之前，它们是不会上船的。人们还看到，当着它们生病而筋疲力尽的时候——由于疾病的打击，即使是这样巨大的动物——也不得不仰面朝天躺在地上，向天空投出青草，好像是在哀求大地回答它们的祈求。确实，作为驯服的证据，它们会向国王表示效忠，跪在国王的面前，为国王带花环。印度人使用体形较小的大象耕地，他们把这种大象称为“杂交”象。

4. 在罗马第一次使用大象来拉车，是大庞培在举行阿非利加凯旋仪式的时候。根据记载，它们的用法就像先前巴克斯在征服印度之后举行的凯旋仪式一样。普罗奇努斯(Procillus)指出，在大庞培举行凯旋仪式的时候，驾车的大象无法通过城门。甚至在角斗士表演的时候，有些大象也被日尔曼尼库斯·凯撒赶上舞台，像舞者一样笨拙地转圈圈。

5. 大象通常表演的戏法是把武器抛到空中——大风不会使它们转向——彼此参加角斗士的争斗，或者是一起表演轻松愉快的战争舞蹈。后来，大象表演走绳索，每次四头，背篓里装着一名假装去工作的女性。它们还会在两个巢穴之间走来走去，在挤满人群的餐厅寻找自己的座位，它们走路时小小心心，以免像醉汉一样东倒西歪。

6. 有一件众所周知的事情是，一头大象理解能力有点迟钝，经常遭受鞭打，人们发现它晚上还在练习白天做过的事情。还有一件令人惊奇的事情是大象甚至能够攀爬它们前面的绳索。而且，更令人惊奇的是在绳子倾斜的情况下，它们还能再走下来。穆西亚努斯曾经三次担任执政官，他的说法是权威性的，即有一头大象学会了希腊字母的形状，而且用希腊语写下了"这是我自己写的，奉献这些从凯尔特人那里获得的战利品"。

穆西亚努斯还说，他自己在普特奥利看见过大象如何在航行结束之后被赶上岸去，人们用欺骗的方法把它们赶下来，它们又退了回去，因为它们害怕从陆地到船上架设的长长的跳板。

7. 大象知道它们进行抵抗的武器是珍贵的商品，也是人们寻求的掠夺品。朱巴把这些东西称为"角"，而希罗多德，还有更早的资料，更准确地把它们称为牙齿，后来就成了一个通用的术语。[1]象牙的脱落或者是由于意外的事件，或者是由于年老所致。大象会把象牙埋藏起来，只有大象的长牙才是象牙，大象其他的骨骼只是一般的骨头。但是，现在由于象牙稀缺——在印度之外很少有充足的货源，大象的骨头已经开始被砍成一片一片的出售。在我们这个世界，所有的象牙都用来满足奢侈品的需求。

8. 根据白色的牙齿，可以认出年轻大象。大象非常注意使用自己的牙齿。它们使用象牙尖端来战斗，但是非常爱惜地保护它不至于变钝，同时，它也用来挖掘根类植物，移动巨大的物体。当着它们被猎人包围之后，大象会把群体之中牙齿较短的成员安排在前面，以使人们认为和它们作战不那么具有挑战性。后来，当它们已经筋疲力尽的时候，它们会用牙齿撞击大树，折断自己的牙齿，用它们作为挽救自己的赎金。

---

① III，97.

9. 奇怪的是大多数野兽都知道自己为什么被猎杀，几乎所有的野兽也知道如何来保护自己。在某些偏僻的地方，一头大象偶然遇见一个穿过其前进道路上的人，它的举动是友善的、平和的，据说它还会给人指路。同样，还有一些动物发现了人类的踪迹，在它们看见人类之前，就因为害怕遭到伏击而吓得发抖了。它们停下来捕捉气味，观察自己周围的情况，发出愤怒的吼声，它们不会去践踏脚印，而是会破坏它，踏过这个脚印去寻找附近的大象。它们一头跟着一头，直到最后一头都有同样的信息。然后，它们围成一个圆圈，向后撤退，形成战斗队形。所有的大象都可以闻到空气中保留的强烈的气味。

11. 大象总是成群结队地行动。年纪最老的大象领头，然后按照年龄顺序一直排到最后。在渡过河流的时候，它们把最小的大象放在前面，以免更大的大象把河床践踏得更深。安提帕特说安条克国王为他在战争之中使用的两头大象起了名字。确实，大象也知道它们自己的名字。加图虽然在其编年史之中把司令官的名字抹掉了，但他真实记载了在迦太基战争之中，一头作战勇敢的大象名叫“叙利亚人”，它有一根象牙折断了。

12. 安条克有一次企图骑象涉水过河，但是他的大象埃贾克斯(Ajax)逡巡不前，虽然在其他时候它总是走在队伍的前面。因此，安条克宣布，哪头大象渡过河去就将取得领头的地位。帕特罗克卢斯(Patroclus)大胆渡过河去，安条克赏给它银的装饰(对于大象来说，这是最高兴的事情，而且还赐给它头领的其他许多特权)。埃贾克斯受到冷遇，它宁愿饿死也不愿面对耻辱。因为它们的耻辱感太强烈，当一头大象被击败之后，它会逃到听不见征服者声音的地方，把土地和神圣的树叶让给对手。

13. 当着雄性大象长到5岁，雌性大象长到10岁的时就开始交配了，由于害羞的缘故，大象是秘密交配的。大象一生只有两年交配，每年只有5天，因此人们很难再多说一点有关情况。

14. 人们用不着奇怪，有记忆力的动物也会表达感情。根据朱巴的记载，一头大象在老年的时候，经过多少年还能认出它年轻时候的赶象者。他还举了一个对于理解公正的例子：博库斯(Bocchus)国王把30头大象拴在柱子上，决定要惩罚它们，使它们处于另一群同样数量大象的攻击之下。但是，当人们跑进后一群大象之中，鼓动它们发起攻击的时候，它们并没有充当其他冷血动物的工具。

16. 意大利第一次见到大象是在与皮洛士作战时期，它们当时被称为“卢卡尼亚公牛”，它们出现在卢卡尼亚是罗马建城之后的474年。[②] 但是，它们出现在罗马是在五年之后的凯旋仪式上。在罗马建城之后的502年，最高祭司卢西乌斯·梅特卢斯(Lucilius Metellus)在西西里获得大胜，夺得许多大象，[③]据说有142头，或者像某些专家所说是140头。梅特卢斯把它们放在木筏上渡过大海运回，这些木筏是他在固定好的、一排一排的酒坛上铺设几层厚木板做成的。

17. 根据维里乌斯(Verrius)记载，这些大象在喀耳库斯作战时被标枪所杀。因为罗马人完全不知道如何对待它们，所以他们决定不管它们或者把它们送给当地的王公。卢西乌斯·皮索认为这些大象被带到喀耳库斯来，只是为了要羞辱它们，它们被手持带圆球的长矛者到处驱赶着。认为它们没有被杀掉的专家无法解释它们后来的命运。

18. 在汉尼拔强迫罗马战俘与大象互相搏斗的时候，罗马人与大象之间进行了一场著名的争夺战。他让一名幸存者与大象较量，答应如果他杀死了大象，就给他自由。这名战俘怀着对迦太基人极大的愤怒，与大象单独战斗，并且杀死了大象。汉尼拔认识到这场搏斗的结果，将使这些动物受到轻视，在这名战俘离开竞技场之后派骑兵把他杀了。

20. 在庞培的第二个执政官任期内，[④]胜利女神维纳斯神庙收

---

② 公元前280年。
③ 公元前525年。
④ 公元前55年。

到了20头大象的贡品(有人说是17头),这些大象是在喀耳库斯从盖图里亚人(Gaetulians)的投枪手那里夺来的。有一头大象沉迷于战斗,尽管它的脚部受了重伤,仍依靠膝盖爬行来对抗进攻的人群。它夺走了他们的盾牌,把它们扔到了空中。旁观者非常欣赏它们跌落下来的抛物线,好像是熟练的演员用它们来做边抛边接的杂技,而不是狂暴的野兽把它们抛起来。第二头大象被一击打死的时候,也发生了一件非同寻常的事情:一支标枪击中它的眼睛下方,刺穿了它的大脑要害部分。

21. 所有的大象,*en masse*(意为"都"。——中译者注)想冲出囚禁它们的铁栏杆逃走,并多次使旁观者感到困惑。(由于这个原因,凯撒在担任独裁官的时候曾经计划表演同样的奇观,并且用一道灌满水的壕沟把竞技场舞台包围起来。尼禄皇帝为了增加骑士们的座位,把这道壕沟填了)不过,在庞培的大象放弃逃跑的念头之后,只要用难以表达的姿态请求它们,它们全体会协调一致地表演。它们会发出呻吟之声,好像它们是在嚎啕大哭,使得旁观者感到十分悲痛,以至于它们忘记了庞培和他专门为了表示对它们的尊敬而举行的慷慨表演。它们站起身来,流着眼泪,对庞培发出了可怕的诅咒,他很快就尝到了这种诅咒的恶果。

22. 在独裁官尤里乌斯·凯撒第三个执政官任期时,大象也曾经站在他一边作战:[⑤]20头大象对抗500名步兵,第二次还是20头大象,装备着象轿,每头大象20名士兵,与先前同样多步兵和同样多的骑兵作战。后来,在克劳狄和尼禄担任元首的时候,大象还单独与人们格斗。对于角斗士而言,这是其格斗生涯最辉煌的顶点。

24. 由于大麦酒的作用,被捕获的大象很快就驯服了。在印度,捕捉大象的方法如下:一名象夫骑着驯服的大象,在象群之中或者是套住自己旁边的一头野象,或者是把这头野象和象群分开,不停地殴打它,以便在它筋疲力尽的时候,自己可以爬上去控制

⑤ 公元前46年。

它，以同样的方式驯服它。阿非利加人使用伪装的陷阱捕捉大象，当着大象掉入陷阱之后，象群中的其他大象马上会把大量树枝聚集起来，把石头推到陷阱里做成一个斜坡，竭尽全力把它拉出来。从前，历代国王为了驯服大象，常常依靠骑士的帮助，引诱象群进入一条人工挖成的壕沟之内进行放牧。被包围在这条壕沟之内的野兽被饥饿征服了。大象驯服的证据是它慢慢地卷起一根树枝送给接住树枝的人。现在，狩猎者用标枪刺穿它们柔软的脚，以便获得它们的象牙。

27. 大象一旦被驯服，可以用来作战，或者在它们背部安上象轿，运送全副武装的士兵。它们在东部的战争之中作出了重大的贡献：冲散敌人的阵线，践踏武装的士兵。它们还能像猪一样发出尖叫的声音吓唬敌人。当它们受伤或者受到惊吓的时候，它们会对敌人表示屈服，给自己这一边造成同样的破坏。阿非利加大象害怕它们的印度对手，不敢面对它们，因为印度象的个子更高大。⑥

28. 人们一般认为大象怀孕要 10 年之久，但亚里士多德认为只要 2 年。它们一次只生一胎，一般可以活到 200 岁，有时可以活到 300 岁。它们在 60 岁时到达成熟期。它们特别喜欢河流和在小河边游逛。但是，由于它们身躯巨大，不能受凉，它们不能游泳；这是它们最大的弱点。

29. 大象用自己的嘴巴进食，但是呼吸、饮水和闻味道依靠鼻子。我们也可以把鼻子形象地称为它们的“手”。在所有的动物之中，它们最讨厌老鼠，如果它们看见老鼠，即使前脚已经踏进自己的象房，它们也会退出象房。如果它们在饮水的时候吞掉一条水蛭（我注意到水蛭现在开始被称为“吸血鬼”），它们就会受到极其严重的伤害。这种东西钉在气管上，可以造成难以忍受的痛苦。

31. 大象的牙齿非常值钱，象牙最适合用来雕刻神像。我们这种挥霍无度的生活方式又为赞美大象找到了另一个理由，即品尝大象鼻子坚硬的外皮，进一步的话，恐怕无外乎要吃象牙了。在神

⑥ 这种说法是不正确的。

庙之中可以看见一些较大的牙齿，波利比奥斯根据古卢萨(Gulusa)王子所说，[7]记载了在阿非利加与埃塞俄比亚交界的偏远地区，大象的牙齿被用来当作房屋和牲口棚的门柱，在树立界桩的地方，也用大象的牙齿来充当界桩。

32. 印度出产最大的大象和蛇(snakes)，它们经常打架。蛇是这样的巨大，以至于它们轻而易举就能把大象缠住，用身体把大象捆住。在这种格斗中双方都会丧失性命，因为被打败的大象倒下来，它沉重的身体将会压碎缠绕着它的蛇。

36. 根据麦加斯提尼记载，印度的蛇长得非常大，足以吞没一头鹿或者一头公牛。梅特罗多鲁斯说在本都的林达库斯河(Rhynda cus)，蛇可以捕捉和吞噬从它们上方飞过的鸟类，虽然鸟类飞得很高，速度很快。

37. 还有一个家喻户晓的故事。在布匿战争期间，罗马统帅雷古卢斯(Regulus)在巴格拉达斯河(Bagradas)杀死了一条长达120罗马步的蛇。[8] 他使用了弹弓和投石器，就好像是在进攻一座城市一样。它的皮肤和颌骨保留在罗马的神庙之中，直到努曼提亚战争(Numatine War)为止。[9] 在意大利，蛇被叫做“蟒”，增添了这些传说的可信度：它们的身躯长得很大，因此在克劳狄皇帝担任元首时期，人们在梵蒂冈山上(Vatican hill)看见在一条被杀死的蟒蛇腹中，有一具完整的儿童尸体。

44. 亚历山大大帝非常渴望学习动物学知识，委托在所有科学领域都享有最高权威的亚里士多德进行这方面的研究。他还下了许多命令给整个小亚细亚和希腊的上千人——那些依靠狩猎、捕捉

---

⑦ Livy, XLII, 23.

⑧ 阿提利乌斯·雷古卢斯公元前256年担任执政官，率领一支由230条军舰组成的舰队前往阿非利加。罗马人在伊科诺姆斯角击败迦太基舰队。公元前249年，在取得两次胜利之后，雷古卢斯被俘虏，迦太基人与罗马人谈判交换俘虏，雷古卢斯在发誓不再参加战斗之后被派往罗马促成解决问题。出于爱国之心，他违背自己的信用，警告元老院不要与敌人达成任何协议。

⑨ 公元前142—前133年。

鸟类、鱼类以及那些管理繁殖小动物、牲口、蜜蜂、鱼塘和鸟类为生的人：他们必须观察他们得到通报的各地出生的各种动物的情况。从这些人手中获得的调查结果，在亚里士多德的名著《动物学》之中几乎占了将近50卷。我请求读者们认真地对待我所提供的这条信息——还有亚里士多德所不知道的事实——在我的指引下，在有关大自然的所有著作之中做一次简短的旅行。

46. 根据亚里士多德所说，狮子(Lions)有两个种类：一种身材纤细而短，长着鬈曲的鬃毛，比另外一种更易驯服；另外一种长着长而直的毛发，不惧伤害。狮子气味强烈，呼吸也是一样。狮子很少饮水，狮子每隔几天进食一次。他们非常难得每隔三天戒一次食。它们贪婪地吃掉所有能吃的东西。当着它们的胃不能接受过多食物的时候，它们会把自己的爪子伸进喉头，把那些食物挖出来，以免它们在需要迅速行动的时候不能飞速奔跑。

48. 在所有野兽之中，只有狮子对于哀求者会表示出怜悯之心：它不会加害于那些跪在它面前的人，当它发怒的时候，它会把自己的狂怒发泄在男子而不是女子身上，它只有在极端饥饿的时候才会攻击儿童。朱巴认为狮子理解祈求者的意思。有人曾经告诉他，一群狮子在森林之中攻击一名被俘虏之后又逃走的盖图里亚妇女的故事。这个妇女用自己的话使这群狮子安静下来，她鼓起勇气说自己是一个妇女，一个逃亡者、一个弱者、一个向所有动物之中最高贵者、所有其他动物的统治者祈求的人——她完全不配成为它们这群高贵者的食物。

49. 狮子摇摇尾巴，暗示它明白所说的意思；狮子耳朵的作用与马耳朵相同。因为大自然赐予所有高贵的动物表达自己意思的这种手段，所以，狮子在安静的时候，它的尾巴是不动的，当它希望得到安抚的时候，它的尾巴会慢慢地摆动，这是少见的现象。确实，它的愤怒经常会表现出来：当它开始发怒的时候，它会用尾巴敲打大地，当它的愤怒更加厉害的时候，它的背部就好像受到了刺激一样。狮子的力量在于它的胸部。黑色的脓液从伤口流出来，不管这些伤害是由于爪子还是牙齿造成的。在狮子吃饱之后，它们就不再伤害人。

50. 狮子高贵的品质表现在它最能觉察危险的情况，它藐视武器，长时间仅靠着可怕的威胁来保护自己，好像在申明自己的行为并非出于其意愿一样。然后它向前猛扑，不像是被危险所逼，而是被疯狂激起了愤怒。它的高贵品质另一个标志是，在平原上和开阔地带，不管有多少猎狗和猎人进攻它，它会轻蔑地退却，时停时走。但是，在它来到灌木丛或者是森林之后，会非常迅速地跑掉，好像这个地方可以掩盖它不光彩的行为。它在追击猎物的时候会跳跃向前，但在逃走的时候则不会跳跃向前。

51. 如果它受到伤害，它会以令人吃惊的观察力记住进攻者的模样，并且在大量的影像之中找出它来。它会抓住任何敢于向它投掷武器却还没有伤着它的人，使他们在地上打圈圈，把他们撂倒在地上，但是不会给他们造成任何伤害。

53. 帕布利乌斯之子、拥有就坐贵族座位特权的市政官昆图斯·斯凯沃拉（Quintus Scaevola）是第一位在罗马安排举行狮子搏斗的人。但是，后来卢西乌斯·苏拉成了独裁官，[10]他在担任执政官时期，[11]首创安排100头有鬃毛的狮子进行搏斗。在苏拉之后，大庞培在喀耳库斯安排了600头狮子（其中包括315头有鬃毛的狮子）进行表演，凯撒在担任独裁官的时候，举行了大约400头狮子的表演。

54. 从前捕捉狮子是一项艰巨的任务，主要是靠伪装的陷阱来捕捉。在克劳狄皇帝担任元首时期，一个难得的机会教会了一名盖图里亚牧人以一种几乎是可耻的方法来对付这种野兽。当狮子进攻的时候，他把自己的斗篷抛给狮子，做出好像是要转移表演舞台的姿态。令人难以置信的是，当狮子的头被哪怕是被一件轻薄的外套所罩住，狮子极其凶猛的特征也就消失了。因此，它没有经

---

⑩ 苏拉（公元前138—前78）在公元前81年被任命为独裁官，“恢复共和制度”。他担任这个职务直到公元前79年，他辞去职务，回到坎帕尼亚的乡村地产。

⑪ 公元前93年。

过战斗就彻底被征服了。实际上，它的所有力量都在眼睛之中。所以，利西马库斯(Lysimachus)按照亚历山大大帝的命令把狮子关入牢笼，使它窒息而死，一点也不奇怪。

55. 根据记载，迦太基最著名的汉诺是第一位敢于触摸狮子，并且在狮子驯服之后敢于让它表演的人。他被带去当场试验，证明由于他的机灵，他能够说服其他人做任何事情。证明他们把自由委托给那些盲目屈服于残酷的人是错误的。

56. 这里还有许多例子可以说明狮子的仁慈，这些情况的出现是偶然的。锡拉库萨人门特(Mentor)在叙利亚看见一头狮子以哀求的姿态，肚子朝天在地上打滚。由于受到惊吓的打击，他企图跑走，但他走到哪里，狮子就跟到哪里。它跟着他的脚步，好像在劝说他，他看见它有一只脚受伤肿起来了，他拔出了刺，使狮子脱离了极端痛苦。锡拉库萨有一幅绘画就证明了这件事情。

57. 同样，萨摩斯本地人埃尔皮斯(Elpis)在从船上登陆阿非利加的时候，看见附近有一头狮子张开大嘴，摆出威胁的姿态来。他飞快爬上树去，高呼巴克斯，因为没有其他的希望，主要的时间都用于祈祷。狮子没有阻碍他，虽然它可以这么做。它走开了，但是躺在树附近，张开嘴巴乞怜，使埃尔皮斯吓了一跳。当它在狼吞虎咽的时候，有一根骨头卡进了它的牙缝，它受到的折磨不仅是这根骨头造成的痛苦，而且它还无法进食了。

58. 最后，埃尔皮斯从树上爬下来，当狮子把腰弯到合适的角度，露出自己的牙齿，他就把这根骨头拔出来了。这个故事还说到，当这条船停泊在岸边的时候，狮子把自己捕获到的东西送给埃尔皮斯，以表示自己的谢意。由于这个原因，埃尔皮斯奉献了一座神庙给萨摩斯的巴克斯。因为这个故事，希腊人把这座神庙称为“张开嘴巴的狄奥尼索斯神庙”。

67—68. 东方为大型动物之中的骆驼(Camels)提供了牧场。骆驼有两种不同的种类：巴克特里亚(bactrian)骆驼和阿拉比亚骆驼。前者的背上有两个驼峰，后者只有一个驼峰，第二个驼峰在胸腔的下方。两种骆驼类似公牛没有上颌牙，两种骆驼都可以用来作为驮兽和战争中的军马。巴克特里亚骆驼和阿拉比亚骆驼的区别仅在于身材和力量的大小。骆驼旅行绝不会超过自己平常每日的路程,也不会运载超过预定的重量。它们不像马跑得那么快,它们和马是天生的冤家。骆驼可以4天不喝水,当它们有机会喝水的时候,它们会喝足水,以补偿过去消耗的水分,储备将来所需要的水分。它们通过运动来搅合体内的水分,否则它们就享受不到饮水的快乐。骆驼可以活50年,有些骆驼甚至可以活100年,但是骆驼也容易患疯病。人们发明了一个阉割雌骆驼的办法,使雌骆驼可以适用于战争。当着它们在交配期被分开之后,它们就变得更加强壮了。

69. 在其他两种动物之中,可以发现某些与骆驼相似的特点。有一种动物被埃塞俄比亚人叫做 *nabun*,这种动物的脖子像马,脚和腿像牛,头像骆驼;它的颜色是黄褐色,有白色的斑点,由于这个原因,它被叫做斑骆驼[12]或者是长颈鹿(giraffe)。凯撒担任独裁官的时候,第一次在罗马的竞技场展出了长颈鹿。

75. 根据克特西亚斯所说,在印度有一种动物,名叫狮身人面怪兽(Manticore),这种动物有3排好像梳子一样的牙齿,它的面孔和耳朵好像人类,灰色的眼睛,血红的颜色,狮子般的身躯,用它们类似蝎子一样的尾巴进行打击。狮身人面怪兽的声音像是排箫和喇叭合奏的声音,具有极快的速度,特别喜欢吃人。

78—79. 狼人(Basilisks)发现于昔兰尼加(Cyrenaica),它们不过是脚长而已;它们的头部长着发亮的白色斑点,就好像是王冠一样。它们发出的嘘叫声音可以迫使一切蛇类逃走,这些蛇类不像其他蛇类一样弯弯曲曲地向前移动,而是笔直地飞快逃走。它消灭灌木丛不仅是靠触摸,还有呼吸;它烧毁草场,劈开岩石。它的力量使它成了其他动物的威胁。可以肯定,一个骑在马背上的人有一次用标枪击中了它,它的毁灭力量由于标枪而增强,不仅杀死了这个骑士,而且杀死了他的马匹。可以肯定,许多国王常常希望

---

[12] *Camelopardus.*

见到狼人死掉。对于这种奇怪的动物而言，黄鼠狼的毒气是致命的——大自然使任何东西都无法与其相比。黄鼠狼把狼人丢入自己的巢穴，这是一个恶臭之地。黄鼠狼用令人难以忍受的气味杀死了狼人，随后它们自己也死了。大自然的战斗结束了。

80. 在意大利，人们认为看见狼群(wolves)是一件危险的事情，他们还认为如果狼群先发现一名男子(而不是男子首先发现它们)，这名男子会吓得说不出话来。阿非利加和埃及的狼懒惰，而且体型小；但是在比较寒冷的地区，它们很凶猛残忍。我必须认为，而且有信心认为，那种认为人可以变为狼，再又变为人的说法是虚构的。否则，我们就必须相信多少世代以来，已经被证明是虚假的所有其他事情。尽管如此，我必须指出这种思想的来源，是由于民间传说根深蒂固的原因，它把变成狼的人和人一样都看成是诅咒的对象。

81. 根据尊敬的希腊作家埃安特斯(Euanthes)记载，阿卡迪亚人(Arcadians)说从某个氏族的成员之中(Anthus)用抽签的方法挑选出一个人，他被带到当地的沼泽地区。他把自己的衣服吊在栎树上，自己渡过河去，到了一个无人居住的地方。他在那里变成了一头狼，并且与其他的狼度过了9年时间。其间，他回避与人类交往。他后来回到了原来的沼泽地区，渡过河去，恢复了自己的模样，还有9年时间给他的外貌带来的变化。埃安特斯证实了这个可靠的故事，他穿着同样的衣服回来了。

82. 令人惊奇的是，希腊人在上当受骗的道路上走得有多远。世界上再也没有比没有证据就如此胡编乱造更可耻的事情了。

89. 鳄鱼(Crocodile)活动在尼罗河地区：它是一种有四条腿的凶恶动物，无论在陆地上还是水中，它都是危险的动物。它是唯一没有舌头的陆地动物，也是唯一依靠上颚摇摆的压力来撕咬食物的陆地动物。它的可怕还有另外一点，即它的牙齿像梳子一样紧密的排列在一起。它的身长一般超过30罗马步，它下的蛋像鹅一样多，并且有某种超人的远见，它们孵蛋的地方总是在尼罗河每年洪水泛滥的界限之外。没有任何一种动物可以从这么小长到这么大身材。它的武器是爪子和对抗任何打击的坚硬外皮。它白天在陆地上，晚上在水中，这两种情况都是考虑到体温问题。当鳄鱼饱餐鱼类之后，嘴里塞满食物睡觉的时候，一种小鸟（在埃及称为trochilus，在意大利称为“百鸟之王”）为了吃到肉而引诱它张开嘴巴；小鸟在鳄鱼嘴巴中跳来跳去，首先是清除了嘴巴中的杂物，然后是它的牙齿和喉部，鳄鱼尽可能张大嘴巴，因为它喜欢这种清理工作。黄鼠狼看准鳄鱼睡觉的好机会，像标枪一样刺进它的喉头，吃光它的胃脏。

95. 尼罗河还出产一种比鳄鱼更有力量的动物河马。它长着像公牛一样的蹄子，马一样的背部、鬃毛，还有和马一样的嘶叫声；向上翻起的口鼻部；公猪般的尾巴和弯曲的牙齿，但很少受到损害。除非浸泡在水中，河马的皮肤难以刺穿，可以用来做盾牌和盔甲。河马吃庄稼，河马每天事先划定活动范围，所以人们说它会划定自己在原野上走路的脚印，不需要在它回来的路上布置陷阱就可以抓住它。

96. 马可·斯科鲁斯（Marcus Scaurus）担任市政官时期[13]举办运动会，第一次在罗马展出了1头河马和5头鳄鱼，它们都被养在人工湖之中。这头河马还成了一个医学流派的教师。因为当它在饱餐一顿之后，它在岸边行动非常笨重迟缓——它把全部的时间都用来大吃大喝——现在只好期待收割灯芯草，寻找有硬刺的草本植物。它把自己的身体压在这种草上，刺穿腿上的静脉，用这种方式放血，减轻身体的重量，否则它就将生病。然后，它又用泥浆把伤口糊起来。

133. 刺猬（hedgehogs）要为过冬准备食物。它们会收拾掉落的果实，它们用自己的脊柱滚过果实，剩余的则含在口里，运回它们居住的树洞。它们能够根据自己藏身的洞穴，预知冬季从北向南的变化。当它们感觉到危险，它们会把嘴巴、脚和长着稀疏无害绒毛的身体下部收缩在一起，滚成一个圆球形，除了满身是刺之

---

⑬ 公元前58年。

外，没有一点可以抓住的地方。

134. 在逃生无望的情况下，它们会朝自己身上拉尿；这将使它们的皮肤爆裂，它们的刺也会受到损害。当这种情况出现的时候，它们知道自己被抓住了。因此，应当在它们拉尿之前就巧妙地抓住它们。因为这种皮肤才有特殊的价值：反之，它就会损坏和破裂，它的刺也会变脆和脱落。即使是这头刺猬能够逃脱，获得自由和生存下去也是一样。在这种情况下，刺猬在万不得已的时候会使用最后一招，用这种有害的液体湿润自己，因为即使是野兽也不愿意自己毒害自己，它们会一直等到最后关头，结果是在这之前它们就已经被抓住了。一旦刺猬被抓住，只要用热水淋在它的身上，卷成一团的圆球就会舒展开。人们可以绑住刺猬的一条后腿把它吊起来，让它活活饿死。否则不可能杀死它，同时保护它的皮革完整无缺。

135. 正如大多数人想象的那样，这种动物本身对人类不是没有益处的。因为它如果没有刺的话，家畜柔软的皮革对人类就没有用处。用这种皮革制造的衣服是光滑的，在这方面，垄断这种商品的买卖使造假获得了巨大的利润：没有一件事情能够促使元老院发布如此多的命令，也没有一位皇帝没有收到各个行省关于假造刺猬皮的抱怨。

142. 在我们的家养动物之中，有许多是值得研究的，毫无例外，对人类是最忠诚的就是狗(dog)和马。我们听到过狗和盗贼搏斗，保卫主人的故事。即使因为受伤而筋疲力尽，它也不会离开主人身边。它会赶走飞禽和捕食的野兽。在伊庇鲁斯，有一种狗可以在一大堆人之中认出曾经将其主人打倒在地的人，并且用撕咬、吼叫的方式迫使他承认罪行。加拉曼特人的国王被200条狗从流放地带回，它们与那些企图反抗国王的人进行过战斗。

143. 科洛封人(Colophonians)和卡斯塔布卢姆人(Castabulum)有一支由狗组成的军队。这些狗作战的时候走在前面，从来不临阵脱逃，非常忠诚，它们不需要报酬。在辛布里人被杀死之后，他们的狗负责保卫他们安置在马车上的房子。当着吕西亚的伊阿宋(Jason)被暗杀之后,他的狗不吃不喝,饥饿而死。还有一条狗,杜力斯(Dulis)把它称为希尔卡努斯(Hyrcanus),自动地投入了火葬利西马库斯的熊熊烈火之中。

146. 只有狗理解它们的主人,并且能认出意外出现的陌生人。它们只知道自己的名字和这个家庭成员的声音。狗能够记住前往各个地方的道路,不管距离有多远,除了人类之外,没有任何动物记忆力比狗更好。

147. 如果狗坐在地上,它的意外攻击是可以减少的。在我们生活的每一天当中,我们都可以发现狗的其他许多本领,但是在狩猎活动之中,它们的技巧和嗅觉灵敏是特别出色的。狗能够探测和追踪脚迹,它会拖着和它一起的训狗人追踪它们的猎物。当它发现了猎物,它会不声不响地、隐秘地,用它的尾巴发出重要的暗号,然后是用它的鼻口部发出重要的信号。因此,即使它们由于年老而筋疲力尽、失明和衰老之后,人们仍然会手牵着这些狗,等待刮风、气味和用它们的鼻口部指明猎物的巢穴。

149. 当亚历山大大帝向印度远征的时候,阿尔巴尼亚国王送给他一条非常大的狗作为礼物。亚历山大非常喜欢,下令把熊,然后是公猪,最后是雌马鹿放走供狩猎之用,但是这条狗躺着不动,故意不指明它们的方向。亚历山大是一个高尚的人,他对这条大狗的懒惰感到非常烦恼,下令把它杀了。民间传说这个消息传给了这位国王,因此他又给亚历山大送去了第二条狗,并且补充说他不希望用小动物来试验它,而是用狮子或者大象来试验它。

150. 他说,他只有两条这样的狗,如果这条狗也被杀了,那他就一条也没有了。亚历山大毫不迟疑就这样做了,立刻就看见一头狮子被撕成了碎片。随后,他又下令把一头大象牵来,他流露出比观看任何比赛都更高兴的表情。由于这条狗的毛长满全身,它首先发出像春雷一样的吼声,然后它四处跳动,攻击大象的两侧,时而这边,时而那边;它的攻击非常熟练,根据需要或者是进攻,或者是后退,直到大象不停地打转转,重重地倒在地上为止。

154. 亚历山大大帝幸运地拥有一匹极其贵重的马匹。人们把它称为布塞法卢斯(Bucepalus),这或者是因为它具有烈火一般的外表,或者是因为它肩上公牛般的头部有一个著名的印记。据说它是用16塔兰特从法萨卢斯(Pharsalus)的牧人菲洛尼库斯(Philonichus)手中买来的。亚历山大当时还是个年轻人,对这匹美丽的马印象深刻。当布塞法卢斯配上了国王的马鞍之后,虽然在其他时候它曾经让其他各种人骑过,现在它只允许亚历山大一个人骑它。布塞法卢斯之所以出名,是因为它在战斗之中有许多让人值得记忆的功绩。尽管它在进攻底比斯的时候受了伤,它也不允许亚历山大改乘其他的战马。这类的故事还有许多。因此,亚历山大在布塞法卢斯死后为它举行了葬礼仪式,在它的陵墓附近建立了一座城市。这座城市就以这匹战马命名的。

155. 据说独裁官尤里乌斯·凯撒有一匹战马拒绝其他任何人骑它。这匹马的前腿像人腿,好像立在生育神维纳斯神庙之前的塑像一样。已故的奥古斯都皇帝为日尔曼尼库斯·凯撒歌颂过的一匹马修建了陵墓。在阿格里真图姆,许多马的陵墓上面还修建了金字塔。根据朱巴记载,塞米拉米斯(Semiramis)和一匹马坠入爱河,到了要和它性交的地步。

156. 西徐亚骑兵之所以出名,是由于其战马的缘故。酋长在挑战之中被杀后,当胜利者前来抢劫其遗体时,西徐亚马会踢他,直到把他踢死。

157. 马匹非常容易驯服;全副武装的锡巴里斯(Sybaris)骑兵在出场的时候通常要进行乐队表演。锡巴里斯战马会发出战争预警,哀悼它们逝去的主人。

159. 马的智力几乎无法描述。骑兵的投枪手可以亲身体会到它们的机敏,因为他们在进行艰难的机动时,要依靠战马的帮助。战马还会收拾掉在地下的武器,把它交给马上的骑手。在罗马大竞技场,套在战车上的马匹毫无疑问显示出它们懂得人们的鼓励和赞扬。

160. 在罗马大竞技场的比赛之中,有些世俗的比赛项目是克劳狄·凯撒增加的。[14] 一名白马赛车的驾车者科拉克斯(Corax)出发时从自己的战车之中被甩了出来;他的队友走在前面,牢牢地保持着领先地位,挤压它们的对手,使出各种手段阻碍对手前进——它们所做的这些仿佛是在一名熟练的驾车手操控之下——但是,由于它们羞于让人类的技术被战马超过,在完成了规定的路线之后,它们的脚步突然停在了终点线上。

162. 为了进行长途旅行,萨尔马提亚人(Sarmatians)要事先准备他们的马匹,如前一天不给马匹草料,只允许马匹喝少量的水。他们使用这种方法可以不停地骑行 150 罗马里。有些马可以活 50 年,但母马的寿命要短些。母马在 5 岁时停止发育,公马在 6 岁时停止发育。诗人维吉尔对于理想马匹的外貌有非常出色的描写,[15] 但是,我在拙著《论骑兵武器标枪的使用》之中已经讨论过这个问题。[16] 我认为几乎所有的人都同意这种观点。但是在大竞技场可以发现不同的类型。例如,即使可以让两岁的马在干其他工作的时候累垮,但是在大竞技场,不到 5 岁的马不允许参加竞赛。

181. 公牛的外表是堂皇的。它有令人生畏的前额和长满粗毛的耳朵,它的角是危险的,似乎因为战斗而损坏。它们的主要威胁在于它们的前腿。一头公牛愤怒地站着,轮番弯曲着每条前腿,用前腿向自己的腹部刨沙。公牛是唯一用刺棍赶它就会如此发怒的动物。我曾见看过牵引两轮战车的公牛,像驾车者一样全力参加比赛。色萨利人(Thessalians)最早开始斗牛运动,他们骑在并排的赛马上,用角刺伤牛的脖子,杀死公牛。独裁官尤里乌斯·凯撒是第一位在罗马举行这种比赛的人。[17]

183. 公牛是最贵重的献祭物品,也是最豪华的敬神方式。在所有长尾动物之中,公牛的尾巴从出生起就不合比例。只有它的

---

[14] 公元 47 年。

[15] Georgics, III, 72ff.

[16] De iaculatione equestri.

[17] 公元前 45 年。

尾巴一直长到脚部为止。在古代稀奇古怪的事情之中，常常有公牛说话的事情。每逢这种事情报告到元老院，通常都要在户外举行会议。

184. 在埃及有一种公牛称为阿匹斯(Apis)，被人们当作神灵一样崇拜。它的右边有白色的斑点，形状像新月一样，这是一种特殊的标记。阿匹斯的舌头底下有一个节，埃及人把这个节称为“甲虫”。神法不允许公牛生命超过预定的年限，埃及人于是把它赶入祭司的泉源之中淹死，用这种方法把它杀掉。在悼念它的时期，埃及人要寻找一个替代者。直到他们找到了替代者，否则他们还要继续哀悼，剃光自己的头发。不过，这种寻找不会持续很长时间。

185. 当阿匹斯的继承者被找到之后，它就被100名祭司迎接到孟斐斯(Memphis)。阿匹斯有两个圣所，埃及人称之为“卧室”。这些卧室提供了向人们发布预兆的基础。当阿匹斯进入一个卧室，这就是一个好兆头；当它进入另外一个卧室，这就预示着要发生可怕的事情。它根据人们带来的食物，回答他们提出的问题。它从日尔曼尼库斯·凯撒手中挣脱了，不久之后他就被暗杀了。[18]在其他时间，阿匹斯单独生活。当它走进人群的时候，它带着一名侍从为它开道。护送它的人群唱起了一首赞美它的歌曲。它似乎理解，并且希望被崇拜。人群突然变得疯狂起来，开始预言今后的事情。

186. 每年一次，阿匹斯要和一头面貌特别的母牛交配，但这头母牛不能与它自己的面貌相同。根据传统这头母牛总是在被发现的同一天杀掉。在孟斐斯靠近尼罗河边有一个地方，因为其外形而被称为“菲阿勒”(Phiale)，每年在他们庆祝阿匹斯生日的第七天，都有人在这个地方把宽口平底的器皿——*a phisle*——金的、银的宽口平底器皿投入尼罗河之中。由于某些奇怪的原因，鳄鱼在这几天也停止攻击行动，但是在第八天中午，它们又恢复了攻击的本能。

---

⑱ 据说是公元49年在埃及被叙利亚总督皮索被杀。

189. 绵羊(sheep)有两个主要的品种：一种是有皮毛保护的，还有一种是普通的牧场绵羊，羊毛比较柔软。牧场绵羊对于草料比较挑剔，而有皮毛保护的绵羊吃的是黑刺莓丛。最好的皮毛是阿拉比亚绵羊毛做成的。

190. 价格最高的羊毛是阿普利亚(Apulian)羊毛，这个品种在意大利被称为“希腊羊毛”，而在别的地方则被称为“意大利”羊毛。米利都羊毛位居第三。阿普利亚绵羊的羊毛较短，只能用来做不透雨的斗篷。塔伦图姆(Tarentum)和坎努西乌姆(Canusium)出产的羊毛声誉最高，还有出自同一个品种的小亚细亚劳迪加(Laodice)羊毛也一样。在帕杜斯河(Padus)地区，白色羊毛不比任何一个其他品种羊毛差。至今为止，它的售价超过每磅100塞斯特斯。

191. 并不是任何地方的绵羊都剪羊毛，在某些地方还有拔羊毛的习惯。羊毛有各种不同的颜色，但是没有专门的术语来称呼它们。因此，它们的名字都与它们的产地有关。西班牙出产最好的黑羊毛；阿尔卑斯山附近的波伦提亚(Pollentia)出产最好的白羊毛；小亚细亚和贝提卡出产最好的红羊毛，当地人把它称为“埃利色雷”(Erythraean)羊毛；而坎努西乌姆出产黄褐色的羊毛。塔伦图姆出产特有的深色羊毛，所有羊毛新鲜的时候都具有药用功能。伊斯特里亚(Istria)和利布尔尼亚(Liburnia)的羊毛织物更接近于绒毛而不是卷毛，因此不适合做绒面的外套——同样，卢西塔尼亚(Lusitania)萨拉西亚(Salacia)地区的羊毛则可以利用它们防潮的特点。在纳博纳西斯高卢行省皮西尼(Piscinae)附近地区，还有埃及也出产同样的羊毛；它们可以用于缝补已经穿破的衣服，使它们穿的时间更长。同样，用杂乱的羊毛制成的粗羊毛织物一般用来做地面的覆盖物。对于它在古代的用处，[19]荷马是个权威人士。高卢人(Gauls)和帕提亚人(Parthians)使用不同的方法来为羊毛染色。

---

[19] *Odyssey*, *IV*, 298.

192. 由羊毛毡制成的纺织品，再加上醋，能够经受得住钢、火和最新式清洗方法的考验。确实，从磨光工人青铜容器之中拿出的羊毛通常用作羊毛垫子。我认为这是高卢人的风俗习惯——无论如何，这种垫子今天是由于使用高卢名字而出名。

193. 我不敢轻易地断言这种做法是什么时候开始出现的，因为古代的睡袋之中塞满了麦秆，就像今天军队使用的草褥子一样。家父还能记得粗糙的羊毛大衣，我可以把它改叫外套，这种衣服里里外外质地都是粗糙的。还有粗糙的羊毛带子，用作男人的腰带。现在，仿照粗羊毛外衣式样做成的束腰外套，从问世之初就非常流行。

194. 马可·瓦罗告诉我们，根据他自己的看法，在纺纱杆和纱锭上的羊毛是属于塔纳奎尔(Tanaquil)，又名盖亚·凯西利亚(Gaia Caecilia)的，[20]它至今仍然完整无缺地保存在桑库斯神庙(Sancus)之中。还有一件塞尔维乌斯·图利乌斯(Servius Tulius)穿过的、带着褶痕的王家托加袍，保存在命运女神的神庙之中。这就是为什么年轻的新娘要陪嫁一个盛装的纺纱杆和纱锭的缘故；塔纳奎尔作为新手，是第一位织出直统束腰外套的人，而刚刚结婚的新娘则穿着没有图案的白色托加袍。

195. 打褶的长袍最早是高级女式时装的标志。因此带斑点图案的长袍成了过时的服装。根据费内斯特拉(fenestella)的记载，在已故的奥古斯都皇帝晚年，弗里吉亚羊毛的托加袍开始时髦起来。以罂粟属植物纤维织成的托加袍可以追溯到很久以前，诗人卢西乌斯在谈到托卡图斯(Torquatus)的时候就提到过它。镶着紫红边的托加袍起源于伊特鲁里亚。我认为国王穿戴豪华长袍是理所当然的。绣花长袍在荷马时代就已经存在，[21]这种长袍最初在凯旋的时候使用。

---

[20] 出身于塔尔奎尼的贵族家庭妇女，根据罗马的传说，她嫁给了塔尔奎尼乌斯·普里斯库斯，并且确保了女婿塞尔维乌斯·图利乌斯的继位。

[21] *Odyssey*，III，125，海伦正在刺绣，描绘战争的场面。

196. 弗里吉亚人(Phrygians)引进了手工绣花，因为这个原因，绣花长袍被称为“弗里吉亚长袍”。在小亚细亚，阿塔罗斯(Attalus)国王发明了织金绣，术语“阿塔罗斯”长袍就起源于此。巴比伦以织造各种不同花色的纺织品而闻名，并且以其名字命名这些制作方法。亚历山大城引进了大马士革花缎，这是一种由许多纱线制成的纺织品原料；高卢发明了格子图案。梅特卢斯·西庇阿(Metelus Scipio)对卡皮托的所有指控之中，就包括用于遮盖沙发的巴比伦套子，卖价达 800000 塞斯特斯，而在不久之前尼禄担任元首的时候，其价值达 4000000 塞斯特斯。

197. 塞尔维乌斯·图利乌斯的豪华长袍，曾经覆盖在他献给命运女神的塑像之上，直到塞扬努斯(Sejanus)被杀为止。[22] 它的特别之处在于，在长达 560 年的时间里，它没有破烂或者被虫子咬坏。从前，我曾经看见过活羊的羊毛被染成紫红色、猩红色和深红色，好像奢侈之风使它们生来就必须如此。

215. 类人猿(Apes)的种类最接近人类，彼此在外形上的区别仅在于它们的尾巴。类人猿具有特别狡猾的特点。据说它们会用鸟粪弄脏自己，模仿猎人设置像鞋子一样的圈套，以便捕捉鸟儿。穆西亚努斯说，类人猿会使用尾巴拖拉物品，能区别真正的坚果和用蜡仿制的坚果。每当月亏的时候，人们极其欢乐地祭祀新月，它们就感到悲哀。其他的四足动物也害怕日月食。

216. 类人猿喜爱自己的幼崽是出了名的。驯养的猴子会抱着自己刚出生的幼崽到处走动，它们会把幼崽给所有人观看，喜欢对它们过分关怀，好像是那些认为他们应当受到祝贺的人类一样。有许多时候，由于它们把幼崽抱得太紧，把幼崽闷死了。狒狒天性凶猛，正如猩猩天生温和一样。埃塞俄比亚类人猿几乎完全不同；它们长胡须，有尾巴，尾巴的基部宽平。这种动物据说除了在其出生之地埃塞俄比亚之外，在其他别的气候条件下无法生存。

---

[22] 公元 31 年。

第九卷　海洋动物

1—4. 我现在就来说一说海洋、河流与湖泊之中的动物。水生动物有许许多多，它们甚至比陆地动物还要巨大。出现这种情况显然是因为水体具有丰富的营养。水生动物数量最多、体积最大的都在印度洋之中，其中鲸鱼(whales)覆盖的面积差不多有 3 英亩，鲨鱼(Sharks)长达 150 罗马步。海中的龙虾(lobsters)长度差不多有 6 罗马步，恒河(Ganges)的蛇形鱼类身长接近 300 罗马步。

6. 在红海有一个非常大的半岛卡达拉；它的突出部分形成了一个巨大的港湾，托勒密国王在没有刮风的时候，花了 12 个昼夜才渡过这个港湾。在这个无人干扰的地方，某些动物长成了体积巨大、难以运动的大块头。

7. 根据亚历山大大帝的海军将领记载，居住在阿拉比斯(Arabis)河边的格德罗西人(Gedrosi)用大鱼的颌骨做他们房子的大门，用它们的骨头做房梁；许多被发现的骨头长达 60 罗马步。在那个地方有些巨大的、像羊一样的动物从大海之中来到岸上，在吃完灌木丛的根部之后又回到大海之中去。还有某些动物长着马头、驴头或者牛头，以吃庄稼为生。

8. 印度洋最大的动物是鲨鱼和鲸鱼。在坎塔布里亚海(Cantabrian)最大的动物是抹香鲸(sperm whale)。它的身体竖立起来像一根高高的圆柱，高度超过了船帆，激起的浪花好像雾一样。加德斯(Gades)湾最大的动物是树形的水蛭(polypus)，它可以伸出非常巨大的分支，据信它从来没有走出过赫拉克勒斯石柱的范围。还有些动物叫做“轮子”，因为它们类似轮子的形状，并且有四根车辐，它们的“轮毂”集中在两边的两只眼睛上。

9. 为了这个目的，奥利希波（Olisipo）派遣了一个代表团，他们向提比略皇帝报告，人们看见一个熟悉的特赖登（Triton），听见它在某个山洞之中演奏里拉琴。

10. 我引用一些著名骑士的说法作为证据，他们说自己在加德斯湾看见一个特赖登，它的身体外表上非常类似人类。他们说它在黑夜爬上船只，它坐着的那边被压得一直向下沉，如果它呆在那里太久的话，那条船就要沉到水里去了。

11. 根据安德洛墨达所说，这种海怪的骨头曾经展览过，它是由马可·斯科鲁斯在担任市政官时期从犹太地区乔帕（Joppa）运到罗马来，和其他令人惊奇的东西一起展览的。这个怪物长度有40多罗马步，肋骨比印度大象的肋骨还高大，它的脊柱骨有1.5罗马步厚。

12. 在我们的海里，甚至也可以发现鲸。据说在加德斯的冬天之前是看不见鲸的，但是在夏天它们成群地躺着；在繁殖季节，它们特别喜欢呆在平静的海湾。虎鲸是所有其他种类鲸的死敌，它的外貌可以形容为一个长着可怕牙齿的庞然大物，人们可以非常清楚地看见这种动物。

14. 有一条虎鲸曾经出现在奥斯提亚港，遭到克劳狄皇帝的捕杀。这件事情发生在他兴建海港的时候，由于从高卢进口皮货的巨大损失，他有意兴建这个港口。这条鲸吃了好些天，鲸的躯体在浅海床上划出了一道沟，海浪筑成了一道高高的沙堤，使它绝对无法回到原来的地方。鲸的背部露出在海面上，就像一条倾覆的船只一样。

15. 克劳狄下令在海港的入口张开许多渔网之后，亲自率领执政官的步兵队出发，为的是让罗马人民看看。当着这种动物跳起来的时候，士兵们从船上向它投掷标枪。而且，我看见其中有一条船由于鲸喷出的水柱灌满船舱而沉下去了。

16. 鲸的嘴巴在它们的前额，当它们在海面上游动的时候，它们会向空中喷出水雾。一般认为很少有其他的海洋动物会呼吸，它们就是那种内脏器官之中有肺脏的动物，因为人们认为，动物没有肺脏就不能呼吸。具有这种观点的人认为，有鳃的鱼类用不着呼吸空气，其他许多鱼类，即使没有鳃也不用呼吸。我认为亚里士多德就持这种观点，并且以其博学的研究成果说服人们相信它是真理。①

17. 我不想宣称自己没有立刻接受这种观点。这是因为有可能，动物有其他的呼吸方式代替肺脏的功能。如果大自然有这种想法的话，正如在生命液的部位流动着许多不同的液体一样。

18. 确实，还有许多其他事实迫使我不得不相信，在水中生活的所有动物都在呼吸，因为我们可以看见由于气体上升而在水面上形成的气泡。

20. 不仅是在海洋动物之中，而且在所有动物之中，海豚(Dolphins)的速度都是最快的。它的速度比猎鸟、雨燕和标枪更快，如果它的嘴巴不是在口鼻部以下，几乎是在它的腹部当中，没有鱼类可以逃脱它的快速追捕。但是，大自然具有先见之明，给它增加了一个减速的机制，除非海豚转身，否则它捉不住猎物。

23. 海豚的舌头不像普通水生动物的舌头，它们可以活动，又宽又短，有点儿像猪的舌头。因此，海豚发出的呻吟声类似人类的声音。它们有拱起的背部和向上弯曲的口鼻部。

24. 海豚有点不可思议，它们不害怕人类。而且，它们在大海中遇见了船只，会围着船只嬉戏和跳跃。它们企图和船只比赛，并且在船只乘风破浪前进的时候超过船只。

26. 近年来，在阿非利加沿岸的希波·迪亚里图斯(Hippo Diarryhtus)有一条海豚常常完全听从人们指挥，它允许人们抚摸，和游泳者一起做游戏，用背部带着人们游动。阿非利加总督弗拉维亚努斯(Flavianus)给它全身涂满了香料，但由于海豚不习惯这种香味，慢慢地昏迷了。有几个月时间，它避免与人们接触。似乎是由于遭到这种侮辱，它被人们赶走了。但是，后来这头海豚又回来

① *Historia Animalium*, *VIII*, 2.

了，受到了人们出奇的关注。[2]

29. 在纳博纳西斯高卢行省和内马乌苏斯(Nemausus)地区有一个名叫拉特拉(Latera)的沼泽，在那里海豚和人类一起合作捕捉鱼类。在预定的季节，大量的胭脂鱼通过沼泽狭窄的通道冲入大海，在观察了海潮变化之后，人们禁止在整个水道之中布满渔网。

30. 当渔民看见这种情况和鱼群集合，他们就知道时机到了，他们熟悉这种事情，所有人都站在岸边尽力大声呼喊，"鼻子扁平的"终于出现了。海豚听从了他们的愿望，立刻赶到需要帮助的地点。

31. 它们的战线出现了，并且立刻占据了有利的位置，战斗也就从那里开始了，它们置身于大海和海岸之间，把胭脂鱼赶往浅水地区。然后渔民们撒开渔网，用两齿鱼叉把鱼叉出水中，有些胭脂鱼的速度足以使它们跳过水中的围栏，但海豚仍然能够抓住它们。海豚非常喜欢捕捉胭脂鱼的时刻，它们的晚餐一直持续到取得彻底胜利为止。

32. 战争变得激烈起来。海豚奋力前进，完全不考虑会被渔网抓住，害怕这会使对手逃跑，它们缓慢地在船只、渔网和水中的捕鱼者之间游过，以免给鱼儿逃跑打开道路。没有鱼儿像它们在别的场合能做的一样，跳出水面逃走，除非渔网是设置在鱼群之下。

44. 金枪鱼(tunny-fish)特别大。我知道有一条金枪鱼重量超过 800 斤，一条尾巴的宽度就超过了 1 码多。在内河也发现过块头较大的鱼：如尼罗河的鲶鱼，莱茵河的梭鱼、帕杜斯河的鲟鱼——这种鱼由于不爱活动，长得很肥，有时一条鱼就有半吨重，单单是把它从水里拖出来就需要几头公牛。最小的鱼名叫鳀鱼，杀死它的办法是切断它喉头的某条静脉；它具有极强的攻击性。

47. 雄金枪鱼的腹部没有鳍。它们在春季的时候成群地从地中海进入黑海，也不到其他地方去产卵。金枪鱼可以切成片状；它的颈部和腹部价值很高，锁骨也一样值钱，但必须是新鲜的。不

② 比较小普林尼有关这个故事的说法，见《书信集》，IX，33。

过，即使是新鲜的鱼肉，也能造成严重的消化不良。金枪鱼其他部分和多肉的部分原封不动地全部保存在食盐之中。这些鱼片称为“黑栎”，得名于它们类似栎树(Oaks)的碎片。

50. 除了海豹(Seals)和海豚之外，没有动物可以对进入黑海的鱼类造成严重的危害。金枪鱼沿着右边的海岸线进入，沿着左边的海岸线离开。发生这种情况被认为是它的右眼视角更大，虽然它们两只眼睛的视力天生就差。在连接马尔马拉海和黑海、分隔欧罗巴与亚细亚的博斯普鲁斯海峡，在亚细亚这边靠近卡尔西顿(Chalcedon)之处有一块非常耀眼的岩石，它的光芒一直穿透了从海床到海面的海水。

51. 金枪鱼受到这块发亮的岩石突然发光的惊吓，总是成群地、冒冒失失地迅速朝拜占庭海角游过去。由于这块岩石的缘故，这个海角名叫金角(Golden Horn)。所有的捕获物都运到了拜占庭，在卡尔西顿非常缺乏鱼类，尽管它拥有差不多1000码横穿境内的水道。在船尾也经常可以看见随着船只一起游动的金枪鱼。这种鱼可以像发疯似的伴着船只不停地游好几个小时和很长的距离。甚至反复用三刺鱼叉打它们，也不能阻止它们跟着船游动。有些专家把这种金枪鱼称为“引水鱼”。

76. 在高卢北部，所有七鳃鳗(lampreys)右边的颌骨都有7个鳃片，排列得好像大熊星座一样，这些鳃片在鱼儿活着的时候是金黄色的，但是鱼儿一死，颜色也就消失了。在已故皇帝奥古斯都时期，罗马骑士、元老院成员维迪乌斯·波利奥(Vedius Pollio)③利用这种动物作为检验其残酷的手段。他把有罪的奴隶放到七鳃鳗池中，这倒不是因为陆上的动物不能执行这种惩罚，而仅仅是因为他想看一看，一个人是如何被七鳃鳗撕成碎片的情形。

83. 现在，我就来谈一谈没有血的鱼类。这些鱼类有三个品种：一种被称为“柔软的”鱼类。一种覆盖着薄薄的外壳，最后一种

---

③ 奥古斯都的朋友，在那不勒斯附近建立保西利乌姆庄园，当他去世的时候(公元前15年)，他把大部分财产送给了奥古斯都。

钻进坚硬的外壳之中。第一种鱼类包括乌贼(Cuttlefish)、鱿鱼(Squid)、章鱼(octopuses)和这个品种的其他鱼类。它们的头部在脚和腹部之间,有8条细腿。但是,在鱿鱼和乌贼的脚之中有两条又长又粗,它们用这两条腿把食物送进口中,好像是锚一样使自己在波浪中保持稳定。其他的脚则是捕捉食物的触手。当它们感到自己即将被捕获,它们会喷出墨黑的液体(这种黑色的液体就代替了血液的作用),并且趁着水被染黑的时机把自己隐藏起来。

85. 章鱼有许多种类,有一种在陆地上的比其他在海中的都要大。章鱼游水依靠它们一边的头部,它们活着的时候头部很硬,好像是充足了气一样。它们依靠遍布在触手上的吸盘粘着在其他东西上。它们依靠全力躲藏得以生存,使它们不至被撕碎。鱿鱼不会让自己依附在海床上,它们长大了也没有力量。在这些柔软的鱼类之中,它们是唯一可以离开水爬上旱地的——只要地面是崎岖不平的,因为它们讨厌光滑的地面。

86. 章鱼以水生贝壳类动物为食,它们用触手挤压粉碎食物,结果,由于它们的巢穴前面堆满破碎的贝壳,使它们居住的地方很容易被发现。另一方面,章鱼比较迟钝,例如,它会朝着人的手游过去。在驯养的情况下,它是有点儿智力的。它在室内收集各种物品,在吃完肉之后,把贝壳弄出去,捕捉被它们引诱过来的小鱼。

87. 章鱼会根据周边的情况改变自己的颜色,特别是在受到威胁的时候。

90. 我一定不能忘记提到那些已经发现的有关章鱼的事实,这是卢西乌斯·卢库卢斯(Lucius Lucullus)担任贝提卡总督的时候,他的一位随员特列比乌斯·尼格尔(Trebius Niger)公布的资料。他提到它们非常喜欢吃贝壳类动物,但贝壳类动物一旦感觉到触动,便会关紧贝壳,割断章鱼的触手。这样,就从那些企图掠夺它们的动物那里获得了食物。

91. 特列比乌斯·尼格尔还说,在水生动物之中,没有一种动物比它在杀人方面更残酷:它和人斗争,用它的触角抓住人,用它的许多吸盘把人包起来,把他撕成碎片;它攻击失事船舶的人员或者潜水人员。但是，如果章鱼翻转过来，它的力量就变小了；因为当这些动物背部朝上的时候，它在精神上就崩溃了。尼格尔叙述的其他事情似乎有点不大可信。

92. 在卡泰亚(Carteia)，有一只章鱼喜欢从外海进入渔场没有盖住的柜子里，寻找腌鱼做食物。所有海洋动物都受到腌鱼味道强烈吸引。因此，人们常常用腌鱼涂过的篮子来抓鱼。由于经常发生丢鱼的事情，监工非常恼火，竖起了围栏以防章鱼，但它会利用树干爬过这些围栏。人们只好使用一群嗅觉灵敏、可以抓住章鱼的狗。当章鱼在晚上准备返回的时候，这些狗围住章鱼，唤醒被这些不速之客搞得胆战心惊的监工。它的块头和颜色都是闻所未闻。它被涂上盐水，有一股令人作呕的气味。谁愿意在这种情况下看到章鱼，或者认出章鱼呢？它们似乎陷入了与这个世界之外的某些东西无休无止的斗争。因为它用可怕的气味使这些狗呕吐，用它的触手末端击打狗群，然后用它强有力的手，像用棍子一样打击狗群。在一场大混乱之后，它被许多三刺鱼叉杀死了。

93. 卢库卢斯看见过这只章鱼的脑袋，它的脑袋有一只罐子那么大，它的体积超过了 90 加仑。用特里比乌斯自己的话来说，它的一团触手，要两只手才能把它们围起来，可以像棍子一样捆起来，长度几乎有 30 罗马步。它有吸盘或者杯状结构，像一个 3 加仑的盆子，它有与身体协调一致牙齿。另一个引起人们好奇心的是，这只章鱼的遗体重量大约有 700 磅。

97—98. 蟹(Crabs)的种类包括普通的蟹、螯虾(Crayfish)、蜘蛛蟹(spider-crab)、赫拉克勒斯蟹、狮子蟹和其他较小的种类。普通蟹与其他种类的区别在于其尾部；在腓尼基，这种蟹叫做马蟹，它的行动速度很快，无法超过。蟹的寿命很长。它们有 8 条腿，所有的腿都可以弯曲。母蟹的前腿有 2 条，公蟹只有 1 条。蟹有两个锯齿状夹物的钳子；它的前上半部分能活动，下半部分是固定的。所有的蟹类右钳都比较大。

99. 蟹类在受惊的情况下，可以用相同的速度倒着逃走。它们像山羊一样互相争斗。举起锯齿状的钳子发动攻击。蟹可以治愈毒蛇咬伤。据说蟹死的时候，太阳正好通过巨蟹座的位置。在干旱的季节，它们的遗体就会变成蝎子。

104. 但是，当甲壳类动物成了道德衰败和奢侈豪华生活方式的主要原因之后，为什么我还要提到这些无足轻重的事情呢？确实，在自然界所有领域，大海以其极其丰富的食品和美味的鱼类，在许多方面对胃口造成的损害最大。

105. 但是，除了紫鱼、紫袍和珍珠（pearl）之外，前述事项都属于价值不高的物品。似乎这些海产品还不足以塞满我们的嘴巴，它还要满足男男女女手上、耳朵上、头上和全身所有地方的穿戴！大海怎样才能制造出衣服？海水和波涛怎样才能制造出羊毛？当着我们还在赤身裸体的时候，大海就真诚地接纳了我们。大海与我们的口腹结成了巩固的联盟。但是，它和我们的背部有没有结成什么联盟？我们难道不满意以危险的、没有外衣的东西为食？我们所获得的肉体上的快感，是否绝大多数都来自于需要付出以生命为代价的奢侈豪华生活方式呢？

106. 印度洋是我国珍珠和最贵重宝石的主要来源地。为了取得珍珠，很多人——包括印度人——前往人烟稀少的岛屿。珍珠的最大产地是塔普罗巴内（Taprobanê）、斯托伊迪斯（Stoidis）和印度洋的佩里穆拉角（Perimula）。特别值得称赞的是阿拉比亚周边的海岛，还有波斯湾、红海诸岛出产的珍珠。

107. 珍珠出自非常类似牡蛎壳的贝壳。由于受到繁殖季节的刺激，贝壳在某种程度上会张开，据说是由于小露珠而受孕。然后，这些受孕的贝壳将会生产，它们的产物就是珍珠，其质量与它们所接受的露珠的质量相等。如果露珠是纯净的，珍珠就是发亮的。如果它是浑浊的，珍珠也是暗淡的。可以确定，珍珠受孕来自天意，因此，它们与上天的联系甚于与海洋的联系。它们的颜色也是来自上天，假如早上是晴朗的，珍珠的颜色也是透明的。

108. 如果珍珠营养很好，它的体积就会充分地长大。在闪电的时候，贝壳会关上，珍珠会缩小体积，正好被饥饿的牡蛎作为食物。但是，如果遇上打雷，牡蛎受到惊吓，会突然关上贝壳，产出所谓的“风”珍珠。这种珍珠有气泡、轻而中空。它是牡蛎流产的产物。确实,正常的珍珠有一层很厚的外壳,可以把它恰如其分地比作坚硬的表面。

109—110. 大珍珠在水里是柔软的,但是把它拿出水立刻就变硬了。无论何时,贝壳如果看见一只手,它就会紧紧地关闭着,隐藏自己的财富,因为它知道这就是人们在寻找的东西。如果这只手伸进来,贝壳就将使用其锋利的边缘割它——没有其他的惩罚比这更公平的了。它还有其他手段来保护自己,由于大多数贝壳都生活在岩石中,即使在深深的海水中,也发现有鲨鱼与它们在一起。尽管如此,这些东西也不能保护珍珠逃脱妇女们耳朵的威胁!

111. 有些专家指出,成群的贝壳好像蜜蜂群一样,有一个特别大的、老的贝壳作为它们的首领——它能够令人惊奇地、老练地看出危险的情况——而潜水者则会不慌不忙地寻找这些贝壳,因为当这些贝壳被捕获之后,其他的贝壳会四散逃走,很容易被渔网捕获。然后,人们会用黏土酒罐把它们大量地腌制起来,食盐吃掉了贝类所有的肉和内脏,也可以说是吃掉了整个的身体,只剩下一粒一粒的珍珠掉在桶底。

112. 毫无疑问,由于使用和保养不当,珍珠也会磨损和变色。珍珠的价值就在于它们的光泽、大小、圆润程度、光洁度和重量——所有这些都没有一个共同的质量标准。在现有的珍珠之中,找不到两颗珍珠完全是一模一样的。这就是为什么罗马富豪把它们称为“*uniones*”④——这个术语不见于希腊语词汇表。确实,那些发现这个事实的外邦人把珍珠称为 *margaritae*。

113. 珍珠的光泽差别也非常大。红海发现的珍珠是明亮的,而印度洋发现的珍珠好像云母片,在大小方面超过了其他珍珠。较大的珍珠有它们自己固有的迷人魅力。最受赞扬的珍珠称为铝矾色珍珠。

114. 现在,即使是穷光蛋也希望拥有珍珠,他们认为珍珠好像

---

④ “样品”珍珠。

是女士外出活动时的侍从。

117. 我见过盖尤斯的配偶罗利雅·保利纳(Lollia Paulina)——不是在重要的、正式的礼仪性的宴会上，而是在日常的宴会上——在纪念她的订婚日宴会上轮流佩戴祖母绿宝石和珍珠，这些珠宝使她的整个头部、头发、耳朵、脖子和手指都发出诱人的光芒，其价值为 40000000 塞斯特斯。保利纳非常乐意立刻提供其拥有珠宝书面证明。它们不是出自一位非常慷慨的皇帝赠予，而是祖先拥有的财产。这是以掠夺的手段从各个行省搜刮来的东西。

118. 它们是敲诈勒索所得的财产，马可·罗利乌斯(Marcus Lollius)失宠的原因就在于他收受东方各地国王送来的礼物，奥古斯都之子盖尤斯·提比略皇帝禁止他与有影响的人物交往。他服毒自杀了，为的是人们在灯光下可以看见其孙女佩戴着 40000000 塞斯特斯的装饰品！

119. 有两颗“样品”珍珠是所有时代最大的珍珠。埃及最后一位女王克娄巴特拉(Cleopatra)⑤拥有从东方历代国王那里继承来的两颗珍珠。当安东尼每天忙于享受丰盛的筵席时，固执己见的克娄巴特拉像从前一样，以极其傲慢的态度对他的优雅风度和卓越成就进行了讽刺挖苦。当安东尼问她如何才能更加豪华壮丽时，克娄巴特拉回答他，她一次宴会要花费 10000000 塞斯特斯才行。

120. 安东尼想知道这一切是怎么弄到的，虽然他不相信这是可能的。因此人们下了赌注，第二天，当争执得到调解之后，克娄巴特拉当天不失时机地为安东尼举行了一场极其豪华的宴会，而且每天都举行一场类似的宴会；安东尼大笑起来，并且抱怨说他的

---

⑤ 克娄巴特拉是托勒密·奥莱特斯的长女。其父死后她和被她暗杀的弟弟托勒密分享王位。公元前 51—前 30 年她是埃及女王。她支持凯撒，与凯撒生有一子凯撒里翁(公元前 47 年)。凯撒去世之后，她在西利西亚会见安东尼，和他的事业结合在一起。后来她嫁给了安东尼，在亚克兴大战(公元前 31 年)失败之后，她在监禁之中自杀身亡。

财力有限。她解释说这才仅仅是一个开始，宴会正好可以使这种传说更完整——单单是她的正餐就要花费 10000000 塞斯特斯。克娄巴特拉确定主要的菜肴，按照她的指示，侍从在她的面前只摆放了一个醋瓶，醋的酸味可以溶解珍珠。⑥

121. 在她的耳朵上，佩戴的是不同寻常的、真正巧夺天工的物品。安东尼大气不出静观她在耳朵上要做什么。克娄巴特拉取下一个耳饰，把珍珠放在醋里，当它溶解之后就把它吞下去。卢西乌斯·普兰库斯曾经担任担保事业的仲裁人，当她准备用同样的方式毁灭另一颗珍珠的时候，他用手抓住珍珠，并且声称安东尼已经被击败了——这是一个人们渴望的预兆。据说克娄巴特拉在被俘之后获得了这种真实的保证，第二颗珍珠被劈成两半，以至于半顿饭的钱就可以装饰罗马万神殿维纳斯雕像的两个耳朵。

123. 费内斯特拉指出，罗马城普遍使用珍珠，是在亚历山大城被纳入罗马人统治之后，⑦大约是在苏拉统治时期，最初进口的珍珠都是小的、便宜的。⑧ 这种说法显然是不正确的，因为埃利乌斯·斯提洛(Aelius Stilo)认为，词语“珍珠”大约是在朱古达战争期间⑨对大 *margaritae* 的称呼。

125. 紫鱼(purple-fish)最多可以生活 7 年。当天狼星(Sirius)升起的时候，它们像骨螺(murex)一样要躲藏 30 天。它们在春天会集合到一起，互相摩擦产生出类似蜡状的粘液。骨螺也会产生同样的物质，但是在它们的咽喉之中可以找到著名的紫红色花朵，用来染制长袍。

126. 这种花朵有白色的脉络，其中有很少的液体；从脉络之中可以取得举世闻名的染料，它隐隐约约地发出深玫瑰红的色彩，但是身体的其他部分没有用处。人们想方设法要活捉骨螺，因为在

---

⑥ 实际上醋酸的酸性不能溶解珍珠。克娄巴特拉毫无疑问是把(没有溶解的)珍珠吞下去了，后来在大便之中，又重新找到了这颗珍珠。

⑦ 公元前 47 年

⑧ 公元前 81—前 79 年。

⑨ 公元前 112—前 106 年。

它死的时候，它会把体液排出身外；他们把大骨螺去掉外壳，从中取得体液；他们把小骨螺集中在一起，压碎它们的外壳，用这种办法使它们释放出体液。

127. 亚细亚质量最好的紫红染料在提尔(Tyre)，阿非利加质量最好的在梅宁克斯(Meninx)和盖图里亚沿岸。欧罗巴质量最好的在斯巴达地区。侍从官为紫红染料开道，紫红的颜色表明了少年身份尊贵。它把元老和骑士等级分开，它也被用于满足诸神的需要。对于凯旋仪式所用的长袍而言，紫红染料使所有以黄金线编织成的衣服色彩鲜明。因此，对于紫红颜料的迷恋是可以宽恕的。

133. 前面说到的脉络被剥开，按照 1 品脱盐对 100 磅液体的比例向其中注入食盐，给它 3 天时间让它液化，降低淡化盐分，增加浓度。然后，把这种混合液体放在一个铅罐之中加热，每 50 磅液体之中加入 7 加仑水，通过一根管道连结着不远的炉子，保持着适当的温度。这层肌肉之外的薄膜将粘附在脉络上大约 9 天之后，这个大熔炉要进行过滤，用一根洗净的羊毛进行反复浸染试验，然后染工加热液体，直到他们觉得效果满意为止。大红色的颜料价格次于深红色的颜料。

133. 羊毛只要 5 小时就可以浸透，梳理之后再次浸染，直到全部浸满了染料。

136. 我注意到在罗马一直非常流行紫红染料，罗慕路斯(Romulus)只是使用它来染织自己的斗篷。一般认为，罗马国王之中第一位使用有边的托加袍和宽幅紫红条布的是图卢斯·霍斯提利乌斯(Tullius Hostilius)，时间是在打败伊特鲁里亚人(Etruscans)之后。

137. 科尼利乌斯·内波斯死于已故的奥古斯都皇帝担任元首时期，他说："当我还是一个年轻人的时候，流行的是紫罗兰色的紫红染料，1 磅染料价值 100 迪纳里厄斯。不久之后开始流行塔伦图姆进口的浅红色染料。在这之后是两次染色的提尔染料，它的售价不下于每磅 1000 迪纳里。帕布利乌斯·伦图卢斯·斯平塞

(Publius Lentulus Spinther)在西塞罗担任执政官时期[10]曾经是显贵的市政官,他是第一位使用这种染料来做镶紫红边托加袍的人,但是他遭到了谴责。而在今天,有谁不用这种紫红布来覆盖餐厅的沙发?"浸了两次的料子通常被称为"两次染色的",它被认为是极其豪华的奢侈品,然而现在流行的所有紫红料子,都是这样染成的。

148. 我听说有3种海绵(Sponge):一种海绵厚、很硬和粗糙,称为 *tragos*;第二种不厚、柔软,称为 *manos*;第三种称为"阿喀琉斯"(Achilles),它厚而具有某种紧密的结构,画笔就是由后面这种材料制成的。所有的海绵都生长在岩石上,以贝壳、鱼类和淤泥为食。这种动物显然有智力,因为当它们感觉到有潜水采摘海绵者出现的时候,它们会缩成一团,忍痛克服许多困难离开岩石。当海浪打击它们的时候,它们也会做同样的事情。在它们的腹内发现了最小的贝壳,这清楚地证明了它们依靠这种食物为生。人们认为在托罗内(Torone)附近,海绵可以用水生贝壳类动物喂养,甚至当它们被迫离开之后,其他的海绵还可以从岩石上留下的根部生长出来。

151. 大量的鲨鱼在海绵之中游来游去,攻击潜水者,造成了严重的危害。潜水者说有一片厚厚的"乌云"覆盖在他们的头上——这种动物像比目鱼一样——压迫着他们,阻止他们回到海面上来。因此,潜水者带着尖尖的锋利钉子,上面还绑着长线,因为这片"乌云"除非用钉子刺穿它,它就不会离开。我认为这种说法带有恐惧黑暗的特征。因为关于这种类似"乌云"或者"烟雾"的动物,没有人能够提供任何更可靠的信息,它们就是这种有害动物的名字。

152. 潜水者会和鲨鱼发生惊险的冲突。鲨鱼会扑向潜水者的臀部、脚跟及其身体软弱的部位。唯一安全的办法是转过身去面对鲨鱼,恐吓它们。因为鲨鱼害怕人类就像人类害怕鲨鱼一样,这就意味着他们在深水之中的机会是相同的。当着潜水者到达水面

---

[10] 公元前63年。

之后，最危险的时候也就来临了，因为当他企图离开水面的时候，他也就失去了进攻的手段，他的安危完全有赖于同船伙伴的帮助。他们会用力拉紧绑在他肩上的绳索，他们坚持斗争，用左手抓住绳索，一旦出现危险的信号，他们会用右手拿起刀子进行战斗。

153. 在大部分时间，人们会静静地拉着潜水者。但是，当他来到船边的时候，他们会热切地看着他，除非他们迅速地把他拖上船来。潜水者常常会从其助手的手中滑落，甚至当他们已经被拉上船，如果他们不把自己变成一个圆球，帮助那些竭力要把他们拉上去的助手的话。有人把三齿鱼叉投向鲨鱼，但他们也会非常熟练地跳入船底下，这样战斗更安全。因此，潜水者要集中注意力观察危害其安全的情况，避免这种危险。获得自由最可靠的保障是观察比目鱼，凡是在有鲨鱼的地方，就绝对看不见它们；由于这个原因，潜水者把它们称为“神鱼”。

168—169. 塞尔吉乌斯·奥拉塔(Sergius Orata)是第一位设置牡蛎床的人——其地点是贝伊湾(Baiae)，时间是在马尔西战争(Marsic War)战争之前，[11]雄辩家卢西乌斯·克拉苏(Lucius Crassus)时期。其原因不是因为喜好美食，而是对金钱的贪婪。由于他非常善于经营，他作为淋浴设备发明者拥有大笔的经济收入，后来他又从出售带有淋浴室的国有住房之中获得大笔的经济收入。他是第一位认定卢克莱恩(Lucrine)牡蛎口味最好的人，因为在不同的地区还有些质量更好的鱼类：例如，台伯河的两座桥梁之间的梭鱼、拉文那(Ravenna)的大菱鲆、西西里的七鳃鳗、罗德岛的鲟鱼。其他类似的品种，没有详细地进行这种食材性的考察。在奥拉塔认定卢克莱恩牡蛎出名的时候，不列颠沿岸还不属于我们统治。后来，似乎从意大利南部的布伦迪休姆(Brundisium)获得牡蛎出现了麻烦。为了避免两种美食之间的争论，制订了一个由于长途运输而造成短缺的补偿计划，即卢克莱恩的牡蛎床，饲养由布伦迪休姆引进的牡蛎。

---

⑪ 公元前91—前88年。

170. 在同一个时期，老李锡尼·穆雷那（Licinius Murena）[12]发明了饲养其他鱼类的养鱼场。然后是腓力和霍滕修斯（Hortensius），因为效仿穆雷那的榜样而出名。卢库卢斯（Lucullus）挖通奈阿波利斯（Neapolis）附近的大山，使它通向海中：他挖掘这条航道的代价比一个地区的房屋还高。这就是为什么大庞培喜欢把他称为"穿着罗马托加袍的薛西斯"[13]的原因。

---

[12] 公元前84年任亚细亚省长。

[13] 薛西斯经过圣山挖了一条运河，以便他的舰队入侵希腊。

第十卷　鸟类

1. 阿非利加或者埃塞俄比亚鸵鸟(ostrich),是鸟类之中最大的一种,几乎可以划分为走兽类。它比一名骑手的身高更高,速度更快。它的翅膀只是用来帮助自己奔跑的。尽管它有翅膀,但是它既不能飞,也不能离开地面。

6. 鹰(eagle)是我们已知的鸟类之中最受尊敬和最强大的鸟类;鹰有 6 个品种。前两个品种是黑鹰和猎鹰。

7. 第三个品种是 *morphnos*,荷马把它称为暗褐色的鹰。[①] 它非常聪明,因为它在打破被它抓住的乌龟的龟壳时,它会把乌龟从高空中抛下来。悲剧作家埃斯库罗斯(Aeschylus)也是这样突然被杀死的,传说他为了逃避这个命中注定的灾难,企图住在天上以确保自己的安全。[②]

8. 第四个品种是隼,又称作山鹳,它类似鹰科动物,但翅膀很小,不过身体其他部分较大;它不好斗,其品种也不具有代表性。它有非常贪吃的胃口,总是发出悲哀的呼号。隼是唯一会运走其未吃完死尸的动物;其他的鹰类在杀死猎物之后,会飞到地面上进食。第五个品种叫做"真正的鹰",因为它具有一个真正的、纯种的鹰科品质;它的体格中等、浅红色、很少见到。还有海鹰,它有非常锐利的目光;它在高空中盘旋,当它发现了海水中的鱼类,就会头

---

① Iliad, XXIV, 316.

② 他被告知,他将因为屋顶倒塌而死;这个预言由于乌龟壳或者是"屋顶"而实现了。

朝下方向鱼猛扑过去，其胸部冲过水面，把猎物抓起来。

12. 前三种和第五种鹰都有“鹰石”(有些权威人士把它称为*gagates*)，放在鸟巢之中，——这块石头可以解决许多问题，可以使它的财产免遭火灾损失。这块石头很大，包括了另外一块摇动起来会发出嘈杂声的石头。但是，只有从一个鸟巢之中取出的石头具有这种作用。鹰把自己的巢穴建在悬崖或者树上。

14. 一对鹰需要一片很大的土地作为它们狩猎的地区，以便获得足够的食物。因此，鹰需要标明自己的领地，不到邻居的土地上去寻找猎物。在捕猎的时候，它们不会立刻把猎物带走，而是把猎物放在地上，只有在猎物的重量合适的时候，它们才会带着猎物飞走。

15. 它们会因为饥饿而死，但不会因为年老或者患病而死。当它们的嘴巴上半部分长得太大，其内部的弯曲部分就会使它们无法张开嘴巴。它们爱好活动，大约从中午开始飞翔。但是，在白天的早上，它们无所事事地栖息着，直到市场挤满了人群为止。据说鹰是唯一没有被雷击打死的动物。由于这个原因，鹰一般被认为是朱庇特的持盔甲者。

16. 军团最初以鹰、狼、人身牛头怪(Minotaurs)、马和公猪作为军队的象征，它们分别走在各自军队的前头。后来，人们开始在战争之中只带着鹰。同时，原有的其他象征则被留在营房之中。马里乌斯在其第二次担任执政官时期，[③]废除了原有的其他象征，确定鹰为军团的特有象征。从那时起，这个制度就一直保留着，每一个紧邻城郊的军团冬季营地绝对都有一对鹰。

17. 鹰不受一个对手的欢迎，它和大蛇进行最残酷的斗争：虽然战争是在空中进行，结果是势均力敌。蛇怀着恶毒的心理企图夺走鹰卵，鹰只要看见它就抓。蛇阻碍鹰的翅膀飞行，把它缠绕起来，在许多时候，这种方式使它和鹰一起坠落在地上。

46. 我们的守夜人几乎像孔雀一样骄傲。大自然让它们打断

---

③ 公元前104年。

人们的睡眠，唤醒人们去工作。它们认识星星，把一天的时间划分为每3个小时一段，并且用歌声来表示。日落时分开始入睡，在深夜四更呼唤我们前去履行义务和辛苦工作，它们在我们尚未发觉日出来临之前，就已经做好了准备，用歌声宣告白天的来临，并且用拍打自己翅膀的方式来歌颂自己。

47. 公鸡(Cocks)支配一切，在它们居住的一切地方行使国王的权力。在斗鸡的时候，公鸡的这种优势地位来源于它们彼此争斗的结果。它们似乎知道绑在腿上的距铁是为了争斗的目的。常常有这种情况，争斗尚未结束，两只公鸡已经同归于尽。获胜者会唱起胜利之歌，宣布自己的是冠军。失败者如果没有死掉，便一声不响地躲藏起来，自己绝对不甘于忍受奴隶般的地位。公鸡走起路来，通常总是神气十足。它们的脖子高高扬起，鸡冠竖得高高的。它们是鸟类之中唯一常常翘起弯曲的尾巴，抬起头来仰望着天空的鸟类。因此，甚至是百兽之王、尊贵的狮子，也害怕公鸡。

48. 有些公鸡就是为了争斗和战斗而生的。罗德岛和塔纳格拉(Tanagra)的公鸡就为自己的家乡带来了荣誉。而米洛斯和卡尔西迪斯(Chalcidice)的斗鸡在名气方面要稍逊一筹。罗马统治者赋予这种鸟类很高的荣誉，这显然是它们应得的荣誉。

49. 公鸡可以发布，也可以拒绝发布最吉利的预兆。一天又一天，它们统治着我们的地方官员，对他们关闭或者打开自己的家门，它们派遣或者阻止派遣法西斯，发布或者阻止发布命令，或者禁止战争，为我们在全世界赢得的所有胜利进行鸟卜。公鸡对于这个世界政府具有极大的影响力，这是因为它们的肠子和内脏成了最贵重的敬神祭品。

50. 在帕加马，每年都有一场斗鸡的公演，就像是角斗士表演一样。在档案记载之中，记录了一次发生在马可·李必达和昆图斯·卡图卢斯(Quintus Catulus)担任执政官时期的事情，[4]在阿里米努姆(Ariminum)地区加莱里乌斯(Galerius)的乡间别墅，一只农

---

④　公元前78年。

场养的公鸡开口说话了——据我所知，这是一件独一无二的事情。

51．鹅也是一位认真的守夜人，它对卡皮托的保护就是证据。[⑤]当时我们的狗都默不出声，背信弃义地把我们的命运交给敌人。由于这个原因，执政官把为这只鹅提供食物摆在了工作的优先位置。

52．我们的同胞是聪明的，他们懂得根据其生活条件来区分鹅的质量好歹。鹅由于强制喂食而身体膨胀；由于生活条件的改变，狂饮带有糖分的乳汁而变得更加肥胖了。研究是谁发现了如此巨大的利益，不是毫无意义的事情。他们是不是执政官西庇阿·梅特卢斯，或者是其同时代的骑士马可·塞乌斯（Marcus Seius）呢？

70．燕子（Swallow）是唯一没有弯曲爪子的食虫类鸟。燕子在冬季迁徙，但只在附近的地方寻找阳光充沛的洞穴，它们在那里完全掉光了羽毛。据说它们不会进入底比斯的屋顶之下，因为这座著名的城市经常被敌人占领。它们也不会进入色雷斯的比奇耶斯（Bizyes），因为它蒙受了特瑞俄斯（Tereus）的耻辱。

71．一名来自沃尔特拉（Volterra）的骑士凯基纳（Caecina）、驷马赛车的获胜者，喜欢捕捉燕子，把它们送往罗马。因为这种鸟类会回到自己的巢穴，他通常会放了它们，让它们把胜利的消息带给自己的朋友；它们将带着身上胜利者的颜色飞回去。费边·皮克托（Fabius Pictor）在其《远征记》之中写道，当罗马驻军被利古里亚人包围的时候，一只燕子远离小燕被带到他那里，以便他用表明危险的结绑在它腿上，让它飞走。过了多少天之后，援兵即将来到之时，突围已经完成了。

81．夜莺（nightingales）不是最不寻常的鸟类，当花蕾在叶片上张开的时候，它们可以一直唱上15个昼夜。它们这么小的身体，却可以发出不同寻常的高音和持续不断地呼气。而且它还是一种精通音乐的鸟类：夜莺可以调节自己的音量，有时发出长音，以持

---

⑤ 公元前390年，罗马城被高卢人占领，前执政官曼利乌斯被朱诺神庙之中的鹅叫声所惊醒，及时地把卡皮托从偷袭它的高卢人手中解救出来。

续地呼气表示标记，有时用调节呼气来改变长音，有时又用中断的方法使它变成断奏；或者突然发出低音，或者发出快乐的调子，使声音变成了女高音、女中音或者是男中音。

82. 简言之，小小的嗓门包含了人类发明长笛复杂结构的一切技巧，以至于人们毫不怀疑斯泰西科鲁斯这样甜美的声音，已经从夜莺用其小嘴唱歌的预言之中得到了预兆。每只鸟儿都会几首歌曲：它们并不是完全相同的，每只鸟儿歌唱的都是自己的保留节目。

83. 夜莺彼此之间会进行竞赛，竞赛显然是非常危险的。失败的鸟儿常常会死掉，它的呼吸与歌声一同停止。幼鸟练习歌唱，并且有模仿的曲调。徒弟全神贯注地听着并且重复它们，两只夜莺轮流停止唱歌。教师在教学和重要方法方面所进行的改进，是可以观察到的。

84. 因此，夜莺控制着奴隶买卖的价格，它确实比先前购买武士扈从的价格高出许多。我知道有一只鸟——一只白色的鸟，一个极其罕见的品种——它的售价是600000塞斯特斯，它被送给了克劳狄皇帝的妻子阿格里皮娜。

110. 在遇到重要情况的时候，鸽子(Pigeon)可以起到信使的作用；在穆蒂纳被包围时期，德西默斯·布鲁图(Decimus Brutus)向执政官营房中报告的消息，就是绑在鸽子腿上送出去的。安东尼的城堡、被紧紧包围的军队和横跨河流两岸的通信网络使用什么来与安东尼联系，这些信使难道是从天上来的？有许多人像鸽的育种者一样已经走到了极其荒谬的地步。他们在自己的房顶上为鸽子修建了鸽笼，编造了鸽子高产和某些鸽子血统纯正的故事，在这方面有一个流传很久的例子。根据马可·瓦罗记载，在庞培内战爆发之前，[⑥]一名罗马骑士卢西乌斯·阿克西乌斯(Lucius Axius)出售一对鸽子价格是400迪纳里。最大的鸽子据信是出自坎帕尼亚，它们为自己的故乡带来了荣誉。

---

⑥ 公元前49年。

117. 最重要的是，鹦鹉能够模仿人类的声音。确实，鹦鹉(Parrots)甚至还能说话。印度送给我们的长尾鹦鹉(parakeets)，印度语称为 siptax。[7] 这只鹦鹉的身体是绿色的，但由于它的脖子上有一圈红色的羽毛而出名。它会向自己的主人表示问候，重复它所听到的话，特别是在它喝完酒之后，有讲不完的笑话。这只鹦鹉的头部和嘴部同样坚硬，当它在学习说话的时候，可以用铁棒敲打它，否则它感觉不到在挨打。它在飞行之后，以自己的胸部着陆，并且把自己的重心放在胸部，以弥补其双腿软弱无力的缺陷。

118. 还有一种鸟类不怎么有名，因为它不是来自远方，它说话更加清楚，这种鸟类就是喜鹊(Magpies)。这种鸟类喜欢讲那些它们不仅听过，而且喜欢和经过思索的话，它们不会隐藏自己的想法。一般认为如果它们被很难说的言辞打败，它们就会死去。如果它们没有一而再，再而三地听到同样的话，它们的记忆力就会衰退。如果它们搜索到一个它们听过的词语时，它们的兴奋程度简直不可思议。它们的外形不大相同，虽然没有特别重要的区别。由于能够模仿人类的声音，喜鹊享有很高的声誉。

许多人认为，只有那些以橡实为生的喜鹊才能学会说话，而在这些喜鹊之中，只有五爪喜鹊学习更快，在它们出生的头两年就能学会说话。所有能够模仿人类声音的喜鹊，都有比较宽的舌头——虽然这几乎是所有鸟类天生的特点。

120. 阿格里皮娜有一只歌鸫(thrush)，它能够模仿人说过的话，但这是至今为止唯一的一只。当我正在记载这些事例的时候，年轻的不列塔尼库斯和尼禄有一只椋鸟和夜莺，它们已经学习了希腊语和拉丁语，而且很勤奋地练习，每天说一些新的句子，甚至是很长的句子。鸟儿的训练在私下里进行，在一个没有其他声音干扰鸟儿的地方进行。教师坐在鸟儿旁边，一遍又一遍地重复他希望教会的那些单词，并且以食物作为奖赏诱导鸟儿学习。

121. 让我们向渡鸦(Ravens)致以它们应得的谢意。在提比略

---

⑦ 罗马词语 *psittacus* 的本地形式。

担任元首期间，一只年幼的渡鸦从一窝渡鸦之中爬上了卡斯托尔和波卢克斯（Cas tor and Pollux）神庙的顶部，飞到了附近的一个鞋匠铺子。由于宗教的原因，它在那里受到了老板的欢迎。它很快就学会了如何说话，并且每天早上飞到正对着广场的大讲坛上，按照名字向提比略，而后是日尔曼尼库斯、德鲁苏斯·凯撒问好，然后是向那些经过附近的罗马人民问好；最后，它又回到这个铺子里。这只渡鸦不同寻常之处，在于它几年如一日地履行了这种职责。

122. 附近鞋匠铺子的租户杀死了这只渡鸦，既是因为竞争的原因，也是因为突然怒火中烧，因为他声称许多鸟粪搞脏了他的鞋子。这件事情在一般民众之中引起了骚动，结果这个人被驱逐出该社区，后来又被私刑处死了，人们为这只鸟儿举行了盛大的葬礼。覆盖着织物的棺木由两名埃塞俄比亚人抬在肩上，长笛手走在他们的前面；在通往火葬地的路上，到处是各种各样的供花，全部放在阿庇安大道（Appian Way）第二个里程碑的右手边，这个地方叫做雷迪库卢斯平原（Rediculus Plain）。

123. 罗马人民认为认为这只鸟有智慧，这是为它举行葬礼仪式和处罚一位罗马公民最充分的理由。在罗马，还有许多最重要的公民根本没有举行安葬仪式。而且，西庇阿·埃米利亚努斯消灭了迦太基和努曼提亚（Numantia），也没有一个人为他的死亡复仇。

141. 骑士马可·李尼乌斯·斯特拉博（Marcus Laenius Strabo）是第一位开办鸟类饲养场（Aviaries）的人物，他的饲养场在布伦迪休姆，饲养着各种各样的鸟类。由于他的缘故，我们开始把老天爷让它们翱翔在蓝天的动物关进了牢笼。

171. 人类是在第一次性交之后伴随着后悔的唯一动物；对于人生而言，这确实是象征着令人感到悔恨的源头。其他所有的动物都会在固定的季节进行交配，但是如前所说，人类的性交可以发生在白天或黑夜的任何时候。其他所有的动物都可以从性交之中获得满足，人类几乎从无厌足。

172. 克劳狄凯撒之妻梅萨丽娜认为必须举行一次王家的凯旋仪式，决定让某个年轻的女仆——曾经是最臭名昭著的妓女——参加竞赛，规定她必须在24小时之内，打破她曾经与25名男子性交的记录。在人类之中，男性曾经设计出各种邪恶的性交方式——这是违背自然的罪行；至于妇女，她们则发明了流产。在我们的性生活之中，我们的丑行大大地超过了野兽！根据赫西奥德记载，男子喜欢在冬季性交，而妇女则喜欢在夏季性交。

第十一卷　昆虫

11—12. 在所有的昆虫类(insect)动物之中,最重要的位置是专门为蜜蜂(bees)保留的。[①] 它们是值得特别赞扬的——这是理所当然的,因为它们就是为了人类的福祉而创造出来的。蜜蜂收集蜂蜜,这是一种甜美的、纯净的、有益于健康的液体。它们制造蜂巢和用途非常广泛的蜂蜡,辛勤地工作、构思和建筑蜂房。蜜蜂有一个管理机构;它们追求自己的计划,但拥有集体的领袖。特别令人惊奇的是,它们拥有比其他动物,不论是野生的还是驯化的动物,更先进的方式。大自然是如此伟大,它把那些微小的、幽灵般的动物变成了不可比拟的动物。我们是否可以把什么动物的肌腱和肌肉与蜜蜂所表现出的巨大力量和勤劳相比呢?我们到底可以把什么人和这些在推理方面胜过人类的昆虫相提并论呢?因为它们只知道共同利益的所在。抛开呼吸问题不说,我们得认为它们是有血液的;至今为止,这些小东西都必须归入最小的动物之列。有了这样成熟的意见之后,让我们再来评价一下它们天生的智力。

13. 蜜蜂要冬眠——它们是如何增强体力,应对严寒、下雪和狂暴北风的呢?确实,所有的昆虫都要冬眠,但是不像那些藏在我们住宅墙缝之中,很早就得到了温暖的动物冬眠时间那么长。至于蜜蜂,要么是季节或者天气已经发生变化,要么是古代作家的说法是错误的。蜜蜂开始冬眠是在七星团(Pleiads)降落之后,直到这个星团再次升起之前再也看不见蜜蜂。因此,它们在春天来到之

---

① 一般见维吉尔,*Geogics*, IV。

前不会出现，正如许多作家所说，在豆花开放之前，没有一个意大利人会去考虑蜂箱的问题。

14. 蜜蜂出去辛勤地工作，只要天气许可，不会白白地浪费一天。它们首先建立蜂巢，制造蜂蜡，以这种方式建造出自己的新家和蜂巢的蜂室。接着，它们繁衍子孙后代。然后是用花朵制造出蜂蜜和蜂蜡，用胶树的小滴、胶液和胶，还有柳属植物、榆属植物和芦苇属植物(Reeds)的树脂制造出蜂胶。

15. 它们起初用这种物质涂抹蜂箱整个内部，就好像是涂抹石灰一样。然后再涂上有辛辣味的汁液，以保护它们免遭其他小动物的侵害。因为它们知道自己将要制造的东西可能是他人妒忌的对象。它们还用同样的物质在蜂箱周围建造了相当宽敞的大门。

16. 专家们把第一层粉底称为"胶"，第二层打底称为"树脂蜡"，第三层称为"蜂胶"，后者取自蜂箱和杨树中部的胶体，由于加入了花粉而变稠；后者虽然不像蜂蜡，但它能使蜂巢更坚固。它们使用这种物质，把那些严寒可能进入蜂巢的地方封住，或者是把那些容易受到破坏的地方封住。蜂胶具有浓烈的香味，直到今天仍然被许多人用来代替阿魏脂(galbanum)②。

17. 除了上述物质，蜜蜂还收集 *erithace*，有人把它称为"食料"，其他人把它称为"蜜蜂的面包"。这种物质为蜜蜂工作的时候提供了食物，常常可以发现它储存在蜂巢的空洞之中。

18. 蜜蜂用各种树木和植物的花粉制造蜂蜡，只有栗色和多刺的植物除外，这些是草本植物。细茎针茅草被错误地排除在外，因为西班牙的许多蜂蜜来源于金雀花属植物生长的地方，具有这种植物的味道。我认为橄榄树被排除在外也是错误的，因为有一个确定的事实是，大多数蜂群都出生在橄榄树生长的地方。没有任何果实遭到过损害。蜜蜂不会停留在凋谢的花朵上，更不用说是停留在死尸上。

19. 蜜蜂活动的范围在 60 步的半径之内，当着附近的花朵被

---

② 一种叙利亚植物的树胶，用于药物或者制作香料。

彻底采完之后，它们会派出探子前往更遥远的牧场。如果它们在黄昏进行掠夺的时候被抓住，蜜蜂群会平躺着露营，以保护它们的翅膀不被露水打湿。还有一件事情也用不着感到惊奇，即索利的阿里斯托马库斯(Aristomachus)和萨索斯的菲利斯库斯(Philiscus)两人都沉迷于研究蜜蜂。这曾经是前者58年之中唯一的职业，当时后者还在荒无人烟的地方养蜂，并且被人称为“野人”。两个人都留下了有关蜜蜂的著作。

20. 蜜蜂的工作按照既定的计划，组织得令人感到惊奇：它们按照军营的方式，在自己的门口设置卫兵；它们一直睡到黎明才醒，那时有一只蜜蜂好像是号手吹响了军号，用两三倍大的声音唤醒大家。然后，如果那天气候温和，蜜蜂就会一起飞出去。如果有刮风或者下雨的迹象，它们就留在家里。因此，人们把蜜蜂不活动看成是天气预报的一种方法。蜜蜂成群地出去工作，有些用它们的脚带回花粉，有些用嘴带回水，有些带回了吸附在它们全身绒毛上的水珠。

21. 当着年轻的蜜蜂出去工作和收集上述物资时，成年的蜜蜂则在蜂房之中工作。那些收集花粉的蜜蜂粘满了它们的前脚和后脚——它们的脚因为这个原因天生的非常粗糙——粘满了它们的前脚和胸部。一旦它们装满东西，它们在返回的时候由于重压，身子便下沉了。

22. 其他三四只蜜蜂接待它们，接收它们带来的东西，蜂群的职责是分配好的：有些蜜蜂搞建筑，其他的搞清扫，有些搬运物资，还有些用那些运来的东西准备食物。为了防止在工作、食物和时间方面任何不公正的事情，蜜蜂不能单独进食。蜜蜂由建筑它们拱形的蜂房开始，它们布下了一个网，可以说是一个隐隐约约的顶部；工作区每边的道路把入口和出口分离开来了。

23. 蜂巢从蜂房的上部开始悬挂着，四边略微粘着但没有下垂到地面。根据蜂房的需要，它们有时是矩形的，有时是球形的，偶尔也有两种形状的蜂巢在一起的情况。这时两个蜂群虽然友好，但习惯不同。当着蜂巢面临倒塌的危险时，蜜蜂会支撑着蜂巢；在支柱之间的墙壁，从下到上是拱形的结构，可以进去修理。

24. 前三排蜂房空空如也，没有任何可以顺手牵羊，招惹小偷的东西。最后几排装满了尽可能多的蜂蜜。由于这个原因，蜂巢是从蜂房的背部取走的。工蜂趁着令人愉快的微风飞行。如果刮起了风暴，它们依靠双脚抓住的小石头重量来平衡自己。也有人认为小石头位于蜜蜂的肩部。当蜜蜂迎着大风飞行时，它们会避开荆棘，贴着地面飞行。

25. 蜜蜂有着不可思议的方式来监督它们的工作：它们留意那些无所事事的懒虫，责骂它们，最后甚至处死它们。它们的卫生状况也令人惊奇：所有东西都必须移出道路，在它们的工作区域没有避难所。确实，蜂房之中制造出的这些微粒都是在一个地方进行的，因此蜜蜂不可能走得太远。遇到暴风雨天气的时候，它们就停止工作，把这些微粒运走。

26. 当着黄昏来临，蜂房之中的嗡嗡声逐渐变小，直到一只蜜蜂飞出来盘旋，好像是在发布“快逃”的命令。并且发出同样的高声呼叫，好像是发出的起床号一样响亮，使蜂房就像是一座兵营一样。然后，一切东西又突然寂静无声了。它们首先为普通蜜蜂建筑住房，然后才为蜂王建筑房屋。[③] 如果期望生产大量的蜂蜜，它们就要为雄蜂增加公共的住地：这是最小的蜂房；工蜂的蜂房比较大些。

27. 雄蜂(drones)[④]没有刺，在某种程度上可以说它们是残缺的蜜蜂。它们是那些极其疲惫，现在已经完成了自己工作的蜜蜂最后的子孙——可以说是最后的幼崽，真蜜蜂的仆人，这些蜜蜂可以命令它们，驱赶它们出去工作，毫不怜悯地处罚那些拖拖拉拉落在后面的雄蜂。雄蜂不仅帮助工蜂工作，而且帮助它繁殖，因为它们这个群体，使蜂房更加温暖。

---

③ 我自始至终使用“蜂后”的词语，虽然普林尼把蜂房的领袖称为“蜂王”。

④ 雄蜂使蜂后受精之后就失去了作用，在秋季蜂蜜开始缺乏的时候，它们就会被工蜂杀死，工蜂是雌性，但它们不参加再生产的过程。

28. 确实，有大量的雄蜂，就会有大量的蜂群得到补充。当蜂蜜开始成熟的时候，蜜蜂就把雄蜂驱逐出去，比它们数量更多的蜜蜂以多对少，进攻并杀死它们。只有在春季的时候，人们才可以看见雄蜂。如果一只雄蜂的翅膀已经脱落，把它扔进蜂房，它反过来又会除去其他雄蜂的翅膀

29. 在蜂巢的底部，蜜蜂为那些命中注定是其统治者的蜜蜂建造宽敞的、豪华的、独立的宫殿。这些蜜蜂有凸起的部分，如果这个地方遭到挤压，就没有幼崽产出。所有蜂房的巢室都是六边形的，每一边都是蜜蜂六条腿中一条腿的杰作。如果它们的任务在规定的时间里没有完成，它们会把自己的任务移到天气好的时候完成。它们在一天、最多是两天之内，就可以让自己的巢室储藏满蜂蜜。

30. 蜂蜜的生产，主要是在黎明之前形成，在许多星星升起之时，特别是天狼星闪亮之时。在七星团升起之前，绝对没有蜂蜜生产出来。

32. 质量最好的蜂蜜出自最好花朵的花萼。这些蜂蜜分别出自阿提卡的伊米托斯山和西西里的希布拉城，还有卡利德纳(Calydna)，这里是阳光充足的地方。蜂蜜首先要用水冲淡；在最初几天，蜂蜜要像新葡萄酒一样发酵，提纯；在第 20 天，它变稠了，并且蒙上了一层薄薄的、由发酵气泡形成的外皮。

33. 在有些地方，形成蜂巢的重要物质是蜂蜡，例如在意大利和培利格尼人之中就是这样。而在其他地方，蜂巢受到注意仅仅是因为其蜂蜜的产量，例如在克里特、塞浦路斯和阿非利加就是这样。在还有一些其他地方，它们体积大得非常显眼，例如在北方各国。人们在日耳曼还看见过一个蜂巢，大约有 8 罗马步长，中空部分是黑色的。

34. 不管什么地区，都有 3 种蜂蜜。这就是“春季的蜂蜜”，它的蜂巢是用花粉做成的。由于这个原因，它被称为“花蜜”。有些人认为这种花蜜不能取走，为的是后代能够有充足的食物供给，可以使蜂房更加坚固。但是，其他人认为只要留下少量的这种花蜜

而不是其他任何蜂蜜给蜜蜂就行了。因为他们认为，充足的供应是在大量星星升起和二至点之后，那时百里香和葡萄都开始开花了——这是蜂房使用的主要原料。

35. 在取走蜂巢的时候必须认真仔细。因为缺少食物会使蜜蜂感到绝望、死亡或者逃走。另一方面，食物供应太充足也会造成浪费，而且还会使蜜蜂以后依靠蜂蜜而不是蜜蜂面包为生。因此，比较细心的养蜂人会把给予蜜蜂的粮食留下 1/15。在开始的那天，根据自然规律——要是人们遵守这种规律该多好——给领头的蜂群 1/30 粮食。粮食通常在 5 月份供给。

36. 第二种蜂蜜是“夏季的蜂蜜”，希腊人把这种蜂蜜称为“成熟的蜜”，因为它是最好的季节做成的。这时天狼星非常明亮，这大概是仲夏之后 30 天左右。

40. 卡西乌斯·狄奥尼修斯(Cassius Dionysius)有一种观点，他认为如果蜂房蜂蜜太满的话，必须给蜜蜂留下 1/10 的夏季蜂蜜。如果蜂房还没有满，也要为它们留下相当比例的蜂蜜；如果蜂房是空的，则绝对不能动它。

41. 第三种蜂蜜——最贵重的蜂蜜——就是野蜂蜜，称为“欧石楠蜜”，它的采集是在秋季的第一场雨水之后，那时在森林之中，只有石楠在开花。因为这个原因，这种蜂蜜类似浅黄色的蜂蜜。

42. 常识认为，这种蜂蜜的 2/3 必须留给蜜蜂以及蜂巢的各个部分，其中包括蜜蜂面包。在仲冬直到大角升起之前的 60 天时间，蜜蜂不吃东西进行冬眠。从大角升起到春分点，由于温暖降临，它们开始苏醒，但仍然留在蜂房之中，依靠储存的食物度过这段时间。在意大利，它们在七星团升起之后，也是在做着同样的事情，一直休眠到那时为止。

44. 有些人在取走蜂蜜的时候，会称一称蜂房的重量，而把总重量抛在一边，置之不顾。即使是在对待蜜蜂的问题上，也有一种正义感在约束着我们。人们认为，如果蜂房被毁坏，这种伙伴关系也就被破坏了。因此，古代的许多规定之中有一条就是，人们在采集蜂蜜之前，必须洗洗自己，而且要洗干净。

45. 在取走蜂蜜的时候，驱赶蜜蜂最有效的办法就是烟熏，以防它们发怒，或者是自己贪婪地吃掉蜂蜜。养蜂者使用浓烟熏走蜜蜂，使它们不去执行自己的义务，但太浓的烟也会杀死蜜蜂。

51. 许多蜂后被生产出来，为的是使它们的补充不可能短缺。但这些蜂后的后代开始完全长成之后，它们全体一致同意杀死质量较差的蜂后，以避免蜂群的分裂。蜂后有两种：较好的是红色的；质量较差的是黑色的，或者是有杂色斑点的。根据它们的体形，它们有其他蜜蜂双倍之大，所有的蜂后都可以辨认出来；它们翅膀比较短，它们的腿是直的，它们举止更傲慢；它们的前额有一个斑点，发出类似束发带的白光。蜂后与普通蜜蜂还有一点大不相同，这就是它们的外表是明亮的。

52. 同样，人们也许会问，赫拉克勒斯是不是一个人，巴克斯有多少个，还有被上古的尘埃掩埋的许多其他问题。在专家学者之中，对于是否只有蜂后没有刺，是否它仅仅靠官职的威严来保护自己，或者大自然是否给予它刺，还是仅仅禁止它使用刺的问题，目前还没有一致的意见。蜂后没有刺，这一点倒是真的。

53. 一般的蜜蜂全都对它表示非常的忠诚，当它外出的时候，整个蜂群也行动起来，在它周围有一群蜜蜂包围着它，保护着它，不让其他任何东西看见它。在其他时间，当蜜蜂在工作的时候，它在蜂巢里围着所有工人打转，好像大人物在鼓励士气，但只有它一个免除了任何义务。它周围有些随从和“官员”，就好像其政权的忠实卫士。

54. 只有当蜂群将要迁徙的时候，蜂后才会外出。这件事情大概在事前很久就知道了。因为蜜蜂嗡嗡的叫声将会在蜂房之中响几天，这是它们已经选定适当的日期，准备迁徙的信号。如果有人剪掉了蜂后的一只翅膀，蜂群也就不会离开了。当它们外出的时候，每只蜜蜂都希望靠近蜂后，并且乐于在值班的时候被蜂后看见。当着蜂后疲劳的时候，它们会用肩膀支撑着它，当着蜂后彻底筋疲力尽的时候，它们全体会把它运走。任何蜜蜂由于疲倦而脱离了蜂群，或者是意外落在后面掉队了，它会追寻气味，继续前进。

蜂后停在哪里，哪里就是所有蜜蜂的营地

55. 蜜蜂可以为私人和公众提供未来事件的信号，当它们有一群停在房屋或者寺庙上——这就是一个预兆，它常常预示着将会有重大事件发生。当柏拉图还是一个年幼儿童的时候，蜜蜂停在他的嘴巴上，这预示着他非常喜欢雄辩的魅力。我们在阿尔巴洛(Arbalo)取得伟大胜利的时候，蜜蜂停在德鲁苏斯的营帐上；确实，那些老是认为蜜蜂出现不是好兆头的占卜官，并不总是符合事实的。

56. 如果它们的头领被俘了，对于整个蜂群而言就是一个失败；如果没有了蜂后，就会出现全面崩溃和投靠别的首领的现象。在任何情况下，蜜蜂不能离开蜂后而生存。但是，当蜂后太多的时候，它们会不情愿地杀死蜂后。当它们出生之后，首先就毁掉它们的房屋。如果蜂蜜的产量急剧地下降，那时它们甚至会把雄蜂赶走。

57. 我注意到人们对于雄蜂有些疑问：有些人认为它们属于自己特有的品种，例如强盗蜂，它们是最大的雄蜂，全身黑色，有个宽大的肚子。这种蜜蜂叫这样名字，是因为它们会偷偷地吃光蜂蜜。有一个确定的事实是，蜜蜂会杀死雄蜂；无论如何，它们不像蜜蜂一样有蜂后。但是，有一个值得争议的问题是，它们是不是天生就没有刺。

58. 蜜蜂大多出生在春季潮湿的时候，但蜂蜜的供应状况是在春季干旱的时候比较充足。如果某些蜂房出现了食品短缺，蜜蜂就会攻击邻近的蜂房，从事抢劫活动。保卫者会排成战斗队列，如果养蜂者出现，他不会打击这边，以至于它们自认为养蜂者偏向它们。它们也会为了各种各样的理由而战斗，两个首领排成互相对立的战斗队形。最重要的争斗理由是由于采集花粉，每一方都召集了自己的支持者。战斗可能因为灰尘扬到了身上，或者是因为有了烟火而爆发，进行调解的最好办法是使用牛奶或者加了蜂蜜的糖水。

59. 在森林之中可以发现野蜂和蜜蜂；它们的外表气势汹汹，

非常容易激怒，值得注意的是它们的技能和应用。人工饲养的蜜蜂有两种：最好的是身材短、有斑点、结实和圆形的蜜蜂；次等的是身材长、外貌像黄蜂，最糟糕是全身长满了绒毛的蜜蜂。

60. 大自然赐予蜜蜂长在腹部的蜂刺；蜂刺只能使用一次。有些专家认为，蜜蜂在使用它们的刺蜇人或物之后，立刻就会死亡。其他人认为只有在蜂刺刺得相当深，结果它的内脏也被吸住，死亡才会降临；或者是它们失去了蜂刺，变成了不再产蜜的雄蜂，它们的力量似乎消耗殆尽，失去了帮助和危害他人的力量，它才会死掉。

68—69. 蜜蜂遭到打击的时候发出青铜般的声音，它们集中的时候也是依靠这种声音来召唤。因此，情况很明显，它们有听觉器官。它们在完成自己的工作和抚养自己的子女之后，虽然已经完成了自己所有的义务，它们还要举行一场庄严的仪式。蜜蜂排成队形飞向户外，靠着滑翔飞往高处，它们在飞翔的时候形成许多圆圈，最后返回来用餐。如果它们能够成功地抵御敌人的进攻和意外事件，它们最长的寿命是 7 年。据说从来没有超过 10 年以上的完整蜂房。有些人认为，冬天如果把死去的蜜蜂放在室内，春天把它们暴露在阳光的温暖中，再用无花果树的热灰保持温度，它们是可以复活的。

70. 蜜蜂死了之后，有些人认为它们还能复活——这是有鉴于大自然可以使某些事物从一种状态变为另一种状态——他们用刚刚杀死的公牛肚子覆盖在死去的蜜蜂上，再加上软泥，或者像维吉尔所说的，用小公牛的遗体覆盖在上面。[⑤] 同样，黄蜂和大黄蜂用马的遗体覆盖，甲虫使用驴的遗体，都可以起死回生。

75. 另外一种昆虫是蚕蛾(Sil*k*moth)，它是亚述本地的昆虫。它的体型大于前面所说的昆虫。[⑥] 蚕蛾用看起来像食盐的泥土做巢穴，巢穴依附在岩石上。它们的巢穴很坚硬，标枪几乎无法穿

---

⑤ *Georgics*, Iiv, 280FF.

⑥ 即蜜蜂、黄蜂和大黄蜂。

透。它们在巢穴之中做了蜡巢，规模大于蜂巢，产出的幼虫也更大。

76. 蚕蛾在其换代过程之中有一个额外的阶段。一只非常大的幼虫首先变成有两根触角的蠋，然后变成所谓的茧，从茧之中产生出幼虫，它在6个月之内变成蚕。蚕好像蜘蛛一样织网，这些东西可以用来制作妇女们穿的 *haute couture* 裙子，这种物质就叫做丝。拆解蚕茧和纺织蚕丝的技术，最早是由科斯的普拉提斯(Plateas)之女潘菲利(Pamphile)发明的。她有一个不可剥夺的荣誉，发明了制作女性“透视”服装的方法。

77. 因此，他们说蚕蛾是科斯出产的，那里的地下冒出潮湿的空气维持了花朵的生命——从柏树、含松油脂的树木(terebinth)、白腊树和栎树——它们都被雨水打倒在地。最早是没有倒下的小蝴蝶出现了；这些动物不能忍受严寒，因此它们长满了粗毛，披上了厚厚的外衣以抵御严寒的冬季，用它们粗糙的双脚一起刮落树叶。它们把这些塞进绒毛之中，用自己的爪子梳理树叶，好像是在使用梳子一样，把树叶编进已经变薄的织物之中，然后它们把这件织物裹在自己身体上。

78. 后来它们被拿走，放在一个黏土制成的容器里，在温暖的环境之中用糠养着，在它们的外衣之下，一种特殊的羽毛正在生长，当它们全身长满这种羽毛，它们又被拿出去做进一步处理。由于潮湿而变软，后来又由于加入了用灯芯草纺锤制成的线而变薄的绒毛丛被拿走。甚至有人在夏季穿着透光的丝绸服装不感到害羞，我们的服装已经变得这样的不协调，因为在我们穿着皮甲的时候，即使是穿托加袍也被认为不恰当。但是，我们现在却听任妇女们穿着亚述的丝绸裙子！

130. 在所有的动物之中，只有人类头上的头发最多：这对于两性来说都是真理——无论如何，在人类之中还有不剪发的人。人类是唯一会变成秃顶的种类，除去那些实际上生来就没有头发的动物之外。只有人类和马的头发会变成灰白色；它首先总是从前额开始，然后扩展到脑后。

132. 有很多双头的例子，但只有在人类之中才存在。人类的头骨又平又薄，没有骨髓；它们是锯齿状的，连接在一起好像是蜂巢。一切有血液的动物都有脑髓，那些被我们称为软体动物的海洋生物也是一样：例如，章鱼虽然没有血液，它是有脑髓的。无论如何，人类按照其身材比例来说，拥有最多的脑髓，也是最湿润的脑髓；它是人类器官之中温度最低的，上下包裹着两层薄膜。如果两块薄膜之中有一块破裂，死亡便随之而来。男性的脑髓比女性的脑髓更大。

134. 在所有的人类之中，脑髓没有血液或者血管，有时候还没有含脂肪的组织。许多专家坚持认为它不同于骨髓，因为它在煮熟了之后是坚硬的。在所有动物的脑髓之中，都有一些非常小的骨头。只有人类的大脑在幼年时期有规律地跳动着。因为囟门在幼儿开始说话之前还没有长结实。脑髓处于思想控制的中心位置。

136. 只有人类有耳朵不会移动，这就是"耷拉着耳朵"(Flaccus)[⑦]这个外号的起源。

139. 眼睛(Eyes)在眉毛的底下，它是身体最重要的器官；它们可以用来区分生死，理解光明。

141. 只有人类的眼睛颜色是不同的，而在其他动物之中，每个物种的眼睛是相同的。不过，也有些马匹的眼睛是灰色的。在人类之中，眼睛普遍有不同的类型：比较大的对一般的；中等的；小的和凸眼的。凸眼被认为是视力不好，而凹眼和那些山羊眼颜色的眼睛被认为是视力最好。

142. 还有，有些人是远视眼，而另外一些人则是近视眼。在许多人看来，视力有赖于光线，他们在阴天或者黄昏后看不清楚；有些人在白天看不太清楚，但是在晚上比其他同伴的视力更敏锐。

144. 克劳狄皇帝的眼睛经常充满血丝，盖尤斯皇帝的眼睛向外凸出。尼禄皇帝的视力很差，除非他眯着眼睛观看，才能看清楚

---

⑦ 形容词 *flaccus* 本意为"下垂"。

拿到他跟前来的东西。在卡里古拉皇帝的格斗士学校，有20000名格斗士在接受训练，他们之中只有两个人面对危险的威胁时熟视无睹；他们是无敌的。

145. 人体没有其他器官可以提供更多的思想状态证据。其他动物，特别是人类也是这样，即从眼睛可以看出克制、宽容、怜悯、憎恨、热爱、悲哀和欢乐的感情；实际上，眼睛是灵魂的窗户。

147. 大自然为眼睛提供了许多薄膜和坚硬的外部覆盖物，以抵御严寒与酷热；大自然以泪腺的水分使眼睛保持明亮，使眼睛保持润滑，可以驱逐进入眼睛之中的异物。

148. 大自然提供了角膜，眼球角质的中心和瞳孔形式的窗户。眼睛有一条狭缝，它可以使注意力集中而不至于走神。可以使它的焦点非常集中，不会因为在其视野之中意外见到的事物而分散注意力。瞳孔周围是一个环状物，某些人的环状物是棕色的，另外一些人是灰色的还有一些人是蓝色的。因此，周围发光体的光线都可以用一种相应的混合方式接收，光线的强度因此是柔和的，不会使人感到难以忍受。

149. 人类也是唯一能用释放眼球液体的办法治愈失明的动物。有许多人在失明长达20年之后，又重新恢复了视力。还有些人生来就是瞎子，眼睛却没有任何缺陷。例如，有许多人先前没有受到任何损害，突然就失明了。专家认为，眼睛通过血管和脑髓连在一起。我倾向于认为它们和腹部也是相连的。因为有一个确定的事实是，假如某人有一只眼睛看不见了，他就一辈子都是病鬼。

150. 罗马公民有一个庄严的宗教仪式，合上死者的眼睛，在火葬的时候再次打开他的眼睛。从这种风俗习惯形成起，在去世的时候眼睛被其他人看见，或者它们没有打开着进入天堂，就是不符合常理的

181. 就其他动物而言，心脏(heart)位于胸腔的中部，只有人类的心脏位于左胸部下方向前凸出的圆锥部位。据说心脏是首先形成的器官，也是最后死亡的器官。心脏是最温暖的器官。它有规律地跳动着，它自己的运动好像是在人体内还有第二个活着的动

物。心脏有一层非常柔软、坚固的薄膜包裹着，有胸廓和胸腔保护着，因此它可以提供主要的动力和生命的源泉。

182. 心脏在那些蜿蜒幽深之处为维持生命所必需的本源和血液提供了一个重要的居住地。这个地方在大型动物那里有 3 倍之大，而在其他动物那里一般是 2 倍大小。心脏是精神思想的中心。血液从这里经过两条大血管分别流出和流回心脏，通过遍布全身的血管网络，通过更小的毛细血管输送维持生命的血液。

184. 埃及人的风俗习惯是用防腐剂保存遗体，他们认为人类的心脏每年都会长大，到 50 岁的时候达到最大重量，大约是 1/4 盎司，[8]从此以后，它就以固定的比率一直降低重量。因此，由于心脏的衰落，人类的寿命不能超过 100 岁以上。

245. 有些动物，例如松鼠就是这样，它们把自己的前脚当成手使用，当它们坐着的时候，使用前脚拿食物送往嘴里。

246. 猴子的面部、鼻子特别像人类；实际上它们还有耳朵、上眼皮和下眼皮有睫毛——它们是唯一有上下睫毛的四足类动物。它们的胸部有乳房，它们的手脚像人类一样，可以朝相对的方向弯曲。猴子还有长着指头的手和脚趾，还有一个长长的中指。它们的双脚略有区别，这些猴子的脚非常长，好像是它们的手，留下的脚印好像是手掌印。猴子还有类似人类的拇指和指节，此外还有一名性伴侣(仅在雄性之中)，也有类似人类一样的性交器官。

273. 我对亚里士多德确实感到非常惊讶，他不仅相信，而且公开了他的信条，即我们的身体包含了我们人生发展的线索。但是，我认为他的信条没有坚固的基础，而仅仅是谨小慎微的解释，他害怕所有人迫不及待地在自己的经历之中寻找这些预兆，而我愿意简单地谈及它们，是因为它们已经得到学术领域如此伟大人物的严肃对待。

274. 他认为牙齿稀少、手指长、性格消沉和手掌上有中断的掌

---

⑧ 很显然，无论是普林尼还是原文都错了。因为男性心脏的重量在 10—12 盎司之间。

纹，都是短寿的象征。而且，他认为那些双肩不平、手掌有一二条长掌纹、超过32颗牙齿、大耳朵的人寿命很长。不过，我认为他在任何一个人身上都找不全所有这些象征，而只能找到个别的象征。照我看来，这些象征都是微不足道的小事，而且是大家经常挂在嘴边谈论的。同样，现代最严谨的专家特罗古斯还增加了许多的外部特征，我可以援引如下："如果前额很大，它表明思维能力迟钝，而前额小的人则思维敏捷；前额圆形的人容易发怒，而前额凸出的人则表示自命不凡的性格。"特罗古斯继续说道："如果某人的眉毛是水平的，则表示他是一位和善友好的人；如果他的眉毛弯向鼻子，则表示他是一位严厉苛刻的人；如果弯向太阳穴，它是一个喜欢嘲笑的人；如果完全下垂，他是一个十分恶毒、图谋不轨的人。如果某人的眼睛两边很狭窄，这表明他是一个本性恶毒的人。招风耳表明一个人喜欢多嘴多舌，是个十足的傻瓜。"特罗古斯说的就是这么多。

277. 狮子的口臭包括致命的毒素，熊的口臭是令人难闻的。没有一个野生动物愿意接触熊的口臭碰过的东西，也不愿接触那些被熊污染了，很快就腐烂的东西。就其他物种而言，大自然有意使人类的口臭有些不同，即污染食物、腐蚀牙齿，但大多数发生在老年时期。

第十二卷　森林及其产品

1. 大地之中的宝藏隐藏得很深，树木和森林被认为是她送给人类最重要的礼物。树木首先提供了食物，树叶中是人类比较舒适的栖身之处；树皮为人类提供了遮羞之物，即使在我们今天生活的年代，有些种族仍然过着这样原始的生活方式。

2. 因此，有一种日益增长的奇怪感觉迫使我们不得不思考，人类从这些树木开始，到现在开采山区的大理石，寻求塞里斯的丝织物，大海深处的珍珠和大地深处的祖母绿。寻找这些刺穿耳朵的东西，只是因为人们已经不再满足于在手上、项上或者头发上佩戴宝石饰物，除了它们之外，还要在身体上穿孔。因此，按照正常的顺序，在谈论其他事物之前，首先谈论树木，谈论我们风俗习惯的起源，这才是正确的。

3. 森林曾经是众神居住的地方，根据古代规定的宗教仪式，即使到现在各地都要把一棵特别高大的树木献给一位神祇。即使是金光闪闪的雕像和象牙雕像，其受到崇拜的程度都不如森林和森林的隐秘。不同种类的树木献给它们各自的神祇，这种关系一直都维持着。例如，意大利的圣栎是献给朱庇特的，月桂树是献给阿波罗的，橄榄树是献给密涅瓦的，爱神木是献给维纳斯的，杨树是献给赫拉克勒斯的。我认为森林之神、农牧之神和许许多多的女神，在某种程度上就是上天委任管理森林的。

4. 随着时间的推移，带有汁液的树木比谷物更适合温和的人类。从树上获得的橄榄油可以使人类的四肢感到清凉，饮酒可以使人们恢复气力。简言之，许多美味的东西，当然都要感谢岁月的慷慨赐予，它们都是必须的物品。同样，必须的东西还有盘碟之类的次要物品——不要忘记这个事实，即野兽也会为自己而战，鱼类也会吃掉那些失事者的遗体。

9. 在著名的悬铃木树之中，第一种生长在雅典学苑的园囿中，第二种著名的悬铃木生长在吕西亚。第三种与皇帝盖尤斯·卡里古拉有关，他因为在韦利特雷（Velitrae）庄园"铺了"一种悬铃木地板和用平整的树枝作为座椅而令人印象深刻。他还在树下举行了一个宴会——树叶提供了部分的凉棚——在足以容纳50位客人和仆人的餐厅之中。卡里古拉把这个餐厅称为自己的"老窝"。

11. 第四种悬铃木树生长在克里特岛的戈提纳（Gortyna）喷泉附近，它在希腊罗马文献之中出名是因为它不掉叶子。有一个流传已久的故事谈到这棵树，故事说朱庇特和欧罗巴曾经躺在这棵树下——就好像在克里特岛上没有第二棵同样种类的树一样！

22. 印度的榕树（banyan）由于它的果实和自我繁殖能力而引人注目。它的巨大枝干向外伸出，枝干末端向下弯曲到地面相当的距离，它们在一年的时间之中会生根，围着母树周围长出新的枝条，就好像是某种景观公园。牧人可以在这个枝叶繁茂的庇护所度过夏季，因为树木既可以提供阴凉，又可以提供保护。当人们在树底下或者在远处观察的时候，榕树穹顶似的外形使人赏心悦目。

23. 母树主体高大的枝干可以向上长得很高，形成一片小树林，形成一个直径为100罗马步的圆圈，它们的阴影可以延伸到400码的长度。宽阔的树叶像亚马孙人的盾牌，遮住了果实，妨碍了果实的生长。因此它的果实稀少，还没有蚕豆大。当着果实成熟之后，在阳光的照耀之下，它会透过树叶发出亮光。果实有甜味，而且这种神奇的树木非常值钱。榕树主要是在阿塞西尼斯河（Acesines）附近生长。

24. 印度的智者以另外一种果实为生。这种果实较大，而且有一种令人愉快的味道。它的树叶类似鸟的翅膀，差点不到1码长、1码宽。这种树要剥皮取出果实；果实具有神奇的甜液，一个巴掌大可以提供足够4个人吃的果实。这种树是大蕉（plantain），它的果实就是香蕉(bananas)。它在西德拉西(Sydraci)生长最茂盛,这里是亚历山大远征到达的最远地点。这里还有另外一种结着甜果的类似树木,但是它能使大便不通畅。亚历山大下令其军队的任何人都不准碰这种果子。

26. 这种树类似我国的杜松(junipers),但在各地长出的都是胡椒(peppers),然而有些专家说它们只生长在高加索山脉的斜坡上。它的种子不同于上述杜松的种子,是一种小豆,类似我见过的腰果。这些豆子要在它们爆裂之前摘下,放在太阳之下晒干,这种果实叫做"长胡椒",但是让它们慢慢地裂开,它们流出来的就是白胡椒,如果它们在太阳底下晒得十分干燥,它们就会改变颜色,出现皱纹。黑胡椒是甜的,但白胡椒与黑胡椒和长胡椒相比,味道适中。

28. 正如某些人所想象的那样,胡椒树的根不是被称为"姜"(ginger)的物质,尽管它们的味道相同。姜生长在阿拉比亚的农田之中,还有埃塞俄比亚穴居人居住的地区。姜是一种小型植物,它的根是白色的。

29. 令人奇怪的是,胡椒使用非常普遍。有些原因是由于其甜味引起的,有些则是由于其外观引起的。胡椒既不如水果,也不如干果值得赞扬,它的唯一魅力就在于它的苦味。我们简直想为此去一次印度!谁是第一位想到在自己的食物上使用胡椒的人,谁由于贪婪的胃口而不满足于仅仅是解决饥饿问题?无论是姜还是胡椒,在原产地都是野生的。购买它们需要用等重的黄金和白银。意大利也有胡椒树,类似于爱神木,但是更大一些。

32. 虽然阿拉比亚出产蔗糖,但印度的蔗糖更加珍贵。它的品质类似收藏在芦苇管之中的"蜂蜜"。它的色泽白如树胶,入口即碎:最大的糖块体积如榛子大小。蔗糖只用来做药材。

37. 波斯与上述民族的土地相连。在红海沿岸,即我所说的波斯湾地区,海潮一直深入到内地,树木生长的自然环境不同寻常。因为当退潮的时候,在海边上就可以观察到它们。它们裸露的根部好像章鱼一样,围绕着沙滩;它们被海浪逐渐地侵蚀,还像是许多树干被冲上了海岸，听任它们被抛在海岸上。这些树至今仍然在涨潮时它们被海浪冲上来的地方。在潮水高涨的时候，它们确实被完全淹没了。根据迹象看来，这些树似乎从咸水之中获得了营养。它们的大小非常惊人；它们在外表上好像野草莓树，但它们的果实外观上好像杏仁，内部有两颗紧密相连的仁。

38. 在波斯湾也有一个蒂罗斯岛(Tyros)，在朝着东面地方森林覆盖；在涨潮的高峰时期，这个地方会被海浪淹没。在岛上的高处有许多长"毛"的树，但是与来自塞里斯的毛不同，因为这些树的树叶没有"毛"，而且树叶不是很小，可以认为是藤本植物的叶子。它的果实大小如榅桲(Quinces)。当着这些果实成熟和裂开之后，它们露出了一个向下的"球"，用这个球可以纺成做衣服所需要的线。

39. 当地人把这种树称为"棉花树"，它在蒂罗斯这座小岛生长非常茂盛，该岛距离另一座同名的海岛 10 罗马里。朱巴指出，这种灌木周围长"毛"，用它纺成的线，质量比印度相应的产品更好。

51. 接下来谈到的是桂皮(cinnamon)，如果提到最富裕的阿拉比亚，这有点不太合适的话，有许多原因使它获得了"福地"和"圣地"的美名。阿拉比亚主要的产品是乳香(frankincense)和没药(myrrh)；它和穴居者的国家都出产没药，但阿拉比亚是乳香的唯一产地——即使如此，也不是整个阿拉比亚都出产乳香。

54. 据说只有不超过 3000 个家庭享有世袭从事乳香买卖的特权；因此，这些家族的成员被称为圣裔，当他们在剥树皮收获乳香的时候，不允许因为接触妇女或者送葬队伍而受到污染。通过宗教的禁忌，以这种方式把乳香的价格抬高了。有些专家指出，森林之中的乳香对于所有人都是一视同仁的，人人都可以使用。但也有人认为，不同的人每年都可以分配到乳香。

55. 关于这种树的外貌没有一致的说法。我们在阿拉比亚已经发生了战争，罗马军队已经深入到这个地区的大部分地方——确实，奥古斯都之子盖尤斯·凯撒在那里获得了很高的声望。至今为止，没有一位罗马作者告诉过我这种树长得像什么样子。希腊人对它的描述也是各不相同的。

58. 能够买到乳香的机会不多，因为乳香的收集通常一年只有一次。但是，现在命令一年必须收获两次。从前，按季节收获大约是在天狼星升起的时候，也就是在夏季最炎热的时候。他们剥开那些好像很厚的树皮，一直到最薄的树皮为止。树皮用鼓风的办法使之张开，而不是把它剥下来。浓稠的泡沫喷出来，这些东西凝固了，变厚了，成了固体。这种物质用棕榈树叶取下来，这是地面的特点要求这样做的。而在其他地方，它是收集在树下碾压过的坚硬地面上。后一种方法收集的是比较纯净的物质，前一种方法收集的是比较重的产品。任何长在树上的乳香都是用刮刀剥下来的，因此乳香中有树皮的碎片。

59. 树林被划分成地段，因此人们彼此可以坦诚相待，分配也不会出错。已经割过乳香的树林没有人保护，也没有人被别人盗窃过。但是，在加工乳香的亚历山大城，即使再严密的监督也不足以保护加工作坊！工人的围裙加盖了印章，头上戴着面具或者是密封的网罩，在他们被允许离开之前，必须脱下他们所有的衣服。亚历山大的工人在处理产品方面，比森林之中的种植者虚假得多。

63. 乳香一旦收集起来，就使用骆驼把它们运往萨波塔(Sabota)，这座城市有一个大门专门为接纳寄售货物而开。历代国王因为骆驼队而封闭了主要道路，把它变成了一个非常讨厌的地方。在萨波塔，什一税按照体积而不是重量，在他们向称为萨比斯(Sabis)的神焚香之前收取，然后才可以进行买卖。这种什一税通常用于支付公共开支，因为在许多固定的日期，萨比斯要慷慨地举行宴会招待客人。乳香只有通过格巴尼太人(Gebbanitae)的国家才能运输出去，这样，也就必须为此向他们的国王缴税。

64—65. 他们的都城是托马(Thoma)，大约距离地中海沿岸犹太地区的加沙城(Gaza)1487 罗马里。整个旅途因为骆驼停留的地方被分成 65 个驿站。给予祭司、国王的秘书还有卫士的乳香是有固定数量的；除了这些随从之外，还有守门人、仆人都要收取回扣。他们要向沿途的所有人付钱——一个地方是为了买水，另一个地方是为了买饲料，以及在驿站投宿和各种应当付出的开支。

阿拉比亚许多地方都生长着没药树。这种树大概可以长到6罗马步高。它长着刺，树干坚硬、弯曲，比乳香树干更粗，它的根部比其他部分更粗。

68. 这种树像乳香树一样，每年剥两次皮，季节也相同。但它的切口是从树根到强壮的枝干。没药树在它们被剥皮之前，会自发地流出汁液。这种东西被称为没药油，这是所有品种之中最贵重的东西，质量次于它的是栽培品种。

82. 阿拉比亚既没有桂皮，也没有肉桂(cassia)，尽管如此，它却享有"福地"的称号——这是一个虚假的、名不副实的称号，因为它把幸福置于国家之上。尽管它应当大大地感谢下述国家居民过于浪费的风俗习惯，即他们去世的时候，要烧掉死者先前的财物，以为这就是为神创造了财产，这就使阿拉比亚的名声远扬。

83. 重要的专家坚持认为，阿拉比亚一年内是生产不出尼禄在其妻波皮娅(Poppaea)去世之日焚烧的如此大量香料。因此，加上全世界每年举行的所有盛大安葬仪式，以及为了向死者表示敬意而焚烧的成堆香料，每次献给众神的香料只不过是沧海一粟。而且，诸神居然还要高高兴兴地对待那些供奉含盐小麦的祭祀者；作为他们确实非常满意的证据。

84. 但是，阿拉伯海更值得被称为"福地"，因为阿拉比亚送给我们的珍珠就出自这里。按照最低的估计，印度、塞里斯和阿拉比亚半岛每年从本帝国拿走了1亿塞斯特斯：这就是奢侈品和我们的妇女使我们所付出的代价。至于这些商品有哪些被献给了天上和地下的诸神，请问有谁能找出线索？

85. 在遥远的古代，流传着一个令人难以置信的故事——最早是希罗多德[①]所说——据说有两种香料出自鸟巢，特别是出自抚养巴克斯地区不死鸟的巢穴；根据这个故事，这些鸟巢由于鸟儿自己运来的食物的重压，或者是用箭把沉重的铅块射入巢穴之中的办

① III, iii.

法，使它从不可攀登的悬崖或者树上掉下来。还有一个关于生长在沼泽附近肉桂的故事，人们用可怕的蝙蝠（它们用爪子）和飞蛇来保护肉桂。当地人就是利用这些编造的虚假故事，来抬高这种香料的价格。

86. 还有一个伴生的故事说，在正午阳光的反射作用之下，整个半岛弥漫着一股难以形容的气味。这是各种气味混合在一起散发出来的味道。据说阿拉比亚存在的第一个迹象，来自亚历山大大帝的舰队，他们就闻到了弥漫在海上的这种气味。不过，上述故事全是伪造的，原因只有一个，因为肉桂（cinnamomun）——还有桂皮也一样——都生长在埃塞俄比亚，它的居民与穴居者是部落内通婚。

87. 穴居者从他们的邻居手中购买桂皮，用船把它们运过辽阔的大海，船只既不靠舵，也不靠桨，也不靠帆，也不靠任何设备助力来航行。代替这一切设备的只有人和勇气。而且，他们选择在冬季出海，在最短的时间完成航行，因为在那时刮的主要是东风。

88. 这风带着他们笔直地通过海湾，然后他们围绕着海角航行，西北风带着他们来到了格巴尼太人的港口奥西利亚（Ocilia）。这个港口的大部分工作都是由穴居者完成的。据说在大约5年之前，他们的商人返回的时候，有许多人死于 *en route*（法语，意为“在途中”——中译者注）。作为他们所运来货物的交换品，他们运回了玻璃制品、青铜器皿、服装、扣子、手镯和项圈；因此，这种贸易依靠的主要是他们确信女性需要的是什么商品。

93. 出售桂皮的专利由格巴尼太人的国王授予，他用发布公告的形式宣布交易开始。

111. 香脂（Balsam）比所有的香料都高级。只有一个地方有这种植物生长，这就是犹太地区。这里从前只有两个果园生长这种植物，两个都是王家的果园，一个果园面积不超过20尤格（*iugera*），另一个面积更小。韦斯帕芗和提图斯皇帝曾经把这种树运回罗马展览，与此密切相连的是，从大庞培开始，我们在凯旋仪式的队伍中就有了树木。

112. 香脂树现在属于罗马支配，它与它所属的品种一道必须交税。它在性质上完全不同于罗马和外国作家所记载的品种，它更像葡萄而不是桃金娘。现在，它已经被修剪成球形的嫩枝，绑得像葡萄一样栽种，像葡萄园一样，布满了整个山坡。香脂树没有支架来支撑它自身的重量。它在发芽的时候，同样需要剪枝。它的茁壮生长需要耙地，发芽迅速，结果要在两年之后。

113. 它的叶子非常像苹果树叶，树叶四季常青。犹太人用香脂树来发泄他们的愤怒；就像拿自己的身体来发泄愤怒一样。但是，罗马人爱护这种树木，为了保护这种灌木而战斗。国库现在栽种了香脂树，它一直很少见到，它的高度不足3罗马步。

115. 获取这种树的液体要使用玻璃片或者石片，或者是骨头做成的刀，因为其身体的主要部分不能忍受铁器的伤害，而且立刻就会死掉——但是它多余的枝条可以被铁刀修理掉，人们在用手刻出切口的时候，要非常小心保持协调，以免伤口透过树皮。

116. 慢慢渗出的树液称为香脂；它的味道非常甜，滴出的是细小的微粒；这些渗出的液体用羊毛收集到角质的小容器之中，它盛满容器之后，储藏到一个新的黏土罐之中。这种香脂很像黏稠的橄榄油，它在没有发酵之前是白色的；然后由透明的变成红色的，同时变得很坚硬。

117. 亚历山大大帝在犹太地区作战的时候，一棵树夏季一天的产量只有一贝壳的树液②。对于那个较大的果园而言，整个产量大约是6品脱，而那个较小的果园产量略微超过1品脱。当时它的价格是其两倍重量的白银。现在即使一棵树也可以生产更多的香脂。香脂树在修剪之后，每个夏季可以获得3倍的产量。

118. 即使是嫩枝也可以出卖；在征服犹太的五年当中，插条和嫩枝出售获得了800000塞斯特斯。这些枝条被称为香脂木，它们可以用蒸煮的方法制成香水；香料作坊还会用它们冒充真正的树液。即使是树皮，也是制造药材的珍贵物品。但是，“微粒”是最珍

② 大约是1/100品脱。

贵的，其次是种子，再其次是树皮，最后是木料，它的价格最低。

121. 香脂可以用玫瑰油、塞浦路斯油、乳香油、辣木果油、松节油和没药造假；最次的伪劣产品是用树胶做的。由于它在手背上会变干，在水中会下沉，[③]可以用这两种方法来检验真伪。

122—123. 正品的香脂应当是干燥的，但掺杂树胶的产品变得容易破碎，形成一层表皮。掺假的香脂把蜂蜡或者树脂加入之后，可以根据味道检测出来；也可以使用燃烧的木炭来检验，那时它会燃烧并冒出黑烟。正品的香脂在热水之中很粘稠，会沉淀到容器的底部。而掺假的香脂好像油一样浮在水的表面。如果它被杏仁油污染了，在它的周围便会形成一道白圈。最重要的检验方法是，正品的香脂可以使牛奶凝固，不会在衣服上留下污点。没有任何一个地方比这里更加明目张胆地进行欺骗，因为购买每一品脱，倒卖者买入的时候价格是300迪纳里，而卖出的时候价格却是1000迪纳里；由于囤积了大量掺假香脂，获得的利润是如此丰厚。

③ 普林尼的说法前后不一，他在后面（122—123段）说到正品香脂会沉入水中。

第十三卷　香料

1. 在香料(Perfumes)的王国之中,树种是珍贵的,因为各种香精不能单靠其自身就令人十分满意,而奢侈享受就在于将它们组合制造出一种香料。

2. 这就导致了香料的发明,但是,发明者的姓名却没有被记载下来。在特洛伊战争时期是不存在香料的,也没有用来向神祈祷的香。人们只知道他们本国的雪松和柑橘树(Citrus)的气味,或者更准确地说,是在祭祀的时候这些木材燃烧发出的烟味。但是,玫瑰油已经发现了。

3. 香料应当认为是波斯人的标签,因为他们把自己浸泡在香料之中。由于其高超的品质,可以使人祛除难闻的气味。我发现香料的第一个实物是,当大流士的营房被占领时,亚历山大大帝缴获了大流士国王抛弃的一个香料盒子。后来,我国人民也知道了在最讲究、最好的物品之中,香料在生活之中的好处,它也开始成了供奉给死者的合适祭品。由于上述原因,我将花费较长篇幅来谈论这个问题。

4. 香料有时根据它们的产地来命名,有时根据它们组合成的物质性气味来命名,有时根据树来命名,或者是根据各种各样的理由来命名。最重要的一件事是,必须认清时尚会改变,名气会常常消退。从前,最值得赞美的香料是产自提洛岛的香料,后来是产自埃及门德斯(Mendes)的香料。但是,雅典始终如一维护了其“泛雅典娜节”(Panathenaic)香料的美名。

7. 制造任何香料的配方,主要包括两种成分:香料和固体基。

前者一般包括各种各样的香油，后者是为香料准备的物质。这些油料被称为"收敛剂"，"有香味的"香料；第三种成分——有许多人忘记提到——这就是染色剂。加入朱砂（cinnabar）和牛舌草（anchusa）可以染色，少量的盐可以保护香油的特性。但是，在加入牛舌草之后，就不能用盐了。还可以加入松香和树胶，以保护固体基之中的香料，否则它很快就会气化和消失。

9．我倾向于认为使用最为广泛的香料出自玫瑰（rose），玫瑰可以在任何地方大规模地种植。因此，长时期以来最简单的调和物就是玫瑰油，它是尚未成熟的橄榄、葡萄汁、玫瑰、藏红花（saffron）的花朵、朱砂、芦苇、蜂蜜、灯芯草、精盐、牛舌草或者葡萄酒的混合物。

18．"国王的"香料得名于它是为帕提亚国王生产的香料，它是辣木果油、闭鞘姜属（costus）、砂仁（amomum）、叙利亚桂皮、小豆蔻、甘松香（spikenard）、猫百里香（cat-thyme）、没药、桂皮、安息香树脂（styrax-tree gum）、岩蔷薇（ladanum）、香脂、叙利亚芦苇和灯芯草、野葡萄、桂皮叶、serichatum①、柏树、红木（rosewood）、万应灵药（panace）、唐菖蒲植物（gladiolus）、墨角兰（marjolam）、莲花（Lotus）、蜂蜜和葡萄酒的混合物。国王的香料有九种成分出产在世界的征服者意大利；确实，除了伊利亚特的鸢尾花（iris）和高卢的甘松油膏（nard）之外，这些成分不出产在整个欧罗巴的任何地方。至于葡萄酒、玫瑰、爱神木树叶和橄榄油，几乎全都可以视为所有国家的共同财产。

19．我们熟悉的滑石粉这种物质可以制成干燥的香料。检验香料时，可以涂在手背上，手上肌肉部分的温度不至于使它们变质。

20．在所有的奢侈品之中，香料是最没有意义的。例如，珍珠和宝石至少还可以传给他的继承人，衣服可以穿很久，但香料当它

① 该组合词出自斯拉夫语，前半部意为"有兴奋作用的药物"或"解毒剂"，后半部意为"制成片剂的药物"，据此无法推测它究竟是什么物质。

们还在使用的时候就会失去芳香的气味和变质。它们深受欢迎，只是因为当一名妇女外出的时候，她们使用的香料可能会吸引那些还没有用过香料的人。她们花费400迪纳里以上的价钱才能购买1磅香料。而付出如此高昂的代价，只是为了博得其他人的欢心，因为服饰本身是闻不到香味的。

22. 我曾经看见有人把香料涂在自己的脚板上，这个愚蠢的行为是马可·奥托(Marcus Otho)教给尼禄皇帝的。但是，请告诉我这事是怎样引人注意的，或者是身体的哪个部分感到舒适？况且，我听说有些人与皇帝并没有关系，却赠送给皇帝挂在浴室墙上喷洒香水的设备。卡里古拉皇帝有熏香的浴缸，已故尼禄皇帝的许多奴隶同样有这些东西。因此，使用香料这种风尚看来似乎并不是皇帝独有的特权。

23. 但是，最令人惊奇的事情还是这种奢侈浪费的行为，竟然在我们的军营之中也出现了。无论如何，积满尘土和尖端有刚毛的鹰旗和旗帜，每逢节日就要涂上香料。我希望自己能够说出是谁首先采用了这种做法。有一个事实是毫无疑问的，我们的鹰旗征服了世界，得到的就是这种报答！我们要掩饰自己的缺点，我们就有权利在自己的头盔之下涂发油！

24. 我不敢轻易确定香料是什么时候传入罗马的。有一个确定的事实是，在罗马建城之后的565年[②]，监察官帕布利乌斯·李锡尼·克拉苏和卢西乌斯·尤里乌斯·凯撒(Lucius Julius Caesa)发布公告，禁止任何人出售“外国香料”，这就是它们的名称。

25. 但是，老天在上——现在有些人甚至把香料添加到他们的饮料之中，认为苦味的价值就在于可以使他们的身体从里到外享受到一种强烈的快感。

27. 棕榈树(palm-trees)不是意大利本土的植物，只有在那些温暖的地方才可以看见它。

28. 棕榈树生长在沙质的土壤之中——通常是含有碱盐的地

② 公元前189年。

方。它们生长在水利灌溉条件良好的地方，终年都能有水灌溉，尽管这里看起来好像是干燥的地方。棕榈树有好几种，让我们从那些比灌木还小的品种开始说起。

29. 比较高的棕榈树形成了树林，它们尖尖的叶子从树干周围向外伸出，好像是一把梳子。必须明白，这些树是野生的品种，其他品种的树是细长的，高而有一排一排密集的结疤，③或者树皮上有环状的东西，可以供东方人很快地爬上去，他们在自己和树的周围布下了连环的陷阱，这种人作为攀爬者向上攀爬的速度惊人。

30. 所有的叶子和果实都长在树顶上，果实不像其他树一样长在树叶中间，而是从树枝之间的嫩枝上一串一串地垂下来。树叶分成两半，边缘像刀一样锋利，使人想起了折叠式写字板。今天，它们被撕开做成绳索，编织柔软的工艺品和遮阳物。

36. 棕榈树使用压条法繁殖，即用利器把树干从脑部开始④，切开成长约 3 罗马步的一段，用木桩固定这些插条的位置。一根插条从根部长出，或者从另一根最新的枝条上长出，就成了一棵具有顽强生命力的新植物。

56. 埃及有很多种类的树，但第一位的和最重要的无花果树不是随便在任何地方都可以找到的。由于这个原因，它被称为埃及的无花果树。它的树叶大小和形状类似桑树叶子。它的果实不是长在枝条上，而是在树干上。埃及的无花果味道特别甜，没有种子。这种树结的果实特别多，但只能使用铁制的弯刀来切开，否则它就不能成熟。

57. 果实采摘下来之后三天是比较好的，其他的无花果外形都不如它。在一个夏季之中，这种多汁的无花果可以七熟。这种无花果树的木材是一个特殊的品种，而且是最有用的木材之一。砍

---

③ 这种结疤在迦太基钱币之中有明确的图案。参见：G. K. Jenkins and R. B. Lewis, Carthaginian Gold and Electrum Coins(RNS, London, 1963),pls, 5 - 6, 35。

④ 普林尼正确地解释了插条的方法，但在这里，如同在其他地方，普林尼使用人类身体结构的术语来解释树的各个部分。

下来之后，立刻就要放入沼泽之中，它起先会沉入水底，后来开始浮在水面上；这表示木材已经成熟。

68. 我还没有触及沼泽地区的植物，或者是生长在河边的灌木。但是在我离开埃及之前，我将要描述一下纸莎草(papyrus)植物的特性，因为我们的文明——无论如何，我们的书面文献——特别有赖于纸的应用。

69—70. 根据马可·瓦罗所说，纸张是由于亚历山大大帝的胜利和兴建埃及亚历山大城的结果而发现的。在那之前，没有纸张使用，人们最早是在棕榈树叶上写字，后来是在某种树皮上写字。后来，官方的文件写在薄片上，私人文件则写在亚麻布或者是蜡板上。我们在荷马的著作之中发现写字板的使用被提早到了特洛伊战争时期。[⑤] 但是，在他那个时代，现在已经知道甚至没有一个地方像埃及一样存在。当时纸莎草生长在埃及的塞本尼斯(Sebennytic)和赛斯(Saitic)州，[⑥]后来则大量地生长在尼罗河附近的土地上。荷马提到了法洛斯岛，它现在已经经由一座桥梁和亚历山大城连在一起，从大陆乘帆船一昼夜时间可以到达这里。根据瓦罗所说，托勒密国王和欧迈尼斯(Eumenes)之间后来为图书馆发生了争夺，前者停止了纸张的出口，帕加马城便发明了羊皮纸。[⑦] 后来，由于使用了这种材料，人类不朽的业绩得以毫无例外地传扬开来。

71. 纸莎草生长在埃及的沼泽地区和尼罗河流水速度缓慢的地区。它们也长满了不足3罗马步深的小池塘。这种植物的根茎倾斜，粗如手臂，向上的一段尖细，每棵纸莎草大约不超过15罗马

---

⑤ 《伊利亚特》，VI，168。这是荷马史诗之中唯一一次提到书写，线形文字B的存在，促使人们认为这是自迈锡尼时代保留下来的记忆。希腊人在公元前8世纪从腓尼基人那里借用了字母文字的方法。

⑥ 埃及被分成三个总督区，底比斯、下埃及和中埃及——每个总督区再分为诺姆或者是行政区划，埃及有42个诺姆，每个诺姆由一名行政人员管理，他既是法官，又是税吏。

⑦ *Pergamena.*

步高，呈三角形，顶端好像是聚伞圆锥花序。纸莎草的根部被当地人当做木材使用，不仅用来作燃料，而且用来做各种各样的器皿和容器。确实，他们把纸莎草编织起来，做成船只；他们编织船帆、纸莎草皮的草席、衣服、毯子和绳索。他们也吃煮过的新鲜纸莎草，但只吸取汁液。

71. 纸莎草也生长在叙利亚的湖边，前面已经说过，它们是可以闻到香味的芦苇。安条克国王只允许使用叙利亚的纸莎草来为本国的舰队做绳索；使用细茎针茅做绳索还没有成为普遍现象。现在，人们认为生长在巴比伦附近幼发拉底河的纸莎草同样可以用来做纸张。直到现在，帕提亚人还喜欢在布料上写公文。

74. 纸张是用针把纸莎草剖开，把它做得非常薄，尽可能长的条形物。这种纸莎草纸的质量在植物中是最好的，而且在外观上后来也逐渐缩小了。质量最好的纸莎草纸号称“祭司”纸，最初只用于与宗教有关的书籍，但是为了讨好皇帝，它被命名为“奥古斯都”纸；第二等质量的纸莎草纸用其妻子之名命名称为“利维娅”纸；因此，“祭司”纸就被降到了第三等的纸莎草纸。

75. 接下来的纸张按照它做成的地方被称为“圆形露天竞技场”纸，这种纸张由罗马出名的范尼乌斯(Fannius)作坊生产。他们细心地修整，使这种纸张的质量非常好。因此，这种普通的纸张被提高到了第一等的质量——这种纸张因为其生产者而闻名。但是，这种纸张像“圆形露天竞技场”纸一样，它的独特加工方法也没有保留下来。

76. 接下来是“赛斯”纸，这是按照其大量生产的赛斯城来命名的。这是使用下等碎屑做成的；然后是邻近地区出产的“提尼奥”纸，它是用细小的纤维制成，在表面上蒙上了一层纸草。这种纸张按照重量而不是质量来出售；最后一种是名为 *emboritica* 的纸张，即包装纸，这种纸张不能写字，只能用来包文件，或者包商品。[8] 在这种纸张之后是外包装的纸张——真正的纸莎草纸——它像灯芯

---

⑧ *Emporos.*

草一样，除了用于水中之外，甚至不能用来做绳索。

77. 所有的纸张都是在一块宽而薄的案板上以湿润的尼罗河水“织成的”；这种浑浊的液体，作用就好像胶水一样。[9] 首先，要把一层纸莎草笔直地粘在板子上——通常它的整个长度和尾端都要进行修剪；然后又把一些纸莎草条交叉放置，而且要完完全全的十字交叉放置，然后把它们压紧，纸张在太阳之下被晒干，粘在一起；每一张做好的纸张在质量上都属于最次等，这里的纸张从来就没有超过 20 张一卷。

78. 不同类型的纸张在幅宽方面有很大的区别。最好的纸张幅宽是 13 指宽，祭司纸的幅宽是 11 指宽；范尼乌斯纸的幅宽是 10 指宽，“圆形露天竞技场”纸的幅宽是 9 指宽，赛斯纸的宽度不如大头锤，通常是大规模生产。纸张质量的其他标准包括纤细、厚薄、亮度和光洁度。

79. 克劳狄皇帝下令降低最好纸张的质量，原因是奥古斯都时代的这种纸张太薄，不能经受笔的压力。此外，它还使文字透过纸张，这就使人担心墨水会污染纸张背面的文字。况且，纸张过分透明，从另一方面来说也不好看。因此，这种纸张的底层使用第二等质量叶子做成，交叉放置在第一等质量纸莎草纸上。

80. 克劳狄皇帝还把纸张的宽度增加到 1 罗马步。还有 18 指宽的纸张，称为 *macrocola*，[10]对这种纸张的检查发现了一个不足之处：如果撕烂一张纸，就将伤害到几张纸，因此，克劳狄纸被认为比其他种类的纸更好，但奥古斯都纸在公文纸方面仍然占据首位。

81. 粗糙的纸面用象牙片或者壳弄光滑之后，书写容易褪色，因为纸张磨光之后，光滑的纸面不吸收墨水。湿润的工序马马虎虎完成之后，造成的结果首先就是不好写字，可以看出这种裂缝是大头锤敲打造成的结果，甚至有的纸张还有霉味。因此，在纸张的

---

[9] 这里不符合实际情况：使用河水是为了防止纸张干燥。纸莎草天然的汁液起了粘合剂的作用。

[10] Cf. also Cicero, Letters to Atticus, XII, 25,3 AND xvi, 3,1.

生产过程中还必须加上另外许多道工序。

82. 打底的糨糊使用质量最好的面粉、开水和少量的醋混合而成;木工的糨糊和树胶是容易开裂的粘合剂。有一种制造糨糊的更好方法,这就是把面包屑放在开水之中搅拌,结果糨糊之中有少量物质在粘合处,这样生产出来的纸张甚至比亚麻布还要柔软。所有的糨糊都必须是当天的,不能多也不能少,在涂满糨糊之后,纸张要用大头锤打薄,它的表面覆盖着一层糨糊;再一次把纸张的皱纹压平,使用大头锤把它敲平。

83. 这道工序可以使书面文献保存很久。在诗人和最杰出公民庞波尼乌斯·塞昆杜斯(Pomponius Secundus)的家中,我曾经见过提比略和盖尤斯·格拉古(Gaius Grachus)[11]拥有的文件,它们几乎是两个世纪之前写成的。确实,我经常拜读西塞罗、已故的奥古斯都皇帝和维吉尔的手稿。

84—85. 有许多现在已经发现的事实,与马可·瓦罗关于纸张的观点相反。多年前历史学家卡西乌斯·赫米那(Cassius Hermina),在其《编年史》第四卷之中提出书记员格内乌斯·特伦提乌斯(Gnaeus Terentius)在伊尼库卢姆(Janiculum)挖掘自家的土地时,在地下挖出了一个箱子,箱子里保存着罗马国王努马(Numa)的遗体,还有他的许多书籍。这件事情发生在努马在位时期之后的535年,[12]赫米那进一步指出,这些书籍是纸的,这是非常重要的,因为它们虽然是殉葬品,却是保存完好,未受破坏的。

86. 其他人感到惊奇,这些书籍是怎么保存下来的。特伦提乌斯作出了如下解释:在这个箱子中间放着一块正方形的石头,四边用涂蜡的绳子固定,三本书放在石头之上。他认为这就是为什么这些书没有腐烂的原因。而且,这些书浸透了柑橘油,因此没有蛀

---

[11] 提比略(公元前162—前133)和盖尤斯(公元前153—前121)是公元前177年和公元前163年任执政官的提图斯·塞姆普罗尼乌斯·格拉古之子。他们在担任保民官时力图进行土地和社会改革,被元老贵族寡头杀死。

[12] 公元前181年。

虫来咬它们。正在讨论的这些书籍包括了毕达哥拉斯物理学理论。赫米那认为，这些书由于其内容有问题，曾经被行政长官昆图斯·佩提利乌斯(Quintus Petiliwus)烧毁了。

87. 监察官皮索在其《回忆录》第一卷之中记载了一件同样的事情。他说这里发现了7卷祭司法和同样多有关毕达哥拉斯物理学。图蒂塔努斯(Tuditanus)在其著作第13卷之中提出，《人类的古代》有12分册，安提亚斯(Antias)在其著作第二卷之中认为，以拉丁文写成的《祭司问题》有12分册，而以希腊文写成的《物理学原理》也包括同样多的分册。安提亚斯在其著作第三卷之中还提到，是元老院的决定导致了这些分册被烧毁。

88. 但是，一般认为西比尔(Sibyl)把3个分册加入到了骄傲者塔尔奎恩(Tarquin)的书中；其中2分册被她自己烧毁了，第三部分在苏拉危机时期在卡皮托被火烧掉了。而且，曾经担任执政官3次的穆西亚努斯断言，他不久前担任吕西亚总督时期，在特洛伊某个神庙之中读到了萨耳珀冬(Sarpedon)写在纸上的一封信。即使埃及在荷马时代尚不存在，我觉得这一点也是非常重要的。这就有一个问题存在，为什么那时已经使用了纸张，现在已经知道的习惯法还写在铅制的折叠板或者是亚麻布上面？或者，为什么荷马写到即使在吕西亚也是把木板而不是书信送给柏勒洛丰(Bellerophon)？[13]

89. 纸张供应经常短缺，在元首提比略继位早期，纸张的短缺问题导致元老院任命了多名专员来监督纸张的分配；否则日常生活便会乱成一团。

91. 紧邻阿特拉斯山(Atlas)的是毛里塔尼亚，那里有一片森

---

[13] 《伊利亚特》，VI，168.。柏勒洛丰是科林斯国王克劳库斯和欧里墨德之子，西西弗斯之孙，他杀死贝莱鲁斯，从科林斯逃到了阿尔戈斯国王普洛透斯那里，以洗涤杀人的恶名。柏勒洛丰后来被派往吕西亚国王约帕特斯那里送一封信，普洛透斯在信中请求约帕特斯杀死柏勒洛丰，但约帕特斯反而派他去杀死喀迈拉，以为他会被如愿地杀死。但柏勒洛丰依靠珀加索斯的帮助，成功杀死了怪物。

林，出产大量的柑橘树(Citrus-trees)。这是人们迷恋木板的起源，妇女们使用木板来反诉要她们为珍珠方面的奢侈浪费负责的那些人。这里现在还有一块曾经归马可·西塞罗所有的木板，其中只有很贫乏的资料，他为此付出了500000塞斯特斯。

139. 在东方有一个重要的事实是，有人离开科普托斯(Coptos)直接穿过一片沙漠，那里可以看见的唯一植物是被称为“干燥荆棘”的荆棘——而且，即使是这种植物也非常稀少。但是，在红海沿岸却有茂密的森林，主要是月桂树和橄榄树，两种树都结果实。在下雨的时候，真菌类植物由于光照作用而变得更光滑。这些灌木的高度大约是5罗马步左右。大海里有许多鲨鱼，因此水手只能在船上老老实实地徒然看着，而鲨鱼竟然常常攻击桨手。

140. 从印度航海归来的亚历山大大帝士兵说到过，在大海之中生长的某些树木，它们的叶子在水中是绿色的，但是它们离开水之后，在阳光之下立刻就变干了，变成了盐。他们还说在海岸边生长着石头的藨草属植物(bulrushes)，好像真的藨草属植物一样。在水深之处生长着某些颜色像牛角的灌木丛，它们会分支，顶部是红色的。用手触摸它们的时候，这些树木就好像玻璃一样破碎了，变成了像铁一样的火红颜色，当它们冷却下来之后，又变回了原来的本色。

141. 在同一个地区，潮汛会淹没森林，即使这些树木比最高的悬铃木属植物和杨树还高，它们有成簇的叶子，好像月桂树一样。它们的花有香味，像紫罗兰的颜色。它们的果实像橄榄，有令人愉快的气味。果实在秋季形成，春季掉落。但这种树是常青树。大海可以完全淹没了这些树木之中较小的树木，但即使最小的树木也能露出树顶来。在退潮的时候，船只可以在它们那里抛锚，固定在树根上。我曾经听某些专家说，在这片海域之中还可以看见其他树木，它们总是长着树叶，结的果实像羽扁豆(lupin)。

第十四卷　葡萄和葡萄栽培技术

1. 至今为止谈到的大多数外国树种，它们不能脱离来的环境而培植生长。也不能长距离移植而不变质。我现在就来说说不同地方的树木；在所有这些地方之中，意大利被认为是特殊的亲本。

2. 有一件事情使我的惊奇超过了我的表达能力，即我们对于某些树种的记忆已经消失了。同样，我们甚至对于先前作家们提到的那些名字也已经忘记了。因为人们毫不怀疑地认为，由于罗马帝国的统治，世界性的广泛交流已建立；由于物质的交流、和平的合作关系、普遍地利用先前所不知道的物质，人们的生活水平已经得到了改善。①

3. 确实，那些精通许多古代作家著作的人已经很难找到了。古人的研究成果是很丰富的，他们的作品也是很成功的。在1000年之前文献出现之初，赫西奥德(Hesiod)就开始向农夫讲述他的基本信条。有几位作家模仿他的研究成果，结果我们有了更多的著作。因此，我们现在不仅要研究那些后来发现的东西，而且要研究古代专家们写成的著作。因为人类的惰性已经造成了许多文献的彻底毁灭。

4. 难道造成这种缺憾的原因，还有什么比整个世界局势的变化更重要的？有一个事实是其他的风俗习惯潜移默化地传入，人

---

① 普林尼的论点是混乱的。在这一段第一句之后，人们期待他会说由于罗马文明的扩张，改善了学术的水平，而不仅是生活水平。他常常贪多不及细嚼，因而谈论的主题往往流于表面。

们的头脑已经被其他的问题所占据，只有从事艺术活动的人才受到尊重。在古代，人们的权力仅限于自己的边界之内，其原因是他们自己的才能有限；又没有积累财富的机会，所以他们不得不重视艺术品的优秀品质。因此，他们把艺术品放在首位，用以显示他们的资源，因为他们确信艺术品具有不朽的价值。这就是为什么人生的价值和成就如此丰富多彩的原因。

5. 世界范围的扩大和我国资源的增长，结果是对后代造成了损害。元老院成员和法官开始根据财产来挑选，文职官员和军队将领唯一可以炫耀的东西就是财富。没有子女者开始起着最重要的影响和作用。遗产的追逐成了最有利可图的职业。在这种氛围之下，唯一使人感兴趣的是占有，然而生命的真正价值已经走向毁灭，弄得一塌糊涂。所有的艺术都被称为“自由的”——自由的最大好处——成了完全对立东西。溜须拍马开始成为升迁的唯一手段。不同的人以不同的方式、在不同的环境之中祭祀财神，但每个祈祷者的目的都是相同，即求得物质的占有。无论在任何地方，甚至是最优秀的人物全都喜欢培养他人的恶行，胜过于培养自己的善行。我敢说，其结果是寻欢作乐一旦复活，生命本身也就走向尽头。

8. 但是，从哪里开始，要比从葡萄说起开始更好呢？葡萄的杰出地位是因为意大利葡萄获得了如此多的殊荣，正是因为这些优点，葡萄被认为超越了神赐给世界的所有恩惠——即使是在香味方面，因为在葡萄开花的季节，它的诱人香味不次于任何香味。

9. 葡萄在过去被人们正确地认定为属于树的种类，是因为它的体形。在波普洛尼亚城(Populonia)我们可以看见一座朱庇特的雕像，它就是用一棵葡萄树干雕刻成的，并且经历了多年之后仍然保持着完美无缺。在马西利亚同样也有一个用葡萄树做成的大酒杯。梅塔庞图姆(Metapontum)朱诺神庙的大圆柱就是用葡萄树做成的。即使是现在，登上以弗所狄安娜神庙屋顶的通道，还是由葡萄树做成的楼梯。据说它生长在塞浦路斯，因为那个岛上的葡萄树长得特别高大。其他树木没有如此长的寿命。但是，我倾向于认为上述东西是用野生葡萄树的木材做成的。

10. 我国的葡萄树每年保证修剪一次，它的所有力量都输送到了嫩条之中，或者是压条之中。从葡萄树获得的唯一收益是葡萄汁，为了适应气候特点和土壤的品质，汁液的收集有各种方法。在坎帕尼亚，葡萄藤绑在杨树上；缠绕着它们的“新娘”，以它们难以控制的手臂缠绕、攀缘在树枝上，一直爬到树顶为止；它们爬得如此之高，以至于那些被雇佣来摘葡萄的人按照他们雇工的行话，认为有必要准备好火葬堆和坟墓。确实，葡萄树是不停生长的。

11. 我甚至还见过整个地区的房子和其他建筑物被一棵葡萄树的嫩枝和卷须包围着。瓦勒里亚努斯·科尼利乌斯（Valerianus Cornilius）认为有一件事情特别值得注意，这就是利维娅在罗马住宅的柱廊之中，有一条没有屋顶的柱廊，是用一棵葡萄树作葡萄架来遮荫的，同时它每年还出产 84 加仑葡萄汁。

12. 在帕杜斯河对岸有一棵意大利的树木，名叫槭树，它上面的宽大枝叶被葡萄树所覆盖，这些葡萄树以其光秃秃的蛇形分支向外延伸到树杈上，然后伸出它们的卷须沿着树枝向上面的“手指”攀爬。

13. 葡萄树使用支架时的高度，大约与一个中等身材的男子身高相当，在它长高分支之后，就由一根插条形成了整个的葡萄园。

在许多行省，葡萄树不用任何支架，自己独立生长。它们的枝条紧靠树身，依靠自身少有的优势茁壮地生长。

14. 在其他地区，例如在阿非利加和纳博纳西斯高卢行省部分地区，那里的习惯是阻止这种做法，除了剪去残枝之外，要防止葡萄树长得过大。

20. 德谟克利特自称知道希腊所有不同品种的葡萄树，只有他认为葡萄树的品种是可以数得清的，但其他所有作家公开表明观点，认为葡萄树的品种多得数不清；在我们谈论葡萄酒的时候，这种观点的正确性更是显而易见。当然，我不会提到所有的葡萄酒，而仅仅是那些最著名的葡萄酒，因为这里的葡萄酒就像行政区一样多。

21. 阿米尼亚(Aminaea)葡萄树因为其大小和品质,属于最优秀的品种,它们显然经过了多年的改良。

23. 按照品质来说,接下来是诺蒙塔努姆(Nomentanum)葡萄树,它的木材是红色的,这使得有些人把它称为“红色的葡萄树”。

24. 阿皮安(Apian)葡萄树的得名,是因为蜜蜂[②]特别喜欢它。它有两个品种,在幼苗的时候都覆盖着茸毛。它们的区别在于,一个品种成熟得比较快,而另外一个成熟得也不慢。这种葡萄树在寒冷地区生长不成问题,再也没有其他品种比它们在雨水之中腐烂得更快的。

25. 至今为止,主要的荣誉都给了意大利本土的葡萄树。其他的品种则来自海外。来自希俄斯(Chios)或者萨索斯(Thasos)透明的希腊葡萄酒,质量可以与阿米尼亚的上等葡萄酒媲美。这种葡萄树结的葡萄非常嫩,葡萄串非常小,以至于除了非常富饶的土地之外,栽种这种葡萄树无利可图。番樱桃属(Eugenia)——它的名字就表明了它的高贵品质——这是从陶罗梅尼乌姆(Tauromenium)丘陵地区输入的品种,只栽培在阿尔巴(Alba)地区,因为它如果栽培在别的地方,立刻就会丧失自己的特点。确实,有些葡萄树对某些地方有很大的依赖性,它们的名气也与这些地方密不可分,人们不可能不计恶劣后果把它们移植于其他任何别的地方。

44. 老加图由于获得了凯旋仪式[③]和担任过监察官[④]而特别有名。但是,他在文学方面的名气,他在所有实践领域给罗马人民传授的知识——特别是在农业方面的知识,名声更大。虽然他被同辈认为是一个杰出的人物,是一位无可匹敌的农场主,但加图只涉及了这些品种中的少数葡萄树品种,他甚至连许多品种的名字都没有提到。

---

② *apes.*
③ 公元前194年。
④ 公元前184年。

45. 他的观点我们将分别加以说明，进行全面综合的论述，以便我们能够认识整个葡萄树名录之中那些最著名的品种。这个目录是罗马建城之后的608年，大约是迦太基和科林斯被占领和加图去世时写成的。加图为我们描绘了一种趋势，在随后的230年之中，文明取得了如何巨大的进步，并且对葡萄树和葡萄进行了如下观察。

46. "据说原产地和充足的阳光照射，对于葡萄树来说是最好的地方，这些地方种植了阿米尼亚的小品种、'两种番樱桃属'品种和'赫尔维乌姆'小品种。什么地方的土地难以耕种，什么地方的土地多雾，就可以种植阿米尼亚的大品种、姆尔根提内(Murgentine)、阿皮西亚(Apician)和卢卡尼亚品种的葡萄树。所有其他品种，特别是杂交品种适合于在任何土地上栽种。大小品种的阿米尼亚葡萄，还有阿皮西亚葡萄种子和各种东西，都可以储藏在罐子之中，它们也可以保存在度数高的新葡萄酒之中。大的阿米尼亚品种葡萄有坚硬的外皮，它们要挂起来晾干做葡萄干，因此要放在铁匠的作坊之中。"

47. 在拉丁语之中，关于这个问题没有很古老的说法——因此我们离它的源头很近。在我们自己的时代，在葡萄栽培方面技能杰出的例子也不多；由于这个原因，我必须把如下细节包括进去，以便使成功的效应尽人皆知，正如这些成功在所有的行动之中所提供的巨大动力一样。

48. 阿齐利乌斯·斯塞内卢斯(Acilius Sthenelus)是一个平民和自由民，他因为精心经营一个不超过40英亩的葡萄园而名声大振。这个葡萄园位于诺蒙塔努姆地区，他把它出售获得了400000塞斯特斯。由于这位斯塞内卢斯的工作成果，雷米乌斯·帕莱蒙(Remmius Palae-mon)获得了最高的荣誉，由于其语法著作而在另外一个领域成了著名人物。在最近20年之中，他在诺蒙塔努姆那个地方买了一个农庄，花了600000塞斯特斯。这里有一条道路通往罗马，大约8罗马里长。

50. 在罗马郊区的四周，地产价格之低是众所周知的，特别是在上述地区更是如此。帕莱蒙获得的农庄粗看起来不值一谈，它的土壤比最贫瘠地产的土壤还要糟糕。他去耕地并不是为了什么高尚的理由，首先就是为了沽名钓誉，这就是他最特出的性格。在斯塞内卢斯的监督之下，帕莱蒙为葡萄园翻地挖沟，虽然他纯粹是在逢场作戏地扮演农夫。但他把葡萄园改进到令人难以相信的地步，在 8 年之中，他卖给顾客的葡萄酒达到了 400000 塞斯特斯；同时，葡萄树上仍然挂着葡萄。

51. 最终，学术界的首领、最有权势的人物安尼乌斯·塞内加(Annaeus Seneca)——由于其权势过分嚣张最终反受其害，这么一个不慕凡琐物事的人，由于非常热望占有这个农庄，居然毫不害羞地屈服于自己非常痛恨的人，他大概还是一个喜欢吹嘘自己实力的人。他以帕莱蒙所付出的 4 倍价格购买了这个葡萄园——这是在转归后者控制还不到 10 年时间发生的事情。

53. 正如荷马所指出的那样，[5]最有名的老牌葡萄酒出自马罗尼亚(Maronea)，生长在色雷斯的沿海地区。我不接受有关其起源的神话传说或者五花八门的报道，除了阿里斯提乌斯因为蜜蜂和葡萄酒具有天然的令人愉悦香味，成了马罗尼亚第一位把这两种物质混合在一起的人这个故事之外。荷马认为马罗尼亚葡萄酒是一种按照 1∶20 的比例掺水的混合酒。[6]

54. 马罗尼亚葡萄酒直到今天仍然都保持着酒力和不可征服的烈性。三次担任执政官的穆西亚努斯在最近访问色雷斯的时候发现，那里有一种把葡萄酒和水混在一起的习惯，比例是 1∶8，葡萄酒的颜色是黑色的，具有香味，逐年改善。荷马赞美过的普兰尼(Pramnian)葡萄酒也非常有名；它出产在士麦拿地区，靠近众神之母神庙。

55. 在其他葡萄酒之中，没有著名的品种。但是，在卢西乌

---

⑤ 公元前 146 年。

⑥ see *Odyssey*, *IX*, 197*ff*. *CF*. *Virgil*, *Georgics*, *II*, 88*ff*.

斯·奥皮米乌斯(Lucius Opimius)担任执政官,[⑦]保民官盖尤斯·格拉古因为鼓动人民起来革命而被杀之年,所有品种的葡萄酒质量都很出名。当年的气候很热,阳光充足:人们把它称为"充分成熟的气候"。那年出产的葡萄酒一直保存到了现在——差不多200年之后——虽然它们现在已挥发得像蜂蜜一样黏稠,而且味道有点涩。这就是陈年葡萄酒的本味。

56. 如果我们假定这些葡萄酒的历史价格是半加仑葡萄酒值100塞斯特斯,这笔钱的总利息是每年6%(这种利息是合法的和适中的),我们可以论证在日尔曼尼库斯之子盖尤斯·凯撒担任皇帝的时候——在奥皮米乌斯担任执政官之后160年——它们价格以12倍的系数提高了。这件事情在拙作《庞波尼乌斯·塞昆杜斯传》和他为盖尤斯·凯撒举行的宴会记录之中已经提到。我们的酒窖花费了多少的钱财!

57. 在20年前,没有其他任何物品在价格上经历了如此激烈的上涨(如果不说是膨胀的话),后来又经历了如此巨大的下跌。直到现在,除非在挥霍浪费的情况下,一桶酒的价格很少能达到1000塞斯特斯。

58. 饮酒可以温暖人体内部的器官,酒如果涂抹到人的体表,具有冷却的作用。这时,它不会不合时宜地提醒以自我感觉良好出名的安德罗西德斯(Androcydes)[⑧],他曾经给亚历山大大帝写信,极力劝告要控制过分放纵。"当你在饮酒的时候,国王啊,请记住你在饮的是地球的血液。毒芹属植物(Hemlock)是人类的毒药,而葡萄酒确实是毒芹属植物的毒药。"要是亚历山大大帝听从了他的规劝,肯定不会在醉酒的时候杀了自己的朋友克利图斯(Clitus)和卡利斯提尼斯(Callisthenes)。所以,我们可以公正地说,当我们失去了谦逊的时候,没有其他任何东西比之对我们的意愿危害更大。

---

⑦ 公元前121年。

⑧ 公元前304年。

59. 没有人怀疑某些品种的葡萄酒比其他品种的葡萄酒更令人喜欢，或者不知道同一批葡萄酒中的两个品种哪个比另外一个更好。由于容器或者某些偶然机遇造成的结果，比它们之间的亲属关系更重要。

60. 尤利娅·奥古斯塔把她86年生涯全部献给了普齐努姆(Pucinum)的葡萄酒，除了这种葡萄酒之外，她不喝别的葡萄酒。

61. 已故的奥古斯都皇帝喜欢塞提亚(Setia)出产的葡萄酒胜过其他所有葡萄酒，他的所有继承人几乎也是这样。凯库班(Caecuban)葡萄酒原来也享有最好品质的美誉。

64. 三等奖由罗马附近的阿尔巴获得，分为几个不同的等级。这些葡萄酒大多很甜，偶尔也有不是甜味的葡萄酒。苏伦图姆(Surrentum)葡萄酒出产在葡萄园之中，由于它们具有使人恢复健康的功效，值得特别推荐。因为这种酒比较稀薄，有益于健康，也属于这个等级。提比略皇帝经常说，是医生们齐心协力使苏伦图姆酒出名了，否则它们就只是"年份醋"。他的继承人盖尤斯把它称为质量最好的、平和的葡萄酒。

66. 对于大众的餐桌而言，第四等的葡萄酒自尤里乌斯·凯撒时代以来，就一直是出产在梅萨那周边的马麦丁(Mamertine)葡萄酒；凯撒是第一位赋予它美名的人，这有他的书信为证。

70. 庞培城(Pompeii)出产的葡萄酒有10年处于最好的葡萄酒之列，但是没有进一步的改善。它们也被视为有害之物，因为它们能够使人宿醉，一直持续到第二天中午。

73. 我现在就来给外国的葡萄酒分一下类。自荷马时代以后，人们认为最好的葡萄酒是萨索斯和希俄斯的葡萄酒，特别是希俄斯阿里乌西亚(Ariusian)葡萄酒。在罗马建城之后的450年，著名医生埃拉西斯特拉图斯(Erasistratus)还推荐了莱斯沃斯的(Lesbian)葡萄酒。现在，最畅销的葡萄酒是克拉佐梅尼的(Clazomenae)葡萄酒，因为当地的特点是海边降雨很少；但是，莱斯沃斯葡萄酒天生具有大海的味道。特莫卢斯山(Tmolus)出产的葡萄酒不大受欢迎是因为饮料没有稀释，因为这种葡萄酒是甜的，它和干葡萄酒混合增加了甜味。接下来按照顺序是西锡安、塞浦路斯、特尔梅苏斯(Telmessus)、特里波利斯(Tripolis)、贝里图斯(Berytus)、提尔和塞本尼斯(Sebennys)出产的葡萄酒。

88. 罗慕路斯祭奠使用的是牛奶而不是葡萄酒;其证据保存在他所确立的祭祀仪式之中,这种仪式一直保存到了现在。国王努马的波斯图姆(postumian)法宣布:"不得把葡萄酒喷洒在火葬堆上。"没有人会怀疑他批准这条法律的理由。根据同一条法律,他宣布向诸神祭奠未经修剪葡萄树出产的葡萄酒为非法。他设计出的这种方法迫使那些不怎么样的农夫,对树木的危险漠不关心的农夫,不敢忽视剪枝的工作。马可·瓦罗告诉我们,伊特鲁里亚国王梅曾提乌斯(Mezentius)曾经帮助鲁图利人(Rutulians)对抗拉丁人,他为此获得的代价是当时整个拉丁姆的葡萄酒。

89. 在罗马,妇女是不允许饮酒的。在许多的例子之中,我发现埃格纳提乌斯·米腾努斯(Egnatius Maetennus)之妻因为饮了大酒罐之中的酒,而被其丈夫用棍棒责打致死。他被罗慕路斯免去了杀人之罪。费边·皮克托在其《编年史》中写过一名妇女被其家人饿死,因为她打破了存放酒窖钥匙的箱子。加图说,男性亲属要亲吻妇女,以查明她们身上是否有酒味。[9] 格内乌斯·多米提乌斯法官有一次宣布一份判决书,某个妇女似乎饮了超过其身体健康需要的葡萄酒,不让她的丈夫知道;他判决她必须交纳相当于其结婚时所获彩礼同样多的罚金。在很长的时间里,在饮酒方面曾经实行过严格的节约措施。

91. 军队统帅卢西乌斯·帕皮里乌斯在决定向萨莫奈人(Samnites)宣战之前,向朱庇特发誓如果他胜利了,[10]就向朱庇特奉献一小杯葡萄酒。监察官加图在前往西班牙的航行中,当时他正

---

⑨ 普林尼使用的术语 temetum 可以用来表明任何含酒精的饮料;表明醉酒的词(temulentia)是一个派生的词。

⑩ 公元前 320 年,卢西乌斯·帕皮里乌斯·科索击败萨莫奈人,扭转了公元前 321 年罗马人在卡夫丁峡谷遭到的败局。

要回去参加凯旋仪式，饮用的不是别的，正是船员们饮用的葡萄酒——他只记得这些人在宴席上为他们的朋友提供了各种不同的葡萄酒，也有他们自己正在喝的葡萄酒，在进餐的过程之中，还要偷偷地换上次等酒。

124. 芳香葡萄酒的制造方式是，在葡萄酒最初发酵的时候，把松香洒在纯净的葡萄酒之中——最多经过 9 天的时间——这种葡萄酒就有松香的味道，还有一些具有强烈的香味。有些专家认为更有效的方式是使用未经提炼的松华，它可以使醇和的葡萄酒变得活跃起来。

127. 在储藏葡萄酒的封闭容器之中使用松香，这个最高明的想法出自布鲁提乌姆；这是用油松(pitch-pines)做的松香。

132. 即使葡萄酒已经准备好要储藏，气候的差别也起着重要的作用。在阿尔卑斯山地区，葡萄酒储存在木桶之中，放在砖瓦盖的房顶之下；在寒冷的冬季要烧火，以保护葡萄酒免受寒冷的影响。虽然很少记载，在严寒的气候之中，装酒的容器偶尔也会爆裂，葡萄酒则变成了不流动的大冰块。这是少有的奇迹，因为葡萄酒结冰是不正常的，通常它只是因为寒冷变成冻酒。

133. 气候温和的地区使用酒罐储藏葡萄酒，把它们完全或者部分埋入地下，使它们免受气候的影响。在另外一些地区，人们盖房子来储藏葡萄酒。他们制定了如下规则：酒窖的一边，至少是靠窗户的一边应当朝着东北面——或者无论如何也要朝着东面。粪堆和树根应当与酒窖保持适当的距离。所有带有强烈气味的东西都应当避开，因为这些东西容易影响葡萄酒。在附近的地区绝对不得有任何栽培的或者野生的无花果树。

134. 在两个酒罐之间必须留出空间，以避免葡萄酒互相流动影响葡萄酒质量的任何可能性，因为葡萄酒很容易腐败。而且，酒罐的形状也很重要，大腹便便的广口酒罐是不合用的。在天狼星升起之后不久，酒罐就要涂上松香，用海水或者是有咸味的水洗净内部，然后撒上灰，铺上灌木或者是陶土，干洗，最后是用没药熏蒸。同样，储藏葡萄酒的房间应当经常熏蒸。低度葡萄酒应当保存在酒罐之中，放在地窖中。反之，储藏高度葡萄酒的酒罐应当放在通气的地方。

135. 酒绝不要灌到酒罐的罐嘴，葡萄酒表面以上的空间要盖上一层葡萄干，或者是煮沸的葡萄渣加藏红花或者唐菖蒲。酒罐的顶部要撒上同样的混合物再加上乳香或者布鲁提乌姆的松香。除了刮南风的好天气或者满月的时候之外，酒罐在仲冬季节不能打开。

137. 人们经过认真的调查研究发现，没有一项活动占据人类的时间比酿酒占据的时间更多。这就好像大自然没有赐给我们一种美好的、健康的饮料——水——它对所有其他动物也是有益的！我们甚至还迫使那些为我们负重的畜生饮葡萄酒！我们为了某些事情付出的所有劳苦和努力，其代价就是改变了男人正常的思维，造成了疯狂。由于葡萄酒的原因，人们犯下了许许多多的罪行。饮酒造成了如此放荡的行为，以至于大多数人忘了人世间还有其他报应。

138. 为了使我们能够饮得更多，我们用布袋过滤的方法降低了葡萄酒的烈性，还发明了其他劝酒的方法——甚至是毒药；有些人事先准备好了毒芹属植物，因为恐惧死亡可能会迫使他们饮酒，还有人使用浮石粉和我都羞于提到的东西。

139. 我们认为饮酒者最需要小心炙热的浴室把自己热得发昏，以至于失去知觉，一些人没有等到中餐——一些人来不及穿上一件衣服，光着身子，喘着粗气——抱着一个大酒罐，好像是在炫耀他们的力量，把它们全部倒入自己的嘴中，以便马上再饮一罐，然后又饮一罐。他们这样重复两三次，好像他们生来就是浪费葡萄酒的，好像葡萄酒就喜欢人类这样来对待它似的。

140. 这就是体育运动存在的理由，它们是从外国介绍进来的——在泥土中打滚，扭转脖子以显示胸部的肌肉。据说所有这些运动都可以引起口渴。还有饮酒引起的争吵、酒具上雕刻的淫乱场面，似乎饮酒本身还不足以教会如何使人道德败坏？因此，作为道德败坏的结果，葡萄酒有人饮用，饮酒甚至还受到了奖赏的推动——老天帮忙！——它是真正的买卖。如果一个人吃的和喝的一样多，就可以获得奖赏。还有的人喝酒的杯数，就像丢的骰子一样多。

141. 然后，淫荡的眼睛便会寻找机会引诱已婚的妇女，多情的神态使这个人背叛了丈夫。内心的秘密这时被暴露无遗，有些人公开宣布自己的意愿，另外一些人则公开暴露许多致命后果的事实，口不择言，这些话都将无情地回报他们自己。有多少人都是这样迎接自己末日的！正如谚语所说的一样："*In Vino vertias.*"（拉丁语，意为"酒后吐真言"——中译者注）

142. 同时，即使在最好的情况下，醉酒者从来也看不见日出，他们的生命非常短暂。这就是脸色苍白、垂肉下吊、眼睛疼痛、双手发抖的原因。它暴露出了整个人体的问题；这就是迅速来到的果报，包括恐怖的噩梦、永不满足的贪欲和喜欢放纵的原因。宿醉、酒罐浓烈的气味和所有的事情，都被抛到脑后去了——记忆力已经丧失了，这就是人们所谓的"享受生活"！但是，在其他人每天辞别他们的昨天时，这些人失去的却是他们的明天。

143. 大约在 40 年之前，那时还是提比略当皇帝的时期，流行空着肚子喝酒，流行把葡萄酒当作开胃酒——这也是外来风俗习惯造成的结果，还有许多医生用某些骗人的花招来宣传自己的理论。

146. 托卡图斯具有罕见的名声——因为即使是这门"科学"也有它自己的规则——他在饮酒的时候，从不停止高谈阔论，生了病依然照旧喝不停。确实，尽管他比任何人善于鲸吞，但通常能按时值早班而不惹祸。他还因为自己在饮酒的时候，没有歇一口气，吐一口痰，为自己的小饮创造了纪录。

147. 特尔吉拉(Tergilla)指责马可·西塞罗要为其儿子每次喝酒都要拖到 9—10 点钟，还有一次把高脚酒杯砸向马可·阿格里帕负责。确实，这些事情都与醉酒有关系。毫无疑问，小西塞罗希望剥夺其杀父仇人马可·安东尼在饮酒方面的名声。

148. 至于安东尼，由于他出版了一本有关自己习惯的著作，他很早就赢得了饮酒的美名。确实，我认为他在这部著作之中声称要敢于竞赛，这就公开地表明由于他的豪饮问题，他已经给这个世界造成了多大的罪恶。

149. 西方人还有他们自己的酒精饮料，使用浸泡在水中的谷物做成[11]。啊，魔鬼拥有的创造力是多么神奇！我们甚至发明了如何使水变成令人陶醉饮料的办法！

---

⑪ 即啤酒。——中译者注

第十五卷　橄榄树和其他果树

1．希腊最著名作家之一提奥弗拉斯图斯，他的文学生涯高峰时期是在罗马建城之后的440年。[①] 他认为橄榄树只能生长在距离大海40罗马里之内的范围。费内斯特拉指出，在罗马建城之后的173年，[②]塔尔奎尼乌斯·普里斯库斯在位时期，在整个意大利、西班牙和阿非利加没有种植橄榄树。现在，橄榄树几乎遍布整个阿尔卑斯山脉，还有高卢和西班牙行省心脏地区。

2．在罗马建城之后的505年，[③]即阿皮乌斯·克劳狄·凯库斯(Appius Claudius Caecus)的祖父阿皮乌斯·克劳狄与卢西乌斯·尤尼乌斯(Lucius Junius)担任执政官时期，12磅橄榄油价值10阿斯。后来，在罗马建城之后的680年，[④]卢西乌斯之子马可·塞乌斯在这年担任可以坐在贵人席上的市政官，罗马人民购买橄榄油的价格为1阿斯差不多可以买10磅。

3．谁也不会料到在22年之后，格内乌斯·庞培第三次担任执政官，意大利会向各个行省输出橄榄油。发生这种事情并不稀奇，荷马认为农业知识是人生最重要的事情之一。他说，即使有人的寿命长得足以享受到橄榄树结果，他也不会去种一棵橄榄树——因为那时它的生长速度太慢。但是，现在橄榄树甚至在苗圃之中就

① 公元前314年。
② 公元前581年。
③ 公元前249年。
④ 公元前74年。

开始结果，它们在移植之一年之后就可以有收获。

4. 费边认为橄榄树不能生长在极端气候地区。维吉尔归纳了3种橄榄树：*orchites*、*radius* 和 *posia*；[⑤]他接着说，橄榄树不需要锄草、修剪或者任何特别的关照。但是，土壤和气候毫无疑问是非常重要的。橄榄树与葡萄树修剪的时间相同，它们之间的土地同样要锄草。

5. 橄榄的采集紧跟在葡萄之后收获，生产橄榄油比葡萄酒需要更多的专门技能，因为同一棵橄榄树也能长出不同的橄榄。绿色的橄榄还没有成熟，可以生产初榨油，这种油的口味非常好。而且，初榨油使用压榨法，营养最丰富，质量则每压榨一次降低一等。不管橄榄是放在柔软枝条的滤筛之中，还是包在许多狭窄的过滤网之中压榨——这是现代发明的技术。

6. 果实越成熟，油脂越多，橄榄的味道越不适合。采集橄榄最适当的时候，要掌握好质量与数量的平衡，这就是浆果开始变黑的时候——当地人把这种果实称为 *druppae*，希腊人把它称为 *drypetides*。除此之外，它们还有区别，浆果在压榨或者在枝头的时候是否完全成熟了。这棵树是否浇水了，或者浆果是否由于自身的汁液受潮了。或者什么影响也没有受到，只是天上有露水。

7. 橄榄油不像葡萄酒，岁月会给它增添不好的味道。一年之后就变老了。大自然在这方面表现出远见卓识，如果有人选择这种解释，是因为他不需要使用葡萄酒，葡萄酒是为了欢乐而产生的；确实，令人愉快的成熟味道随着成熟期一起到来，促使我们要保护它。但是，大自然并不想吝啬地对待橄榄，使它获得了广泛的应用，甚至是在群众之中。因此，人们对它的需求迅速地增加。

8. 意大利已经赢得了世界第一的位置，特别是在维拉弗鲁姆(Venafrum)地区和那些盛产李锡尼橄榄油的地区。由于橄榄油的缘故，李锡尼橄榄树非常有名。阿非利加不出产橄榄油，因为它的土地更适合种植谷物。

---

⑤ *Georgics*, II, 85ff.

9. 橄榄由果核、油、果肉和渣滓组成，它是由水形成的带苦味的液态物体。所以，这种植物很少生长在在干旱地区，大部分生长在多雨地区。橄榄油是橄榄特有的汁液。

10. 有些人误以为橄榄开始腐败就是果实成熟过程的开始，这是一些离谱的人。还有一种误解以为橄榄油的总量会随着果肉的增加而增加。因为汁液变成了固体物质，果核也变得更大了。雨水，不管是人工降雨还是反复的浇水，都将损害橄榄油，除非接下来的好天气能够阻止果实固体部分的生长。正如提奥弗拉斯图斯总结的那样，生产橄榄油和其他物品需要热量。这就是为什么我们的榨油房和储藏室要用大火加热的缘故。

11. 第三个错误出自不适当的节省：为了节省采摘果实的开支，有些人等着橄榄自己掉下来。还有些人恪守中庸之道，使用长杆子击落果实，但是，这种做法也会伤害树木，造成果树来年果实减产。实际上，橄榄的采集者有一条非常古老的规定："不准剥树皮也不准击打树木。"有些人非常小心地使用芦苇，轻轻地从旁边击打树木，但是，即使这样也会造成果实隔年结果，因为果树的萌芽已经被打落了——还有人盼望橄榄掉下来，这种情况同样是有害的：因为超过了正常的采摘时间之后，残余的果实挂在树枝上，它们会耗光来年果实的养料，占据它们的地方。这已经被一个事实所证实，即在西风刮起之前，如果还没有把它们采集起来，它们将获得新的活力，也不容易掉落下来。

19. 橄榄油按照其自身的特性，它可以给人体提供温暖，帮助人体抵御严寒；在天气炎热的时候，它能够使大脑清凉。希腊人是所有伤风败俗的始作俑者，他们把橄榄油用于奢侈浪费方面，把它用在体育馆之中。（众所周知，那些管理体育馆的人出售用于擦身体的橄榄油，价值达 80000 塞斯特斯）罗马的君王也已经把巨大的荣誉授予橄榄树，我们至高无上的骑兵中队在 7 月 15 日[⑥]，以及在

---

⑥ Idel 意为 15 日。骑士们在这天要接受监察官的检阅。在元首制时期，这个职能由皇帝执行。

较小的凯旋仪式上，要带上橄榄树叶编成的花冠。雅典也给奥林匹亚的胜利者戴上野生橄榄树叶的花冠。

20. 我现在就来复述加图有关橄榄的知识。[7] 他建议说，大的 *radius*、萨伦提尼的（Sallentine）*orchites* 和 *posia*、塞尔吉亚的（Sergian）、卡米尼亚的（Caminian）和白蜡色的橄榄可以种植在气候温暖、土地肥沃的地方。他还补充说，在特定的地理环境之中，最好的品种都必须种植在那个地区，这种观念是有重要的、充分的理由的。他建议李锡尼橄榄种植在寒冷、贫瘠的土地上，因为富饶和温暖的土地会毁了这种橄榄，这种树将会因为高产而筋疲力尽；甚至还会长满苔藓和红锈。

21. 加图的观点是，橄榄园应当位于阳光充足，面朝西部的地方；他不建议种在其他任何别的地方。*orchites* 和 *posia* 在它们还是绿色的时候，最好保存在盐水之中，或者是压碎并储藏在乳香油之中。最好的橄榄油是从公认的最苦的橄榄之中榨取的。至于其他的问题，橄榄要尽快地从地上收集起来，如果它们很脏，要洗干净，足足晾干三天时间。如果天气寒冷、结冰，橄榄必须在第四天压榨，然后撒上食盐。如果橄榄放在木质地板上，它们的油脂会逐渐消失，质量变差；同样，如果橄榄油与沉淀物和残渣混在一起，它们的质量也会变差。

22. 因此，橄榄油每天要用动物的贝壳搅动几次，放到大铅锅里面，因为它遇到青铜器会变质。所有这些程序都必须挤压，使它加温，紧紧地盖上，尽可能减少空气的存在。在出产橄榄油的地区不要砍树，最适合的燃料就是橄榄树的果核。橄榄油必须从大铅锅倒入罐里，以便把沉淀物和残渣滤去。由于这个原因，装油的容器应当经常更换，柳条做的过滤器应当用海绵擦拭，确保高度清洁。

23. 加图记载的一个新发明是使用沸水洗净橄榄，立刻把它们全部倒进压榨机——因为这种方法可以把残渣挤压出——然后再

---

⑦ *De. Re. Rustica*, VI. I, f.

把它们在橄榄粉碎机中粉碎，进行第二次压榨。这就是众所周知的“压榨”。第一次挤压出的液体，由于它们是首先挤压出来的，因而被称为“精华”。在正常的情况下，每4人一组、24小时之内三次压榨得到的橄榄油要使用双倍大的容器储存。

24. 人造橄榄油最早是没有的，我认为这就是为什么在加图的记载之中没有提到它的缘故。它现在已经有几个品种，我们首先就来讨论从各种树木之中制造出来的橄榄油。在这些橄榄油中，主要的是野橄榄树榨出的橄榄油。这是一种稀薄的橄榄油，它比栽培的橄榄树榨出的橄榄油味道更苦，它只能用在医药方面。非常类似的还有矮橄榄树榨出的橄榄油，这是一种生长在岩石上的灌木，高度不超过3指，它的树叶和果实与野橄榄树的树叶和果实一样。

25. 然后是一种来自蓖麻的蓖麻油，蓖麻大量地生长在在埃及。有些专家把它称为*croton*，另外一些人把它称为 sibi，还有人把它称为野*sesamon*。它可以放在水中煮沸，油会浮在水的表面，因此可以从水中分离出来。但是，在埃及，凡是这种植物繁盛的地方，只要把盐类撒在果实上，就能把油析出，不需要使用火和水。食用这种油会使人作呕，点灯又太稀。

33. 橄榄油残渣得到了加图特别的赞扬。他解释用来盛油的罐或桶如何用残渣浸泡，以防它们吸收纯净的橄榄油；打谷场的地面如何涂抹残渣以防蚂蚁，防止形成裂缝。而且，黏土墙、灰泥、谷仓的地面——甚至是衣柜——都要撒上残渣，谷种要浸在残渣之中，以防粮食蛀虫和有害昆虫。残渣也可以治疗动物和树木的疾病，治疗人类的口腔溃疡。

34. 加图还提到，缰绳、所有的皮革制品、鞋子、车轴都需要涂上煮沸的残渣——就好像是青铜器皿防止生长铜绿一样，使它们更具有引人注目的色彩。所有的木制器皿，还有储藏干果的广口瓶、或者带着树叶和果实的爱神木树枝，以及其他同类任何物品同样要涂上橄榄油残渣。最后，橄榄油残渣浸泡过的木料，是一种无烟的燃料。

47. 苹果树(apples)有许多不同的品种。我在描绘香橼树的时候,已经说过这种树。[8] 但是,希腊人根据它的原产地,[9]把这种果实称为“米底”苹果。同样,外来的果树还有枣树、块茎苹果树;这些树木仅仅是最近才进入意大利的。前者是从阿非利加来的,后者是从叙利亚来的。塞克斯都·帕皮尼乌斯(Sextus Papinius)是我们时代的执政官,[10]他是第一个把它们带回意大利的人,在奥古斯都皇帝担任元首末年的时候,把它们栽种在自己的营房里。这种果实更像是浆果而不像苹果。而且,它专门用来装饰大舞台,因为现在我们已经有了成片的森林,它们甚至已经攀爬到我们的屋顶上去了。

53. 同样,早期的梨树(pear)被称为“令人夸耀的”梨树。这是一种小而成熟快的果树。在各种梨树之中,最好的品种是克鲁斯图米(Crustumian)梨树。然后是法莱里的(Falerian)梨树,它们具有许多的汁液,因此常常用来做饮料。

54. 但是,梨树引起了它们的爱护者关注,在罗马提到了它们的名字,包括德西米(Decimian)梨树,还有它的近亲,称为假德西米梨树,另一个知名品牌是多拉贝拉(Dolabellian)梨树,它有最长的柄;庞波尼(Pomponian)的品种称为“乳房形的”;而拉特兰(Lateran)和阿尼西亚(Anician)的梨树挂果早,秋季的时候它们就下市了。最后一个品种被提到具有令人愉快的水果蛋糕香味。

57. 嫁接技术长期受人喜爱,因为人们喜欢试验各种各样的可能性——维吉尔提到把胡桃和杨梅树嫁接在一起,苹果树和悬铃木嫁接在一起,樱桃和榆树嫁接在一起。没有什么比这更多的设想——无论如何,从任何一个新发现到现在,已经过去了很长的时间了。

59. 采摘果实的一般规则是,储藏室应当建立在寒冷和干燥的

---

⑧ XIII, 91 ff.

⑨ 米底。

⑩ 公元23年。

地区，地板为木质地板，窗户朝北，在天气良好的时候可以打开窗户，南边使用玻璃窗抵御南风，东北风可以破坏梨子的外表，使它们干瘪。树上掉下的果实必须摊开保存，果实放在用稻草或者谷糠严密包裹的床上，分别放开，以便各排果实之间可以形成通风。据说，阿梅里亚(Amerian)苹果最好保存，甜苹果最难保存。

60. 榅桲(Quinces)要储存在一个安全、完全不通风的地方；否则，它们就要煮沸或者是浸泡在蜂蜜之中。石榴使用热海水浸泡会变硬，在太阳底下晒 3 天会干燥，以这样的方式挂起来可以防止晚上的露水。如果想食用，要用新鲜水把它们彻底洗干净。马可·瓦罗建议把石榴储藏在砂质的大容器之中，而且要在它们还没有成熟的时候。用锅底有洞的容器盛土覆盖其上，但不能漏气，它们的树枝要涂上沥青，使用这种方法，它们甚至长得比树还大。瓦罗还说到，其他所有品种的苹果都要用无花果树的叶子分别包好(但不能用无花果的落叶来包)，储藏在柳条筐或者是其他涂了陶土的篮子里。

61. 他补充说，梨子应当储藏在涂了沥青的黏土罐之中，倒立着放置在地窖中，在它的上面盖上土。

62. 有些最现代的专家非常深入地研究过这个问题，他们建议果实和葡萄应当早点摘下，以利储藏。时间选择在月亮处于月亏时期，大约在下午 9 点钟之后，在天气较好，刮着干燥风的时候。他们还补充说，果实应当来自干燥的地方，而且要选在它完全成熟之前。

66. 科卢梅拉写道，葡萄应当储存在细心涂上沥青的黏土容器中，然后把它放在井水或水箱中保存。在利古里亚沿海地区，正对着阿尔卑斯山脉地区，当地人用阳光晒干葡萄，把葡萄干包扎在灯芯草做成的草包中；他们把葡萄干储存在用石膏封好的小桶中。希腊人使用同样的方法，但使用的是悬铃木叶子，或者是葡萄叶子和在阴凉地方干燥了一天的无花果叶子；他们在木桶中的葡萄之间铺上几层葡萄皮，在科斯和贝里图斯使用的就是这种方法，那里的葡萄在甜度方面不次于任何葡萄。

67. 有些人喜欢把葡萄保存在锯末或者是松树、杨树的刨花或者是灰烬之中。还有人建议葡萄一摘下来，就悬挂到谷仓之中——但不要靠近苹果——因为他们认为谷粒之中的灰尘将会使葡萄最好地干燥。悬挂的葡萄串可以防止黄蜂口中喷出的油脂污染葡萄干。

68. 在剩下的各种水果之中无花果最大，有许多无花果甚至像梨子那么大。

71. 古代的品种是紫色的无花果，它有很长的果柄，而现代的品种是燕尾无花果。

74. 被加图称为"阿非利加"无花果的品种提醒我，他曾经使用这种无花果作为一个重要的象征。由于极端仇视迦太基而怒火中烧，以及受到担忧其后代安全的困扰，加图每次在元老院开会都是大喊大叫："迦太基必须毁灭！"有一天他拿了一个阿非利加早熟的无花果来到元老院，把它拿给他的同事们看，并且说："请问你认为这个无花果是什么时候从树上摘下来的？"

75. 所有人都认为这个无花果是新鲜的，因此他说："知道吗，这是两天以前在迦太基摘下来的；我们的城墙离开敌人是多么的近！"他们立刻开始发动第三次布匿战争，迦太基在这场战争之中被毁灭了。[11] 但是，加图在讲完这个故事一年之后就去世了。在这个插曲之中，我们最感惊奇的是什么呢？是足智多谋还是偶然的巧合？是过程顺利还是人们的热情？

76. 最突出的特点——我认为是比其他所有东西都更值得注意的是——像迦太基这样伟大的城市，统治世界达120年之久，最后竟然因为一个水果的证据就被毁灭了——结果无论是特雷比亚、特拉苏梅努斯湖、卡尼(Canae)，这些地方都没有见证罗马尊严的毁灭，没有一座迦太基兵营驻扎在罗马第三个里程碑，汉尼拔本人也没有接近科林内门(Colline Gate)，这些都是经过努力可以达到的！加图用一个无花果，就给迦太基带来了这么大的灾难！

---

[11] 公元前146年。

77. 有一棵无花果树生长在罗马人集会的广场，由于许多遭到雷击的人埋葬在这里，这棵树也成了神圣的树木。更让这棵无花果树成为记忆地标的是，最初照料我们帝国创立者罗慕路斯和罗慕斯(Remus)的保姆就埋安葬在卢珀科尔(Lupercal)的这棵树下。这棵树被称为鲁米纳利斯(Ruminalis)，因为母狼被发现在这棵树下用自己的乳头[12]给两个婴儿喂奶。为了传扬这个神奇的故事，在附近建立了一座青铜雕像。现在，这棵无花果树还发布某些未来事件的预言，无论何时绝不枯萎；后来由于祭司的原因，它被移植了。在萨图恩神庙前面还有一棵无花果树，它是在罗马建城之后的 260 年，[13]在维斯太贞女(Vestal virgins)举行献祭仪式之后移植过来的，因为它的根部有可能会把森林田野之神(Silvanus)的神像搞倒。

78. 另外一棵无花果树是自己的种子繁殖的，生长在广场中央帝国基础裂开的地方——这是灾难的象征，库尔提乌斯(Curtius)以最珍贵的财富，即美德、责任感还有自己高尚的死亡，[14]才填满了这个坑。

102. 在卢西乌斯·卢库卢斯战胜米特拉达梯之前，即罗马建城之后的 680 年，[15]意大利还没有樱桃树(Cherry)。卢库卢斯是第一位把它从本都带回意大利的人。在此后 120 年之间，它跨越大海一直传播到了远达不列颠的地方。但是，樱桃树不能种植在埃及，不论人们花费多少精力也不行。阿普罗尼亚的(Apronian)樱桃颜色最红，卢塔提亚的(Lutatian)樱桃颜色最深，凯西利亚的(Caecillian)樱桃最圆。

---

⑫ *rumis.*

⑬ 公元前 494 年。

⑭ 公元前 362 年，广场裂开了一条大缝，许多预言家认为这条裂缝只有用罗马最宝贵的财富才能填满。因此，马可·库尔提乌斯骑上自己战马，跳进洞中；大地把他合在里面，这个地点后来用一条环形的道路标识出来，称为拉库斯·库尔提乌斯。见 Livy, I, 19 and VII, 6。

⑮ 公元前 74 年。

103. 尤尼安的(Junian)樱桃口味很美,但只能在树下吃樱桃,因为它们非常娇嫩,难以经受长途运输。自豪的地位属于硬樱桃,坎帕尼亚人把它称为普林尼(Plinian)樱桃;在比利时高卢,还有莱茵河两岸,最好的品种是卢西塔尼亚樱桃。

104. 还有马其顿樱桃,它的树身不高,很少超过4.5罗马步,而灌木樱长得更矮。有赖于农户的辛勤,这些樱桃是每年第一批上市的果实。它喜欢北面和寒冷的环境。樱桃也可以在太阳之下晒干,像橄榄一样储藏在桶子里。

119. 爱神木保留了其希腊名字,表明它来源于外国。当罗马城建立的时候,爱神木就种植在这座城市现在的地方。因为有故事说,罗马人和萨宾人(Sabines)因为年轻妇女被拐走而决意要进行战争,但是他们放下了武器,在现在位于维纳斯·克卢阿西娜(*cluere*是一个古老的词语,意为"洁净")雕像的地方,用爱神木的树枝洁净自己。

120. 这种树具有熏香的味道,它也是因为这个用途在上述场合而被选上。因为树木的保护神维纳斯,也管理着婚姻。我倾向于认为爱神木最早种植在罗马城的公共场所——因为这种树在预言和占卜方面具有非常重要的影响。奎里纳斯的神祠——罗慕路斯本人的神祠——就被认为是最古老的神庙之一。在这里有两棵神圣的爱神木,它们很久以前就生长在建筑物的前面:其中一棵被称为贵族的爱神木,另一棵被称为平民的爱神木。

121. 许多年以来,那两棵树之中前面那棵树比较繁盛、健壮和幸运。就像元老院长期繁盛一样,这棵树也长成了一棵大树。而平民的爱神木则处于萎缩状态,情况可悲。但是,当着后者变得健壮之后,贵族爱神木则变成了黄色——从马尔西战争时期开始——元老院的影响就开始衰退,它的权威也逐渐地消失得无影无踪。

125. 爱神木也会被卷入战火。帕布利乌斯·波斯图米乌斯·图贝尔图斯(Publius Postumius Tubertus)在其执政官任期之内举行了一次战胜萨宾人的凯旋仪式,他是所有人之中第一个在进城时受到欢迎的人；[16]由于他没有经过流血战斗就轻松地取得了胜利，他进城时戴着胜利者维纳斯的爱神木花冠。结果那棵树甚至受到了我们的敌人追捧。后来，这种庆祝凯旋仪式就要戴上爱神木花冠。只有马可·克拉苏除外，他在战胜斯巴达克斯和奴隶之后，[17]是戴着桂冠进入罗马城的。

127. 桂冠是专门为凯旋仪式而制作的，它在某种程度上是对家族的莫大荣誉；它是皇帝和大祭司宫廷入口的警卫，它单独挂在那里装饰他们的宫廷，在大门口充当值班。前往德尔菲的参观者必须头戴桂冠，就像在罗马庆祝凯旋仪式的将军一样。

133. 桂冠本身也是和平的使者，因为手持桂树的枝条，即使在敌对的双方之间，这也是停战的信号。特别是对于罗马人来说，桂树就是喜庆和胜利的使者；它伴随着捷报和向士兵赠送长矛和标枪，向将军赠送 *fasces*（原意为"法西斯"——中译者注）。

134. 不论在何时，当一场新的胜利带来欢乐的时候，就有一根桂枝被安置在伟大的擎天柱朱庇特（Jupiter Optimus Maximus）膝下，这倒不是因为桂树四季常青的缘故，也不是因为它带来和平的缘故——而是因为橄榄枝通常代表着这两者的意义，是因为橄榄树生长在风景如画的帕尔纳索斯山（Parnassus），它被认为是阿波罗喜爱之物。由于罗马历代诸王在位时期都向圣所贡献礼物求取神谕；布鲁图（Brutus）的例子可以为此提供证据。我对这个问题的看法是，布鲁图按照神谕的答复，与当地一位佩戴着桂枝的著名傻瓜

---

[16] 一种小规模的凯旋仪式：统帅步行或者骑马进入罗马城，而不是坐着战车，穿着 *toga praetexta*，没有权杖，戴着爱神木而不是桂树枝做成的花冠。

[17] 一群由色雷斯人斯巴达克斯领导的角斗士，他们在辅助部队之中获得了军事经验，破坏了他们在卡普阿的营房，号召农村的奴隶起来争取自由。他们赢得了初期的胜利（公元前 73—前 72），但是在意大利南部一场大战之后，马可·克拉苏防止了奴隶乘船逃往梅萨那海峡。公元前 71 年，斯巴达克斯与他的大多数追随者都死了。6000 名残存的奴隶，因为找不到其主人，被钉死在沿着整个阿庇安大道两旁树立的十字架上。

接吻，[18]从而赢得了个人的自由。另一个可能的原因是桂树是人类使用在室内的唯一灌木，它从不会遭受雷电的打击。

135. 我个人倾向于认为正是由于这些原因，桂冠在凯旋仪式之中占据了光荣的地位，而不是像马苏里乌斯(Masurius)所说，是为了熏香或者洗去使敌人流血之罪的目的而使用它们。人们禁止在亵渎的场合下使用桂冠和橄榄枝，以免污染它们。因此，它们甚至不能用来做祭坛和圣所的燃料，以求得众神的庇护。桂树清楚地表明它在燃烧的时候会发出爆裂的声音，提出某种神圣的抗议。据说提比略皇帝在打雷的时候，喜欢把桂冠戴在自己的头上，使自己免遭雷击的危险。

136. 关于桂冠与已故奥古斯都皇帝的关系，还有许多值得注意的事情。利维娅·德鲁西拉在结婚后取名奥古斯塔(Augusta)，她刚刚被许配给了凯撒。当她落座时，一只鹰从空中将一只罕见的白母鸡扔在她两腿之间，而未伤害母鸡。她吃惊地看着它，但非常冷静，这时又发生了一件奇怪的事情，这只鹰的嘴巴里叼着一根带浆果的桂枝。预言家发出命令，这只鹰及其所生的任何幼鸟都将受到保护，这根枝条要种植在地上，受到应有的宗教规定保护。

137. 这件事情发生在台伯河畔凯撒的乡间别墅之中，别墅在弗拉米尼亚大道(Via Flaminia)旁距离罗马城大约 9 罗马里处。这座别墅名叫"行宫"，其中的桂树林最初是由插条长成，现在已经非常的茂盛。后来，皇帝在庆祝凯旋仪式的时候，从最初的树上折下一根枝条，做了一个花冠戴在自己头上；所有的皇帝都是这样做的。而且，还兴起了把他们已经折下来的桂树枝重新种植的习惯；以皇帝个人名字命名的桂树林非常出名，到现在仍然存在着。

138. 桂树仅仅是一种树，它的树叶有专门的名字——月桂叶。

---

[18] 卢西乌斯·尤尼乌斯·布鲁图(Lucius Junius Brutus)是骄傲者塔尔奎恩的外甥，他与塔尔奎恩之子一起前往德尔斐咨询神谕所关于国王宫廷出现蛇的预兆。两位王子获得机会询问神谕所谁将继承王位。回答是："第一个亲吻其母的人。"布鲁图假装摔了一跤，亲吻了土地——所有人的母亲。

顺便说说,桂树既可以采用压条,也可以采用插条的方法繁殖,这是在德谟克利特和提奥弗拉斯图斯对这两点都表示怀疑之后的事情。

第十六卷　森林树木

1. 接下来我将要谈谈结果实的橡树，它最早为人类提供粮食，也是人类处于软弱无能和野蛮状态时期的养母。但是，我受到好奇心的驱使，也是出于个人的亲身经验，认为人类最早经历的生活方式，在还没有任何树木或者灌木的时期就已经存在。

2. 我曾经指出，在东方的大海边，许多人遭受过损失。确实，我已经拜访过的北方部落，不管是大肖齐人部落(Chauci)还是小肖齐人部落，都还处于这种状态。这里每24小时有两次巨大的潮汛泛滥，它淹没了大片的陆地，也消除了大自然关于这个地区是属于陆地还是大海的无穷无尽争论。

3. 这些不幸的人们居住在高地上，或者是居住在人工建成的平台上。根据他们自身的经验，这种平台比最高的潮汛更高；肖齐人居住在他们选定地区的小屋之中，当洪水淹没周围土地的时候，他们就像水手一样居住在船上；当潮汛退去之后，他们又像船舶失事的难民一样。当退潮的时候，他们可以在小屋周围捕捉企图逃走的鱼类。他们还没有像邻近部落一样，开始饲养大量牲口和依靠乳品为生。他们甚至还没有猎取过野兽，因为所有的林下灌木已经后退到很远的地方去了。

4. 肖齐人使用沼泽中的莎草科植物和灯芯草制绳子，编织成渔网来捕鱼。他们用双手挖土，把它在风中吹干而不是太阳之下晒干。肖齐人使用泥煤作为燃料，烹调食物和温暖自己被北风冻僵了身体。他们唯一的饮料是储存在房前水柜之中的雨水。这些人是现在已经被罗马人征服的民族，他们声称自己是被迫变成奴隶的！[1] 情况确实是这样。命运常常宽容那些折磨他们的人。

5. 还有一个奇怪的现象也是森林存在的结果。这些东西充满了整个日耳曼其他地方，加剧了寒冷的气候及其影响；最高的树木长在距离肖齐人不远的地方，特别是在两个湖泊附近。[2] 海岸边种满了栎树，这种树具有很高的成活率，当这些树被洪水从底下掏空，或者被飓风吹倒，就会带走依附在根部的大片土壤。这样，栎树就会平衡地、成排地笔直地移动，结果是当它们被海浪冲走之后，由巨大树枝组成的"宽大索具"，常常使我们的舰队受到威胁——它看起来就像是经过了深思熟虑一样——正对着抛锚过夜的船首；结果，我们的舰队别无选择，只好进行一场扫清树木的海战！

6. 在同一个北方地区，有一大片由栎树组成的海西森林(Hercynian Forest)。[3] 它不受时光流失的影响，与这个世界是同时代人，以其几乎是无限的年龄超越了所有的奇迹。抛开各种超出了可信度之外的报告不提，可以认为山丘的上升就像树根的互相挤压一样，或者是什么地方有块土地失落了。在它们彼此之间的互相斗争之中，它们的拱形长得像树枝一样高，就像城门的弯拱可以允许骑兵中队通过。这些栎树大多是结果实的树种，一直受到罗马人的尊重。

7. 用这些树做成的公民冠，[4]是战斗中英勇无畏最著名的象征；同样，它长期以来也被认为是皇帝宽厚仁慈的象征：由于内战的罪恶性质，禁止屠杀公民开始被认为是值得奖赏的行为。接下来是城墙冠、城堡冠和金冠，[5]在它们之下是鹰嘴冠，[6]它们有两个

---

① 这是布立吞人对罗马征服和统治的真实态度。*See*，*Tacitus*，*Agricola*，15.

② Ijsselmeer，即以前的 Zuyder Zee。

③ 黑森林及其以远地区。

④ 公民冠是元老院授予尤里乌斯·凯撒的。后来，这类冠冕悬挂于奥古斯都及其所有继承人宫廷的门上。

⑤ 装饰着塔楼图案的金冠授予第一位登上被围困城市城墙的士兵；同样，装饰有栅栏图案的金冠授予第一位穿过有栅栏的壕沟的士兵。更多形式的凯旋仪式冠称为 *corona aurea*。

⑥ 鹰嘴冠(*corona navalis*，*or rostrata*)最初授予第一个登上敌船的水兵，后来授予获得重要海战胜利的指挥官。

例子非常有名：这就是马可·瓦罗和马可·阿格里帕的例子，在大庞培和奥古斯都皇帝分别领导之下进行的肃清海盗战争之中，都获得了这种荣誉。⑦

8. 在此之前，放置在演讲者讲台前船上的“鹰嘴”或者公羊，像罗马民族的花冠一样，曾经是广场的骄傲。⑧ 但是，后来它们受到了那些摇唇鼓舌的保民官践踏和侮辱，权力开始从国家转入私人手中。从此之后，鹰嘴从讲演者的脚下爬到了公民的头上。奥古斯都授予阿格里帕一个鹰嘴冠，但他却从全人类手中获得了公民冠。

9. 在很早的时候，公民冠只能授予诸神。正是由于这个原因，荷马只把花冠授予上天⑨和整个战争，⑩没有授予任何个人——甚至在一场战争的来龙去脉之中也没有提到。据说巴克斯第一个把常春藤(ivy)冠戴到自己的头上。后来，凡人在向诸神献祭的时候可以带上花冠，同时也可以把花冠戴在献祭的牺牲上。

10. 花冠一直使用到现代神圣的体育比赛之中；但是，现在它们已经不再授给比赛的胜利者，而是授予其故乡的城市，以表彰其成就。从这时开始，出现了一种给将要举行凯旋仪式的统帅授予花冠的风气，以便把它们奉献给神庙。这时也把花冠授予运动会。不过，这里有一个长期难以回答的问题需要讨论，即谁是第一位获得每一种花冠的罗马人，虽然这个问题对于本书的写作目的而言无关紧要。

11. 罗慕路斯为国王图卢斯·霍斯提利乌斯(Tullus Hostilius)的祖父霍斯图斯·霍斯提利乌斯(Hostus Hostilius)戴上了花冠，因为他是第一个进入菲德内(Fidenae)的人。第一次萨莫奈战争时期⑪的军事保民官帕布利乌斯·德西乌斯(Publius Decius)保存了

---

⑦ 瓦罗在公元前67年，阿格里帕在公元前36年。

⑧ 这种鹰嘴取自安提乌姆不成功的革命失败之后(公元前338年)的船上。

⑨ iliad, XVIII, 485.

⑩ Iliad, XIII, 376.

⑪ 公元前343—前341年。

军队，当科尼利乌斯·科苏斯(Cornelius Cossus)担任统帅时，授予他花冠。公民花冠最初由圣栎树叶做成，后来一般由冬栎树叶做成；后者是献给朱庇特的圣树。

12. 强加的严格条件，可以与希腊人最初授予花冠的条件相比较。这是发起者宙斯亲自制定的。这些条件如下：接受者必须挽救过一位罗马公民的生命，或者是杀死过一个敌人；建立功绩的地方在当天结束的时候不能落入敌人手中；获救者必须承认这个事实——其他证据一概无效；最后，受奖者本人必须是罗马公民。

13. 辅助部队不能授予这种荣誉，哪怕是救下了国王也枉然。这种荣誉不分等级，即使被救者是统帅也一样，因为立法者希望对于任何公民和每一个公民而言，这种荣誉都是最高的荣誉。获奖者允许永远戴着花冠。当他进入比赛场地，习惯规定在任何情况下，甚至是元老院都必须起立致敬，他有权坐在紧邻元老院成员的地方。他和他的父亲、祖父都豁免了一切公共义务。

14. 西西乌斯·邓塔图斯(Siccius Dentatus)获得了14次公民冠，而卡皮托利努斯(Capitolinus)获得了6次。追求不朽的荣誉是多么符合罗马人的性格，酬劳这样的丰功伟绩也必须授予荣誉！但是，它又使用黄金增加了其他冠冕的价值。虽然至今为止它拒不同意是用金钱来保卫公民的安全，并且声称单纯为了获利而挽救本国公民生命的做法是错误的。

15. 对于许多人而言，橡实直到今天仍然是他们的财富，即使在和平时期也是这样。而且在谷物歉收的时候，橡实可以晒干作为面粉的基础；然后可以把这种面粉做成面包。

34. 栓皮栎(Cork-tees)很小，它的橡实形果实产量既低，质量又差。它唯一有用的产品是树皮，它的树皮很厚，而且可以割了再长；把它弄平之后可以做成10平方罗马尺的板材。这种树皮通常用来做船锚的拖索，渔网上的浮子和葡萄酒瓶的塞子；它还可以用来做妇女们冬天的鞋子。由于这个原因，希腊人不大恰当地把这种树称为“树皮”树。有些人把它称为雌圣栎树。在不能生长圣栎树的地方，如伊利斯和斯巴达周边地区，他们使用栓皮栎作为替代木材,特别是在战车和普通车辆作坊更是如此。在意大利和高卢没有发现栓皮栎。

35. 山毛榉(beeches)、欧椴(Lime)、冷杉(fir)和油松(pitch-pine)的树皮,也常常被当地居民使用。他们使用树皮做容器——包括篮子,还有大浅底篮,在收获季节用来运输橡实和葡萄;他们还使用树皮来做农舍屋顶的屋檐。一位侦探在新鲜的树皮上刻上字母,给他的上级写了一封快信。

38. 在欧罗巴有 6 个有亲缘关系的树种出产树脂。在这些品种之中,松树及其野生品种有着类似头发的狭长树叶,叶子的顶端像针尖;这种树出产的树脂最少,不能满足包括本地在内的需求。

40. 油松喜欢山区和寒冷地区;它是丧葬用的树木,摆放在门口作为丧事的标志。它可以长成树林。但由于它比较容易修剪,现在它已经进入了我们的室内。油松出产大量的树脂,形状为白色的点状物,它与祭祀用的香非常相像,把它们两种东西混在一起,人们的眼睛很难把它们分别出来。

41. 同样,建造船只大量需要的冷杉,也只有在山区的高处才可以发现。它们仿佛是从大海之中飞来的;它的外形与油松相同。

42. 冷杉的木材最适合做板材和若干日常用品。

43. 第五种——落叶松属植物(larches)——生长在同样的地区,有着同样的外形;它的木材是上等的,不受岁月的侵蚀,可以抵御潮湿,木料是红色的,有一股刺鼻的味道。

44. 第六种——“火炬”松——这样命名的充分理由是它流出的树脂比其他树更多,它是点火的好材料,在宗教庆典活动之中可以照明。这种树——在某种程度上是雄性树木——也出产一种有强烈刺鼻味道的液体,希腊人把这种东西称为 *syce*。

48. 所有这些出产树脂的树木都会产生大量的烟灰,它们在燃烧的时候喷出黑炭,把它们扔到很远的地方还能听到噼啪的响声——除了落叶松属植物之外,所有的树木都是这样。

49. 在整个种群之中,最大的树木是冷杉。

50. 紫杉(yew)的外貌令人生畏,没有树液,在所有这类树木中它是唯一结浆果的树木。雄性的浆果是有毒的。塞克斯提乌斯认为希腊人把紫杉称为*milax*，阿卡迪亚紫杉的毒药可以立即发生效果，在它之下睡觉有致命的危险，吃了放在它下面的食物也有致命的危险。有些专家认为，这就是为什么这种毒药被称为“taxic”——“toxic”[12]的原因，其本意为“药物侵泡过的箭头”。我发现有记载说，如果把一颗青铜钉打进紫杉树之中，这棵紫杉树就变成无毒的树了。

52—53. 在欧罗巴，从油松取出的液态树脂经过加温之后，用于保护船上的设备和其他许多目的。木材砍碎之后放进炉中，从外部四周以火加热，最早产出的液体像水一样通过导管流出，这种液体在叙利亚被称为“雪松的汁液”，它的作用更强。埃及人把这种液体倒在死者遗体上，以防遗体腐烂。这种液体后来变得比较黏稠，这时就形成了树脂；这种东西接着要收集到青铜大缸之中，用醋使它变稠，变成固体。

57. 在油松朝着太阳的方向打开一个口子；这不是一道狭窄的切口，而是在地面之上割开一道最多24英寸，最少20英寸宽的树皮，树液从整棵树各处流入这个伤口。从火炬松取树液的过程也相同。当着树液停止流出之后，又在别的地方以同样的方法再开第二道口子，然后是在第三个地方开口子。最后，整棵树被砍倒，用来当松明子烧掉。

131. 对于倾斜的树木而言，将其再次扶正并不是一件稀罕的事情，而人类在伤口结疤之后重新恢复健康也不是一件稀罕的事情。这种情况在悬铃木之中也是极为常见的事情：悬铃木由于枝繁叶茂招惹大风；当这些枝条折断之后，树的压力减轻，在它原有的地方又会重新长出枝条。胡桃树、橄榄树和其他树也可以做到这一点。

132. 有很多这样例子，树木倾倒不是因为被风暴或任何其他超自然的原因所致，后来又再度自动站立起来了。这种预兆也被

---

[12] *toxon*(Greek)＝bown；*taxus*(Latin)＝yew.

许多罗马公民所证实。在辛布里人(Cimbrians)战争期间,在努切里亚的朱诺神庙树林之中有一棵榆树,由于它的树冠正对着圣坛斜过去,而被锯掉之后,本能地又恢复到了原来繁盛时的情况。从那时开始,罗马的实力在遭受许多天灾人祸的蹂躏之后开始恢复了。

134. 树木是大自然赐予人类的礼物,它有三种生长方式:本能的方式,由种子或者树根生长出来。例如,并不是所有的地方都可以生长所有的树木,即使是移植也难以存活。有时是由于水土不服的原因,有时是由于正好相反的原因,但大多数情况是由于被移植的树木本身的缺点,或者是由于气候不好,或者是由于土壤不合适等原因。

144. 现在,据说小亚细亚还生长着常春藤。提奥弗拉斯图斯曾经说过,⑬除了梅罗思山脉之外,这种植物在那里或者印度都不能生长。哈尔帕卢斯(Harpalus)做了许多努力,试图在米底栽培这种植物,但没有成功。那时亚历山大大帝率领自己的军队正在从印度胜利地回师,他模仿巴克斯戴着常春藤做成的花冠,是因为它比较稀少。在色雷斯人(Thracians)的宗教节日之中,它装饰着酒神的魔杖,同样还有其信徒的头盔和盾牌,虽然它对于所有的树木、植物都非常有害,而且可以破坏陵墓和墙壁。冷血动物蛇类非常喜欢常春藤。因此,令人奇怪的是,常春藤没有获得过任何荣誉。

156. 在喜欢寒冷环境的植物之中,有资格被提到的可能是水生灌木了。其中芦苇可以占据首位,不管是出于战争或是和平的目的,它们都是必需的物品;它们对于供给而言也是重要的。北方居民用芦苇盖房子,盖的房顶结实耐用。在世界其他地方,芦苇为房屋提供了非常轻质的天花板。它们还当做在纸上书写的笔——特别是埃及的芦苇,因为它们与纸莎草在某种程度上有亲和关系。尼多斯的芦苇和小亚细亚地区阿尼提克湖(Anaetic Lake)周边生长

---

⑬ 公元前314年。

的芦苇都是比较受重视的。芦苇到顶部逐渐变尖，生出一簇浓密的发状物，这些东西也不是不值钱的；这些东西既可以代替羽毛作为旅店老板床垫的填充材料，或者在那些它们难以生长、树木茂盛的地方，也可以把它们捣碎，填入船只的结合部捻缝；这种物质的持久性远胜于胶水，也比用树脂填充裂缝更可靠。

159. 在东方，人们使用芦苇作战。方法是芦苇与羽毛结合一起，它们加速了死亡的到来。

162. 正如我们在神庙之中经常看见的那样，印度的竹子(bamboos)体型像树木一样高大。两个节之间的长度——如果这种说法可信的话——可以做一条小船。这种竹子在阿塞西尼斯河附近生长得特别茂盛。

164. 这里有几种芦苇。一种芦苇节紧靠在一起，显得比较紧凑；另一种的节比较分散，也比较细。还有一种芦苇内部从头到尾都是空的，希腊人把这种芦苇称为"芦笛"芦苇，由于没有苇心和苇肉，用它来做芦笛非常合适。奥尔科梅努斯(Orchomenus)的芦苇打通许多节，只留一个通道。希腊人把它称为"管乐器芦苇"。

173. 在意大利，芦苇主要用来支撑葡萄藤。

178. 茅屋顶和草席都是灯芯草做成。剥去它们的外皮，包上芦苇可以做成蜡烛和葬礼用的火把。有些地方的灯芯草比较结实、坚硬，可以用来挂风帆，不仅是帕杜斯河的船夫，而且还有阿非利加海上的渔夫用一种特殊的方式在桅杆之间悬挂风帆。摩尔人(moors)使用芦苇盖他们的茅屋顶。严密的研究认为，芦苇是世界各地内陆地区制造纸张的材料。

181. 一般而言，树木的身体也像其他有生命的物体一样，有外皮、血液、肌肉、腱、血管、骨骼和骨髓。

182. 树皮就起到了皮肤的作用；在它之后，大部分树木都有一层"肥肉"，名叫 *albutnum*，[14]因为它是白色的。这种木材柔软，属于木材之中最差的部分；因为它很容易腐烂，即使是硬栎树的

---

⑭ 树皮和树心之间的边材或液材。

albutnum 也是一样。它也是甲虫的牺牲品，总是被砍掉。在这层“肥肉”之下是肌肉，然后是骨骼——这是木材最好的部分。

184. 有些树的肌肉包括纤维和血管，它们比较容易分别，血管比较宽，比较白。木材中有血管容易开裂，因此，如果你把耳朵贴近这种木材的一端，不管这木材有多长，你可听见另一端笔尖敲击的声音，这是因为声音可以笔直地沿着木材的管道传送。使用这种方法，你还可以发现木材是否扭曲，是否因为多节而中断了。

186. 木板水平地漂浮着，沉没的深度取决于这根木材被砍伐之前接近根部的情况。

200. 至今为止，在罗马所见过的最大的树木，被认为是提比略皇帝为了模仿海战而当作宝贝放在甲板上炫耀的一根木材。这根木材是与其他木材一起运到罗马来的，直到尼禄兴建露天剧场的时候才得以使用。[15] 它是一根长达 120 罗马尺的落叶松木材，木材厚度一律是 2 罗马尺；按照这根木材估计出树木其余部分的高度简直难以相信，可以认为是最高的树木。

201—202. 最重要的冷杉用于做船上的桅杆，这条船从埃及运来了竖立在梵蒂冈环形广场的方尖碑，还有其柱基的 4 根石柱，这是盖尤斯皇帝下令这么做的。确实，从来也没有哪条船比它航行在海上更令人印象深刻。它的压舱物是 150 立方罗马尺兵豆，它的长度占据了奥斯提亚港左边的大部分。在克劳狄皇帝时期，这条船被沉掉了，被用作 3 道防波堤的地基，防波堤像船上直立的桅杆一样高；这些防波堤使用普特奥利的胶泥筑成，它们是专门为了这个目的而挖掘和运到这里来的。这棵树需要 3 个人才能合抱。

203. 日耳曼海盗乘坐的是独木舟，树木的中心是挖空的。许多独木舟可以载 30 个人。

220. 有 4 种害虫危害木材。凿船虫[16]有一颗与身体相比显得非常大的脑袋，它们用自己的牙齿不停地啃木材。这些害虫

---

[15] 公元 59 年。

[16] 这样的害虫一般在船只的木材之中可以发现。

只有在海上才能够看见，只有它们才真正可以称得上这个名字。陆地的害虫以"蛾害"著名，这种害虫有蚊子和"蓟马"。第 4 种属于蛆类，这种害虫有些是木材本身由于树液减少而产生的，其他的则是由害虫产生的，如被称为"有角的害虫"——也是在树上的。有角的害虫侵蚀木材，足以使木材毁坏，它还会生下另外一群害虫。

221. 在某些树上，例如在柏树上有一股苦味，而在另外一些树上，例如在黄杨树这种硬木上，可以防止这种昆虫生长。人们认为冷杉如果在发芽的时候剥去树皮——也就是在第 12 个月和第 13 个月之间，它们不会腐烂。亚历山大大帝的那些随从注意到，红海提洛斯岛(Tylos)有许多树木可以用来建造船只，它们的木料 200 年之后都不会腐烂，甚至把它们浸在水中也一样。⑰

225. 冷杉通常是笔直的，非常结实，非常适合用来做门板和人们喜欢的各种各样的镶嵌工艺，不管是希腊风格的、坎帕尼亚风格的还是西西里风格的。刨平的木材产生了许多刨花，卷成螺旋状物体，就像葡萄藤的卷须。

231. 可以被锯成薄片作为其他木材镶板的主要木材有：柑属植物、产松脂的树木、槭树、黄杨树、棕榈树、冬青树、圣栎、接骨木和杨树的树根。

232. 以上就是一些经常使用树木的起源：一种木材被另外的木材包裹着，外表最后使用比较昂贵的木材来装饰比较便宜的木材。人们发现镶板要尽可能使用一种木材制成。但光是这样还远远不够！动物的角开始被染上了颜色，动物的长牙被砍下，木材被镶上了象牙，然后是出现了镶板。接着，人们决定要在海洋之中寻找物资；龟壳被割下来当成镶嵌的材料。在尼禄担任元首时期，人们发现了非常灵巧的装置，可以使龟壳退去其天生的本色，仿照木材的颜色来美化它。就在不久之前，木材还算不上是奢侈品，但现在它已经要用龟壳来仿制了！

---

⑰ 普林尼指的大概是柚木，虽然任何木材完全浸在水中都不会腐烂。

245. 有三种类型的桑寄生(misteletoe):第一种桑寄生在冷杉和落叶松之上,它在埃维亚(Euboea)称为 *stelis*,在阿卡迪亚(Arcadia)称为 *hyphear*;在栎树、硬栎、圣栎、野梨树,产松脂的树木和其他许多树木发现的这种植物也叫作桑寄生。在栎树上有一种繁殖力非常强的桑寄生名叫 *dryos hyphear*。除了这种桑寄生之外,生长在圣栎和栎树上的桑寄生还长着有毒的臭浆果和各种臭味难闻的树叶;浆果和树叶都有苦味和黏性。

247. 可以肯定,播种的桑寄生不会生长,除非它和鸟粪——特别是鸽子和鸫鸟粪一起排出。它的天性是这样的,除非在鸟腹之中时机成熟,否则它绝不发芽。它的最大高度为 18 指长,它总是四季常青和浓密的。雄性的桑寄生是可以繁殖的,雌性的桑寄生是不能繁殖的。此外,即使是丰产的植物,有时也不结浆果。

249. 在这个问题上,我不能忘记向高卢行省的桑寄生表示敬意。德鲁伊兹人(该名字得名于他们的祭司种姓)所拥有的物品,没有什么比桑寄生和其寄生的植物更神圣。可以肯定它就是硬栎。他们也根据圣栎本身的品质来挑选圣栎树林,他们不喜欢用没有树叶的这种树来举行任何宗教仪式。正是由于这种风俗习惯,他们被称为德鲁伊兹人,根据希腊语词汇的意思就是栎树。[18]因此,他们认为任何生长在栎树上的植物都是上天的赐予,也是这棵树获得神本身垂青的证据。

250. 但是,在硬栎上很少发现桑寄生。不过,如果它们被发现了,就一定要在当月的第六天非常隆重地收集起来。接着,要用他们自己的语言向月亮致敬,这句话的意思是“保佑众生平安”。德鲁伊兹人按照应有的宗教仪式,在树下准备祭品和举行宴会,并且要牵来两头白色的公牛,它们的角在第一时间就被绑住了。

251. 一名身穿白色长袍的祭司爬上这棵树,用黄金的镰刀割下桑寄生,用白的斗篷接住。然后,他们献祭牺牲,祈祷神能够赐予那些向他献祭的人们以仁慈的礼物。他们认为加入饮料之中的

---

⑱ *drys*.

桑寄生可以使任何无法生育的动物具有生育能力，它也是所有毒药的解毒剂。在大多数人之中，对于那些比较起来不怎么重要事情的迷信，影响是如此的巨大。

第十七卷　苗圃植物和园艺植物

1. 我们已经叙述了那些天然生长在陆地和海洋各种树木；剩下的就是那些依靠人类的技术和天才培育的树木，而不是自然繁殖的树木。但是，让我感到惊奇的是人类在经历了原始时期贫乏的状态之后，那时的人们与野兽分享树上掉下来的果实，与鸟类分享挂在树上的果实，这些已经被极端的奢侈豪华所取代。而且，我认为在这方面最突出的人物就是卢西乌斯·克拉苏和格内乌斯·多米提乌斯。

2. 克拉苏是罗马第一流的演说家之一，他的住宅富丽堂皇，而且在某种程度上比昆图斯·卡图卢斯[①]在帕拉蒂尼丘的房子还要好些，他曾经与盖尤斯·马里乌斯一起打败辛布里人。当时公认最豪华的住宅是罗马骑士盖尤斯·阿奎利乌斯(Gaius Aqwilius)在维弥纳尔丘(Viminal hall)的房子，而比这座房子更出名的是他的公民权利知识，当时克拉苏正在指责他的住宅。

① 卡图卢斯是马里乌斯的同事，后被此人判处死刑，他以木炭火窒息而自杀。

第十八卷　农业

1. 接下来我要说的是各种谷物、园圃、花朵，还有除去树木和灌木之外，那些由于大地仁慈而结果实的东西的特性。[①]

6—7. 在罗马城最初的时候，罗慕路斯任命祭司为田地的祈祷者，并且自任为其中的第 12 名祭司。在那个时候，对于罗马人民而言，只要有超过 2 尤格(iugerum)土地就足够了，也没有人有更多的土地。而在不久之前，尼禄皇帝的那些奴隶，有谁满足于一个那么大面积、装饰华丽的花园呢？现在，他们想要的养鱼塘比花园还大，如果他们不想使厨房的面积更大的话，那就是我们的运气了。

9. 一对公牛一天可以耕完的一块土地，通常称为 1 尤格[②]，一对公牛拖着木犁走一趟的合理长度，这个距离称为 1 阿克图斯(actus)[③]，送给军队统帅和勇敢公民最宽宏大量的礼物是，一个男子汉一天可以耕完的最大面积的土地。

11. 加图告诉我们说，赞美一个男子，称赞他是最好的农夫和土地的耕种者，这就是最高的荣誉。这也是“富人”这个词的词源，*locuples* 的意思就是“拥有许多空间的人”，也就是拥有许多土地的人。我们有关货币的词 *pecunia*，就出自表示牛的单词 *pecus*。即使在今天，在监察官的账目上，全国的岁入仍然被称为“牧场”，因为在很长的时间之内，牧场的租金都是公共收入的唯一来源。而且，

---

① 一般见 K. D. 怀特：《罗马的农业》(伦敦，1970)。

② 大约是 2/3 英亩。

③ 120 罗马步。

罚金的计算只使用赔付牛羊的术语来表达。

12. 塞尔维乌斯是第一位在青铜钱币上压印山羊和公牛图案的国王。

22. 撰写农业方面的专著是一件功德无量的事情。即使在外国人之中也是这样，许多国王，例如希罗(Hiero)、阿塔罗斯·费罗梅托(Attalus Philometor)、阿基劳斯(Archelaus)都从事过这种工作，还有许多的将领，例如色诺芬和迦太基人马戈(Mago)。我们的元老院在占领迦太基城之后，曾经给予后者极高的荣誉。以至于元老院决定把这座城市的图书馆赐予阿非利加的王公们，好像是天意垂青马戈一人，他的28卷著作后来被翻译成了拉丁文，虽然马可·加图很早就完成了自己的专著。他们还是发布了一道命令，规定这个任务必须由那些熟悉迦太基语的人来完成。其中，一位拥有最丰富知识和经验的，超过所有其他专家的人物德西默斯·西拉努斯(Decimus Silanus)提供了专业性的意见。

26. 最勇敢的男子汉、最敏捷的士兵以及那些最不诚实的人都是从农业社区之中产生的。那时，购买农庄还没有出现高潮。在涉及土地问题的时候，转让并不困难——至少是在涉及所有土地买卖问题的时候。购买一块贫瘠的土地，总是会后悔。加图接着说，那些打算要购买土地的人，在各种事情之中，首先就必须考虑灌溉用水的供应、进出的道路和周围的邻居。

27. 至于附近的农民，他建议人们必须仔细考查他们是如何兴旺起来的。他写道："因为在一个条件优良的地区，人民就有一种繁荣兴旺的气派。"

28. 土地使它的主人长期地挣扎，是件不幸的事情。在优先考虑的事情之中，加图排在最前面的事情如下：土地基本上是完好的，手头有充足的劳动力供应，繁荣的城市，从水路或者旱路运输产品的通达道路，农庄必须有完善的建筑物，农庄的土地必须精耕细作。加图说："最好是从一位正直的主人手上购买土地。"

29. 加图认为，最赚钱的农业活动是种植葡萄。可以认为，他只是一般地、小心谨慎地谈到了经费的支出。他认为具有良好水源供应的各种园囿收益排在第二位，如果这种园囿就在城市附近，收益是非常可靠的。

32. 对于农庄而言，基本的必需品农舍不能太小。对于农舍而言，农庄也不能太小。正确的安排需要高度的技巧。曾经7次担任执政官的盖尤斯·马里乌斯脑海之中，突然出现了一个想法，他在米塞努姆地区建立的一座农舍，就使用了开辟营房的经验。[④] 以致于幸运的苏拉竟然认为，和马里乌斯相比，其他所有的人都是瞎子。

33. 一般认为，一座农舍不能靠近沼泽，也不能面对江河。荷马所说的话确实非常正确，在黎明之前，总会有些损害健康的雾气从江面上升起。在炎热的地区，农舍应当朝向北方，在寒冷的地区则朝向南方，在气候温和的地区则朝向东方。

35. 古代专家认为，最重要的考虑不是经营一个非常大的农庄。因为他们觉得耕种一块较小的土地，精耕细作地经营这块土地反而更好些；我认为维吉尔就持有这种观点。[⑤] 老实说，大地产已经毁灭了意大利，而现在它又确实正在毁灭各个行省。

36. 只要求农庄管理人在智力上应当与主人尽可能接近就行了，而不必要求一样。农事活动使用罪犯来完成是令人厌恶的，这就正如把各种其他工作委托给亡命之徒来完成是一样的道理。它看起来就像是草率地引用古代作家的说词，只有在思想上经过消化和思考之后，他们的正确性才能够明白，即“最好的耕地胜过一切的价值”。

41. 盖尤斯·富利乌斯·克雷西乌斯(Gaius Fulius Chresimus)是一名释放奴隶，他从一个比较小的农庄之中，获得了比他的邻居从辽阔的大地产之中获得的收益还要多得多。结果，他成了一个非常不受欢迎的人物，就好像他是使用魔法将其他人的谷物偷走

---

④ 盖尤斯·马里乌斯(公元前157—前86)第一次担任执政官是在公元前107年，他被任命为对抗努米底亚国王朱古达的统帅。

⑤ *Georgics*, II, 412.

了一样。

42. 他受到了有权坐在贵族席上市政官斯普里乌斯·阿尔比努斯(Spurius Albinus)控告。由于担心在部落投票的时候,他被判决有罪,他把自己所有的农具带来了——包括他精心制作的铁器,沉重的鹤嘴锄和重犁——都拿到了法庭上,他还介绍了自己农庄的劳力——一群强壮的男子汉,根据皮索的描述,他们受到了良好的照料、穿着衣服——最后,还有他饲养得很好的公牛。

43. 这时,他说:"公民们,这就是我施魔法的符咒,我无法提供或者召唤我在黑夜之中的劳动、起早摸黑和流血流汗苦干的证据。"这一切已经确保他被全体一致地投票宣布他无罪。确实,对于农业而言,劳动是绝对必要的。这就是我们的先辈常说"最能使农庄丰收者,就是庄主的眼睛"的原因。

48. 我现在就来谈谈各种谷物的特性。它有两个主要的类型:谷类植物,例如小麦和大麦;还有豆类植物,例如菜豆和鹰嘴豆。它们之间的区别已经众所周知,证明了描述的正确性。

63. 不同的民族出产许多不同种类的小麦。就个人而言,我无法就洁白度和优势,把它们与意大利小麦进行比较。外国的小麦只能与那些生长在意大利山区的小麦进行比较。维奥蒂亚的(Boeotian)小麦是最上等的,其次是西西里的(Sicilian)小麦,最后是阿非利加的(African)小麦。

65. 悲剧家索福克勒斯在剧本《特里普托勒摩斯》之中赞美意大利的谷物优于其他所有品种:把他的话翻译出来是:"意大利那个幸福的国度,由于发亮的、闪光的小麦闪烁着白色的光芒。"

71. 按照季节,最早播种的谷物是大麦。印度既有栽培品种也有野生品种。印度人使用大麦制作他们最好的面包和麦片粥。

72. 大麦是最古老的食物,这有米南德记载的雅典庆典活动,还有那些给予辩论家的外号作为证据,这些人通常被称为"大麦"。希腊人喜欢用这种谷物做麦片粥,而不喜欢用其他任何谷物做粥。

97. 研磨各种谷物是一件容易的事情。伊特鲁里亚磨碎二粒小麦的麦穗——然后进行烘焙——使用铁的、可以翻转的碾锤,或者是手推磨，这种手推磨内部有锯齿或者牙齿，还有从磨盘中央向四周发散的凹槽。意大利大部分地区使用光光的碾锤和水轮驱动的石磨。

105. 要讲述各种不同形状的面包，似乎是一件乏味的事情。在有些地方，面包是按照与它一同食用的菜肴来命名的，例如牡蛎面包；在另外一些地方，又是按照它的口味来的，例如蛋糕面包；它的名字还可能出自烘焙的方法，例如烤炉面包、烤模面包、平底锅面包。

107—108. 直到罗马城建城之后的580年[⑥]和珀尔修斯战争时期，罗马还没有面包师。公民通常是自己做面包，这是妇女们的专门工作。在大多数民族之中，它现在仍然是这样。普劳图斯(Plautus)已经提到了面包师，他在剧本*Aunularia*[⑦]之中使用了一个希腊词，这个词在许多学者之中，就所涉及的这行诗是否是伪造的引起了许多争论。这种表达方式出现在阿泰乌斯·卡皮托(Ateius Capito)的著作之中，它证明在他那个时代，烘烤面包的厨师通常是为富人工作的。只有那些磨面粉的人被称为磨坊主；没有人会雇佣厨师长期工作。相反，他们只会根据需要去市场雇佣厨师。高卢行省发明了一种马尾制成的筛子，西班牙人制作了亚麻的过滤网和筛子，而埃及人则用纸莎草和灯芯草制作这些物品。

296. 收获有个这样的办法。在高卢行省的大地产之中，巨大的、带有锯齿的锋利刀口装置，安放在两个轮子上，由一组公牛在后面推着走过庄稼地；谷穗就脱落这个装置之内。[⑧] 在其他地方，谷物的杆子用镰刀彻底割下，谷穗就脱落在两根干草叉之间，在有些地方，谷物的杆子从根部被割掉，根也被拔走了。

297. 在使用麦秆盖房顶的地方，他们收割的麦秆尽可能保持

---

⑥ 公元前174年。

⑦ 第400行。

⑧ 这是最早提到农业机器的资料，它的存在已经被高卢东北部四个纪念碑的图案所证实。

长一些;但是在那些缺乏干草的地方,他们需要的草料同样也很缺少。

298. 谷穗本身一旦收割下来,必须脱粒;有些地方在脱粒场上使用脱粒锤,另外一些地方使用母马践踏脱粒,还有些地方使用连枷脱粒。人们发现如果小麦收割推迟一点,它的产量更高,而且比早点收割的质量更好,更饱满。收割谷物最明确的规定是,必须在谷物变硬之前,在它开始具有谷物颜色的时候。正如神谕所说的:"你的收获时间最好是两天,不要比两天更早,也不要拖得太晚。"

301. 有些专家建议,建造精巧的粮仓砖墙要有一码厚,从上往下填满仓库,仓库要有可移动的屋顶,没有窗户。但是在有些地方,人们建造木质的粮仓,以柱子作为支撑,喜欢让空气环绕四边流通,甚至在下面流动。

303. 对于我们来说,在适当的时间储藏谷物是最重要的事情。因为它如果是在尚未成熟和变硬的时候收集起来,或者是在炎热的时候储存,害虫就不可避免会在谷物之中繁殖起来。

第十九卷　亚麻和其他植物

8. 整个高卢习惯上都纺织亚麻帆布，今天，即使是居住在莱茵河对岸我们的敌人——同样也学会了制造亚麻制品；而且，日耳曼女性认为这种衣服是最漂亮的。

9. ……在日耳曼，妇女们居住在地穴之中，从事纺织工作。①

14. 上埃及②朝着阿拉比亚的地区出产一种灌木，有些人把这种灌木称为"gossypium"③，但多数人把它称为"xylon"。因此，用它制成的亚麻纺织品也被称为"xylina"。这种灌木不大，出产一种类似胡桃的毛绒绒果实，果实内部纤维的细毛可以纺织。

16. 在我国，判断亚麻成熟有两个标志，即亚麻籽长大和亚麻花开始变成黄色。亚麻挖出来之后，人们把它捆成一抱粗一捆，根部朝上悬挂着，在太阳底下暴晒一天，再晒五天，然后再朝上翻转，以便让亚麻籽掉落在亚麻捆之中。亚麻籽具有多种治疗作用，因为具有甜味而成为波河北岸意大利农夫喜爱的食物，但在很早之前它仅用于宗教仪式之中。

17. 然后，在收割完小麦之后，人们把亚麻杆浸入被阳光晒热的水中，然后压上某些重物，因为没有比这更轻的物品。亚麻浸泡好的标志是亚麻皮已经非常柔软；然后再把它们放在太阳底下晒干，重复第一次的过程；当它们被晒干之后，再把它们在专门用来

---

① 参见塔西佗：《日耳曼尼亚志》，第 16 章。

② 上埃及即埃及的南部地区。

③ 即棉花。

打麻的石头上捣碎。最靠近皮层的物质被称为麻絮(Stuppa),它是亚麻最下等的产物,大多用来作灯芯。但是,在整个亚麻皮还没有被剥下来之前,这些麻絮就应当用铁梳子梳理好。

19—20. 人们还发现了一种连火焰也烧不坏的亚麻。它被认为是有生命④的亚麻,我曾经在一个宴会上看见人们把这种亚麻餐巾投入熊熊燃烧的炉灶,弄脏之后的餐巾投入火焰之中——它们在经过火焰燃烧之后,比在水中洗濯之后更加白亮和干净。用它制成国王的寿衣,可以确保把遗骸的骨灰和火葬堆的灰烬分离开。它出产于印度被阳光烤焦的沙漠之中,沙漠之中从来没有雨水,只有成群的可怕毒蛇。它天生可以抵御火焰的作用。人们很难发现它,它也很难纺织成很薄的纺织品,因为它的纤维很短;它的颜色是天然的红色,只有经过火焰的烧烤才会变成白色。人们用这种办法可以找到它,它的售价超过了最好的珍珠。希腊人根据其特有的性质将其称为"石棉"。阿那克西劳斯(Anaxilaus)指出,如果把这种物质做成的亚麻缠绕在树上,用斧子砍树的声音将会被吸收,人们听不到它的声音,树就被砍倒了。由于它具有这种特点,这种亚麻在已知的所有亚麻之中等级最高。

④ vivum.

第二十卷　从园囿植物之中获得的药物

1—2. 从此以后，我将开始概括大自然最重要的作用，向人们介绍适合于他们的食品，使他们不得不承认自己不懂得如何维持自己的生命。不让每个人受到日常用语的欺骗——我承认这是一个微不足道的、无足轻重的任务。我将描述大自然在和平时期和冲突时期的情况，各种相同和不同的事物，它们是无声的，甚至是无生命的东西。而且——为了增强我们的惊奇感——所有这些都必须是对人类有益的。在对待各种事物的基本原则上，希腊人使用了“相生”和“相克”两个术语，例如，在水熄灭了火，太阳蒸发了水，或者月亮产生了水的情况就是如此。太阳和月亮都会发生食，双方都会穿越对方的领域。让我们从天上的事情转而谈谈其他事情，磁铁矿能够吸铁，而其他矿藏则排斥铁。很少有人愿意以财富购买的钻石，它坚硬无比，可以抵抗所有其他的影响，但是它却会被山羊血所破坏。我还要在有关的上下文之中提到另外一些事情，相同的或者是更重要的。请原谅我从最不起眼的，但是有益于健康的话题开始我的叙述。首先，我要叙述的是菜园中的植物。

3. 这里有野生黄瓜(cucumbers)品种，但与栽培黄瓜相比块头小得多。它的种子掉出来落在雨水之中，沉到了水底。然后，太阳的作用又使它凝固，这些东西又被做成了小片供人类使用，这些东西对于治疗视力微弱、眼疾和眼睑上的麦粒肿有益处。黄瓜的根部晒干，与天然树脂调和在一起，可以治疗脓包(impetigo)、疥疮(scabies)和通常所说的牛皮癣和癣(ringworm)。

39. 洋葱头(Onions)没有野生的。栽培洋葱头强烈的气味可以使眼泪流出,可以治疗视力不良。更有效的办法是在眼睛上敷上一些洋葱头汁液。洋葱头据说还能够使人睡眠,它和面包一同吃,可以治愈口腔炎。

42. 阿斯克勒皮阿德斯学派声称,食用洋葱头可以提高健康的综合素质,而且,如果每天空腹吃洋葱头,就能保持良好的健康状况,对于肠胃也是有益的,可以通过肠气的运动排出大便;如果把它制成栓剂,可以治疗痔疮(haemorrhoids)。最后需要补充的是,茴香(fennel)的提取物、洋葱头汁液在治疗水肿的早期阶段,具有神奇的疗效。

50. 大蒜(garlic)非常有效,对于治疗由于水土改变而造成的疾病非常有用。根据有些专家说,它的气味可以驱赶毒蛇、蝎子以及各种各样的野兽。

64. 除了已经提到的那些之外,莴苣(lettuce)还具有许多特性;莴苣可以引起睡眠,可以抑制性欲,使发烧者降温,通便,造血。莴苣可以消除肠胃气胀,抑制打嗝,有助于消化。没有其他食物比它刺激或者抑制性欲更加有效。大便的数量在两种情况下都是危险的:大便太多;数量不多可以造成便秘。

78. 要把卷心菜(cabbages)的优点一一罗列出来,将是一件枯燥的事情,因为克里西普斯医生(Chrysippus)专门研究过这种蔬菜,并且根据它对人体不同结构的效果专门列出了许多专题。同样,戴切斯(Dieuches)、前述毕达哥拉斯和加图,都多次真心真意地赞美过卷心菜。我们必须仔细地审查这些观点,以便搞清在长达600年的时间里,罗马人民使用的是什么药材。

80. 加图对卷曲的品种提出了一个最高明的建议,然后又对光滑的大叶和大茎品种提出了建议。他写道,早晨把生卷心菜收进来,把它和醋密剂、芫荽、芸香、绿薄荷(mint)和罗盘草的根部拌在一起,每服5盎司液体,对于治疗头痛、受到损伤的视力,飞蚊症、脾脏和胃脏和癔症的治疗效果很好。他声称这种混合物的作用很大,以至于有人捣碎它们的时候,就好像自己服用了这种合剂,变得更强壮了。

81. 根据加图的论著，新旧伤口甚至致命的伤害，不能用其他的方法治愈，而只能用热水进行热敷，每天敷用2次捣碎的卷心菜。他建议用同样的方法治疗瘘管和扭伤，用同样的方法还可以治疗肿瘤，这些肿瘤应当吸出或者消散。加图指出，煮熟了的卷心菜可以防止做梦和失眠，如果患者食用了有油盐的卷心菜，就要尽可能地禁食。

84. 我现在要把那些与加图表达的观点有关的希腊人记载下来。我将把自己局限于被加图所忽略的事情上。例如，卷心菜与葡萄藤相克，因此人们认为它能够抵消葡萄酒的作用，如果在进食之前食用，它可以防止醉酒。如果在饮酒之后食用，它可以抵消酒的作用。

85. 希腊人声称卷心菜能够极大地改善视力，声称即使是把生卷心菜的汁液与阿提卡的蜂蜜混合在一起，用它来涂抹眼角，好处也是很大的。厄里西斯特拉图斯(Erisistratus)的支持者声称，对于胃部和肌肉而言，没有什么比用卷心菜来治疗麻痹症和咳血更好的东西。

152. 欧亚薄荷(pennyroyal)和绿薄荷在使昏迷的人复苏方面的功能是相同的；两者都装在盛满醋的玻璃瓶之中。由于这个原因，瓦罗认为，与其说玫瑰花的花环，不如说欧亚薄荷的花环更适合于放在卧室之内，因为这种东西可以用来减轻头痛。而且，它非常强烈的香味据说可以保护头部不受伤害、使人不会感冒、发烧和口渴。在太阳底下的人们如果在耳朵下带着两支欧亚薄荷，就不会遭受热得精疲力尽之苦。

153. 欧亚薄荷与蜂蜜、苏打一起煮沸，可以治疗肠功能紊乱；它泡在葡萄酒之中，具有利尿功能；如果葡萄酒是阿米尼亚出产的，它可以消除肾结石和各种体内的疼痛。

156. 用于同样的目的，野生品种更有效果。

198—200. 栽培的白色罂粟(poppies)的花萼泡在葡萄酒之中，可以使人入睡，其种子可以治疗麻风病(leprosy)。使人入睡的药物也可以用黑色的罂粟做成。正如迪亚哥拉斯(Diagoras)所建议的那样，当着花蕾正在长成的时候，就要切开花茎。或者根据约拉斯(Iollas)的建议，当树上正在落花的时候切开花茎。两人都建议切口应当在花蕾和花萼之下，在这种罂粟和其他任何品种的罂粟上，切口都不能在花蕾本身上。罂粟的汁液非常丰富，并且会自动地变稠，可以做成小药片，放在阴凉处阴干。它不仅有催眠作用，但如果服用过多，将造成致命的昏迷。人们把这种汁液称为鸦片(Opium)。我听说帕布利乌斯·李锡尼·凯基纳(Publius Licinius Caecina)之父、一位行政长官级别的人在西班牙的巴维农(Bavilum)死于鸦片中毒，当时一种难以治愈的疾病使他觉得自己的生命已经毫无价值；其他一些人也发生了同样的事情。由于这个原因，出现了一场大争论。迪亚哥拉斯和厄里西斯特拉图斯把鸦片当成剧毒药品，彻底反对使用鸦片。因为它损害视力，禁止把它当成药品使用。安德列亚斯(Andreas)补充说，只有一个原因不会造成人们立即失明，即它是亚历山大城的掺假商品。但是，自从那时著名的毒品可待因(codeine)做成之后，鸦片的使用不再受到谴责。罂粟的种子捣碎后加入药片，再加进牛奶，可以用来催眠；它还可以与玫瑰油一道用来治头痛，作为滴剂用来治疗耳痛。

202. 最好的罂粟生长在干燥的土壤之中，而且当地的降雨较少。鸦片检测的第一关是它特有的气味；确实，罂粟在纯净的状态下，其气味是难以忍受的；检测的第二关是把鸦片放在灯的火舌上，它在火舌中将发出明亮的、透明的火光，只有在灯熄灭的时候才会发出一股气味。如果鸦片掺假了，就不会出现这种现象，它在这种情况下很难点燃和继续燃烧；下一关检测鸦片纯度的方法是把它放在水中，让它在水中像一片乌云漂浮着，那时杂质将会聚集在水泡之中。但是，最令人惊奇的是，纯净的鸦片可以用夏季的太阳来检测，因为它会流出液体，溶解，直到变成像新鲜汁液一样的东西。

264. 最后，有许多用园圃植物合成的药物可以用来消除有毒动物的毒性。这些药方包括在科斯城埃斯库拉庇俄斯(Aesculapius)神庙的石刻铭文之中：2 迪纳里的野百里香、2 迪纳里的愈伤草和伞形科植物、1迪纳里乌斯的三叶草种子、1迪纳里乌斯的洋茴香、1迪纳里乌斯的茴香种子、1迪纳里乌斯的阿米芹属(ammi)和欧芹、6迪纳里的野豌豆、12迪纳里的野豌豆粉打底，过筛之后和葡萄酒一起捏成药片，每片相当于1块胜利女神银币(victoriatus)的重量。每片药的剂量相当于液重5盎司葡萄酒。安条克大帝据说服用过这个药方，作为防备各种有毒动物的解毒剂，只有蝰蛇除外。

第二十一卷　花卉

56. 百里香(thyme)有两种：苍白的和黑色的。百里香开花大约在夏至点，蜜蜂采集百里香花的时候。它可以提供蜂蜜丰收的大致标志，如果百里香花开得非常茂盛，养蜂者就有希望获得大量的蜂蜜。百里香受到降雨的损害会掉落花朵。它的种子眼睛看不见；不过，野墨角兰种子虽然很小，也大得足可以看见。但是，大自然把百里香的种子隐藏起来，究竟是为什么？

57. 我们知道种子在花里面，在播种之后，植物就从花里面生长出来。还有任何有花的东西，人们没有进行过实验吗？阿提卡的蜂蜜比全世界任何其他蜂蜜的名声都响亮。正如我已经说过的那样，从阿提卡输入的百里香很难从花里生长出来，不过，阿提卡百里香的另一个特性也造成了障碍，即它的生存有赖于海风的吹拂。对于各种百里香，古人也有相同的观点，人们认为这就是为什么在阿卡迪亚不生长百里香的原因。他们还认为，橄榄树只能在距离大海 35 罗马里的地方生长。然而，我们知道，百里香现在已经遍布纳博纳西斯高卢岩石嶙嶙的平原。这也几乎是居民收入的唯一来源。大批的羊群从遥远的地方来到这里，以百里香为食。

70. 蜜蜂和蜂箱与花园和花朵有特别的关系。在一帆风顺的情况下，养蜂事业可以用很小的支出获得很大的收益。因此，为了养蜂，你可以种植百里香、野欧芹、玫瑰、紫罗兰、丁香花属植物和其它许多别的花类。

73. 我们已经认识的蜜蜂食物是令人惊奇的，也是值得记载的。霍斯提利亚(Hostilia)是帕杜斯河畔的一个村庄。当这个地区蜜蜂的食物供给出现短缺的时候，当地人把蜂箱放在船上，在晚上把它们运到河流上游5罗马里的地方。黎明时蜜蜂出来进食，每天都回到船上，直到它们居住的船只在蜂蜜的重压之下在水中下沉——这标志着蜂箱已经充满了蜂蜜——它们的地点才会改变。然后，它们被运回霍斯提利亚取出蜂蜜。

74. 由于同样的原因，西班牙本地人用骡子把蜂箱运往别处。蜜蜂的食物是如此重要，因为它们的蜂蜜有可能变成有毒的东西。在本都的赫拉克利亚（Heracleia），有些年的蜂蜜极其有害，即使它们是出自同一群蜜蜂所产也一样。对于这个问题，专家们没有说明这些蜂蜜是从何种花所获取，但我将把这个发现记载下来。这里有一种植物名叫"山羊毒"，是因为它对牲口特别是山羊有剧毒。当着这种植物的花朵在多雨的春季凋谢时，蜜蜂从花朵之中吸收了有害的毒素。所以，这种有害的影响并不会伴随终生。有毒蜂蜜的特点是不会变稠，会使人打喷嚏，比纯净的蜂蜜重。牲口吃了有毒的蜂蜜会自动地倒在地下，企图冷却正在冒汗的身体。

159. 海伦的药物（helenium）出自海伦的眼泪，[①]人们认为它能够保持身体的魅力，保持我们的妇女充满活力的气色不受损害——不管是她们的脸色，还是她们身体的其他部分。而且，妇女们认为由于它的作用，使她们具有了一种妩媚动人的气质和性的魅力。人们把兴奋的作用也归之于这种植物，当它被放在葡萄酒之中——它的力量可以驱散一切的忧愁；荷马歌颂了后一种植物。[②] 海伦的药物具有非常甜美的汁液。它的根部在禁食的时候泡在水中，对治疗哮喘具有良好的效果。它也被泡在葡萄酒之中用来治疗蛇伤。

185. 正如我经常使用希腊术语来说明度量衡单位一样，在这里我将对这些术语加以解释。1阿提卡德拉克马（*drachma*）——这一般是医生使用的阿提卡度量衡标准——它的重量等于1迪纳里

① 宙斯和勒达之女，墨涅拉俄斯之妻，她被帕里斯拐走引起了特洛伊战争。

② Odyssey, IV, 221.

乌斯白银，6 奥波勒斯（obols）等于 1 德拉克马；10 哈尔基（chalci）等于 1 奥波勒斯。作为计量单位，一杯（cyathus）[③]等于 10 德拉克马重。而一醋杯（acetabulum）表明它等于 1/4 赫米那（Hemina），[④]即 15 德拉克马。1 木那（罗马人称为“明那”）重量等于 100 阿提卡德拉克马。

③ 约等于 2.5 液量盎司。
④ 约等于 10 液量盎司。

第二十二卷　药用植物

2. 我必须指出，在外族部落之中的某些人为了漂亮或者是因为传统的风俗习惯，经常使用某些草本植物来美化自己的身体。至少是蛮族部落中的女性经常使用由各种草本植物做成的软膏来涂脸，在达契亚人(Daci)和萨尔马西亚人(Sarmat)[①]之中，甚至男子汉也在自己身上涂油彩。

3. 而且，正如我们所知道的，有一种奇异的植物汁液可以充当绘画的原料，且不说紫红颜料(coccum)的问题，它是从加拉提亚、阿非利加、卢西塔尼亚的某些浆果之中提取的，专供军队将领的斗篷使用，外高卢人使用自己的植物代替，制造提尔的紫红色、紫螺的颜色[②]和所有其他颜料。他们不会去当地的海底寻找骨螺，也不会在深海的怪物撕碎骨螺的时候，使自己成为它们的牺牲品，他们也不会在船锚深不可及之处寻找——因为寻找所有这些东西只是为了某些名门妇女可以更具魅力地出现自己情人的眼前，或者是为了诱奸者可以把自己打扮得更有魅力去勾引他人的妻室。

4. 人们收集染料就好像我们收割庄稼一样，把它们直立着放在干燥的地面，但它们有一个大缺点，这就是会褪色。它们不适合用来装饰极其豪华的地方，但在价格上却没有任何风险。

---

① 只有普林尼提到萨尔马西亚人有类似的风俗习惯，这证明这种风俗习惯或者是他们从黑海西北部附近其他部落学来的，或者是把其他的种族错误地归入了萨尔马西亚人之中。——中译者注

② 紫红染料的特殊品种，前者以出产紫红颜料的地方腓尼基城市推罗命名，后者以骨螺的名字命名。——中译者注

本人不打算在此深入讨论这个问题，也无意于用更廉价的替代品，在适度节俭的范围内限制奢侈豪华之风。同时，虽然我们在其他的场合谈到过使用草本植物替代镶嵌宝石，[3]用草本植物的颜料来粉刷墙壁。不过，我们绝对不要忽略绘画艺术，我认为它一直就被视为自由人的艺术之一。[4]

8. 在古代，获得胜利最明确的标志就是失败者（向胜利者）献上绿色的树枝，它象征着放弃占有的土地，放弃使用富饶的、赖以为生的土地，甚至放弃安葬的土地。据我所知（scio），[5]在日耳曼人之中，至今（etiam nume）[6]仍然保存着这种风俗习惯。

138. 面包是我们日常的食物，它具有的治疗作用几乎难以数清。[7] 它与水、油料和玫瑰油混合在一起使用，可以治疗脓疱；它与蜂蜜水混合在一起使用，可以有效地使肿块变软。它与葡萄酒混合在一起使用，可以减轻疾病的症状，也可以使脓包停止流脓；它与醋混合在一起使用，也可以加速化脓；它也可以使用于病态的黏液分泌，即希腊人所谓的 *rheumatismi*，瘀伤和扭伤。但是，治疗这些疾病最好是使用发酵的面包，即所谓的 autopyrus[8]。

139. 它和醋混合在一起，可以治疗瘰疽、脚上的鸡眼。过时的面包，或者是水手面包，粉碎的或二次烘烤的面包，可以使肠子通畅。对于希望保持嗓音完美的人而言，干面包是最好的食物，并且需要节食。同样，干面包还可以预防卡他性炎症。那些被称为 sitanius[9] 的面包，是用三个月的面粉做成的，把它与蜂蜜混合在一

---

③ 由此可以推断当时在墙壁上镶嵌了珍贵的宝石。——中译者注

④ “自由人的艺术”范畴最初由瓦罗提出，见：Dsciplinarum Libri，IX。它包括 9 种艺术：语法学、辩证法、演说术、几何学、算术、天文学、音乐、医学和建筑学。——中译者注

⑤ Scion 表示普林尼亲眼看见过日耳曼人的这种风俗习惯。——中译者注

⑥ 普林尼的特点是喜欢强调某些长期存在的风俗习惯。——中译者注

⑦ 现在，在现代医学之中，除了把它用作膏药的基础之外，已经很少使用面包。在医药之中有一味煎剂由面包和劳丹酊（鸦片酒）制成。

⑧ “没有与麦麸分开的”，即粗面粉或全面粉。

⑨ 即当年的面粉。——中译者注

起，对于治疗面部组织的损伤、斑疹是非常有效的药剂。在热水或者凉水之中浸泡的白面包对于患者而言是非常松软而又健康的食物；泡在葡萄酒之中的可以用来湿敷肿痛的眼睛；同样，它加上干的桃金娘，对治疗头部的脓疮有效果。人们建议瘫痪者在洗浴之后立即食用浸湿的面包，节食。烤糊的面包可以减轻卧室内强烈的气味，它还可以用作过滤网，消除葡萄酒中的异味。

第二十三卷　葡萄和胡桃树

1．波摩娜(Pomona)不满足于仅仅以她的树荫保护和照料我所提到的那些作物，而且还赐予它们能够结果的健康体质。

2．大自然特别赐予葡萄健康的力量，她不满足于使它具有许多令人喜欢的花朵，使它未成熟的汁液和各种野葡萄具有香气和油膏。大自然说："人类享受了极大的乐趣，都应当感谢我。因为我创造了葡萄的汁液，从橄榄之中创造了橄榄油，还有品种非常多的海枣和果实。我不像大地母亲，所有的礼物都必须以艰苦的劳动才能获得——用公牛耕种，在脱粒场脱粒，在磨坊艰苦劳动，以及为了生产食物所必需的一切努力：难以确定的延长工作时间、数不清的辛勤劳动。我的礼物是现成的，不需要艰苦努力的。它们是自动奉献的，如果摘取它们有困难，它们自己也会一起掉下来。"大自然的努力已超其可能，她为我们的利益所做的，甚至比我们所希望的还要多得多。

54．葡萄酒即使变酸了，还可以当作药物使用。最值得注意的是它在冷却状态下的力量，而且这丝毫也不影响它在促使各种物质分解方面的作用。当醋(vinegar)流到地面上的时候，土地就发出嘶嘶的声音。我曾经多次声明，并且愿意再次声明，醋能与其他物质组合而成有用之物。它可以抑制恶心和打嗝。吸入醋的气体可以制止打喷嚏，含醋在口中可以防止洗澡水过热造成不利的影响。对于许多正在康复的人来说，食用加水的醋对胃部是有好处的。把醋和水含在口中，有助于消除中暑产生的衰竭。同样的混合物用来热敷，对于恢复眼睛疲劳非常有效。

56. 醋可以抑制慢性咳嗽、卡他性(catarrh)喉炎、哮喘(asthma)、牙龈萎缩。但是,它对膀胱和受伤的腱是有害的。有许多医生过去不知道它对蝰蛇咬伤有解毒作用。但是,现在有一个自己踩着蝰蛇被咬伤的人,当时带着一袋醋,每次感觉到伤口疼痛的时候就喝醋,情况就变了,好像他从来没有被咬伤一样。他推测醋有解毒作用,他饮了一口醋就得救了。

57. 同样,那些用嘴吸出有毒液体的人,他们的嘴中也要含醋。醋的作用非常广泛;它不仅局限于食物,而且可以用来做许多东西。醋撒在石头上可以使石头开裂,而火却对此无能为力。没有其他调味品能够调出如此美味的食品,或者增加这么大的香味。

147. 胡桃[①]得名于希腊语,其本意为能使人头部沉重之意。胡桃树和叶子能够消除影响智力的毒素。如果吃的是胡桃仁,它们也具有同样的效果,但痛苦不严重。新鲜的胡桃更受人欢迎;干燥的胡桃带有油性,对胃部有害和难以消化;它们可以引起头痛,对于咳嗽也有不好的影响。

148. 人们吃很多胡桃,可以很容易把绦虫打出去。陈年的胡桃可以治疗坏疽、疼痛和瘀伤。胡桃树可以治疗癣和痢疾。捣烂的树叶和醋混合在一起可以治疗耳痛(earache)。

149. 当强大的米特拉达梯国王被打败之后,格内乌斯·庞培在一本他亲自写的笔记本之中发现了一个解毒药方:2个干胡桃、2个无花果和20片芸香叶一起捣碎,再加上一撮盐。任何人空腹服用此药,一整天之内可以免遭任何毒害。

---

① *kara*=head;*karyon*=nut.

第二十四卷　从森林树木之中获得的药物

1. 即使是树木和大自然的蛮荒之地，也能够提供药物。因为大自然在所有的地方都为人类提供了药物——因此，即使是沙漠也成了药剂师的药房。但是，在每个地方都存在着令人惊奇的不和谐性。例如，栎树和橄榄树天生相克而不和。因此，一种树如果栽到另一种树被挖出来的树坑之中，它就会死掉。栎树如果种植在胡桃树旁边也会死掉。卷心菜和葡萄藤相克也是很严重的。此外，有些植物能够使葡萄迅速地枯萎。例如，对面种着仙客来(cyclamen)或者野墨角兰的时候就是这样。

3. 无生命的物质——甚至是最小的物质——也有它们特殊的毒性。厨师排除食物之中过多的盐分，要使用椴树皮或者精面粉。当我们觉得某些食物太甜的时候，食盐可以消除我们的厌恶感。酸的、苦的水加上手捏的大麦粉可以变成甜味，在两个小时之内就可以饮用。这就是为什么要把手捏的大麦粉放在过滤葡萄酒的亚麻网中的原因。罗德岛的漂白土(Fuller's earth)和我国的陶土都具有同样的性质。树脂很容易被醋去掉，墨渍很容易被水去掉。

4—5. 药物的起源是这样的。由于大自然的命令，许多物质才成了我们的药物——它们是无处不在的、有用的、容易发现、大量存在的物质，维持着我们日常的生活。从此以后，人类的欺诈和创造能力便发明了造假的药房，每一个药房都曾经允诺使人返老还童——不过要付出高昂的代价。眼下，药物变得越来越复杂，拒绝进行说明开始变得日益增多。阿拉比亚和印度被认为是这些药物的产地。从红海进口的药物用来治疗小伤小痛，即使是最贫穷的人也喜欢把贵重药品当成一日三餐来食用。但是，如果这些药品是来自菜园，或者是来自植物、灌木，而不是人工制造的，它们的价格就不能比药物贵。这样的流俗就使得罗马人民抛弃了传统的医疗方法。作为对外征服的结果是，我们自己被人征服了。在医药技术之中，我们成了异族的臣民，他们统治了自己主人。我将在其他地方详细叙述这个观点。

7. 掉落在地面的橡树果实与含盐的车轴油腻混合在一起，可以治疗老茧，希腊人把这种老茧称为“要命的”。圣栎的果实更有疗效。在所有的橡树果实之中，果壳和新鲜的下等树脂最有疗效。这些东西煮过之后，有助于治疗肠胃紊乱。在治疗痢疾方面也使用橡树果实。同样的混合物也用来治疗蛇伤，卡他性咽喉炎和化脓。

17. 高大的杜松树，希腊植物学家称之为 *cedrelate*，它出产的树脂称为 *cedria*，对于治疗牙痛非常有效。由于干果损坏牙齿，使牙齿掉落下来，因此需要缓解牙痛。它的汁液对于书卷[①]有很大的用处，吸入汁液对于治疗头痛没有效果。杜松子油可以保护尸体长期不腐烂，但是它能使活着的机体腐烂——这是一个奇怪的反常现象，剥夺活人的生命，同时又给予死者某种形式的生命！

18. 这种汁液也可以使纺织品腐烂，杀死虫子。由于这个原因，按照某些专家所提出的建议，我不认为它能用作治疗扁桃体脓肿或者消化不良的口服药。我也能够理解当牙痛发生的时候把它放在醋中刷牙，或者把它滴在耳朵之中治疗耳聋，或者用它来治疗寄生虫的问题。有一个非常荒诞不经的故事，大意是如果有人在性交之前用它涂抹阴茎，它的作用就好像是避孕药。我会毫不犹豫地使用它作为治疗毛虱和头屑药膏。

27. 正如我已经指出的那样，苔藓类植物生长在高卢地区。它对于治疗女性性器官传染病有用处。在洗澡的时候，可以用水田

---

① 这种油可能是用于使纸草软化，以便使它成卷。

芥或者盐水来抽打，对于膝盖和腿肿也有疗效。它和葡萄酒、树脂一起服用，很快就能发挥利尿作用。它与葡萄酒和杜松子果实混合，可以为水肿病之中的消水。

35. 树脂在油脂之中融化可以治疗伤痛；药物的疗效是使伤口愈合，它起的作用是清洁剂和消除脓肿。同样，松树的树脂可以治疗胸部的病痛。把它加温之后，可以用作涂剂减轻四肢的疼痛。奴隶贩子最喜欢这种药膏，用它给奴隶擦身可以让他胖一些。他们通过行走使四肢的皮肤放松，使奴隶的身体能够吸收更多的营养。

59. 西洋牡荆树（*agnus castus*）与杨树没有很大的区别，无论是就其用途——用来做编织物，还是它的树叶外形都一样，只有它的气味使人觉得更喜欢。这种树有两个品种：较大的长成了像杨树一样的树木；较小的有许多支条和苍白的、下垂的树叶。两种树都生长在湿地平原上。

60—61. 它的种子可以放入饮料之中喝掉，味道不像葡萄酒。据说它和油脂混合在一起当做药膏使用，可以退烧，可以使人流汗和消除疲劳。这种树出产的药物可以利尿，加速经血的流动。

62. 这些树提供的药物可以抑制强烈的性欲，还可以当做解毒剂治疗毒蜘蛛造成的阴茎勃起疼痛。

65. 染料木属植物（*genista*）通常用作绳索，蜜蜂非常喜欢它的花朵。我怀疑这种树是不是希腊作家所说的 *sparton*？荷马提到过这种树，他说："船只的绳索松开了。"确实，那时还没有使用西班牙或者阿非利加的细茎针茅草，为了给已经建成的船只抹缝，他们使用的是亚麻，而不是细茎针茅草。

76. 常春藤浆果或者内服，或者局部使用，可以治疗脾脏功能紊乱；对于肝脏的问题，它们也可以作为外用药使用。

77. 常春藤的汁液滴进鼻子之中，可以使头脑清醒，如果加上苏打水则效果更好。它还可以作为滴剂治疗化脓和耳痛；它也可以清除可怕的疤痕组织。白色的常春藤浆果汁液以热铁加热，有助于治疗脾脏不调。6 粒浆果加 3 倍液量盎司葡萄酒就足够了。

而且，这些浆果与醋蜜剂每次同服3粒，可以驱除绦虫。对于治疗牙痛，厄里西斯特拉图斯建议使用5粒金黄色常春藤的浆果放在玫瑰油之中捣碎，在石榴皮之中加热。把滴剂从痛处附近滴入耳朵之中。

116. 碾碎的冬青(holly)树叶和盐的混合物对于关节炎有很好的疗效。而冬青浆果对于痛经、肠胃不调、痢疾和霍乱有帮助。浆果与葡萄酒一同服下，可以抑制腹泻。如果把煮过的树根敷在皮肤上，可以拔出藏在体内的异物。它对于脱臼和身体肿胀特别有效。在城市或者农村的屋子里种一棵冬青树，可以免遭魔法的危害。毕达哥拉斯写道，水会因为冬青树的花朵而变成固体，把冬青树的枝条扔向任何动物，即使由于投掷者力气太小，没有击中目标，它也能滚到自己原定目标的附近——这就是冬青树天生的力量。

117—118. 大自然并没有打算只赋予黑莓(brambles)有害的作用，因此，她使黑莓生产黑色的浆果，这种浆果也是人类的食物。它们具有可以晒干、收敛的特性，对于牙龈炎、扁桃体发炎和性器官都有非常好的疗效。

156. 为了信守我将要讨论那些不平常树木的诺言，我想略微谈一谈那些具有神奇性质的树木。可以肯定，没有很多树木可以引起如此巨大的惊奇。毕达哥拉斯和德谟克利特两人都支持麻葛的观点，首先使这些观点在这个世界我们这部分地区引起了重视。毕达哥拉斯写道，*coracesia*② 和 *calicia* 可以使水冻结，但我发现在其他专家的著作之中没有提到这件事，在毕达哥拉斯的其他著作之中，他也丝毫没有谈到它们。

157. 毕达哥拉斯还把一种植物命名为 *minyas*③ 或者 *corinthia*，这种植物的汁液如果用来热敷，可以立刻治疗好蛇伤。他还补充说，如果这种汁液撒在草上，有人正好踩在草上——或者

---

② 意为“纯洁的”或“美丽的”植物。

③ 发现于南欧海边。

它正巧撒在人的身体上——这个人必死无疑。这种植物的毒性是可怕的。它可以抵得上所有的毒药。

158. 毕达哥拉斯还提到一种名叫 *aproxis*④ 的植物，它的根部像石油一样，在很远的距离就可以着火。他告诉我们，在卷心菜开花的季节，那些疾病的征兆就已经开始攻击人们身体了。即使卷心菜花每次都能治愈这种疾病虚假的表象，这些人还是经受了疾病的痛苦。

163. 德谟克利特说，蛇形植物（*Ophiusa*）⑤生长在埃塞俄比亚的埃利潘蒂尼。它的颜色是铅灰色的，外表是可怕的。如果有人服用一剂，它造成可怕的现象就像危险的蛇一样。人们会因为恐惧而自杀。因此，那些犯有亵渎神圣罪过的人被迫要喝下它。它的解毒剂是棕榈酒。大海之光（*thalassaegle*）⑥发现在印度河边，它也被称为河边的植物（*potamaugis*）⑦。一剂这种药品足以使人发狂，使人产生幻觉。

176. 希腊人开玩笑地把一种植物称为"友好的"⑧植物，因为它会粘在衣服上。用这种物品做成的头箍放在头上，可以减轻头痛。

---

④ 可能是白苦牛至或印度大水田芥。它们都具有丰富的油分，可以像石油一样燃烧。

⑤ 意为毒芹属植物或者海蛇

⑥ 一种能够起麻醉作用的植物或茄属植物。

⑦ 意为"potamitis"，即河边的植物。

⑧ 这种植物名叫猪殃殃，又称蟋蟀草和牛筋草。

第二十五卷　野生植物制成的药物

1—2. 我现在打算说一说著名的植物(大地母亲只赋予了这些植物的药用价值),它使人们赞美古人的细心和勤奋。他们没有不曾研究过的问题,也没有保留任何的秘密——因为他们希望造福后世——然而,我们却希望隐瞒和禁止发表他们的发现,希望消磨人们的生命,甚至诈取他人所有的钱财。确实,这些人有一些知识,可以保守这种秘密;他们利用不与他人分享自己知识的手段,来提高自己的声望。因此,我们不喜欢进行新的研究和改善生活。长期以来,我们的大智者研究的主要问题,局限于个人对于古人成果的回忆。因此,他们慢慢地被人们遗忘了。但是,老天作证,有些人因为个人的发现而被记入了诸神的名册。无论如何,这些人的尘世生活受到了更加广泛的赞美,因为许多植物就是用他们的名字命名的。

3. 他们探索过人迹罕至的高山、无人考察的沙漠和地球的内部,发现了所有根茎的作用以及那些可以使用的植物,为了健康的需要,他们转而求助于连猿猴甚至也不曾尝过的草本植物。

4. 我们已经讨论过的这个问题,比不上我国作家所讨论的问题重要,他们对于各种有用的、有益的事情都有极其强烈的欲望。在很长的时间里,马可·加图都是最高的、唯一的专家、各种有用技艺的大师。他谈到兽医学,可是他仅仅涉及草本药物的问题。在他之后,我国杰出的科学家只有盖尤斯·瓦尔吉乌斯(Gaius

Valgius)[1]试图研究这个问题。他以自己的学问著称于世，留下了一部尚未完成的、献给已故奥古斯都皇帝的著作。他以崇敬的序言开始了这部著作，祈祷皇帝陛下永远垂拱天下，医治万民的疾苦。

5. 米特拉达梯是他那个时代一位伟大的国王，他被大庞培打败了。正如我们从直接证据和报告之中所了解的那样，他比在他之前出生的任何人更加专注于研究者的生活。

6. 他没有别人帮助，独自一人制定了每天在服用药物之后饮用毒药的计划，为的是使自己能够适应毒性，免遭毒药之害。他是第一位发现各种不同解毒剂的人，其中有一种解毒剂就是用他的名字来命名的。米特拉达梯把本都的鸭血和这些解毒剂混合在一起，因为这些鸭子就是以毒药为食的。一些寄给他的论文至今尚存，论文的作者是著名医生阿斯克勒皮阿德斯，他当时受到邀请离开罗马前去传授书面知识。它清楚地证明了米特拉达梯是唯一能够说 22 种语言的人，证明他在位的整个 56 年之内，从来没有通过翻译给他的臣民写过信件。

7. 米特拉达梯有渊博的知识，对医药有特殊的影响，积累了这个世界大部分地区所有臣民的详尽知识。在他私人的财产之中，他留下了一书橱这类论文，还有标本和对于这些物品个性的描述。当着所有的王室物品落入大庞培之手后，他下令其释放奴隶勒尼乌斯(Leneaus)——一位有知识的人——把这些著作翻译成拉丁文。结果，这个伟大的胜利给日常生活带来的好处和给国家带来的好处一样重要。

9. 其他专家大多满足于记载各种名字，因为他们认为对于那些希望研究这些信息的人而言，这些东西作为一种植物的特点和本性的指南已经足够了。获得这些知识也不困难。至于我个人而言，除了极少数植物之外，我有幸考察了各种植物。这需要感谢当代最杰出的植物学家安东尼·卡斯托(Antonius Castor)的研究成

① 罗马诗人，与维吉尔和贺拉斯是同时代人。

果。我常常拜访使他着迷的园圃，因为在这个园圃之中，他培育了大量的标本，即使在他年龄高达百岁之后也是这样。除了高龄之外，他并没有丧失记忆力或体力。在古代，没有其他任何东西可以比植物性引起更大的惊奇。

10. 每个地方都有许多关于科尔基斯(Colchis)地区美狄亚[②]的传说，还有关于其他的施魔法者，特别是意大利的喀耳刻(Circe)的传说，她曾经跻身于诸神之中。

11. 我认为，这就是为什么古代悲剧作家埃斯库罗斯认为意大利有许多的草本植物的原因，[③]可以说喀耳刻[④]居住的喀耳刻伊也有同样的故事。对于这个传说，甚至在今天还有一个强有力的证据，因为人们认为耍蛇者马尔西人就是喀耳刻之子的后裔。不过，古代知识之父、喀耳刻的大崇拜者荷马在一些诗句之中，把以生长草本植物自豪的地方给与了埃及。虽然在那个时候，我们现在熟悉的、埃及有水利灌溉的地区当时还不存在；因为这个地区是后来由尼罗河淤泥形成的。

12. 他写道，埃及的草本植物是埃及王后慷慨赐予海伦的。这些植物包括忘忧草，它能使人失忆，忘记悲伤；海伦把这种草给了所有的人类。但是，把所有这些故事与更准确的植物学术语联系在一起的，最早据说是奥菲士(Orpheus)。

16. 古代药物的情况大致就是这样。当时所有的科学都渗入了希腊的通用术语之中。但是，还有一个原因使许多草本植物不为人们所知。这是因为只有文盲地区的人们具有种这些草本植物

---

② 科尔基斯国王埃厄忒斯之女，以擅长魔法出名，当伊阿宋为了寻找金毛羊来到科尔基斯的时候，她和他陷入了爱河，并且根据他的请求帮助了他。美狄亚和伊阿宋逃到希腊之后，伊阿宋抛弃美狄亚，娶了国王克瑞翁年轻的女儿。美狄亚为了报复他，杀死了他们的两个子女，还有他新婚的妻子。

③ 提奥弗拉斯图斯引自：*Historia Plantarum*，IX，15，1。

④ 赫利俄斯与珀耳塞之女，埃厄忒斯之姊妹。她像美狄亚一样以擅长魔法出名，她居住在埃阿伊岛上，接待过奥德修斯的伙伴，把它们变成了一群猪。奥德修斯从赫耳墨斯手中获得了白花黑根魔草的根部，迫使喀耳刻使他的朋友恢复了人形。

的经验，因为只有他们是居住在草本植物之中的。面对着大群医生，没有任何人关心寻找草本植物的问题。最可耻的是，即使人们已经认识了某些有疗效的草本植物，但他们并不想公开它们，仿佛把它们告诉别人，自己就遭到了损失。

26．根据荷马所说，他认为最著名的植物是被诸神称为白花黑根魔草(moly)的植物；他把发现这种植物的功劳归功于墨丘利，指明它的威力远远超过最强有力的魔法。人们认为它现在生长在阿卡迪亚的菲内乌斯(Pheneus)周边地区和基雷内(Cyllene)。据说它与荷马所描写的外形相似；[5]即它有圆球形的黑根，大小如洋葱头，还有海葱的叶片；把它挖出来并不困难。

27．希腊专家描绘它的花朵是黄色的，但荷马说它是白色的花朵。我认识一位专门研究草本植物的医生，他说白花黑根魔草在意大利也生长，过不了几天就有一个从坎帕尼亚拿来的样品给我看。把它挖掘出来，除了遇到坚硬土壤所造成的困难之外，它的根部也有30罗马步长。而且，这还不是它的整个长度，因为它被挖断了。

150．曼德拉草(mandrakes)叶片流出的汁液沾上了露水，就会产生致命的作用。即使是保存在盐水之中，叶片仍然保持着有害的特性。仅仅是它的气味就可以使人产生头痛的感觉，但是，在有些地方还有人吃这种叶片。这些人由于愚昧无知，吸入过多的气味就变成了哑巴，如果中毒更严重还会导致死亡。当曼德拉草被用来当作催眠剂的时候，给予病人剂量应当与患者的体质相符——药物的剂量大约是2液量盎司，在被毒蛇咬伤的时候，它可以当做解毒剂饮用。在手术之前可以作为麻醉剂注射。有人发现这种气味可以使人入眠。

151．毒芹属植物具有毒性，名声很不好，因为雅典城邦把它用

---

⑤ *Odyssey*, X, 302－305.

于被判处死刑者身上。[6] 但是，我们也必须提到，它还可以用于其他许多场合。它长出有毒的种子，不过它的梗茎也有许多人当做沙拉来食用。种子和叶片可以使人打寒战，可以致人于死地。有些饮用过毒芹属植物的人在他们临死的时候，才开始打寒战。

152—153. 药物放在温热的葡萄酒之中，可以在毒芹属植物到达维持生命的重要器官之前服下。毒芹属植物可以被浓稠的血液消除毒素——这是它的另一重要特性——这种特性也可以在被它毒死的人遗体上看到。用毒芹属植物做成的泥敷剂，可以用来冷敷被它毒死者的身体。但是，它的主要作用是夏天检查眼球的运动，减轻眼球的疼痛。毒芹属植物是控制眼睛的主要材料，可以治疗所有的卡他炎。它的叶子可以治愈所有的肿胀、疼痛和脓疱。

154. 阿那克西劳斯(Anaxilaus)是一位专家，他指出，如果年轻姑娘的乳房经常用毒芹属植物按摩，它们就将变得很硬。如果在青春期用它来按摩男性的睾丸，它就能抑制性欲。质量最好的毒芹属植物生长在帕提亚的苏萨城(Susa)，质量仅次于它的毒芹属植物生长在拉科尼亚(Laconia)、克里特和亚细亚；在希腊，质量最好的毒芹属植物生长在迈加拉；质量次于它的生长在阿提卡。

167. 如果有人围绕着飞蓬属植物(erigeron)用铁器画一条线，并且把它挖出来，然后以这种植物涂抹疼痛的牙齿三次，在每次涂抹之后把它吐出来。最后重新种植在它原来的地方，以便它能活下去，据说牙痛绝对不会复发。

---

⑥ 苏格拉底死刑判决，以给予他毒芹属植物的毒药执行。参见，*Plato*，*Phaedo*，117*ff*。

第二十六卷　疾病及其治疗方法

1. 在意大利，人们的面部受到一种前所未知的疾病侵袭，它也是几乎整个欧洲都闻所未闻的疾病。即使如此，这种疾病没有传遍整个意大利，也没有传遍伊利里库姆(Illyricum)，或者是高卢和西班牙行省。实际上，它们只局限于罗马城及其附近地区。这种疾病并不痛苦，也不危及人们的生命安全，但它造成了严重的毁容，使人觉得生不如死。

2. 人们对待这种疾病非常严厉，希腊语把它称为 *lichen*，拉丁语把它称为 *menttagra*，因为它通常从下巴开始发病；[1]起初，这种疾病被人当作玩笑——因为人们喜欢嘲笑他人的痛苦——但不久之后就采取了普遍的措施。在许多情况下，这种疾病影响到整个的面部，只有眼睛可以幸免；它还可以蔓延到颈部、胸部和双手，使全身长满难看的鳞片。

3. 我们的父辈和祖辈从来没有经历过这种传染病。它在意大利传播，最早是在提比略·克劳狄元首在位中期，当时有一个佩鲁西亚(Perusia)籍的罗马骑士、财政官员的秘书，把这种疾病从他服役的小亚细亚带回了意大利。妇女们还有奴隶、中产阶级下层是可以避免这种疾病的。但是，贵族通过亲密的接吻特别容易受到感染。对于许多接受过治疗的人而言，他们在精神上受到的伤害，要比他们在疾病上受到的伤害严重得多。这种疾病可以使用腐蚀剂来治疗，但很容易复发，除非表皮一直被烧烤到骨头。

---

① mentum.

4. 从这种疾病的发源地埃及来了许多男医生，他们只擅长医治这种疾病，而不医治其他疾病。他们发了大财，因为有一个确定的事实是，一位行政长官级别的人物、阿奎塔尼亚（Aquitania）总督马尼利乌斯·科尔努图斯（Manilius Cornutus）付给了他们们200000塞斯特斯的医疗费。从另一个方面来说，在一些新的疾病开始流行的时候，这种做法也是比较合适的。但是，可以肯定没有任何事情比世界上特定地区突然暴发某些疾病，这些疾病攻击特定的人群或者特定年龄的人群，甚至是特定社会阶层的人群更严重。这些流行病好像会挑选自己的牺牲品：一些疾病攻击儿童，另外一些疾病攻击成年人；在一些情况下贵族特别容易受到传染，在另外一些情况下又是社会最底层的阶级容易受到传染。

7. 我曾经说过，在大庞培之前，意大利没有出现过麻风病。这种疾病通常从面部开始发起，作为丘疹出现在鼻子尖部。全身的皮肤很快变干燥，布满了各种各样颜色的丘疹。皮肤凹凸不平，有的地方变厚，有的地方变硬，接着是粗糙的疤痕。最后，皮肤变成黑色，压迫着骨头上面的肌肉。同时，脚趾和手指开始肿胀。

8. 麻风病是埃及的地方性疾病。国王一旦感染了这种疾病，就会对人民产生致命的后果，因为它要用活人的热血洗浴来进行治疗。麻风病在意大利很快就绝迹了。

9. 有一个奇怪的现象是，某些疾病在我们的社会消失了，但另外一些疾病，像绞痛之类的疾病仍然存在着。

10. 我记载的许多药方都是前人使用过的——在某种程度上，它就是大自然本身所创造的药物——它们经受了长期的考验。无论如何，希波克拉底[②]的著作之中有许多的草本植物资料。他是第一位为医学制定标准的人，获得了巨大的荣誉。卡律司托斯的狄奥克莱斯（Diocles）的著作也是这样，他在生卒年代和荣誉方面次于希波克拉底。同样的著作还有普拉克萨戈拉斯（Praxagoras）和克里西普斯，然后是凯奥斯的厄里西斯特拉图斯的著作。但是，万物

② 关于希波克拉底和其他医学作家，参见本书第29卷。

最有效的教师——特别是在医学领域——经验逐渐地让位给了争论和空谈。因为人们觉得坐在讲堂听课,比在适当的季节前去荒无人烟的地方寻找各种草药要惬意多了。

12—13. 古代的医疗体系一直顽强地保留到大庞培时期,雄辩术教师阿斯克勒皮阿德斯发现这个专业没有多少好处,却需要拥有丰富的智慧和知识,才能在论坛获得成功,他突然改变了谋生之道。由于他不从事医疗工作,也不知道任何药方。他不得不把整个科学简化为发现以猜想为基础的原因,特别是他确立的五项基本实用原则。这些原则是:禁食、禁酒、按摩、散步和在新鲜空气中远足。由于每个人都认为他自己可以做到这些,因此所有人都赞同他的观点,似乎这些真的很容易做到。阿斯克勒皮阿德斯几乎使所有人都围着他的观点打转,好像他是上天派下来使者的一样。

14. 阿斯克勒皮阿德斯喜欢用空洞的花招来争取人心,他一会儿说可以用葡萄治,仿佛出现了转机,一会儿又说用冷水治。据马可·瓦罗所说,他喜欢被人称为"冷水的给予者"。他还发明了其他流行的治疗方法:例如,暂时停止卧床以减轻疾病,摇晃患者使其入睡。

15. 因为人们非常迷恋洗浴,他就推行水疗法(hydrotherapy)。他还推行了其他许多名堂,它们带来的享受和快乐不胜枚举。所有这些都提高了他的声誉。他偶然遇见一个陌生人的葬礼,他把这个人的遗体从火葬堆上搬下来,并且开始救治他,这一行为未使他的名声损失。

16—17. 古代许多痛苦的、简陋的医疗方法帮了阿斯克勒皮阿德斯。过去有一个风俗习惯是给病人盖上东西,使用各种方法来发汗,放在火前温暖他的身体;或者在我国多雨的城市中去寻求日晒——或者恰恰相反,走遍大雨滂沱的意大利帝国。那时,采用火炕式供暖地板的浴室刚刚开始使用。而且,这种新方法很符合人们的胃口。而且,他废除了为某些疾病制定的极其痛苦的治疗方法,例如,在扁桃体脓肿(quinsy)的时候,医生应当用挑破喉部一个器官的办法来治疗。

18．没有实际价值的巫术治疗方法首先帮了阿斯克勒皮阿德斯。这是一股巨大的潮流，它们甚至能够毁灭人们对所有草药的信任感。还有人相信有一种被称为“埃塞俄比亚贤哲”的植物，可以吸干河流与湖泊；相信触摸 onothuris 之后，所有关闭的东西都会张开；相信如果把阿契美尼斯投入敌人的队伍，这支军队就将乱成一团，慌忙逃窜；还相信波斯国王给他们的宦官 latace，这样，他们无论走到什么地方都不会缺少任何东西。

19．当辛布里人和托托尼人（Teutones）吹响他们用鲜血凝成的战争号声，当卢库卢斯以少数军团打败如此众多巫师式的国王时，这些植物有什么用处呢？或者罗马统帅在战争之中为什么总是把补给问题放在首位呢？如果一种植物就可以提供充足的食物，为什么凯撒的军队他们在法萨卢斯（Pharsalus）会忍饥挨饿？对于西庇阿·埃米利亚努斯而言，使用植物来打开迦太基的大门，岂不比使用攻城锤多年才打破其防御系统更好呢？如果今天让埃塞俄比亚的贤哲来吸干庞廷（Pomtine）沼泽的水源，意大利就又有了罗马附近的大片土地。

20．古代作家虽然有坚固的事实做基础，还是那样容易受骗，那确实是十分奇怪的事情。从远一点来说，人类的思想不是不能接受中庸之道。我也不打算在相应的文章之中指出，[3]阿斯克勒皮阿德斯的体系已经远远地超出了麻葛的界限。在任何事情上，人类思想的特点都是从必不可少开始，以行为过度而结束。

---

③ XXIX，6.

第二十七卷　更多的药用植物

1. 毫无疑问，仅仅是与这个问题有关的东西，就能激起我对前辈的敬意。越来越多的植物需要研究，人们也就越来越尊重古人细心研究的成果，还有他们把研究成果流传给后人的高风亮节。毫无疑问，在这方面，大自然的慷慨大方似乎已经被人类所超过，已有的发现都是人类努力的结果。

2—3. 但是，情况很明显，这种出自诸神的慷慨大方——无论如何，当人们实际上在进行发现的时候，就好像受到了神灵的鼓励一样——同样，万物之母既创造植物，又把它们显示给我们。如果我们愿意承认这个事实的话，生活之中不存在什么重大的奇迹。

4. 有谁能反映先辈们孜孜不倦从事研究的全面情况？一般认为，乌头(Aconite)的毒性要比其他毒药发作得更快。如果女性的性器官接触到乌头，当天就会死亡。马可·凯利乌斯控诉卡尔浦尼乌斯·贝斯提亚(Calpurnius Bestia)①使用乌头作毒药，杀死了他在睡梦之中的妻子们。由此，就出现了控诉，指责被告的卑鄙行为。根据民间传说，乌头出自刻耳柏洛斯(Cerberus)的唾液，它是被赫拉克勒斯从地狱之中带来的，这就是为什么它生长在本都的赫拉克利亚附近，当地人会指出赫拉克勒斯曾经使用过的地狱入口。

---

① 在斯普里乌斯·波斯图米乌斯·阿尔比努斯统帅之下的140000士兵被朱古达(公元前110)击败，罗马启动了对贵族审判的司法程序。卡尔浦尼乌斯·贝斯提亚是这些贵族之中被判处流放的人之一。

5. 但是，人们又把它变成了对人体健康有益的东西。他们经过实验发现，把乌头放入温热的葡萄酒之中可以治疗蝎子咬伤。乌头的本性是要杀人的，除非它在人身上另外发现有什么东西可以摧毁。

6. 蝎子(scorpions)碰上了乌头会变得麻木、软弱无力和失去知觉，承认自己被打败。它们会寻求藜芦属植物(hellbre)的帮助，因为接触到这种植物可以消除麻木感。

7. 人们只要用一点点乌头就可以杀死黑豹；否则，这种动物就将会横行于它们出没的这个地区。但是，现有事实证明，黑豹(panthers)能够幸免于死亡是由于吃了人类的粪便。这种治疗方法确实是偶尔发现的。而且，在所有的场合——即使是在今天——它也确实是一个新发现，因为野兽既不会思考，也没有记忆经验的能力，可以使这些经验在群体之中进行传递。

8. 因此，伟大的命运之神创造了许多的发明，使生活变得更加丰富多彩。

45. 蒿属植物(wormwood)有几种：桑托尼蒿属植物来自高卢桑托尼人(Santoni)的区域；本都蒿属植物来自本都地区，那里的牲口以蒿属植物为食，因此不会发怒。没有比本都蒿属植物更好的品种。意大利的蒿属植物要苦得多，本都品种的髓部是甜的。蒿属植物是罗马人民在宗教仪式之中唯一受到尊重的植物；在拉丁人的节日之中，在卡皮托山要举行驷马战车的竞赛，竞赛的胜利者要饮用蒿属植物汁液，我认为其原因是他们认为健康才是最宝贵的。

48. 除了sil，高卢还出产甘松油膏，小醋，它可以清除胆汁，具有利尿、减轻肠部痛疼、清除胃部蠕虫、消除反胃和气胀的作用。

52. 蒿属植物可以消除航海恐惧症；把它放在头巾之下可以防止腹股沟肿大。如果闻它的味道或者把它暗中放在患者的头部，可以促进睡眠。把它放在衣服之中，可以防止蛀虫。如果把它和油混合在一起，当蚊子叮咬的时候，蒿属植物可以驱赶蚊虫；同样，如果把它点燃之后，它也可以驱赶蚊虫。如果把墨水和蒿属植物混在一起,可以防止文书被老鼠咬坏。如果把它与油膏和玫瑰油混合在一起,可以把头发染黑。

143—144. 我已经收到或者发现的植物,是一个非常值得报告的数字。在结束本卷的时候,我认为对于它们的药效会随着时间而发生变化提出警告,是很有必要的。毫无疑问,如果植物的根部在被砍下来之前,果实就成熟了,它们的功效和影响就消失了。如果植物的根部先前就被开洞引出汁液,植物的种子同样也会失去药效。按照通常的做法,如果植物每天都受到砍伐,而必需的养护却停止了,所有的植物都会衰竭;有害的植物也是如此。在寒冷地区与东北风一起长大的所有植物,同样还有那些生长在干旱地区的植物,都具有比较大的药效和作用。

145. 民族之间存在许多非常重大的区别。例如,我听说绦虫和肠内蛔虫寄生于埃及、阿拉比亚、叙利亚和西利西亚人身上,而在色雷斯人和弗里吉亚人身上从来没有发现这种寄生虫。但是,这一点与它们是在底比斯人身上被发现,还是在雅典人身上被发现相比,是无关紧要的。

第二十八卷 人类提供的药物、魔法与迷信

1. 我对来自天地之间万物特性的记载——在地下挖出来的东西除外——现在已经结束。除了那些与植物和灌木有关的药物之外，我还涉及了从真正有生命的动物获得药物这样广泛的课题，这些动物本身也要靠它们来恢复健康。我还描绘了许多植物、许多花朵的外形，还有许多很难发现的罕见东西。确实，我不能对这些有益于人类的事情保持沉默，它们是在人类自身之中发现的，我也不能对在我们自己身上发现的其他药物保持沉默，特别是因为对于那些遭受着伤痛和疾病折磨的人而言，生活本身已经变成了一种惩罚。

2. 我将把我全部的注意力都集中在这个问题上。虽然我知道让人反感的风险，但我绝不会因为造福人类生活，而不是逢迎世俗而感到不安。确实，我已经准备要去调查外国的事情和与众不同的风俗习惯。信任只能求助于权威，虽然在收集资料的时候我已经试着发表了许多看法，这些看法几乎获得了普遍的赞同。我的准则是研究成果的质量胜于资料的数量。

4. 我将从人类为了帮助自己走出自己的困境而从事的严肃研究工作开始。在这件事情上，我们立刻就遇到了一个重大问题。人们认为吸吮活人的鲜血，用自己的嘴唇吸吮伤口是极为有效的，可以慢慢地吸干他人的生命——但是，人们却不习惯用自己的嘴巴去吸吮野兽的伤口！当我们看见一头野兽在吸血时，我们自己的第一反应是反感。而有些人却企图吸取腿上的骨髓，婴儿的脑髓。

5. 确实,如果这些药物没有效果,那可是让人相当失望的。检查人类的内脏被认为是罪过,吃掉它们又会如何呢?

6. 奥斯塔尼斯(Osthanes),[①]谁是第一个发明了像你一样行为的人?你是人权的破坏者,所有丑恶事情的始作俑者,这些责任都应归罪于你;我认为你开创的这些事情让人永志不忘。第一个想出来把人的四肢一条一条吃掉的人是谁?是什么样的预言家激励他这样做的?你的"药方"出自何处?是谁使得施魔法的饮剂变得比他们的药物还要纯洁?

7. 阿波罗尼奥斯(Apollonius)写道,刮擦那些遭遇暴死者发炎的牙床和牙齿,极其有效;而梅莱图斯(Meletus)认为,人类的胆囊可以治愈卡他炎。安泰乌斯(Antaeus)用被吊死者的头骨做成药丸来治疗疯狗的咬伤。

9. 我不认为人生需要寻找各种尽可能延长寿命的方法。无论谁支持这种观点,对于他而言,虽然他可以通过可悲的手段或者犯罪的行为延长寿命,但死亡是必然的。因此,必须让所有的人记住,对于灵魂而言,没有什么比这更具有安慰性,即大自然赐予人类的所有慷慨,没有任何结局比寿终正寝更好。最大的恩赐就是每个人自己能够实现这个目标。

10. 出自人类的药物首先提出了一个最重要的问题,一个没有确切答案的问题。语言和咒语有没有什么力量呢?如果有,它们是否又是有利的和恰当的,值得人们为此给予信任呢?从个人而言,当人们在任何时候 *en masse*(意为全部——中译者注)不假思索地相信它们的力量时,我们所有智者都拒绝被信仰之物。更有甚者,如果不进行祈祷,屠宰牺牲也被认为是无效的;如果不进行祈祷,就连向诸神咨询也被认为是不恰当的。

11. 另外,获得有利预言有许多的规则,防御魔鬼则有不同的规则,还有问候的规则。我们注意到,我们主要的行政官员是根据规定程式来进行祈祷的;为了防止任何一句话被漏掉或者错位,有

① 一名波斯的术士(生活时间约公元前5世纪)。

些人预先就把写好的文书读熟了；另外一个人负责提示和观察；还有一个人则负责保持安静，当长笛手演奏阻止了其他声音的时候，人们就只听见祈祷的声音。

13. 即使在今天，我们还相信我们的维斯太贞女可以用咒语使逃跑的奴隶定在一个地方，确保奴隶没有逃离罗马城。如果我们认为诸神会听见某些祈祷词，或者会以某种方式改动某些祷词，我们就必须对语言和咒语是否有力量的整个问题，作出肯定的回答。

14. 我记载了卢西乌斯·皮索②在《编年史》之中所说的，图利乌斯·霍斯提利乌斯国王使用了像努马一样的献祭仪式，这种仪式是他在努马的书中发现的。他企图把朱庇特从天庭呼唤下来，但遭到了雷击，因为他没有严格地按照宗教仪式办事。许多人声称与重大事件有关的天命与预兆，都是可以用言辞改变的。

15. 工匠们在为塔尔皮亚山（Tarpeian）一座圣所挖地基的时候，发现了一个人头。结果派了许多使节前去咨询伊特鲁里亚最著名的预言家卡莱斯（Cales）的奥莱努斯（Olenus）。他观看了这个象征着光荣与成功的东西之后，企图以盘问的方式使这种好运气转归他自己的人民。他首先用一根树枝在他面前的地上画出了神庙的大致轮廓，然后问道："罗马人，你们的意思是不是这样？在伟大的擎天柱朱庇特（Jupiter Optimus Maximus）神庙所在之地，你们发现了这个人头？"《编年史》断言，如果罗马的使节没有听从奥莱努斯之子的警告，并且回答："肯定不是，我们所说的这个人头是在罗马城发现的！"罗马的好运就将转到伊特鲁里亚去了。

18. 还有，在《十二铜表法》中有这样的规定："任何人不得向庄稼施魔法。"还有多处写道："任何人不得施魔咒。"维里乌斯引用可靠专家的说法证明，在罗马城被围困之前，有一个习惯是罗马祭司起地方庇护神的作用，并且允诺他可以获得罗马人民同样的或者更慷慨的崇拜。这个宗教职务保留了祭司的责任。一般认为，这就是为什么罗马的庇护神处于神秘状态之下的原因。因为人们担

② 卢西乌斯·皮索（公元前133年执政官）是格拉古兄弟的政敌。

心敌人也会采取同样的行动。

19．确实，所有的人都害怕招惹厄运。这就是那些使我们打碎蛋壳或者蜗牛壳之后立刻把它们吃掉，或者用我们刚刚使用过的调羹把它们搞碎的原因。因此，希腊人忒奥克里托斯（Theocritus）、还有我们自己的专家卡图卢斯和现代的维吉尔都抄袭过爱情的魔咒。因此，所有的墙上都写满了预防火灾的祈求。

21．荷马说，奥德修斯（Odysseus）用魔咒使自己受伤的腿部停止了出血。提奥弗拉斯图斯说有一个治疗坐骨神经痛（sciatica）的处方。加图公布了一个四肢脱臼正位的方子。而马可·瓦罗公布了一个治疗痛风的方子。独裁者凯撒的马车遭遇一次突然的危险之后，据说他总是尽快地坐下来，为旅途平安重复祈祷3次——我们知道今天仍然有很多人仿效这种习惯做法。

22．我希望把这部分记载的内容归之于个人的亲身经历。为什么我们希望在新年的第一天彼此能够"新年幸福兴旺"？为什么我们要挑选有运气之人在一般的斋戒日牵着牺牲走在前面？为什么我们要以特别姿态的祈祷来迎击罪恶之眼？为什么有些人会去拜访希腊的复仇女神（Nemesis）？——为什么她在罗马卡皮托有一位女神的形象，虽然她在拉丁文之中连名字也没有？

23．为什么每次提到死者的时候，我们都会声明我们不反对纪念他们？为什么我们相信在每件事情上，奇异的数字意味着更有力量？为什么别人打喷嚏的时候，我们要说"长命百岁！"？即使是情绪最悲观的提比略·凯撒据说在马车之中，也会发出这种声音。有些人认为，如果再加上人们所希望的名字，它可以使诸神更高兴。

24．而且，人们都相信，有人在背后谈论你时你的耳朵会刺痛。阿塔罗斯使我们深信，如果我们看见蝎子时说"二"，它会停在自己行进的路线上，不会蜇人。谈到蝎子的时候，使我想起了一件事，在阿非利加，人们在做决定前都要先说一声"阿非利加"的人；[③]在

③ 在哈德良时期（公元138—161），阿非利加被拟人化为一位妇女手上持着一条蛇，或者头上盘着一条蛇。

其他所有民族之中，一个人向诸神祈祷，首先是为了获得诸神的赞赏。

26. 如果在宴会上有人提到了火，我们对付的办法是在桌子底下浇水。当一个客人还在饮酒，一个客人正准备离开宴席，前去桌子边或者上菜的手推车边时，扫地被认为一件非常不合时宜的事情。

27. 还有人注意到，宴会上的嘉宾突然全不作声，而且是在这些人刚刚出席的时候，这意味着对他们每个人的声誉都有危险。

28. 在罗马赶集的日子不出声地剪指甲，从第一个指头开始剪起，这种迷信许多人都经历过。同样，在每个月的第 17 日和第 29 日剪发，也被认为是可以预防脱发和头痛。

29. 马可·塞尔维利乌斯·诺尼亚努斯(Marcus Servilius Nonianus)是罗马城地位显赫的公民，不久之前他还害怕得结膜炎，他有一个习惯，在提及他的疾病之前，允许任何人对他谈及有关的疾病，并且用线把一张纸缝起来，在纸上写下两个希腊字母 P 和 A。同样，三次担任执政官的穆西亚努斯随身带着一个白色的亚麻袋，里面装着活苍蝇。

30. 有些人整个身体都能使人受益，例如，那些捕蛇家族的人身体就是这样。这些人由于接触或者吸食过蛇毒，可以使那些被蛇咬伤的人起死回生。类似的情况还有普西利人、马尔西人和奥菲奥格内斯人，正如后者的名字一样，他们居住在塞浦路斯岛。有一位名叫埃瓦贡的使者出自这个家庭，他被元老们作为实验品丢进一个敞开的大容器之中，里面挤满了许多蛇；他们在惊讶之中看到这些蛇舔遍了他的全身。

36. 我已经指出过，某些人禁食的唾液，是对抗毒蛇咬伤最好的防护品。但是，日常生活也教给了我们其他的有效方法。一个令人惊奇的事实，但又非常容易检查的事实是：如果有人为打击别人而感到悔恨，不管是用拳头还是用武器的打击，立刻把唾液吐到相应的手心之中，这个受到打击的人怨恨就会减少。

38. 实际上，男人尿出的小便也是有魔力的；如果有人在他穿上鞋子之前，或者走过从前他曾经遇到危险地方把小便尿在右鞋上，也有同样的效果。

47. 麻葛说了如下谎话：一块磨刀石，许多铁器经常在它上面磨得很锋利，未经即将中毒而死者的同意而把它放到其枕头下面，可以使他说出了他中了什么毒，在什么时候和什么地方中的毒，但不会暴露投毒者的名字。这个故事也被普遍接受，即如果一个人遭到雷击，把他翻过来，受伤的那边朝上，他立刻就能讲话了。

48. 为了避免伤口的痛疼，麻葛吩咐人们佩戴一枚绑着线或者其他东西、被人践踏过的铁钉作为护身符。疣可以被那些患病20个月之久的人除掉，他伸直四肢躺在路上，两眼朝天凝视，双手伸过自己的头部，用拿到的任何东西把这个疣除掉。

49. 人们认为如果有人在割鸡眼的时候，天空有一颗星正在下落，它很快就能痊愈。人们可以使用涂在大门合页上的醋泥罨剂治愈头部的伤痛。同样，如果有人使用绳索把自己吊在神庙周围，可以治愈头痛。如果把双脚泡在冷水之中，卡在喉咙之中的鱼骨可以掉下去。但是，如果这是另外一种骨头，则要从同一个容器中取出骨头碎片敷在头部。如果是一块棍子面包，则要从同一个大面包取出面包块放在双耳之内。

53—54. 我认为，忽略许多治疗方法是不恰当的，这里指的是那些有赖于人类意志力的治疗方法。禁止一切食物和饮料，有时还停止洗浴，当健康要求施行这些措施之中的一项时，这些措施都被认为是灵验的治疗方法。其他的治疗方法如果做得熟练的话：还有竭尽体力、练习发声、涂油和按摩。因为激烈的按摩(massage)可以使身体更结实，温和的按摩可以使身体柔软；按摩次数过多会削弱身体，适当的次数可以使身体更健康。步行、各种各样的马车运动和骑马运动特别有好处，它对腹部运动很有益处，也很时髦。航海运动对于治疗结核病有益处；对于慢性病、水土不服和自我医疗，采用睡眠、卧床休息和偶尔使用催吐都是有好处的；仰面睡觉对于眼睛、面部和咳嗽有好处；朝两边睡觉对卡他炎有好处。

55. 晒太阳对自我保养最有益处，频繁地使用毛巾和刮汗板也有同样的效果。

58. 德谟克利特把做爱简单地看成仅仅是人类繁衍一种手段，他认为这种事少做为好。运动员在缺乏活力的时候，要依靠做爱来恢复元气，做爱还可以把沙哑和粗鲁的声音修复好。性交还可以治疗下身的痛苦、视力损坏、心理不正常和意志消沉。

88. 大象的血液，特别是公象的血液，可以治疗各种严重的、类似卡他炎一样的粘膜炎症。象牙片与阿提卡蜂蜜据说可以祛除面部的黑斑，象牙粉可以祛除瘭疽。

89. 狮子的油脂和玫瑰油可以使皮肤不长黑头粉刺，保护肤色。麻葛的谎言声称，由于人民和国王的原因，涂抹这种油脂非常流行，特别是出自眉脊之间的油脂——而那个地方是不可能有什么油脂的！

104. 麻葛的骗术是不起作用的，因为他们无法召唤众神降临，或者与众神沟通，无论他们是使用灯、碗、水、手套，或者是其他别的东西都一样。

133. 黄油(butter)是用奶生产出来的；这是野蛮人部落之中最上等的食品，也是那些下等阶级的富裕者最上等的食物。奶大多数来自奶牛——因此被称为“奶牛的奶酪”；最贵的黄油是绵羊奶做成的。黄油同样也可以用山羊奶做成。在冬天，奶要加热。在夏天，要用力搅动长长的容器之中的奶，才能制成黄油；在容器的口部下面有一个小孔可以出气。除此之外，这个容器完全是密封的。只要加一点儿水就可以使奶变酸。

134. 大部分凝固的东西浮到了上面，这就是黄油，一种油脂类的物质。味道越浓的的黄油越受重视。做成之后，通常有几种食用方法。它本身具有收敛、润滑、育肥和洁净作用。

135. 就动物而言，在普通药物之中被认为仅次于最好的药物是脂肪，特别是猪的脂肪，即使在古代对人而言它也是神圣的。无论如何，即使在今天，新娘们在进入家门的时候，她们也要按照老规矩把油脂涂在门框上。猪油有两种成熟方式：或者是加盐，或者自然成熟；猪油做成之后有许多用处。

147. 除了埃吉拉(Aegira)地区之外,新鲜的公牛血被认为是有毒之物。在那里,大地的女祭司在发布预言的时候,在走进洞穴之前要喝公牛的血。

148. 据说,德鲁苏斯担任保民官的时候喝过山羊血,因为他想用自己的软弱无力来指控自己的对手昆图斯·凯庇阿(Quintus Caepio)对自己下毒,以这种方式挑起对他的仇恨。公山羊血具有非常大的力量,它用于淬火比其他任何方法更能使刀口锋利,使用它比使用锉刀更能使粗糙的表面光滑。

158. 那些曾经吞食过水银的人可以在脂肪之中找到一种药物。毒药——特别是莨菪,桑寄生、毒芹属植物、海兔和其他物质——都可以喝驴奶以消除毒性。

163. 熊的油脂与岩蔷薇、掌叶铁线蕨混合在一起,如果加上由灯芯做成的灯黑,以及从弯曲的烟嘴上收集的烟灰,可以预防秃顶、治疗家畜癣和眉毛稀少。熊的油脂和葡萄酒混在一起,可以治疗头屑。

183. 妇女们认为驴奶可以祛除脸上的皱纹,使皮肤变得又白又嫩,还有些人每天要洗 7 次脸,以严格遵守这种规定闻名。尼禄的妻子波皮娅开创了这种习俗,她甚至把奶倒满浴盆;为了这个目的,她身边总有一队驴子跟随着。

260. 加图认为食用野兔可以催眠,而一般老百姓认为它可以使人获得 9 天的魔力——这是一个无关紧要的双关语④——但是,这样坚定的信念也必定有其原因所在。根据麻葛所说,如果把雌山羊的胆汁放在眼前或者枕头底下,可以使人入睡。

262. 作为春药(Aphrodisiacs),萨尔佩(Salpe)建议把驴子的阴茎插入热油之中重复 7 次,然后用这种东西摩擦相应的器官。达利昂(Dalion)吩咐把它的灰烬当成药物来饮用。

263. 如果马匹像平常一样掉了脚掌,有些人会把它捡回来放到一边,这是一味治疗打嗝的药方,可以治疗那些记得把它放在什

④ *lepus*: "hare"; *lepos*: "charm".

么地方的人的疾病！如果马匹受惊了，人们在骑它的时候，它们会沿着狼的脚印前进。如果有一头狼被抓住，它的四条腿被砍掉，身体插上一把刀子，同时在牧场周边撒上一圈狼血，而狼的尸体则要埋在它第一次被捕获的地方，那狼群就不会进入牧场。

第二十九卷　医学、医生和医疗实践

1. 我们已经讨论或尚待讨论的大量药物，以及它们的性质，迫使我不得不详细地谈谈医学本身的问题。当然，我非常清楚，至今为止还没有一个人用拉丁文写过这方面的课题。[①] 我也非常清楚，人们在新的学术领域只能提出一些试验性的建议，特别是在那些没有内在吸引力的领域，以及难以自圆其说的领域。

2. 但是，由于这个问题大概对于所有熟悉医学的人而言——为什么有益的、有效的药物在医疗实践之中却没有规定——人们马上会记住流行观点对医学的不良影响，要比对其他科学更严重。即使在今天，仍然存在着流行观点的问题，虽然没有一门科学真正是有利可图的。

3. 医学赐予最早的开业医师可以位列诸神和天庭之中的地位。而且，即使在今天还有人以各种各样的方式向神谕所求取忠告。医学不顾冒犯诸神而巩固了自己的地位，例如，根据传说，埃斯库拉庇俄斯（Aesculapius）[②]由于使滕达雷乌斯（Tyndareus）[③]起死

---

① 普林尼忽视了斯克里波尼乌斯·拉古斯的著作 *Compositiones Medicamentorum* 以及奥卢斯·科尔涅利乌斯·塞尔苏斯（Aulus Cornelius Celsus）的医学著作。

② 埃斯库拉庇俄斯是传说之中的英雄和医神，关于他的崇拜见，E, D, Philips, Greek Medicine（London, 1978），Appendex, pp. 197－201。他有两个儿子在特洛伊参战，也做"医生"，即马可恩和波达利里乌斯（参见荷马史诗，Iliad, II, 731）。

③ 佩里雷斯和戈尔葛封之子、勒达之夫。有一天晚上，勒达与宙斯和滕达雷乌斯都发生了性关系：结果生下了波鲁克斯和海伦（宙斯的）；还有卡斯托和克莱泰姆内斯特拉（滕达雷乌斯的）。滕达雷乌斯邀请墨涅拉俄斯前往斯巴达，并且把自己的王国传给了他。

回生，遭到了雷击。医学不断提醒人们注意一个事实，即由于它的帮助，其他人才得以恢复生命。在特洛伊时期，医学已经很有名气，而且它的名气建立在牢固的基础之上，但仅限于为伤者提供治疗的范围。

4．医学后来的历史说来奇怪，直到伯罗奔尼撒战争（Peloponnesian War）之前，它一直被笼罩在一片黑暗之中，直到那时它才被希波克拉底再次带回光明之处；希波克拉底出生于科斯，这是一座特别有名、特别强大的岛屿，它供奉埃斯库拉庇俄斯。它有一个风俗习惯，对于治好了疾病的患者而言，他们要把帮助他们治好疾病的详细情况写在埃斯库拉庇俄斯神庙的墙壁上，以便后人可以从同样的治疗方法之中获益。据说是说希波克拉底记载下了这些处方，并且正如瓦罗[④]认为的那样，在神庙被烧毁之后，这些奠定了我们称之为临床检查的医学实践。后来，医学还不只是有这些好处，因为希波克拉底的学生之一、塞利姆布里亚人普洛迪库斯（Prodicus），建立了使用药膏的治疗技术，开启了药剂师和无医师资格开业医师收入的源泉。

5．克里西普斯[⑤]恢复了医学科学的原则，埃拉西斯特拉图斯（亚里士多德之孙）[⑥]遵循他的原则，做出了一系列重要的改革。作为第一个从医疗中获取报酬的实例——埃拉西斯特拉图斯因为治疗国王托勒密一世之父安条克获得的报酬是100塔兰特。

6．另一个医师团体在西西里开业，他们自称为“经验主义者”，因为他们依赖的是经验。阿格里真图姆来的阿克伦（Acron）得到

---

④　马可·特伦提乌斯·瓦罗（公元前116—前27）是多产作家，作品遍及语法、农业和其他问题。

⑤　尼多斯人克里西普斯（约公元前270年左右），与尼多斯医学教育中心传统有关的医生，写过有关蔬菜的论文，指出卷心菜是特别有利于健康的物质！

⑥　科斯的埃拉西斯特拉图斯（公元前3世纪上半期）是医生和研究者，他在亚历山大城建立了一个医学派别。

自然科学家恩培多克勒(Empedocles)的支持。[7] 这些学者彼此意见不一,全都遭到了希罗菲卢斯(Herophilus)的反对,他曾经用公制的长度单位术语描述静脉的跳动,并且把它与患者的年龄联系在一起。经验主义者后来解散了,因为其成员必须具备高学历的资格。正如我已经说过的那样,阿斯克勒皮阿德斯后来发现并且接受了许多不同的方法。特米松(Themison)[8]是阿斯克勒皮阿德斯的学生,也是他最早的支持者,他在年老的时候,同样也改变了自己的学术观点。安东尼·穆萨(Antonius Musa)[9]是阿斯克勒皮阿德斯的另一个学生,他得到已故的奥古斯都皇帝支持,引入了进一步的改革,当着这位皇帝身患重病的时候,是他采用与皇帝先前接受的医疗方法相反的方法,挽救了皇帝的生命。

7—8. 我忽略了许多医学家——像卡西乌斯·卡尔佩塔努斯(Cassius Calpetanus)、阿伦提乌斯(Aruntius)和鲁布里乌斯(Rubrius)医生。在帝国时期,他们的年薪是250000塞斯特斯。昆图斯·斯特提努斯(Quintus Stertinus)[10]谴责皇帝,是因为尽管他每年安享500000塞斯特斯——加上城里的房屋,他自己每年实际上收入有600000塞斯特斯,而克劳狄皇帝却把同样的收入赐给自己的兄弟,还有皇帝的地产——虽则为了美化奈阿波利斯(Neapolis)几已耗费殆尽,仍可以给他的继承人提供30000000塞斯特斯,这笔钱数在当时只有阿伦提乌斯可与之匹敌。后来,维提乌斯·瓦伦斯(Vettius Valens)出场了,他更加出名,是因为他与克劳狄皇帝的妻子梅萨丽娜的风流韵事,他的口才也同样出名。他获得了许

⑦ 卡尔西顿的恩培多克勒(公元前2世纪)是普拉克萨戈拉斯的学生,在前往科斯学习医学之前是逍遥派弟子。他是系统地研究脉搏的脉搏学的奠基人。

⑧ 劳迪西亚的特米松(活动年代在公元前1世纪中期),阿斯克勒皮阿德斯的学生之一,并且被称为"方法医学派医生"的奠基人。他教会了使用医蛭治疗出血,进行药物试验。

⑨ 安东尼·穆萨是奥古斯都的医生。他第一个在罗马城引进了水疗法,他还写作了几卷有关药物性质的著作。

⑩ 昆图斯·斯特提努斯(奥古斯都同时代人)把斯多葛派的信条翻译成了拉丁文本。

多支持者和权力，建立了一个新的学派。

9．在尼禄担任元首时期，各个辈分的人都急急忙忙和色萨卢斯（Thessalus）[11]联手，他动摇了所有的科学原则，并且指责所有的医生疯了。色萨卢斯知识和才能从一件小事之中就可以看出：他在阿庇安大道旁的纪念碑上写着：他是"医生的征服者"。当马西利亚的作家克里纳斯（Crinas）[12]需要外出走动的时候，没有一名演员或者车手拥有比他更大的卫队。作为一个十分谨慎和迷信的人，他为医疗技术增添了另外一些特点。他非常重视时间因素，根据行星的运动、按照占星学的历书来让自己的患者服药。在权威性方面，克里纳斯甚至超越了色萨卢斯。他现在还留下了10000000 塞斯特斯，不下于他为故乡城市的城墙和防御工事所花费的钱数。

10．这些人主宰一切，当查尔米斯（Charmis）突然从马西利亚的来到我们这里的时候，不仅指责先前的医生，而且也指责热水浴，他劝告人们甚至在冬季寒潮时间也洗冷水浴。他把自己的患者泡在水桶之中，我们曾经受到邀请去观看执政官级别的老人用冷水使自己强壮，就好像在做秀一样。我们知道安尼乌斯·塞内加就有这种体型。

11．毫无疑问，所有这些医生都在利用某些发明来追求名望，并且不负责任地拿我们的生命去做买卖。这就可解释那些在病床边无耻的争论，没有两个医生会做出相同的结论，因为他们害怕同行的诊断结论可能会显得更加重要。还有一种解释是，出现在某些墓碑上的可悲铭文提到："一帮医生把我杀死了"。医术每天都在改变，永远以新的面孔出现：我们大家都被希腊知识界以空洞的

---

[11] 科斯的色萨卢斯（活动年代约公元前 420 年左右）是希波克拉底两个儿子之中比较出名的一个，盖伦认为他是希波克拉底著作《流行病学》6—7 卷的实际作者，2、5 卷的合作者。

[12] 编年史作者，主要是从罗马开始到第二次布匿战争的历史，有时写到了公元前 149 年。他的兴趣包括词源学、宗教、社会问题和古代问题。他的著作反映出加图的影响。

语言打败了。众所周知，那些人非常成功的演说者具有决定我们生死的力量；这就像没有医生和药物，成千上万的人就将丧失性命一样。罗马人已生存600多年了，虽然他们接受先进事物并不算慢——他们确实渴望获得医学知识，但在这些知识接受检验之前，他们必须拒绝接受它们！

12. 现在，必须恰如其分地检讨前人在这个专业所取得杰出成就。上古时期的专家卡西乌斯·赫米那[13]指出，第一位来到罗马的医生是伯罗奔尼撒人利西亚那斯(Lysianas)之子阿凯加图斯(Archagathus)，这是在罗马建城之后的535年，[14]卢西乌斯·埃米利乌斯(Lucius Aemilius)和马可·李维(Marcus Livius)担任执政官时期发生的事情。他还说阿凯加图斯被授予了罗马公民权，还在阿齐利乌斯(Acilius)街口给了他一个外科手术室。为此目的动用了公款购买此屋。

13. 他们认为他是一个外科医师，从他来起就一直很受欢迎，但不久之后，由于不加限制地使用外科手术和火烙，结果他获得了“屠夫”的外号。他的职业以及所有的医生都变得让人讨厌起来，这可以从马可·加图的证词之中很清楚地看出来。他担任监察官任期的成功多少有赖于他的影响力，更重要的是其个人的品质。因此，我准备一字不改的引用他的观点。

14. 马可，我的儿子，我将在适当的地方谈到希腊的医生。我将把自己在雅典发现的情况告诉你，我要让你深信，在他们的文献之中表面上富丽堂皇的东西，实际上经不住深入的研究。它们是毫无价值的，难以捉摸的——在这个领域，请把我当成一位预言家。因为当希腊人把他们的文献传授给我们的时候，它就在暗中破坏我们整个的生活方式，不仅如此，他们还把他们的医生派到我们这里来，他们发誓要用自己的医术消灭所有的外邦人，他们这样做是为了酬金，为了赢得我们的信任，为了更轻而易举地杀死我

---

⑬ 据说是第一位在罗马从事医疗科学的人。

⑭ 公元前219年。

们。他们固执地把我们称为外邦人，对待我们比对待其他人还要轻蔑，把我们当成一伙乡巴佬看待。我要禁止你与医生有任何交道！

15. 加图死于罗马建城之后的605年，[15]享年85岁。因此，他有充裕的时间从事公共活动，即使把他担任公职的时间全部除外，他的长寿也足以使他积累经验。我们对此还能得出什么结论来呢？

我们能够相信加图对一门这样非常有用的科学的指责吗？大多数人确实不会相信！因为他加上了医疗的详细情况，因为服用了我们正在讨论的药物，以此作为自己与妻子长寿的引子，他声称有一本医学笔记，他用此治愈了自己的儿子、自己的奴隶和家人：根据这些药物的不同用法，我已经把它们整理好了。

16. 前辈拒绝的不是医学，而是医生的职业，这大多是因为他们拒绝按照医生的劳务费用来赎买自己的生命。据说这就是他们把埃斯库拉庇俄斯的神庙建立在城外的原因，即使他在罗马被称为神之后也是这样，有时他们还把他的神庙建立在一座孤岛上。在加图去世之后很长时间，他们仍然在把希腊人赶出意大利，留心那些被特别提到的医生——我要大声赞美他们的眼光。由于罗马人出色的判断力，在希腊人的科学之中，罗马人没有学习的还不仅仅是医学。

17. 虽然医生是一个非常有利可图的职业，但很少有罗马公民从事医疗事业。少数从事这个行业的人，也是勉为其难地采用希腊的做法。确实，成不了具有分量的专家，除非他能够使用希腊文进行研究和发表医学方面的论文——即使门外汉和对希腊语一窍不通的人也持这种看法。如果他们知道书上写的是什么东西，他们就很难相信自己的健康与之相关。因此，在科学之中确实有一个罕见的现象：任何人只要声称自己是医生，立刻就会有人相信，但是没有一个其他职业的造假比这更危险。

18. 不过，我们选择了对此视而不见，更使人误入歧途的是我

---

⑮ 公元前149年。

们每个人一厢情愿的意愿。而且，应该受到谴责的无知行为，却可以不受法律的惩处；因为没有这种惩罚的先例。医生们从我们所冒的风险中学习，而且以牺牲我们的生命为代价进行了许多试验。只有医生可以杀人而不受惩罚。确实，指责则可以转移到已故者的身上，他会因为缺乏节制受到责备，这就是死者受到的指责。习惯法规定陪审团必须在皇帝监察官的监督之下进行表决；我国的城墙不是这种审查的关卡，审判可能会忽略微不足道的金钱问题，有的人会从加德斯或者赫拉克勒斯石柱被传唤到庭。除非55人投票赞成流放的判决，否则不可能作出这种判决。

19. 但是，对于陪审员自己而言，什么样的人会不经反复考虑就敢密谋把他杀死呢？我选择对我们的健康问题采取不闻不问的态度与此没什么不同。我们在使用别人的双脚走路，使用别人的双眼来观察人们，感谢别人的记忆，由于他人的照顾才能活下去。大自然珍贵的礼物和生活的基础消失了。除了我们的奢侈浪费之外，我们已经一无所有。

20. 我不会离弃受到这个贪婪职业仇视的加图，以及与他观点相同的元老院，但也不会（相反，有人可能正希望这样）抓住一切机会来指控医学的罪恶。因为没有很多放毒或者蓄意牟利的资料——也没有提到皇帝宫廷内部的通奸，例如欧德姆斯（Eudemus）与德鲁苏斯·凯撒之妻利维娅的事情，同样也没有瓦伦斯与某个宫廷贵族的轶事，他的名字曾经与这个人连在一起。

21. 这种指责不仅与医学有关，而且与我们之中的部分人有关。正如我所理解的那样，在这方面，加图对罗马利益的担忧，比不上他对宫廷妇女出现在罗马城内的担忧。让我们不要去指责医生们的贪婪，他们在金钱上的贪婪与病人生命安危有关。由于治疗疾病需要收取酬金，赊账会导致死亡。保密的技术可以缓解白内障，比彻底消除它还好。总而言之，大多数骗子以医术来欺骗老百姓的钱财，这种情况似乎还算是最好的。更糟糕的是对手之间那种竞争——与其说是毫无正人君子之风，不如说是争夺酬金。

22. 众所周知，有一个乡下的病人，被转给了擅长治疗伤者的阿尔康，查尔米斯为此获得了 200000 塞斯特斯的介绍费。他被克劳狄皇帝宣布有罪，罚款 1000000 塞斯特斯。他被流放到高卢，后来又回来了，查尔米斯没过几年就顺利地赚到了这笔钱。至于这类事件的过错，往往会归罪于个人。

23. 我不会把过错归罪于医生团体之中的渣滓，或者归罪于他们的无知，或者是医生们缺乏控制能力，或者在患病时使用了新近流行的热水疗法，或者是对那些当时身体虚弱，需要经常进食的虚弱患者实行的禁食制度；我也不会把过错归罪于医生们在治疗过程之中出尔反尔使用过的上千种治疗方法，或者是他们对于烹饪人员的要求，或者是他们的配方和药膏。确实，对于生命的渴望，一点也离不开他们的关照。

24. 我愿意相信，我们的先辈对于外来商品和价格垄断是不满意的——当然，当加图在谴责医学的时候，他还无法预见到这一切现象。有一个错综复杂的配方叫做 *theriace*，⑯由无数的配料组成，虽然大自然已经赐予了许多药物，其中每种药物单独都可以满足需要。“米特拉达梯解毒剂”(Mithridatic antidore)包括了 54 种成分，每一种成分的重量都是不同的。某些药材的重量是 1/60 迪纳里，——真相之神会对此负责吗？

25. 人类的才智不可能如此精细！它是十足的医药展销，也是科学的极端自负——即使医生们自己已经知道这些事情。我听说由于不知道名字，红铅常常被用来代替印度朱砂加入药物之中。这种东西是一种毒药，当我在谈油漆的时候，我将把它说清楚。

26. 这些物质与个人的健康有关；这也是加图担忧和预见到的——更不用说那些有害的、很少记载的物质。正如医学界领袖人物承认的那样——它们毁坏了帝国的道德品质。我指的是一些方法，在我们身体健康的时候却开始采用，即摔跤运动员的药膏，这个发明可以增强身体健康；热水浴，他们劝说我们用它在自己体内烹调食物，但它使我们每个人身体变弱，最容易受感染的人首先被

---

⑯ 意为“蛇药”。

抬出去；在斋戒的时候饮用药酒，接下来用催吐剂吐出大量的药酒；女里女气的人使用树脂去除毛发。同样，女人使用脱毛药，令外阴暴露无遗。

27. 可以肯定，道德败坏没有比医学更严重的原因；在这方面，我们每天都可以证明加图是一位先知。他预言人们只需要希腊知识界文献的浮光掠影，而不想对此进行深入细致的研究。

28. 为了罗马元老院与具有 600 年历史的罗马共和国的利益，我觉得我必须表态支持这种反对医疗事业的观点。反对在极端危险的时期，善良的人们把自己交给最凶恶的人手中。同时，我也必须反对那些外行的错误观点，他们认为价钱大的才是好东西！

第三十卷　巫术

1. 先前，我在自己的著作之中常常指出，巫术是虚假的，不论在何时、何理由或何原因，它们都是虚假的。现在，我将继续揭露它们的虚伪性。毫不奇怪，巫术的影响是很大的，因为它是各种艺术之中独一无二的艺术，它联合了另外三种艺术，它们都具有超出人们想象的巨大力量。这也是它能够单独成为一个议题的原因。

2. 没有人怀疑巫术起源于医学，也没有人怀疑它是打着促进健康的旗号偷偷地、不知不觉地发展起来的。它似乎是医疗艺术更高尚和更神圣的形式。它以这种方式获得了宗教界诱人的、无限的允诺，而即使现在，宗教对于人类而言，仍然是一本合上的书；此外，它还控制着占星术，因为没有人不渴望知道自己的命运，也没有人不相信最准确的方法就是观天象。因此，巫术以三重镣铐控制着人类的情感，竟然达到了这样的高度，以至于今天它还有力量控制着世界上大部分地区，统治着东方的众王之王。

3. 正如许多专家一致认为的那样，巫术毫无疑问开始于波斯的琐罗亚斯德。但是，也有一些不同的意见，如他是不是唯一叫那个名字的人，是否还有另一个和较晚的琐罗亚斯德。欧多克索斯希望巫术能够被承认为最高尚和最有益的哲学流派，他断言琐罗亚斯德这个人生活在柏拉图去世之前 6000 年。亚里士多确认了这种观点。

4. 赫米普斯(Hermippus)非常认真地写作了有关整个巫术的著作，并且解释了琐罗亚斯德写作的 2000000 行诗歌，还为这本书的内容加上了目录，并署上了其老师阿戈拉塞斯(Agonaces)的名字。他断定其人应在特洛伊战争战争之前5000年。特别令人惊奇的是，这种传统和技艺经历了这么长时间，却没有原始的文献保留下来，后来的专家们也没有清楚的、持续不断的线索保留下来。

5—6. 有些人除了名字保存下来之外，对于其名声一无所知，也没有留下任何的记录，例如，米底的阿普索鲁斯(Apusorus)和扎拉图斯(Zaratus)、巴比伦的马尔马鲁斯(Marmarus)、阿拉班提霍库斯(Arabantiphocus)或者亚述(Assyria)的塔尔莫伊达斯(Tarmoendas)。最令人惊奇的是，在史诗《伊利亚特》之中绝对没有提及巫术，虽然在史诗《奥德赛》之中多处提到巫术，而且形成了一个重要的主题——除非人们对普罗透斯(Proteus)、[①]塞壬女神的歌声、[②]喀耳刻和一群从地狱之中召唤来的死者的故事作出不同的解释。后来的人们没有说到巫术是如何传到特尔梅苏斯城的。这是一座迷信盛行的城市，当它被来自色萨利的老妇女占据之后，在很长时间之内，她们成了我们的笑料。但是，在特洛伊战争时期色萨利人还不知道巫术，他们满足于客戎[③]的医术和唯一的雷神马尔斯。

7. 我确实感到奇怪，阿喀琉斯的人民保持这种名声如此之久，以至对文学具有无与伦比的敏感与趣味的米南德创作了喜剧《色萨利妇女》(*Thessala*)，其主题是妇女们用计策把月亮勾引下来。我曾经说过，奥菲士是第一位从外国把巫术、输入到自己国家的人还说过迷信源自医学，即便整个色雷斯没有摆脱巫术的影响。

8. 无论如何，我可以确定第一位写作有关巫术著作的人——这部著作至今犹存——就是奥斯塔尼斯，他曾经伴随薛西斯远征希

---

① 海神，它拥有随意改变外貌的能力。

② 海妖，她们的歌声可以迷住任何听到歌声的人。奥德赛在耳朵里填满了蜂蜡，把自己绑在自己船上的桅杆上，逃过了这一关。

③ 客戎是克罗诺斯和菲利拉之子，所有半人半马怪物之中最聪明的。由于阿波罗和阿尔忒弥斯的教育，他因医学、音乐、语言、狩猎和体操上的技艺而闻名。许多古代的英雄人物在这些领域都被说成是他的门生，包括伊阿宋、卡斯托、波鲁克斯、珀琉斯和阿喀琉斯。

腊，可以说他为这门神奇的艺术培养了许多接班人，他以自己的方式把这种疾病传遍了世界的每一个角落。但是，有些非常深入的研究者提出了另外一位来自普罗康内斯的琐罗亚斯德，他的时间略早于奥斯塔尼斯。有一件事情是确定的。奥斯塔尼斯不仅要对于希腊人之中盛行的各种欲望，而且还要对于这种艺术各种疯狂的邪恶负主要责任。我注意到在过去的时间里，高雅文学的名气与声望几乎千遍一律是通过巫术取得的。

9—10. 毕达哥拉斯、恩培多克勒、德谟克利特和柏拉图都曾经到过海外学习过巫术，他们出去——更准确地说——是流放而不是去旅行。他们回国后教授过这门艺术，并且认为这是他们特有的秘密之一。德谟克利特大肆宣传科普特人阿波罗贝克斯(Apollobex)和腓尼基人达达努斯(Dardanus)，他曾经进入后者的陵墓找到其著作，并且把他们的理论作为自己的理论基础。非常奇特的是生活中有一件无与伦比的怪事，这些著作没有任何人接受，也没有记录流传下来。因为它们太缺乏可靠性，也太不得体，以至于那些钦佩德谟克利特其他著作的人们，也拒绝相信本书的来源。但是，这些都毫无用处，因为大家认为德谟克利特的特别之处就在于，他善于使用巫术的咒语来迷惑人们的思想。还有一个重要的原因是，医学和巫术这两种艺术是互相依存、共同繁荣的。例如，同时期希波克拉底讲述的医学原理，就像德谟克利特讲述的巫术一样。这大约是在希腊伯罗奔尼撒战争时期，这场战争开始于罗马建城之后的300年。④

11. 这里还有另外一种巫术出自摩西(Moses)、扬尼斯(Iannes)、⑤洛塔佩斯(Lotapes)和犹太人，但时间比琐罗亚斯德晚了好几千年。塞浦路斯的巫术是非常近代才出现的。在亚历山大大帝时期，另一位奥斯塔尼斯又为这个行业增添了重要的影响。他之所以出名是因为他曾经陪伴过亚历山大大帝，必定走遍了整

---

④　公元前454年。

⑤　普林尼在这了提到的扬尼斯，就是耶赫维。

个世界。

12.《十二铜表法》至今仍然保留着意大利各部族巫术的遗迹。这只是在罗马建城之后的657年,[⑥]元老院通过的禁止以人作为祭品的法律。

13. 在人们的记忆之中,巫术一直在高卢的两个行省之中流行。元首提比略曾经观察过德鲁伊兹人[⑦]和占卜者、医生所有行李的搬迁。当人们认为巫术可以越过海洋,直达大自然的鸿蒙之地的时候,这些评论已经很难引起人们的兴趣。今天,不列颠仍然在心存敬畏地、以令人印象深刻的仪式实施巫术,以至于有人认为是她把这门巫术的艺术传给了波斯人。对于巫术问题,现在非常一致地认为它是世界性的,尽管各个民族要么是互相争斗,要么是互相忽视对方的存在。罗马人民肩负的最大义务,就是消灭这些奇奇怪怪的习俗,其中就包括被认为可以使诸神高兴的人祭,还有吃牺牲有助于身体健康的习俗。

14. 正如奥斯塔尼斯所指出的那样,巫术有许多种类:对于占卜而言,他可以使用水、球、空气、行星、灯光、水盆、斧子和其他许多手段;而且,他还能够与鬼魂和冥界的人交流。在当代人之中,尼禄皇帝把所有这些都当成骗术公之于众。

16. 麻葛[⑧]一些固定的花招:例如,诸神不会听从,也不会出现在那些脸上有雀斑的人跟前。这是不是因为他们妨碍了尼禄的原因呢?麻葛提里达特斯(Tiridates)来到尼禄这里,带来了皇帝在亚美尼亚大捷,带来了战俘,结果使各行省背上了沉重的负担。

---

⑥ 公元前97年。

⑦ 德鲁伊兹人是高卢的统治阶级和贵族。德鲁伊兹教宣传灵魂会迁徙,并且声称有秘密的箴言,可以小心地保护人们免遭世俗世界的危害。这种统一的信条使高卢人保持了一种共同体的意识。

⑧ 麻葛是古代波斯专门从事祭祀活动的部族。他们在塞琉西王朝、帕提亚王朝和萨珊王朝时期似乎组成了从事宗教活动的祭司集团。他们是否使用巫术仍是一个问题。希罗多德(VII, 191)提到他们使用咒语,但亚里士多德(Fragment 36)反驳说他们不使用任何形式的巫术。

17. 他拒绝在在大海之中旅行。因为麻葛认为向大海之中吐痰是有罪的,或者人类的任何器官玷污大海的本性都是有罪的。他带来了许多麻葛,并且介绍尼禄参加他们麻葛的活动。虽然提里达特斯送给尼禄一个王国,他没有法子教会他麻葛的艺术。这里有充足的证据表明,巫术坏透了,它什么也得不到,毫无用处。

18. 人们有理由会问,古代的麻葛说了什么谎话?在我年轻的时候,我见到过语法学家阿皮翁(Apion),他告诉我草本植物*cynocephalia*在埃及名叫*osiritis*,它是用来占卜的材料,可以防止所有乞灵于妖术的巫术。但是,如果有人把它连根拔出,他立刻就会死亡。他还补充说,他曾经召唤过荷马的鬼魂,询问其家乡的事情及其双亲的名字,但是他不敢泄露这些答案。

第三十一卷　水

1. 大自然以其不知疲倦的力量，以比波浪、大洋的起伏、潮汛的涨落更大的威力——如果我们承认事实——也比湍急的河水更有威力，因为这个元素统治了所有其他因素。

2. 水能淹没大地，熄灭火焰，冲上高空，甚至对上天提出了要求。因为云层控制着赋予生命的元气，造成了闪电，似乎整个世界与它一道，都发生了战争。还有什么现象比水停留在空中更令人惊奇呢？但是，它达到这样的高度只不过是小事一桩。水可以吸走浅水中的鱼类和石头，把比它自身还重的东西卷到高处。

3. 如果人们注意到这些现象，这些同样的水掉落在地下，就成了地上万物生长的源泉——这要多亏大自然的神奇造化。为了使谷物能够生长，乔木和灌木能够生存，水上升到天空，从那里给植物送来生命的气息。结果，我们必须承认大地所有的活力都是水赐予的礼物。因此，我将从举例说明水的力量开始；什么人可以把这些例子全部列举出来呢？

4—5. 无论在什么地方，具有治疗作用的水源，都比不上贝伊湾供应充足，也没有任何一种水源能够提供这么多种减轻痛苦的方法。有些水源可能带有硫、矾、苏打或者沥青的成分；有些水源是酸和碱的混合物。有些水源有益处，是因为水蒸气威力巨大，可以加热浴室，甚至使地下的冷水沸腾。

21. 在这个星球上，大自然是最神奇的。克特西亚斯的记载说，在印度有一片死水名叫西拉斯(Silas)，水中不能浮起任何东西，任何东西都会沉到水底。科利乌斯(Coelius)说，在阿维尔努斯湖连树叶也会沉下去。瓦罗看到朝着它飞去的鸟儿死掉了。至于阿非利加的阿普西达姆斯湖(Apuscidamus),相反的情况也被认为是真的。

23. 比希尼亚的阿尔卡斯河(Alcas)流过布里亚祖斯(Bryazus)附近——这是一位神的名字和他的神庙。作伪证者不能被这条河流宽恕,就像他们玩火自焚一样。坎塔布里亚(Cantabria)的塔马里斯河(Tamaris)有几条小溪被认为有预言能力。一共有三条溪流,每条8罗马步宽,合并在一起形成了一条大河。

24. 每条溪流分别干涸12天,偶尔也有干涸20天的时候,没有一丝水的痕迹,虽然这些溪流靠近水源丰富和稳定的河流。如果那些想要查看这些河流的人,看到它们断流的情况,这就是个不祥之兆,正如最近拉尔西乌斯·李锡尼(Larcius Licinius)总督第7天之后发现这一情况。在犹太地区有一条河流每个安息日都断流。

25. 有些令人奇怪的东西是可以置人于死地的。克特西亚斯写道,亚美尼亚(Armenia)有一条河里生活着许多黑色的鱼类,如果有人吃了它们,立刻就会死亡。

26—27. 在阿卡迪亚的菲内乌斯河(Pheneus)附近,从岩石之中流出了一条名叫斯提克斯河(Styx)的小河,它可以立即使人丧命。但是,提奥弗拉斯图斯却说,这条河里还有小鱼,这些鱼类是致命的东西;那里没有其他河流像这条河流是有毒的。泰奥彭波斯指出,在色雷斯的基契里(Cychri),许多河流可以造成死亡。卢库斯(Lucus)说,在莱昂提内(Leontine)有一条河流,人们饮用了它的河水,两天之后就会产生致命的后果。

29. 在珀佩雷纳(Perperena),有一条河流把它所灌溉的土地变成了岩石,而在埃维亚的埃德普斯(Aedepsus),许多温泉也有同样的作用。不论何种岩石,溪流都可以使其变大。在欧里梅尼(Eurymenae),花环投入河水之中就会变成石头,在科洛塞(Colossae)投入河流之中的砖头收回之后发现被变成了石头。在斯基罗斯(Scyros)的矿山之中,所有用河水浇灌的树木、树枝和其他东西都石化了。

30. 在马其顿的梅扎(Mieza),水滴形成了钟乳石,悬挂在拱形的洞顶上。在科林斯的洞穴之中,水滴掉下来之后变成了石笋。在有些洞穴之中,这种水又形成了钟乳石和可以用来做石柱的石笋,例如,在罗德岛对面半岛上保西亚(Pausia)的石柱;这种石柱颜色各不相同。

31. 医生们调查研究过那些水是有益的。他们正确地排除了不活动的、停滞的水,认为奔流的水是有益的水。因为它通过水流的运动,带来了纯净和健康。因此,我感到惊奇的是有些医生怎么会极力推荐窖藏水。

37. 有一点是一致的,即雨水像空气一样是最好的。在全世界,据说只有一种溪水的味道是甘甜的,即美索不达米亚卡布拉(Chabura)的溪流;传奇的说法是,朱诺曾经在这条小溪之中洗过澡。有益于健康的水必须是没有味道也没有气味的。

38. 有些人使用称重量的方法,确定有益于健康的水。这不是毫无意义的事情,因为一种水的重量比另一种更轻,这是非常罕见的现象。一个比较可靠的、精细的指示是——在所有的条件都相等的情况下——好水加热和降温都比较快。

41. 冷水最受重视,根据罗马城的小贩子所说,有益于健康的水输往马尔西亚水渠(Aqua Marcia),①这是诸神送给我们城市(其他的)礼物之一。它起源于培利格尼人的(Paelignian)群山,通过马尔西人地区和富齐努斯湖(Fucine),直接通往罗马城。然后,它在提布尔进入一个洞穴,然后再度出现在地面,沿途水槽最少有9罗马里长。第一位把这种水送到罗马城的是安库斯·马基乌斯(Ancus Marcius),罗马诸王之一;昆图斯·马尔西乌斯·雷克斯(Quintus Marcius Rex)担任行政长官时进行了整修,马可·阿格里帕也进行了整修。

---

① 普林尼所说的这种"五指宽"输水管——由15英寸宽的铅板做成,当它被弯曲成管状后,直径大约是5英寸,其他指宽的水管也有相应的直径长度。

43. 如果把在封闭的谷地之中寻找水源的方法包括在其中，这不失为一件恰当的事情。

44. 水源的标志是藨草属植物的存在——关于这种植物的情况我已经说过了——还有无数青蛙聚居的地方，不管它是什么地方。柳树、桤木、芦苇或者常春藤都不需要特别的激励就能生长，累积的降雨从高处流到低处，不能作为水源存在的可靠标志。一个可靠得多的标志是在日出之前从远处看见的浓雾；有些用杖探水者在高处留心守候这种现象，平躺在地上，用自己的下巴颏去接触地面。

45. 只有专家掌握一种特殊的勘探水源方法，他们在炎热的季节和白天酷热的时候使用这种方法，即根据地面的反应来确定位置。因为地面如果是干巴巴的，只有一个地点是湿润的，这就是可靠的标志。

46. 但是，我们的眼睛必须常常盯紧那些讨厌的人，防止这些人改用其他的方法。他们会挖出一个深 5 罗马步的小洞，然后用未烧过的黏土盖上，或者使用一个常用的青铜盆和点燃的油灯，用一个有树叶和泥土的树冠盖上，如果泥土被发现湿了或者是破碎了，有湿气覆盖在青铜盆或者覆盖在油料尚未用尽，但已经熄灭的灯上——或者羊毛变潮湿了——这些毫无疑问都是存在着水源的标志。有些用占卜杖找水者事先还会用火把这个洞烤干，这就成了水源存在更有说服力的证据。

48—49. 正如工人挖井一样，随着工程的进展，挖出来的泥土越来越潮湿，向下挖掘也更加容易。当水井挖到一定的深度，挖掘者就能闻到氧化硫或者硫酸铝气体：这些气体都是致命的。当放在井下的灯光熄灭的时候，这就明确地标志着这里有危险。因而需要在井的左右两边挖出许多洞穴，排出有害的气体。除了这些有害的气体，在水井非常深的地方还有令人压抑的空气。工人们置身于其中，不停地使用亚麻衣服扇风。当他们挖到水源之后，这个水井就挖成了，水井不使用胶泥黏合，以免堵塞泉眼。

57. 从溪流输水的最好方式是使用 2 指粗的陶土管道；把一节

管道装配到另一节管道之中，连接起来——上一节装入下一节——然后以生石灰与油料填缝。水位每100罗马步至少要下降1/4英寸，如果它要流过一段坑道，每隔240罗马步就要有一个通风口。如果水要送到高处，就必须使用铅水管。水可以上升到和水源一样的高度。如果它要输送很长的距离，水管要经常地升降，以免失去水压。

58. 一截管道的长度通常是10罗马步，一节直径大约是5指粗的管道重量是60磅；8指粗的重量是100磅；10指粗的是120磅；比例就是这样。根据环境的需要，还必须修建储水池。

59. 我对荷马没有提到温泉感到惊奇，虽然他在别地方谈到过热水浴。其原因是在他那个时候，医学界还没有使用我们今天的水疗法。但是，用含有硫磺的水质洗浴对肌肉是有益处的。含有氧化铝成分的水质对于治疗麻痹症是有益的，对于虚脱也有同样的效果；水加上沥青和苏打水，对于醒酒和洗胃有益处。

60. 有许多人自吹他们可以忍受硫磺水质的热量几个小时；这是非常危险的做法，因为人们只能在其中停留略微长于浴室洗浴的时间，接着就要用冷的淡水冲洗自身，在使用油料按摩之前不要离开。

62. 海水同样可以用来治疗疾病。热的海水可以用来治疗肌肉疼痛，使断裂骨头愈合，治愈受伤的骨头。还有许多额外的用处，主要是海上航行对结核病人有好处。

63. 埃及通常是旅行的目的地，这不仅是因为其自身的缘故，而且是因为其旅途距离适中。况且，即使是由于船舶摇晃和起伏所造成的晕船，对于治疗头部、眼睛、胸部和各种各样的呻吟也是有益处的，这些疾病还可以使用藜芦根治疗。

70. 那些在海上生活的人常常遭受缺乏淡水的痛苦。因此，我接下来要说说解决这个问题的各种办法。在船舶的周围有一圈羊毛似的东西，因为吸收了海浪而变得潮湿。因此，可以从这些羊毛状的东西之中挤压出淡水来。同样，可以把空心的球体用网子放入海中，也可以把有许多被封住口子的容器放入海中，其内部也可以收集淡水。[②] 在陆地上的咸水可以用过滤的方法使其变为淡水。

73. 盐有天然的与人工制造两种形式。每一种都有几种不同的制作方法，但主要使用的就是两种方式：煮盐和晒盐。塔伦提尼湖（Tarentine）的盐是靠夏天阳光晒出来的：整片辽阔水域是很浅的，绝对不超过膝盖深，全部变成了盐。在西西里岛、在科卡尼库斯湖（Cocanicus）和在格拉（Gela）附近的另一个湖都是这样制盐。不过，在这两个地方，只有靠岸边的水才采用晒盐的方式。在弗里吉亚、卡帕多西亚和阿斯彭杜斯（Aspendus），制作方法更进一步；晒盐的方法实际上已经推广到了中部地区。有一件令人奇怪的事情是，不管白天挥发了多少水分，一个晚上又补充相同的数量了。所有从这些晒盐池出来的盐都是粉末状的，没有块状的。

74. 另外一种盐是自然而然地产生的，它是由于大海把海浪冲击到岸边或岩石上而形成的。天然形成的盐有三种不同的形式：河里的、湖里的和温泉形成的。

77. 还有天然的盐山，例如在印度的奥罗梅努斯（Oromenus），这种天然盐可以像在采石场开采石材一样地开采，而且它还能够自我补充；这种盐为统治者提供的税收，比黄金和珍珠的税收还多。在卡帕多西亚，人们挖开地表，通过蒸发水气，最后形成了盐。这种盐可以劈成像云母一样的薄片。

78. 在阿拉比亚的盖拉城（Gerra），城墙和房屋都是用盐砖建成的，砖块以水黏合在一起。

79. 昔兰尼加地区以出产哈莫尼盐闻名于世，它叫这个名字是因为它发现于沙漠之下。[③] 在颜色方面像明矾的被称为片矾（*schistos*），由不透明的长条形块状物组成。

82. 在高卢和日耳曼行省，他们燃烧木材煮盐水。

106. 没有人比提奥弗拉斯图斯更详细地描绘过苏打。米底的河谷地区出产少量的苏打，这些地区因为干旱而变成白色；当地人

② 这两种水的收集依靠渗透的方式，容器的器壁起着过滤“膜”的作用。

③ *hammos*.

把这种现象称为“地下冒出盐”(*halmyrax*)。在色雷斯的腓力城也发现了苏打,但数量很少,而且掺杂着泥土;这种苏打称为野苏打(*agrium*)。

109. 苏打同样是天然的,不过在埃及也有大量人造的产品。但是这种苏打在质量方面差一点,颜色发黑,质地坚硬。苏打的生产方法几乎与盐相同,一个是把海水灌进盐池,另一个则是把尼罗河河水灌进苏打池灌之外。

123. 海绵可以用人工使其变白。非常柔软的新鲜海绵可以在盐水之中浸泡整个夏季,然后倒置着,对着月亮或者白霜张开。海绵是动物,甚至还有血液。④

124. 有些专家声称,海绵会凭着听力朝一定的方向移动,养成了对声响的反应,喷出许多湿气。他们还补充说,海绵不能从岩石上撕下来,而是要把它割下来,必须把带血的液体挤出来。

---

④ 普林尼是不正确的:海绵虽然是无脊椎动物,但是没有血管。

第三十二卷　鱼类和水生动物

1. 我现在就来谈谈大自然最伟大的成就，触及那些明确无误的、数不胜数的潜在力量的证据。因为还有什么力量能够比大海、风、旋风、暴风雪的力量更猛烈？在大自然的帮助之下，人类在任何领域表现出高超的技巧，还能有比使用帆和桨更高明的吗？我还必须加上涨潮与退潮时难以形容的力量，由于它的力量，整个大海变成了一条河流。

2. 虽然这些力量可以向同一个方向运动，它们还是被一种非常小的动物虾虎鱼(goby)[①]打败了。大风刮着，暴风雪飘着，但这种鱼控制了它们的怒火，抑制了它们惊人的力量，迫使船舶停止前进——这是连船缆和船锚都难以办成的事情。船舶不向后移动就是因为它们的重量。虾虎鱼抵挡住了它们的攻击，制服了宇宙的怒火，既没有使用力量，也没有抵抗与自己不同的吸引力。这种小鱼也强大到足以——对抗所有的力量——阻止船只运动。战船的甲板上建有塔楼，即使是在大海上，人们也可以像在城墙上一样作战。这是一群多么可怜的人们，他们认为这些装备着进攻用的青铜或铁撞角的大船，还要依靠这些长约2指长的小鱼来系紧船缆。据说在亚克兴大战的时候，这些鱼阻止了安东尼的旗舰前进，当时他正在检阅他的舰队，鼓励军队的士气——直到他换了另外一条船为止。因为这个原因，屋大维的舰队毫不迟疑地立刻协力发起了进攻。在人们的记忆之中，正是虾虎鱼阻止了盖尤斯皇帝的船只

---

① 一种小型肉食鱼类，长约2英寸。当然，普林尼赋予它的力量完全是虚构的。

从阿斯图拉(Astura)返回安提乌姆(Antium)的航程。

4. 即使是这样的小鱼也可以成为预兆,在盖尤斯回到罗马之后不久,他被他自己的人打倒了。他仅仅迟延了一会儿,因为原因很快就被人发现了。在整个舰队之中只有他的五排桨大船失去前进的动力之后,人们立刻就跳下船去,围着这条船周围游泳,以查明原因,他们发现是虾虎鱼在攻击船上的舵。他们报告了盖尤斯,他暴跳怒雷,阻碍他前行,使400名桨手无法执行他命令的居然是这些小东西。

5. 一般认为,使他特别恼火的是,附着在船外的这些鱼类阻止了他的前进,而船上又没有同样的力量可以抗衡。那些当时或者后来看见过虾虎鱼的人,认为它的外表就像一条大蛞蝓。

7. 即使没有虾虎鱼的例子,可以确信魟鱼(sting-rays)也是一种海洋动物,它能否为大自然的力量提供充分证据呢?即使从距离来说——说实在的,这是一段很长的距离——如果它接触到鱼叉或者是钓竿,它将使最强大的人麻木,使最迅速的双腿迈不开步子。

11. 我觉得鱼的特点正如奥维德(Ovid)在其著作《论捕鱼》[2]之中所说的一样,非常令人惊奇。隆头鱼(wrasses)长着狭窄的脖子,被抓在柳条筐之中,它不会从前面冲出去,也不会把它的头部从囚禁它的柳条筐之中伸出来。它只会转圈,用它的尾巴不停地击打筐子以扩大漏洞,向后爬行。如果另外一条隆头鱼看见它正在挣扎,它会用自己的牙齿咬住其他隆头鱼的尾巴,帮助它尽力逃走。

15. 特列比乌斯·尼格尔告诉我们,箭鱼(Swordfish)有尖锐的喙部,它可以刺穿船只,并且使船只沉没。

17. 在吕西亚的米拉城(Myra),在阿波罗神的小溪库里乌姆(Curium)之中,当着管乐器召唤3次之后,鱼儿会前来答复神谕。如果鱼儿抓住了投给它们的食物,对于请求神谕者来说这就是一个有利的答复;如果鱼儿拒绝接受食物,这就是灾难的预兆。

---

② *Helieuticon.*

21. 印度，珊瑚(coral)像印度的珍珠一样具有很高的价值。它在红海也有发现，但这里的色泽比较黑。最珍贵的珊瑚发现在斯托查德斯群岛(Stoechades)附近的高卢湾、埃奥利斯群岛(Aeolian)和德雷帕努姆角(Drepanum)周围的西西里湾。

22. 珊瑚的外形像灌木一样，其颜色是绿色的。它的果实在海水之下是柔软的、白色的。它们被砍下来之后，立刻变硬，变成了桃红色。在外貌和大小上与栽培樱桃的果实是相同的。人们认为活着的珊瑚一碰就会石化。因此，珊瑚必须迅速抓住，拉进网中，或者用锋利的铁刀砍下。这就可以解释它的名字是来自希腊语动词。③ 有的珊瑚的颜色非常红，有几根分枝，如果它既不粗糙，也没有石化，没有缺陷，中间没有空洞，它就是最值钱的。

23. 印度人珍视珊瑚的果实，胜于罗马贵族妇女珍视最好的印度珍珠。印度的预言家和观察家认为珊瑚具有使人躲避危险的护身符作用。因此，他们喜欢珊瑚的美丽和宗教力量。众所周知，在此之前高卢人通常用它来装饰他们的刀剑、盾牌和盔甲。现在，由于价格昂贵，珊瑚已经非常稀少，在天然生长环境之中已经很少能看见它。

32. 乌龟(Tortoise)④像海狸一样，是两栖动物。它同样也具有药用性质，因为价格高昂和古怪的模样而出名。它的血液可以改善视力，抑制白内障；它也是各种蛇类、蜘蛛和类似动物的解毒剂。龟肉据说可以用来消毒，对抗各种巫术的诡计和毒药。乌龟通常生活在在阿非利加。

59. 在我们的餐桌上，牡蛎作为美味佳肴长期占有最重要的地位。它们喜欢活水，喜欢有许多泉水流入的地方。因此，深海牡蛎体型很小，也很少见。牡蛎也在缺少活水的岩石地区繁殖，例如在格吕尼乌姆(Grynium)和米里纳(Myrina)周围。它们的生长与月亮的盈亏有密切的关系。

---

③ *Keirein*：“to cut”.

④ 普林尼在这里指的无疑是海龟。

60. 牡蛎的颜色很不相同。西班牙的牡蛎是红色的，伊利里库姆(Illyricum)是黄褐色的，喀耳刻伊(Circeii)的肌肉和外壳是黑色的。

61. 专家们提到这种区别的特征：如果有一条紫红的线围绕着牡蛎的鳃，他们认为这种牡蛎就是比较名贵的品种。牡蛎喜欢走动，喜欢被转移到不熟悉的水域之中。因此，从布伦迪休姆(Brundisium)运来的牡蛎在阿维尔努斯湖养肥了，被认为不但保留了它们原有的味道，而且具有这个湖中当地品种的味道。

62. 我现在就来说说牡蛎繁殖的地方，以便使这些海岸地区应得的荣誉不至于被遗漏——不过，我将引用另一位专家，当代最伟大专家的说法，这就是穆西亚努斯的说法：

> 基奇库斯的牡蛎比卢克莱恩湖的牡蛎更大，比不列颠的更新鲜，比梅杜利的更甜美，比以弗所的味道更浓，比西班牙的更丰满，比科里法斯(Coryphas)的牡蛎泥沙更少，比希斯特里亚(Histria)的牡蛎更嫩，比喀耳刻伊的牡蛎颜色更白。

没有一种牡蛎比最后提到的牡蛎更新鲜、更嫩。

63. 那些撰写亚历山大大帝远征的编年史作家告诉我们，在印度洋之中发现的牡蛎有很长的脚，我们有一位美食家为这种动物编造出 *tridachna*[⑤] 这个名字，打算把它供给那些食量大得一口可以吃 3 个牡蛎的人。

64. 牡蛎对于治疗胃部和恢复食欲有特殊的功效。豪华奢侈的生活提供了一道食用雪藏牡蛎的特色冷食风景，高山之巅和大海深处就这样被连在了一起。牡蛎也是温和的通便剂，如果把它与蜂蜜葡萄酒一道煮开，可以治疗内脏的炎症，增强运动能力，消除溃疡。它们还可以清除已经溃疡的水疱，把它们连着外壳一起煮熟，收集起来，对于治疗严重的伤风感冒特别有效。

---

⑤ treis 是“三”的意思，而 daknein 则是“咬”的意思。

123—124. 水蛭(leeches)通常又叫做“吸血鬼”，它们被用来放血。它们被认为与吸杯有异曲同工之妙，即减轻因为血液过多给身体造成的痛苦，打开表皮的通道。但是，这里有一个麻烦：一旦使用这种方法，就有可能上瘾，患者希望每年在大约同样时间实行同样的治疗。许多人认为水蛭可以用来治疗痛风。当它们吃饱之后，水蛭或者因为血液的重量而掉下来，或者被一撮盐弄下来。但是，有时它们把头部扎进皮肤深处，造成不可治愈的伤口，常常可以置人于死地。梅萨利努斯(Messalinus)的情况就是一个很好的例子，他是一位执政官级别的人物，他使用水蛭来治疗膝盖；这种药物变成了致命的毒药。红色的水蛭特别可怕。因此当它们在吸血的时候，人们用剪刀把它们剪开，血液好像是顺着管道流下来。当它们死亡的时候，头部慢慢地变小，不会留在皮肤之中。

142. 现在，我已经结束了我对水生动物和植物品种和性质的记载。它似乎没有超过本著作所指出的范围，即所有的海洋一共有144个著名的品种；这个数字与陆上的动物和鸟类品种数不可相比。

144. 另一方面，请相信我说的，在无边无际的大海和大洋之中，还有许多未知的动物。我们可能会感到十分惊奇，大自然隐藏在大海深处的这么多秘密，竟然被我们如此清楚地认识了！

第三十三卷　黄金与白银

1．现在，我们就来讨论我们在购买物品时用作支付手段的金属和自然资源。为了深入地球内部进行寻找，我们煞费苦心，使尽各种方法。在有的场合，我们是为了寻求财富而发掘，因为我们的生活方式需要黄金、白银、天然金银合金和铜；在另外一些场合，则纯粹是出于个人极端放纵无度，因为需要宝石和壁画的颜料；还有一种场合，我们也会不顾后果地发掘，这就是需要铁器的时候——在血腥的战争之中，这种金属比黄金更受欢迎。我们寻找地球上所有的矿藏，我们居住在被挖空的地面上，当地球张开裂口，或者是开始震动的时候，那时我们会感到困惑，不愿意相信这就是我们的母亲表达其愤怒的可怕方式。

2．我们为了财富而在地球的深处进行寻找，那里是死者灵魂居住的地方，但是我们走过的地方，不是那么富饶和多产的。为了解决我们这个最不重要的目的，就必须找到医治这种弊病的方法。确实，有多少人是为了医疗目的而在发掘呢？地球能够提供给我们的只是地表的药物，如同它提供谷物——以及所有物品一样，慷慨地、毫不吝啬地帮助我们。

3．但是，它在地下隐藏和保留了什么——这些东西还不能马上就找到——它彻底打败了我们，并且把我们驱赶到了地下深处。结果，人们一想起地球资源的耗尽和贪婪的严重后果所造成的长期影响，就会不寒而栗。确实，人生如果不觊觎地球表面之外其他任何地方、任何东西的话，——总而言之，除了那些可以直接获取的物品之外，别无贪求——那是多么清白，多么幸福，多么舒适！

4. 黄金已经在开采，与它一起被开采的还有孔雀石（malachite），[①]它令人羡慕地保有这个名字出自黄金，[②]使它显得更加贵重。对于它的贪求仅次于白银，但在发现辰砂和红壤的用处时非常受欢迎。可悲呀，我们是多么善于创造发明！我们想方设法，提高了各种物品的价格！绘画艺术已经登上了舞台，因此我们必须花费更昂贵的金银来装饰它们的外观。人类已经学会了挑战大自然。腐败行为的刺激扩大了艺术的影响范围。一旦我们乐于铭记生活之中的放纵场面，我们就将沉迷在淫秽的图画之中。

5. 然而，由于金银充裕，那些艺术方面的努力被抛到了一边，并且被认为毫无价值。在同样这个地球，我们又挖出了萤石（fluorspar）[③]和水晶（rock-cristal），它们因为自己的易碎性而具有自己的价值。它成了财富的象征，真正豪华奢侈的标志，拥有一件这种物品，很可能立刻就会被人彻底消灭。但是，即使这样我们仍然不会感到满足。我们沉醉于大量的宝石，以祖母绿（emeralds）来装饰自己的酒杯，我们为了宴饮而企图占有印度。今天，黄金只不过是一件装饰品而已。

6. 实际上，如果仅仅是把受到所有最值尊敬的人指责和诅咒的黄金从我们的生活之中彻底排除出去，人们就会发现它们的唯一目的就是毁灭人类的生活！像荷马那样以物易物的时代，那是多么幸福的时代！我们必定相信那是特洛伊战争时期的实际情况。[④] 我认为这也是一种贸易形式——寻求满足生活必需品。荷马证明有些人是用牛皮换取各种物品，另外一些人是用铁器或者战俘换取，虽然他自己也赞美黄金，但他却以牲口来计算各种物品的价值。他评论了格劳库斯（Glaucus）用价值 100 头牛的金盔甲与狄俄墨得斯（Diomedes）价值 9 头牛的铜盔甲交换。[⑤] 这种交换的

---

① 碳酸铜。

② *Chrysocolla.*

③ 钙化萤石；又称为可制花瓶的萤石，在德比郡有一段时间遭到大量的开采。

④ *Illiad*, *VII*, *472FF.*

⑤ *Illiad*, *VI*, *234—6.*

结果即使按照罗马古代的法律，也要以牲口计算处以罚金。

8. 第一个把黄金戒指戴上自己手指的人，犯下了最严重的反人类罪。但是，没有记载表明谁是这第一个人。虽然古人赋予普罗米修斯一个铁环，但把它解释为是一副脚镣，而不是一件装饰品。我认为整个的故事就是一个神话。[⑥] 无论如何，米达斯(Midas)的环变圆之后，可以使佩戴者变得隐身于无形，毫无疑问更是神话故事。[⑦] 有一只手——左手——戴着非常值钱的黄金，但这并不是罗马人的手，因为罗马人习惯于戴着铁戒指，作为战争之中勇气的象征。

14. 罗马很早就发现有黄金，只是数量很少。无论如何，当这座城市被高卢人(Gauls)占领之后，在赎买和平的时候，可以拿出来的黄金还不足 1000 磅。当然，我知道在庞培第三个执政官任期时，[⑧]卡皮托神庙朱庇特宝座遗失的黄金就有大约 2000 磅，它是卡米卢斯(Camillus)[⑨]存放在这里的。这就是为什么大多数人认为 2000 是个实际的总数。但是，还要加上一个数字，这就是从高卢人那里获得的战利品，这是他们在占领罗马部分地区的时候，从神庙之中掠夺去的东西。

15. 托卡图斯(Torquatus)的例子可以证明高卢人习惯于在战场上佩戴黄金。[⑩] 因此，似乎黄金就属于高卢人。从神庙获得的黄金总重量是 2000 磅，不会更多。这就表示了一个预兆，即“卡皮托的朱庇特准备了双倍的”。我从讨论戒指的话题被引到了讨论黄金的话题，这并不是一个不恰当的、不重要的话题。根据记载，当

---

⑥ 普罗米修斯用茴香茎给人类送来了火，因此受到了宙斯的惩罚。

⑦ 弗里吉亚国王米达斯以及极富有而闻名于世。狄奥尼索斯满足了他的愿望，凡是他接触到的东西都将变成黄金。当他请求狄奥尼索斯收回他的礼物之后，狄奥尼索斯命令他去帕克托卢斯河源头洗澡，这条河流从此之后有了丰富的砂金。现在，这条河里还可以发现少量的黄金。

⑧ 公元前 52 年。

⑨ 卡米卢斯被任命为独裁官后，公元前 390 年打败高卢人。

⑩ 提图斯·马可·托卡图斯其绰号出自黄金项圈或者项链，这是他在与一名高卢人决斗时，杀死敌人之后夺得的。

卡皮托朱庇特神庙的一名负责官员被抓住之后，他咬烂嘴中戒指上的宝石之后，立刻就死了，因此任何盗窃的证据都被毁灭了。

16. 结果是当罗马城在罗马建城之后的364年被占领的时候，最多只有2000磅黄金，尽管人口普查显示当时已经有152573名自由的市民。这些黄金后来在307年[11]被小盖尤斯·马里乌斯(Gaius Marius the Younger)从罗马运到了普雷内斯特(Praeneste)，他从卡皮托燃烧着的神庙和其他所有的圣所之中总共运走了14000磅黄金；这个数字低于苏拉在举行凯旋仪式公告牌上公布的数字，还要加上6000磅白银。在前一天，苏拉已经展示了15000磅黄金和115000磅白银，作为他取得的其他胜利成果。

20. 这里还有一个证据，证明在第二次布匿战争时期流行佩戴戒指：因为如果没有这种习俗，汉尼拔就不可能送3莫迪(*modii*)[12]的戒指给迦太基。凯皮奥(Caepio)与德鲁苏斯之间的不和，也是引发社会战争，还有接踵而来的、由于拍卖戒指而起的许多灾难的主要原因。

21. 即使在那时，也并不是所有的元老们都有金戒指。在我们的祖辈记忆之中，许多人官居行政长官之职，直到年迈之时还戴着铁戒指。正如费内斯特拉所记载的那样：例如，卡尔普尔尼乌斯·马尼利乌斯(Calpurnius Manilius)，[13]后者在朱古达战争时期[14]曾经是盖尤斯·马里乌斯[15]部下的将领。根据许多专家所说，还有卢西乌斯·福菲迪乌斯(Lucius Fufidius)，斯考鲁斯就是把自己的传记献给了这个人。另外一个证据是在昆图斯的家族之中，甚至连妇

---

[11] 公元前390年。

[12] 1/3蒲式耳。

[13] 马尼利乌斯(公元前138年生)在阿非利加时，曾经在马里乌斯的帐下效力(公元前107年)，后任独裁官。

[14] 公元前112—前106年

[15] 马里乌斯(公元前157—前86)在罗马确立自己的重要影响是在公元前106年朱古达被俘，以及公元前102年战胜日耳曼人的时候。他曾经7次担任执政官，负责改组罗马的军队。他企图获得苏拉的保证指挥东方的米特拉达梯战争，引起了内战。

女也没有佩戴金戒指的习惯。生活在我们帝国统治之下的大多数人，直到现在也完全没有金戒指。即使在东方和埃及也不用盖章的方式确认文书，只要求画押就可以。

29. 戒指一流行起来，它们就被用来表明第二等级骑士与平民的区别——就好像斗篷表明了元老与带戴戒指者的区别一样，虽然这种区别出现较晚。我们发现，即使是传令官也在自己的紧身上衣外面穿着紫红的宽边条纹布，例如，卢西乌斯·埃利乌斯·斯提洛·普里科尼乌斯（Lucius Aelius Stilo Praeconinus）之父就是这样，而他的外号就是出自其父的官职。[16] 因此，戒指明确地把第三个等级插入了平民与元老院之间。骑士的称号最初是赐予的，只要一个人能够提供一匹战马。但现在是根据财产来确定的，这就是现在的改革。

30. 在已故的奥古斯都皇帝任命司法陪审团时，那些被列入陪审团成员的大多数人都属于佩戴铁戒指的等级，他们不是称为骑士，而是称为法官。“骑士”的称号仍然为国家供养的骑兵中队保留着。最初只有四个司法陪审团，但绝不是每个陪审团都有1000名成员，因为各个行省还没有被允许设立此官职；条令禁止人们由于受到任何陪审员判决的影响而立即获得公民权，这个条令直到今天仍然有效。

31. 陪审员本身又有各种不同的官衔来加以区别，他们或是由国库官吏，[17]或是由选举产生的立法机构成员[18]或法官[19]组成。此外，还有一个团体称为900人团，他们是从全体人员之中选举出来的监察员，负责监督选举时的票箱。这些官职的精英分子造成了这个等级内部的分别。一些人自称是900人团成员，而另外一些人自称为由选举产生的立法机构成员，还有些人称为国库官吏。

---

[16] 作为传令官（*praecox*）。

[17] *tribuni aerarii*.

[18] *selecti*.

[19] *iudices*.

32. 最后，在提比略元首统治第九年，[20]骑士等级被合并为一个整体。在盖尤斯·阿西尼乌斯·波利奥(Gaius Asinius Pollio)和盖尤斯·安提斯提乌斯(Gaius Antistius)担任执政官时期，颁布了一个法令，明确地规定了哪些人可以佩戴戒指。实际上，这条法令颁布的原因是不重要的、奇怪的。盖尤斯·苏尔皮西乌斯·加尔巴(Gaius Sulpicius Galba)年轻的时候企图讨好皇帝，设置了一项经营餐馆税，并且在元老院之中抱怨老板以他们的戒指保护自己不缴这项税收。因此，法令加上了一条规定，除非他和他的父亲以及祖父是生而自由的，拥有资产总数达 400000 塞斯特斯，并且根据尤利安法，在剧院的前 14 排之中拥有席位，否则此人没有权利佩戴戒指。

33. 为了这些人，开始大量使用这种区别性的标志，结果引起了许多的争吵，盖尤斯·卡利古拉又增加了第五个陪审团。这就造成了非常傲慢的气氛。在已故的奥古斯都皇帝在位时期，陪审团从来就没有满员，也没有拘留过这个等级的成员，在许多地方都有释放奴隶被提拔到这个特权等级的例子。但是，以铁戒指作为骑士和法官的区别性标志，这件事情以前从来没有出现过。这种习俗开始流行是在克劳狄皇帝担任执政官时期[21]，有一名骑士弗拉维乌斯·普罗库卢斯(Flavius Proculus)控诉有 400 人用欺诈的手段获得了这种特权。结果是这个等级准备把享有这个称号的其他生而自由者和奴隶甄别开来。

34. 格拉古兄弟是第一个使用"法官"的称号来赞扬骑士等级的人，他们煽动性地讨好平民阶层，以使元老院蒙羞。但不久之后，授予骑士称号的授权工作由于不同派别的形成而停止了，开始与包税者联系在一起。因此，在某些时候骑士等级成了第三等级。最后，由于喀提林阴谋[22]的结果，马可·西塞罗在自己担任执政官

---

[20] 公元 22 年。

[21] 公元 47—48 年。

[22] 公元前 63 年。

时期为“骑士”的称号奠定了可靠的基础，他自豪地夸耀，他自己已经跨越出了这个等级；他利用自己对大众的声明，作为获得他们支持的重要手段。从那时起，骑士成了国家的第三等人。并且，“骑士等级”的称号还加上了一个公式：“元老院与罗马人民”。因为这是最新的称号，它现在仍然写在“人民”之后。

35. 骑士的称号经常地改变，即使这个称号涉及真正的骑士。在罗慕路斯和王政时代诸王统治时期，他们被称为“*Celeres*”（意为“骑兵”——中译者注），后来又被称为“*Flexuntes*”（意为“管理缰绳者”——中译者注），再往后又被称为“Trossuli”（特罗苏利——中译者注），因为他们没有依靠步兵的任何支援，占领了伊特鲁里亚境内一座叫那个名字的城市，这个地方在沃尔西尼这边9英里处。这个称号一直使用到盖尤斯·格拉古去世之后。

36. 无论如何，尤尼乌斯由于与盖尤斯·格拉古的友谊而被称为格拉卡努斯，他这样写道：“至于骑士等级，他们先前被称为特罗苏利，但现在简单地称为骑士，因为人民已经不知道‘特罗苏利’的意思，他们之中的许多人也耻于被称为这个名字。”

37. 我将罗列许多涉及黄金的事实。国家曾经把许多金环给予外国援军和外国士兵，但罗马公民只能得到银环。它还把镣铐送给人民，而不是送给外国人。

38. 我们认为更奇怪的是有许多公民被授予了金冠。我自己无法确定是谁第一个获得了金冠。根据卢西乌斯·皮索记载，第一个制作这种奖品的人是独裁官奥卢斯·波斯图米乌斯（Aulus Postumius）；在猛攻拉丁人驻扎在雷吉卢斯湖（Regillus）的营地[23]之后，他把金冠授予了一名士兵，这个人主要负责占领营地。这顶金冠是用战利品之中的黄金制成的，重量为2磅。

42—43. 第二件反人类罪行是允许人们铸造金迪纳里；[24]这种

---

[23] 公元前497年。

[24] 普林尼对罗马早期钱币发展过程的记载是不正确的。见 M. H. Crawford, *Roman Republican Coinage* (Cambridge, 1974)。

罪行本身没有记载下来，它的始作俑者也是默默无名之辈。在打败皮洛士国王之前，罗马人民不使用铸造的银币。1 阿斯(as)的重量是 1 磅——从此就有了“小磅”和“双磅”。这就是为什么征收罚款要使用“重青铜”[25]这个术语的原因。这也是为什么计算支出会称为“金额超重”的原因，[26]同样有趣的是：“部分账款的重量”、[27]支付款项“重量不足”。[28] 而且，它还可以解释术语“士兵的薪俸”，[29]即大量“超重的铸币”。塞尔维乌斯国王是第一位发布钱币款式的人；正如先前提米乌斯所记载，罗马城使用的是普通金属，它的图案是一头牛或者一头绵羊。*pecus* 可以解释为钱币术语 *pecunia* 最早的起源。塞尔维乌斯国王在位时期，最高的财产等级是 120000 阿斯，这就是第一等级的公民必须具备的条件。

44. 用白银铸造钱币是在罗马建城之后的 485 年，[30]即昆图斯·奥古尔尼乌斯(Quintus Ogulnius)和盖尤斯·费边担任执政官时期，在第一次布匿战争爆发之前的 5 年。当时决定 1 迪纳里乌斯等于 10 磅青铜；0.5 迪纳里乌斯等于 5 磅；1 塞斯特斯价值等于 2.5 磅。但是，在第一次布匿战争时期，青铜的标准磅重量减轻了，当时国家已经无法履行其义务，被迫宣布将铸造 2 盎司重的阿斯。这种钱币节省了 5/6，国家的债务清除了。这种青铜钱币正面有杰纳斯(Janus)的图案，反面为军舰的撞角图案。1/3 和 1/4 的阿斯都是军舰的图案。[31]

45. 支付给士兵的 1 迪纳里乌斯一直等于 10 阿斯。银币上的图案是两架或四架马车的图案，这使得两种货币分别称为 *bigati* 和

[25] *aes grave*.

[26] *Expensa*.

[27] *Impendia*.

[28] *Dependere*.

[29] *Stipendiumo*.

[30] 公元前 269—前 268 年。

[31] 在钱币反面。

quadrigati。接着，根据帕皮鲁斯(Papirus)[32]法案，铸造了0.5盎司的阿斯。在李维·德鲁苏斯(Livius Drusus)[33]担任保民官时期，白银掺入了1/8青铜合金。根据克洛迪乌斯(Clodius)[34]法案，铸造了名为维多利亚银币的钱币。[35] 从前也曾经从伊利里亚输入过同样的钱币，并且承认它是用作清算的合法货币；它的图案是胜利女神像，并且因此而得名。

47. 在最早的银币发行之后51年(公元前217年)，铸造了第一枚金币；按照当时塞斯特斯通行的比率，400塞斯特斯等于1磅白银，1斯克鲁普尔(Scruple)的金币等于20塞斯特斯。后来决定铸造迪纳里，40个迪纳里等于1磅黄金。历代皇帝逐渐减少了金迪纳里的重量；最近尼禄把45个迪纳里贬值为1磅。

48. 钱财是导致贪婪的潜在原因：高利贷被发明了，与之而来的是各种各样的、轻而易举的牟利手段。在急速发展的阶段，只有贪婪可以为拜金热让位，它以某种疯狂的形式突然爆发出来。例如，盖尤斯·格拉古的朋友塞普图姆雷乌斯(Septumuleius)听说赏金等于与格拉古脑袋相同重量的黄金，他便把格拉古的脑袋割下来，把它送给了奥皮米乌斯(Opimius)，他还把铅塞进脑袋的嘴巴之中，这就不仅加重了人们对这种罪行的极端厌恶，而且也欺骗了国家。他已经不是罗马人民，而是暴君米特拉达梯。他损害了全体罗马人民的名声，把融化的黄金灌入被俘的阿奎利乌斯(Aquilius)将军嘴中。这些暴行都是贪婪无度、实利至上造成的恶果。

49. 我在看到出自希腊词汇，表示精工细作或镶金的银制器皿的新奇名词时就会感到羞耻。由于这些设计，镶金的器皿价格比纯金的更贵。但是，我们知道斯巴达克斯不允许他的队伍里任何

---

[32] 公元前89年。
[33] 公元前123年。
[34] 公元前123年。
[35] 公元前104年。

人拥有黄白之物。因此，在那时我们的逃亡奴隶道德品质非常高尚。根据雄辩家梅萨拉所说，三头之一安东尼使用黄金的便器来大小便，这种浪费甚至使克娄巴特拉感到羞耻。从前，外国人也保留了奢侈浪费的记载。腓力有睡衣，在枕头之下有金杯；亚历山大大帝的将领特奥斯的哈格农(Hagnon)有许多凉鞋，鞋底上钉着黄金的鞋钉。

51. 至于我自己，使我感到惊奇的是罗马人民强加给被征服民族的贡赋是白银而不是黄金。例如，在汉尼拔失败之后，强加给迦太基的贡赋就是 800000 磅白银而不是黄金，缴纳期限为 50 年。这不能归之于这个世界的贫困，因为米达斯和克罗伊斯很早就拥有无限的财富。居鲁士在征服小亚细亚之后，获得的战利品包括 24000 磅黄金，此外还有黄金器皿、物品、宝座、树木和葡萄藤。由于这次胜利，他获得了 500000 塔兰特白银，还有一个属于塞米拉米斯的碗，重量为 15 塔兰特。[36]

52. 根据马可·瓦罗的记载，埃及的 1 塔兰特重量相当于 80 磅黄金。埃厄忒斯的后裔索拉西斯(Saulaces)统治科尔基斯的时候，据说他曾经到过索尼人地区的一个荒凉之地和其他地方，挖出了大量的黄金和白银；而且，索拉西斯的王国以出产金羊毛闻名于世。有许多故事说到他的黄金拱形天花板和白银的屋梁、圆柱和壁柱；这些东西最初都属于埃及国王塞索斯特里斯，[37]他被前者征服了。塞索斯特里斯曾经是一位骄傲的君王，他每年都习惯于用抽签的方式，从他的臣民之中选出许多国王，让他们在凯旋仪式之中为他拉着战车前进。

53. 我们自己的某些功绩，也会被我们的后代视为传奇。未来的独裁官凯撒第一次担任市政官，在为其父举行丧葬运动会的竞技场中央舞台上就使用了清一色的白银器械；[38]罪犯使用银武器与

---

[36] 塞米拉米斯与其丈夫尼努斯是传说之中尼尼微的亚述帝国奠基人。

[37] 公元前 2 千纪初期埃及半传奇的国王。

[38] 公元前 65 年。

野兽搏斗，也是破天荒第一次。现在，甚至是自治城市也流行相同的习惯。盖尤斯·安东尼(Gaius Antonius)在白银的舞台上演出，卢西乌斯·穆雷纳(Lucius Murena)也是一样。盖尤斯·卡利古拉把124000磅白银的移动支架搬到了竞技场之中。他的继承者克劳狄在庆祝征服不列颠的凯旋仪式时，在布告之中宣布，他从这边的西班牙(Hither Spain)获得了7000磅金冠，从外高卢(Callia Comata)获得了9000磅黄金。尼禄在一天之内用黄金充实了庞培的剧场，并且把这些展示给亚美尼亚国王提里达特斯观看。与尼禄统治罗马的黄金宫相比，这个剧场是多么的渺小！

57. 在私人住宅之中，我们现在也可以看见蒙上黄金的天花板，最早出现在卡皮托神庙的天花板是镶金的，那是在迦太基被毁灭之后，[39]穆米乌斯担任监察官时期的事情。镶金的工艺从天花板转移到了拱形的屋顶和墙壁，这些地方现在都蒙上了黄金，就好像它们是金片一样。但是，卡图卢斯的同时代人却因为他对卡皮托朱庇特神庙使用青铜瓦的看法产生了分歧。[40]

58. 我认为黄金流行的主要原因不是其颜色美丽；因为白银更加光亮，更像日光，这就是它为什么经常用作军旗的原因，因为它的光芒在很远的地方就可以看见。有些人认为黄金流行是因为它闪闪的光芒，这显然是错误的看法，因为与宝石和其他物品相比，黄金并没有光彩夺目的颜色。

59. 黄金优于其他金属，不是因为其重量和延展性——因为在这两方面它都比不上铅——而是因为它在燃烧和火葬的时候不会减少重量，它是在遇到火的时候唯一不受任何损失的金属。当然，也有相反的情况：黄金的质量在遭到火烧的情况下会增加。火还可以检查其质量，使黄金呈现它本来的颜色，闪亮的红色，这个过程称为“检验”。

60. 黄金不容易受到火的影响，这是黄金质量的重要证据。但

---

[39] 公元前146年。

[40] 公元前79—前60年。

还有一个重要的特点是，虽然黄金可以抵抗最硬的木料制成的木炭燃烧，但是它害怕谷糠的火焰，而且可以使用铅来给它提纯。还有一个重要的、决定其价值的因素是，它在使用的过程之中很少磨损；而且，使用白银、青铜和铅可以祛除金器上的黑线。但是，可以消除金属污点的物质也会污染双手。

61. 没有其他金属的延展性能够像黄金一样，或者能够像黄金一样分成这么多部分；例如，1 盎司的黄金可以打成 750 张以上 4 平方指宽的金叶。最薄的金叶称为普雷内斯特(praenestinian)金叶，这个名字出自普雷内斯特的命运之神金光闪闪的宏伟塑像。

62. 在厚度方面，稍次的金叶名叫奎斯托尔(Quaestorian)金叶。在西班牙，微小的金片名叫“薄片”，与其他金属相比，通常发现的黄金都是小块的，或者是金砂。然而，其他的矿砂从矿洞之中开采出来要经过多次加热提炼，而黄金在发现的时候就是纯的，已经有了固定的形态。而且，本地的黄金由于使用了机械加工，又是另外一种形态，下面我将谈到这种机械加工。在抵御生锈和铜绿方面，黄金胜过任何其他物质，它在任何条件下既不会腐蚀，也不会减轻重量。它可以抵抗能够毁灭其他金属的盐和醋侵蚀而不变质。而且，它能够纺成线，织成像羊毛一样的纺织品，而不需要加入一点羊毛。

63. 维里乌斯告诉我们，塔尔奎尼乌斯·普里斯库斯在举行凯旋仪式的时候，穿着黄金的紧身外衣。我看见过克劳狄皇帝的妻子阿格里皮娜，他出席一场海战的演出，而她就坐在他身旁，身穿完全用黄金织成的料子做的军用斗篷。很久以前用黄金织成的纺织品叫做阿塔罗斯布；因为这是亚细亚国王们发明的。

66. 我们暂且把印度人用蚂蚁获得黄金，或者西徐亚人用格里芬挖掘黄金的故事放到一边不谈，在这个世界我们的地区，获得黄金有三种方法：第一种，在许多地方的河流中可以获得黄金，例如，在西班牙的塔古斯河(Tagus)、意大利的帕杜斯河、色雷斯的赫布鲁斯河(Hebrus)、小亚细亚的赫尔姆斯河(Hermus)和印度的恒河；这种黄金是最完美的状态，因为水流的摩擦作用绝对是纯净的。第二种方法是挖矿井;第三种方法是在山体滑坡的残骸之中去寻找黄金。让我们详细地说一说每种方法。

67. 金矿的勘探者开始收集那些预示有黄金存在的土样。含有黄金的沉淀物被清洗,沉淀物再进行分析,以确定是不是主要的矿体。非常走运时能够在地表上发现黄金。就好像最近尼禄在位时期,有人在达尔马提亚(Dalmatia)一天就发现了 50 磅黄金。以这种方式出现的黄金,如果地下存在着含有黄金的土壤,可以称为露出地表的矿苗。西班牙极度干旱和不毛的群山什么也不出产,只能生产这些商品。

68. 使用矿井开采黄金称为"挖渠"或者"挖沟";它被发现与石英结合在一起,不是那种闪烁着东方青金石光芒的形式,或者是底比斯花岗岩光芒或者其他宝石光芒的形式,而是闪烁着像石英矿斑晶一样的光芒。只要有矿脉出现,沿着地下坑道的墙壁或者是过载物都要用木质支柱支撑起来。

69. 矿石被开采出来,需要碎化、清洗、提炼和制成无杂质的矿粉,矿砂称为 *scudes*,开采出来的白银称为"汗水"。熔炉丢弃的产物、没有用处的矿砂,被称为"矿渣"。如果涉及黄金,矿渣需要第二次粉碎和提炼;为了进行提炼,用白色的耐火土制成了坩埚。这种坩埚可以经受强有力的鼓风,还可以经受熔炉和其他已经熔化金属的高温。

70. 第三种方法是黄金采掘者为了取得巨人般成就所需要的。在灯光的照耀下,在高山之中挖出了长长的坑道,人们依靠灯光长时间工作,很可能几个月完全见不到阳光。本地人把这些矿井称为"深矿"。这些矿道的顶部很容易崩塌,压死矿工。这使那些潜水寻找珍珠或从大海深处捕捉紫鱼的工作看来似乎更安全一点。我们已经使地球变得如此更加危险。苍穹常常失去了高山的支撑。

71. 在露天矿和深矿之中,可能遇到大块的燧石,这些燧石可以用火烤采掘法来打碎,这种方法需要使用到醋。在坑道之中,火烤采掘法常常要闷熄热量和浓烟。因此,岩石的打碎不再需要碎石工，他们可以运走 150 磅铁矿。那时的矿工用自己的双肩运出矿石，每个人组成了在黑暗之中工作的人链的一部分；只有那些在链条末端工作的人才可以见到阳光。如果燧石矿的矿床太长，矿工们就要绕道行走。开采燧石被认为是比较容易的工作。

72. 有一种土壤由黏土和金砂组成，称为“砾岩”，它几乎是不能加工的。在这种情况下，通常使用的方法是用铁楔子或者粉碎机来打碎它。砾岩被认为是所有物质之中最坚硬的物质——除了对黄金的贪婪之外，这种贪婪甚至更难对付。当这项工作完成的时候，矿工们已经打穿了拱顶，开始了最后的工作。张开的裂缝发出了即将发生崩溃的警告，但是这种裂缝只有位于山顶的观察员才能看见。

73. 根据呼声和人群的情况，观察员可以下达命令让矿工们走开，同时他自己也可以从有利的地点迅速跑掉。裂开的高山像碎片一样，难以想象地倒塌下来，并且伴随着一阵同样难以置信的狂风。像征战之中的英雄一样，矿工们也向往着举行自己战胜大自然的凯旋仪式。甚至在没有发现黄金，在他们不掌握任何确切标志，表明在他们开始挖掘的时候这里有什么东西的情况下，只不过是为了自己大发意外之财的希望，就成了他们从事如此危险和耗费巨大工作充分的理由。

74. 另一项辛苦而且花费更大的工作，包括沿着山脊的引水工程——距离常常达到 100 罗马里——为的是冲走采矿时留下的砂砾。矿工们把这种水渠称为 *corrugi*。这个术语出自“合流”。[41] 它们还包括无数的问题，斜坡必须陡峭，以产生比平稳的水流更巨大的冲击力，结果，高海拔的水源认为是必须的。峡谷和冰隙架上了渡槽。在其他地方，难以通行的岩石被砍平，以便为安装木质的渡槽留出空间。

75. 工人们用绳索悬挂在空中开凿岩石，因此从很远的地方看去，似乎是一群像鸟类一样奇怪的动物在工作。大多数悬空挂着

㊶ *contrivatio*.

的人一旦确定了水平面，就会标出路线——人们把河水引向那些他们难以立足的地方。如果河流带来了泥沙或是这些被称为 *urium* 的废渣，冲洗矿砂是会造成破坏的。为了避免这种现象，河水必须引导到燧石或者卵石上。在高于矿头的山脊挖蓄水池，每个方向长度必须超过 200 罗马步，深 10 罗马步。5 个水闸门，每个大约有 3 平方罗马步，还要修建墙壁。蓄水池储满水之后，关上的水闸门打开，以便奔腾而下的激流能够把碎石冲走。

76. 下一道工序是在地面上进行。希腊人称为 *agoggae* 的水管被切成了许多段，它们的底部铺上了桧——这是一种类似迷迭香(rosemary)的植物——它是粗硬的，因此可以挡住黄金的小颗粒。水管用木板建成的，以拱形连接跨过陡峭之地。这样，残渣就流入了大海，受到破坏的山体也被洗清了。这就是为什么西班牙现在仍然在大规模侵蚀海洋的原因。

77. 从地下深处坑道之中，花费如此巨大的精力把这种物质开采出来提炼。在这个过程的后期阶段，[42]清洗工作为的是不使矿井被填满。从很深的矿井之中开采出来的黄金不需要进行热处理，那是纯净的黄金。在这类矿山之中，还可以发现天然金块，在矿洞之中同样也可以发现天然金块；有些金块的重量超过 10 磅，这样的金块称为 *palagae* 或者 *palacurnae*，而金粒则被称为 *balux*。桧干燥之后点燃，它的灰烬在覆盖着草皮的床上清洗，以便使黄金沉淀在床上。

76. 根据某些资料，奥斯图里亚(Austuria)、加利西亚(Gallaecia)和卢西塔尼亚(Lusitania)年产黄金为 20000 磅；奥斯图里亚提供的黄金数量最多。西班牙长期是这个世界主要的黄金产地。根据古代元老院的一道命令，意大利得以避免过度的开采；否则，它就将成为最盛产矿砂的地区，就像它盛产农产品一样。还有一道监察官的命令，涉及维尔切利(Vercellae)地区维克图姆利(Victumulae)的金矿，命令禁止承包商雇佣 5000 人以上从事采矿

---

[42] 清洗。

工作。

79. 有一种从雌黄(orpiment)之中提炼黄金的方法。在叙利亚,开采的雌黄主要用于绘画;它在地表也可以发现,具有黄金的色泽,但像透明石膏一样易碎。它的潜能引起了盖尤斯·卡利古拉皇帝注意,他是一个迷恋黄金的人。他下令熔化大量的雌黄,雌黄确实能生产出很好的黄金,但产量非常低。此后,虽然雌黄售价为每磅 4 迪纳里,但是,他的贪婪使他开始进行的实验失败了,后来再也没有其他人进行过这个实验。

80. 所有的黄金都含有不同比例的白银——有些是 1/10,有些是 1/8。只有一个矿山——加利西亚的阿尔布克拉拉(Albucrara)——白银的比例是 1/36。这一比例使该地的黄金比其他地方的黄金价格更高。还有些地方白银的比例最少是 1/5。它的矿砂被称为天然金银合金;这种天然金银合金的金粒可以在"坑道的"黄金之中发现。人造天然金银合金的纯度由白银加入黄金的比例决定。如果白银的比例超过 1/5,这种合金就不能放在铁砧上捶打。

81. 在罗德岛的林都斯(Lindos),有一座雅典娜神庙,它有一个天然金银合金的金杯,这是海伦奉献的。后来人们添油加醋说它的大小就像海伦的乳房一样。

82. 第一座纯金的塑像据说竖立在阿娜希卡(Anaitica)的阿娜希塔(Anaitis)神庙,我们这样称呼她,是因为当地人们特别崇拜这位女神。

83. 这尊黄金的塑像在安东尼进行的帕提亚战争之中成了战利品。有一个故事谈到了一次有趣的交换,说的是我们有一位老兵应邀作为客人,前去参加已故奥古斯都皇帝在博诺尼亚(Bononia)举行的宴会。当有人问到第一个犯下这种亵渎阿娜希塔罪行的人被刺瞎眼睛,瘫痪,并且已经死了这件事情是否属实的时候,这位老兵回答说,皇帝正在吃的大餐就是由这位女神的一条腿而来的,他本人就是做这件亵渎事情的人,他自己完全是走运才遇上那次劫掠。第一尊纯金的个人塑像是莱昂提尼人(Leontini)戈尔吉亚斯(Gorgias)在德尔菲的阿波罗神庙竖立的塑像。[43] 这是因为教授演说术而获得的财政奖励!

84. 黄金第一次加热使用其重量2倍的盐,3倍的黄铁矿;第二次加热还要用到盐和明矾,当其他物质在陶制的坩埚燃烧干净之后,这个过程就能消除不纯的物质;经过提纯之后,留下的黄金本身是不会被腐蚀的。

95. 我现在就来谈一谈白银,这是使人变得疯狂的第二个原因。白银只有在很深的矿井之中才能发现。它无法使自己的存在引人注目,因为它没有像黄金一样可见的闪亮微粒。它的矿砂有时是红色的,有时是灰色的。它只能与铅,[44]或者被称为方铅矿的铅矿在一起熔化,人们发现方铅矿大多与银矿混杂在一起。在用提银炉进行提炼时,部分矿砂沉淀为铅,白银则像油浮在水上一样,浮在铅的上面。

96. 几乎所有的行省都发现有白银,但质量最好的出自西班牙。那里的白银和黄金都出自贫瘠的地区,甚至是山区。无论在什么地方,只要发现了一个矿,接着在不远的地方就可以发现第二个矿。确实,几乎所有的金属都是这样被发现的,这显然是希腊人使用术语 metalla 的原因。[45] 一个重要的事实是,根据汉尼拔的建议在整个西班牙行省开凿的矿井,现在仍然存在着;它们都是以矿井的发现者命名的。现在已知有一个这样的矿井名叫比贝洛(Baebelo),每天为汉尼拔提供300磅白银。矿井的平巷深入山中1——2罗马里之间。在整条坑道之中,水工们分成白班和夜班站着,利用灯光进行测量,往外排出的水形成了一条小河。

98. 最靠近地表的银矿称为"半成品"。最初,当人们发现明矾,不再进一步勘探的时候,开采工作就停止了。但如今在明矾之下又发现了铜矿,这就使人重新充满了希望。银矿冒出的烟对所

---

[43] 约公元前500—前497年。

[44] 灰吹法。

[45] Ta met'alla;意为"一个接着一个"。

有动物都是有害的，特别对狗更是如此。黄金和白银的美妙之处与其柔软程度成比例。大多数人都对银器上的黑线可以除掉感到惊奇。

99. 在这些银矿之中，还发现了一种矿物，它包含的精华部分——总是以液体的形式存在——它就叫做水银（mercury）。[46] 水银毫无例外是有毒物质，它以解体方式侵袭和腐蚀容器，可以破坏任何容器。除了黄金之外，所有物质都可以浮在水银的表面。黄金也是水银唯一可以吸收的金属。因此，水银对提炼黄金非常有用处。如果把两种物质一同放在陶制的容器之中反复摇动，水银可以将黄金之中的所有杂质清除干净。在杂质被清除之后，要把水银与黄金分开，可以通过把二者倒在精制的皮革上来达到目的；水银就像汗水一样穿过皮革，留下了纯净的黄金。

100. 在青铜工艺品镀金的时候，可以把水银涂在金叶之下，这样可以使金叶更加牢固。但是，如果金叶只涂了一层，或者非常薄的一层，它的色彩就盖不住水银的底色。

101. 在同样的银矿中，还发现了在严格意义上可以称为岩石的物质，它由白色和闪光的物质组成，但不是透明的，也不是泡沫。有些人把锑（antimony）称为 *stimi* 或者 *stibi*，其他人则把它称为 *alabastrum* 或者 *labarsis*。它们有两种形态：雄的[47]和雌的[48]。后者比较受欢迎，因为雄的摸起来不平和粗糙，重量较轻，没有光泽，更像是沙子。但是，纯净的锑是闪光的、易碎的，可以切成薄片而不是小颗粒。

102. 锑是一种收敛剂和冷却剂，但主要用于画眼圈。这就是为什么一般人只知道希腊名词“大眼睛”的意义，[49]因为它通常用于美眉，扩大妇女的眼圈。

---

[46] *argentum vivum*.

[47] 辉锑矿或者硫化锑。

[48] 金属锑。

[49] platyopthalmon.

105. 希腊人把把炼银产生的矿渣称为“浮渣”。它是一种收敛剂，对人体具有冷却作用，像铅的硫化物一样——在谈到铅的时候，我将讨论这个问题——把它当做药膏使用的时候，具有愈合作用，在促使伤口愈合的时候具有特别的功效。而且，它和爱神木油一起使用于灌肠，对于治疗便秘和痢疾，具有特别的效果。人们还把这种浮渣加入到名为“润滑药”的制剂之中，用来治疗溃疡起皱的边缘部位，摩擦造成的疼痛，头部脓包疼痛。

106. 在同样的矿井之中还出产密陀僧(litharge)。[50] 密陀僧有三种，在希腊语中最出名的 *chrisitis*，意为“金色的”；其次是 *argiritis*，意为“银色的”；最后是 *molybditis*，意为“铅色的”。总而言之，在同一个样品之中可以发现所有这几种颜色。阿提卡品种最受欢迎，其次是西班牙品种。“金色的浮渣”可以从矿砂之中直接获取，“银色的”从白银之中获取，“铅色的”从熔化的铅之中获取，这个工作在普特奥利进行，因此它的名字叫做 *argyritis Puteolana*。每一种密陀僧的制作，都要加热成液体；随后从高处的容器之中倒入低处的容器之中，然后再用小铁铲取出，接着放在铁铲上直接用火烧烤，做成重量合适的产品。

111. 在银矿之中也可以发现朱砂。[51] 它现在是一种非常重要的颜料；可是，从前它不仅是非常重要的物品，而且是神圣不可侵犯的物品。维里乌斯提到了几位作家——我必须信任他们——他们说在节日期间，朱庇特塑像的面部以及那些参加凯旋仪式人们的身上，通常要涂上朱砂。他们还说，卡米卢斯在自己的凯旋仪式之中就是这样的打扮。按照这种仪式，即使在他们那个时代，在凯旋仪式之后的宴会上，就要使用朱砂和熏香。这就可以解释为什么监察官的最重要责任之一，就是负责安排以朱砂涂抹朱庇特的塑像。我自己完全不知道这种风俗习惯的起源，但是，现在埃塞俄比亚人需要朱砂，他们的首领使用这种东西来涂抹自己的全身；他

[50] Spuma argenti：led monoxide.

[51] Mercuric sulphide.

们所有的神像都是同样的颜色。因此，我将详细地解释所有与朱砂有关的问题。

113—114. 根据提奥弗拉斯图斯记载，[52]朱砂是由雅典人卡利亚斯(Callias)发现的，时间大约是普拉克西布卢斯(Praxibulus)担任雅典执政官之前90年，即罗马建城之后的349年。[53]他接着指出，卡利亚斯本来希望可以找到黄金，他熔化了从银矿之中找到的红砂，这就是朱砂的起源。即使在那个时候，西班牙也发现了这种矿石。但它是一种坚硬的、含沙多的矿石。在科尔基斯地区某个难以攀登的山岩上也出产朱砂，当地人使用扔标枪的办法把它弄下来。但是，这种朱砂是含有杂质的；质量最好的朱砂产自以弗所东面的西尔比，那里的矿砂是胭脂虫的红色。提奥弗拉斯图斯解释说，这种矿砂遍地都是；矿砂要经过水洗，沉淀物要再次清洗。工人的技巧在这里显出了高低：有些工人在第一次清洗之后就生产出了朱砂，而其他工人的朱砂质量很差，而且必须进行第二次清洗以提高质量。对于我来说，我对颜色的重要性并不感到惊奇，因为在特洛伊时期，红赭石的价格就非常昂贵，正如荷马指出的(*II*, II,637)，他赞美红色的舰队，但他却很少提到色彩和油漆的事情。

118. 根据朱巴的记载，卡尔马尼亚(Carmania)也出产朱砂。提马格尼斯(Timagenies)说，在埃塞俄比亚也发现了朱砂。但是，除了西班牙之外，其他地方的朱砂不出口到我们这里，也很难运到我们这里。为罗马人民提供税入最著名的朱砂矿，是贝提卡的西萨珀(Sisapo)朱砂矿，安全防护措施不比任何地方差。矿砂的熔化和提炼不允许在在当地进行，每年有多达2000磅未加工的矿砂在封印之后送往罗马，并且在那里提纯。为了防止价格暴涨，法律规定它的价格是1磅大约为70塞斯特斯。这种矿物有许多掺假的方法——这也是矿业公司非法利润的来源。

---

[52] *On Stones*, 58 - 59.

[53] 公元前405年。

119. 几乎在所有的银矿之中，还发现了另外一种“朱砂”，[54]同样还有铅矿里；这是在熔化含有金属矿脉的矿石时生成的，不是从熔化后会产生圆珠状水银粒的矿石之中获得的，它是从其他共生矿石之中获得的。在西萨珀的朱砂矿之中，朱砂的矿脉不包含白银。它像黄金一样熔化，使用黄金加热的方法化验。如果它掺假了，它就会变成黑色。如果它是真品，就将保持它原来的颜色。

122. 那些在作坊之中打磨朱砂的人，面部系着皮囊做成的松弛面具，以防呼吸的时候吸入灰尘，因为灰尘对健康是严重的威胁。但是，面具使他们只能从上面看过去。朱砂也用在书籍的文字之中，它可以使写在墙上、大理石上，甚至是陵墓上的铭文，其文字更加丰富多彩。

126. 与上述金银一起，还应当介绍被称为试金石(touchstone)的矿石。根据提奥弗拉斯图斯所说，它通常只能在特莫卢斯河(Tmolus)找到，但现在知道它在许多地方都有。有些人把它称为“赫拉克勒斯的”石头，其他人则称为“吕底亚的”(Lydian)石头。每块石头平均的体积，长度不超过4英寸，宽度不超过2英寸，石头对着太阳的一面比背阴面好。专家们使用试金石就像使用锉刀一样，在矿石上摩擦一下；随后他们就可以说出其中白银和铜的含量是多少，而且他们惊人的计算绝对没有误差。

128. 通常认为，只有最好的白银才可以打成能够照出图像的镜面，这在从前是真的，但现在即使连这种事情也可以公然造假。它的映相能力惊人的好。一般认为影像是由空气反射与眼睛接触造成的。同样，使用微凹的薄金属片闪亮镜子(mirrors)，实物会被放大很多。镜面吸收或者反射的外形造成了这种巨大区别。

129. 镜子还可以做成有许多镜面的高脚杯，可以说是由里向外的形状，每个镜面都可以看到与所有反射面相同的多个影像。这种酒杯就像奉献给士麦拿神庙的一样，它们的设计获得了神奇的效果。

---

[54] 红铅或者碳化铅。

130. 在结束有关镜子的话题时，在我们的祖先时期，最好的镜子是布伦迪休姆使用锡、铜合金[55]制造的镜子。银镜现在也非常流行；它们最初是在大庞培时期由帕西特列斯(Pasiteles)制造的。现在，人们认为要想取得比较好的影像，就必须在玻璃(glass)后面贴上黄金。

132. 三头之一安东尼铸造了掺铁的银迪纳里乌斯，制假者制造掺铜的银币。其他人则使用不足标准的钱币——每磅白银84迪纳里。因此，发明了一种方法检查迪纳里乌斯是否符合法定的标准，这种方法在普通民众之中非常流行，即一个地区接着一个地区，他们一致投票同意为马里乌斯·格拉提蒂努斯(Marius Gratidianus)建立塑像。确实，在这方面有一个重要的事实是，造假的样品反倒成了研究的对象。因此，许多假迪纳里乌斯的样品成了人们仔细研究的对象，一个掺假的钱币比几个真正的钱币还更值钱。

133. 在过去，没有代表比100000还大的数字。即使在今天，我们仍然使用那个数字的倍数来表示“倍”，例如10x100000，或者是更大的倍数。这些都是由于高利贷活动和发行铸币造成的。因此，我们现在会使用“其他人的铜币”[56]的表达方式来表示债务。后来，“富人”[57]成了一个外号，但必须注意第一个获得这种外号的人，必定使他的债权人沦为了乞丐。

134. 已故的马可·克拉苏属于富裕家庭，通常认为只有依靠其每年收入供养军团士兵的人，才可以称为富人。他拥有的农庄价值200000000塞斯特斯，他是仅次于苏拉的最富裕的公民。只要他没有获得帕提亚所有的黄金，他就不会满足。确实，他是第一个因为自己的财富而赢得永久名声的人。但令人高兴的是，我可以谴责那种永不满足的贪婪。我认识的许多释放奴隶，从他那时就成了富人；

---

[55] 青铜。

[56] *aes alienum*.

[57] *Dives*.

在不久之前克劳狄还是皇帝时,[58]还同时有三个人在世,他们是卡利斯图斯(Callistus)、帕拉斯(Pallas)和纳尔西苏斯(Narsissus)。

135. 有一名盖尤斯·凯西利乌斯从前的奴隶名叫盖尤斯·凯西利乌斯·伊西多鲁斯(Gaius Caecilius Isidorus),他在盖尤斯·阿西尼乌斯·高卢斯(Gaius Asinius Gallus)和盖尤斯·马里乌斯·森索里努斯(Gaius Marius Censorinus)[59]担任执政官时期写下了自己的遗嘱,时间是1月27日。他在遗嘱之中指出,除了在内战之中损失的许多财产之外,他留下了4116名奴隶、3600对公牛、257000头其他的牲口,600000000塞斯特斯的钱币。他吩咐用1100000塞斯特斯为自己办葬礼。

136. 不管其他人可能积累了多么巨大的财富,这些财富可能仅仅是托勒密所积累财富的一部分。根据瓦罗所说,在庞培远征犹太相邻地区时,托勒密靠自己的经费供养了8000名骑兵,举行了有1000名客人参加的宴会,使用了1000个黄金的高脚杯,而且每道菜都要更换酒杯!

137。仅仅是托勒密庄园的一部分——我现在不说历代诸王的情况——比希尼亚人皮塞斯(Pythes)[60]的庄园,他给大流士国王[61]奉献了金悬铃木树和金葡萄藤,宴请了薛西斯的军队(大约有788000人),并且答应提供5个月的开支和粮食,条件是他的5个儿子最少要留下一个照顾年迈的自己。皮塞斯甚至自比克罗伊斯国王!为了追求某些东西而浪费我们的生命是多么愚蠢的行为,那些本来是奴隶和贪得无厌的国王们所追求的东西。

154. 值得注意的是在黄金雕刻艺术之中,没有一个人获得过名声。同时却有许多人在白银雕刻方面成了名家。最受人称赞的工匠是门特(Mentor);他只做了4个高脚酒杯,据说没有一个酒杯

---

[58] 公元41—54年。

[59] 公元前8年。

[60] 希罗多德描绘过皮塞斯的财富(VII, 27-9,38-8)。

[61] 公元前528—前485年。

保存下来,原因是以弗所和罗马卡皮托的狄安娜神庙,都被大火毁灭了。[62] 根据瓦罗所说,他有一尊门特雕刻的青铜像。接下来受到尊重的是阿克拉加斯(Acragas)、博伊图斯(Boethus)和密斯(Mys),上述所有艺术家的作品都保存在罗德岛。在林都斯的雅典娜神庙,有博伊图斯的一件作品;在罗德岛城的巴克斯神庙,有一些由森陶尔斯雕刻的高脚杯、阿克拉加斯雕刻的酒神的祭司以及密斯雕刻的西莱尼(Sileni)和丘比特(Cupids)形象的高脚杯。阿克拉加斯雕刻的狩猎场面高脚杯非常有名。

156. 佐皮鲁斯(Zopyrus)在两个高脚杯上雕刻了阿勒奥帕格斯山雅典议会和审判俄瑞斯忒斯的场面,酒杯的价值达到 10000 塞斯特斯。还有皮西亚斯(Pytheas),他的一件重 2 盎司的作品卖到了 10000 迪纳里。这是一个大酒杯的凸雕底座,表现的是奥德修斯和狄俄墨得斯正在盗走帕拉狄昂(Palladium)的场面。同一个艺术家还雕刻了几个锡的酒杯,因为外形为厨师而得名“小小厨师长”。这些酒杯没有一个是铸造的,因为优美的工艺品都是精细的。艺术家透克罗斯(Teucer)也是一样,他特别擅长凸雕工艺,获得了鼎鼎大名;不过,这种艺术品是突然走红的,以至于今天只有到古代的样品之中才能找到它的踪影。

164. 在每个地方,我经常提到的价格几乎每年都是不同的;价格波动的原因很多,或者是由于运输的费用发生变化,或者是因为某个特定商人所花费的钱数,或者是某个强有力的竞拍者在拍卖会上抬高拍卖品的物价。我清楚地记得尼禄在位时期,德米特里(Demetrius)遭到卡普阿整个塞普拉西亚区(Seplasia)的控诉,由执政官们进行审判。但是,我必须指出,罗马城的物价一般是可以接受的,为的是可以给日用品价格确定一个标准。

---

[62] 狄安娜神庙毁于公元前 356 年,卡皮托毁于公元前 83 年。

第三十四卷　铜和青铜雕刻；锡、铅和铁

1. 现在我就来谈谈铜矿，它的价值稍差一等。

2. 铜是用希腊人称为 *cadmea*① 的矿砂生产出来的。这是一种非常有名的矿物。*cadmea* 来自海外，但从前在坎帕尼亚也发现过，今天在意大利非常偏远的贝尔盖姆（Bergamum）地区也发现了。日耳曼行省最近也报告说发现了。塞浦路斯是最早发现铜的，它是从铜矿石之中获取的；这种矿砂的质量很低，比较好的矿源，特别是 *aurichalcum*② 是在其他地方发现的。

4. 现在最有名的铜矿是马里安（Marian）铜矿，又称科尔杜巴（Corduba）铜矿。

5. 有一个时期青铜③与黄金、白银一起用作合金，但高超的工艺水平比这种金属价值更高。现在人们很难知道是工艺水平还是这种金属变糟了。但是，从前的艺术品像所有其他东西一样也是为了金钱，而不是为了名声而创作的。

6. 科林斯的青铜器受到最高的赞美，在古代就非常出名。这种合金是在科林斯被占领遭到焚烧的时候，无意之中形成的。许多人受到影响而酷爱这种青铜器。根据记载，曾马可·西塞罗成功起诉而事实上与西塞罗遭遇同样命运的维雷斯（Verres），被安东

---

① 碳酸锌和硅酸锌的混合物。

② 含铜的黄铁矿，又译作山铜。

③ 术语 *aes* 一般用来表示青铜（铜锡合金），但偶尔也用来表示黄铜（铜锌合金）。古代的铜也包括铅与砷的成分。纯铜称为 *aes Cyprium*。

尼剥夺了公民权,因为他拒绝放弃某些科林斯的工艺品。看来,大多数藏家都是假充内行,只是为了把自己与市井小民分开,对于实物没有一点真正的准确判断能力。

11—12. 埃伊纳(Aegina)专门制造大枝形烛台的上部,塔伦图姆专门制造大枝形烛台的柄部,为了制造这些物品,两地之间都必须讲究信誉。人们以相当于军事保民官的俸禄的价格购买这些物品,并不认为是可耻。在拍卖一个大枝形烛台时,一名丑陋的驼背漂洗工克莱西普斯(Clesippus)按照拍卖师提昂(Theon)的指示,作为拍卖品的一部分被扔了进来。一位名叫格加尼亚(Gegania)的妇女以 50000 塞斯特斯中标。她举行了一个宴会来展示她所购买的物品,为了给这些来宾助兴,这名男子一丝不挂地出现了,淫欲大发的格加尼亚,毫不知羞地拉着他上床了,她后来提到他的时候还充满了淫欲。因此,他成了一个极其富有的人之后,把大枝形烛台当做神灵来崇拜。但是,德行在这里还是得到了维护,因为他竖立了一块上好的墓碑,让全世界永远记住格加尼亚的丑行。

15. 青铜工艺品一般与诸神的塑像有关。我发现,罗马用青铜铸造的第一个造像是刻瑞斯的形象,它使斯普里乌斯·卡西乌斯(Spurius Cassius)走了背运,他因为企图自立为王,被自己的父亲杀死了。后来的艺术品由表现神转而以多种方式为人造像。在早期阶段,人们使用沥青来为塑像上色。后来人们喜欢用黄金来为塑像贴金。这可能是罗马人的发明。但是,这项发明在罗马并没有很长的历史。

16. 人们通常不做人像,除非因为某些特出的原因而值得人们长期纪念他们。例如,在神圣运动会中获胜——特别是那些在奥林匹亚获得胜利者,按照惯例那里要奉献所有胜利者的塑像。只要一个人获得了三次胜利,就要为他制作一座精确的塑像。这些塑像就称为“肖像塑像”。④

17. 在雅典,最早用公款竖立的肖像塑像,大概是诛戮暴君者

---

④　Iconicae.

哈尔莫迪乌斯和阿里斯托吉通的塑像。这件事情与罗马驱逐国王发生在同一年。出于最文明的竞争观念，后来全世界采取了竖立塑像的办法。竖立塑像的习俗也为各地自治城市的广场增添了光彩——因此，那些将来在墓碑上看不见的记载——将会由于那些镌刻在塑像基座的光荣业绩而被人们永远诵读，人们的记忆也将永远保存下去。

18. 从前，奉献的塑像被雕刻成穿着托加袍的形象，还有裸露着身体手持长矛的形象也是非常流行的；这些形象都是模仿体育馆之中年轻希腊男子的形象或者著名的"阿喀琉斯形象"。希腊塑像一般是裸体的，而罗马的塑像则穿着护胸甲。独裁官凯撒曾经允许为了向他表示敬意，在广场竖立一座穿着护胸甲的塑像。

19. 在罗马城，真正流行的是骑士塑像，它的样式毫无疑问是出自希腊。但是，希腊人通常只是为神圣运动会的赛马获胜者竖立塑像，不过，后来他们也为 2 匹马或者 4 匹马赛车获胜者竖立塑像。这就是我们奉献战车纪念那些举行凯旋仪式者的起源。但是，这已经是新近的发明，直到奥古斯都皇帝的时候才有，那时已有了有 6 匹马拉的战车，或者是大象拉的战车。

20. 在打败安提乌姆[5]之后，罗马人民在大讲坛安置了许多在胜利时缴获的带撞角的船艏。同样，他们还竖立了盖尤斯·杜伊利乌斯(Gaius Duilius)的塑像，他是第一位在海战之中战胜迦太基人的将领，这座塑像至今仍然屹立在广场之中。

22. 对于为马可·贺雷修斯·科克雷斯(Marcus Horatius Cocles)建立塑像，虽然有许多不同的理由，但都是非常好的理由，这座塑像至今犹存。建立这座雕像的原因，是因为他独自一人阻挡了敌人通过苏布里西亚(Sublician)大桥。

---

⑤ 公元前 338 年。

26. 我还发现毕达哥拉斯和亚西比德(Alcibiades)[⑥]的塑像在市民集会广场(Comitium)的拐角处。在萨莫奈战争时期,[⑦]皮托的阿波罗下令在某个显眼的地方建立一座希腊勇士的塑像,还要建立一座希腊贤哲的塑像。这些塑像一直保留到独裁官苏拉在原址建立元老院会堂的时候。有一件令人奇怪的事情是,我们那些聪明的元老们居然认为毕达哥拉斯高于被阿波罗列为高于人类所有智者的苏格拉底,[⑧]认为亚西比德在勇气方面超过所有其他人,或者随便什么人在智慧和勇气两方面都要胜过地米斯托克利。[⑨]

27. 把塑像安置在圆柱的顶部,原因是为了突出他们高于所有寻常百姓。这也是新发明的拱形建筑的标志。这种纪念方式来源于希腊人。我不认为在雅典,有谁的塑像比法莱隆的德米特里(Demetrius)[⑩]的更多;雅典人竖立了360座塑像纪念他,那时一年还被认为不到360天。但是,不久之后雅典人就毁灭了这些塑像。

27. 在马可·斯科鲁斯担任市政官的时候,有3600座塑像出现在那些草台班子的舞台上。穆米乌斯在征服阿哈亚(Achaia)之后,用许多塑像充实了罗马城,虽然到他去世的时候,他的地产小到难以为女儿提供嫁妆的地步。

39—40. 我们看见过耸立的巨大的塑像——就像塔楼一样高——这种塑像被称为巨像。卡皮托的阿波罗神像就是这种巨像,

---

⑥ 亚西比德(约公元前450—前404),经历了众所周知的多变生活。他曾经是失败的雅典远征锡拉库萨的统帅(公元前415年)。返回雅典之后,他被控是破坏赫尔马头像方碑的罪魁祸首,接受了提萨菲尔涅斯的庇护。他返回雅典后被任命为总司令。在诺蒂翁失败之后被流放,不久之后被杀死。

⑦ 公元前343年。

⑧ 苏格拉底(公元前469—前399),没有留下作品,他的出名主要是因为柏拉图的对话集和色诺芬的回忆录,雅典著名哲学家的教导使他不受欢迎,因为捏造的控告受到指控而判处死刑。

⑨ 根据德尔斐的神谕建议,地米斯托克利(约公元前528—前462)使用在劳里昂第三次发现的优质白银(公元前483年)供养雅典海军。在萨拉米斯决定性的海战之中,他打败了波斯人。

⑩ 雅典的雄辩家和国务活动家(约公元前345—前282),德米特里公元前307年被流放,10年后成为僭主。

它是马可·卢库卢斯(Marcus Lucullus)从本都(Pontus)的阿波罗尼亚(Apollonia)带来的。这座塑像高约45罗马步,制作花费了500塔兰特。另外一座是朱庇特的塑像,这是奉献给克劳狄皇帝的,位于马提乌斯竞技场。附近的庞培剧场使它相形见绌。然后是塔伦图姆的塑像,它是利西波斯制作的,[11]高约60罗马步。关于这座塑像需要指出的是,尽管它可以用手轻轻地摇动,但是它的平衡性非常好,任何风暴都不可能吹倒它。为了预防这一点,雕刻家后来在距离塑像不远、在它要承担风力的地方竖立了一根圆柱。由于这座塑像体积巨大,移动困难,费边·维鲁科苏斯(Fabius Verrucosus)在把赫丘利的塑像从马提乌斯竞技场运往卡皮托的时候,把它留下了,它今天仍然屹立在那里。

41. 没有一座塑像比罗德岛的巨像更值得令人赞叹,[12]这是利西波斯的学生、林都斯的查雷斯(Chares)制作的。塑像大约高105罗马步。因为地震的原因,这座巨像在竖立66年之后倒塌了。但是,它即使倒在地上也是惊人的。很少有人能够用双臂抱住它的大姆指,单单是它的手指就比大多数塑像更大。它的四肢破碎的地方,出现了裂开的巨大洞口,洞里面可以看见许多巨大的、沉重的石块,这是当初竖立塑像的时候,雕刻家用来固定巨像的东西。许多文献证明,它花了12年时间才完成,价值300塔兰特;这笔钱来自出售德米特里国王遗弃的围城机械所得,这个国王曾企图长期包围罗德岛城。[13] 罗德岛另外还有100座大尺寸的塑像,它们虽然比巨像小,但每一座塑像也给它们所在的地方带来了荣誉;此外,那里还有5座诸神的巨像是由布里亚西斯(Bryaxes)制作的。

43. 意大利也制作大尺寸的塑像。在奥古斯都神庙图书馆,我们可以看到托斯卡纳的(Tuscan)阿波罗塑像。关于这座塑像的争

---

[11] 西锡安人利西波斯(活动期公元前328年)由于擅长雕刻塑像的苗条部分及对于塑像细部的掌握精确而成为著名雕刻家。

[12] 太阳神像——古代世界七大奇迹之一。

[13] 公元前305—前304年。

议在于——它的尺寸从头部到脚尖是50罗马步——是青铜塑像的质量更重要呢，还是它的美观更重要。在庄严的誓言之下参战的斯普里乌斯·卡尔维利乌斯(Spurius Carvilius)，在打败萨莫奈人之后[14]制作了卡皮托的朱庇特塑像，这是用缴获的胸甲、胫甲和头盔制成的。它的体型是是如此巨大，以至于从阿尔班(Alban)山拉丁人的保护神(Latiaris)朱庇特神庙都可以看见它。斯普里乌斯·卡尔维利乌斯又用剩下来的青铜碎屑制作了一尊自己的塑像，站在朱庇特的脚下。不过，在所有这类巨像之中，泽诺多鲁斯(Zenodorus)为阿维尔尼人(Arverni)制作的墨丘利塑像具有值得自豪的地位。它花了10年时间才完成，价值40000000塞斯特斯。当他在高卢对自己的技巧进行了充分的实验之后，泽诺多鲁斯被尼禄召集到了罗马城，他在那里雕刻了一座巨大的塑像——大约有106罗马步高——本来计划做成尼禄的相貌，但是在尼禄的罪行被公布之后，塑像改成了太阳神的形象；那是一个令人惊奇的形象。

46. 在他的工作室，我们常常不仅会赞叹那些极其真实的黏土模型，而且会赞叹那些小型的木头框架，它们构成了正在进行的工作的脚手架。这座塑像证明，从前雕刻青铜的经验是不能遗弃的

49. 那些在小画像和塑像方面取得名声的艺术家，他们的作品被收藏的几乎数不胜数。雅典人菲迪亚斯(Phidias)是杰出的人物[15]，他以奥林匹亚的宙斯雕像而闻名于世，该雕像以象牙与黄金做成，但是他也雕刻过青铜像。

54. 除了那个雕像无人可比之外，菲迪亚斯还制作过用黄金和象牙包裹的雅典娜雕像。这座雕像竖立在帕台农神庙(Parthenon)。除了亚马孙女战士雕像之外，他还制作了一尊非常美丽的雅典娜雕像，以至于它被称为“美女”。在他的作品之中，菲迪亚斯正确地认为最重要的是展示雕刻艺术的潜在力量。

---

[14] 公元前293年。

[15] 雅典雕刻家(约生于公元前490年)，负责雅典帕台农神庙神庙雕刻的总体工作。

55. 西锡安的波利克利图斯(Polyclitus)[16]是哈格拉德斯(Hagelades)的学生，他创作了一座年轻人正在束发带的雕像(*Diadumenos*)——这是一个柔弱的年轻男子形象，因为耗费了100塔兰特而闻名；还有一尊持矛男子雕像(*Doryphoros*)，这是一个年轻的、外貌强壮的形象；还有一尊被艺术家们称为*Canon*(意为"原作"——中译者注)的雕像，因为他们推断它们的外形可能出自一个模形。[17] 实际上，由于这件作品，波利克莱图斯被认为是所有人之中唯一真正创立了雕刻艺术的人。他还创作了正在使用刮汗板的男子(*Apoxyomenos*)雕像；一尊正在使用长矛进攻的男子雕像；还有两名男孩正在玩骰子的雕像(*Astragalizontes*)——这也是裸体像。后者屹立在提图斯皇帝宫廷的前院，一般认为这是保存下来的他最完美作品。

56. 波利克利图斯(Polyclitus)被认为喜欢菲迪亚斯已经展现出来的雕刻艺术。波利克利图斯自己真正的发明是在制作雕像时，必须把雕像的重心落在一条腿上。瓦罗认为这些塑像都是正方形的体型，一般来说是根据一个模型制造出来的。

57. 米隆(Myron)也是哈格拉德斯的学生，他出生在埃莱提里(Eleutherae)。[18] 他的一座《小娘们》雕像为自己带来了特别的荣誉；这座雕像因为某首诗歌而出名，因为大多数人都认为别人的才能比自己更强。他的其他作品包括《小伙子》(*Ladas*)、《掷铁饼者》(*the Discus-thrower*、*the Discobolos*)《珀尔修斯与女怪》(*Perseus and Sawyers*)和群雕《赞叹长笛的马西亚斯和雅典娜》(*Marsyas Wondering at the Flute in the Company of Athena*)。

58. 米隆似乎是第一位开拓现实主义视野的雕刻家；他的艺术作品比波利克利图斯更加和谐协调，更加注重比例问题。虽然米

---

[16] 波利克莱图斯(约公元前5世纪中期)以其在人类造型上明智地引进了数学比例而闻名于世。他确立了各种独立雕像比例的标准。

[17] 西塞罗认为它与持矛者像为同一雕刻。

[18] 活动期约公元前484—前440年。

隆下了很大苦功来表现人体，但是他没有表现出内心的感情。他没有对毛发，或者说没有对阴毛进行任何艺术处理，一点也不比古代淳朴的雕刻更准确。

59. 意大利雷吉乌姆的毕达哥拉斯以其拳击摔跤运动员的形象超过了米隆的水平，这座雕像屹立在德尔斐；他以这件作品击败了连提斯库斯(Lentiscus)。他是第一位表现肌肉和血管的雕刻家，并且对毛发作了栩栩如生的艺术处理。

61. 根据杜里斯(Duris)所说，西锡安的利西波斯是一位自学成才的人才，而且最初是个铜匠，他想成为雕刻家是由于画家欧庞普斯(Eupompus)对他发表的一通评论的结果。他向欧庞普斯请教自己应当模仿哪些前辈的时候，欧庞普斯给他指出了一大群人，并且对他说："你应当效法自然，而不是模仿其他艺术家。"

62. 利西波斯是最多产的雕刻家，并且在作品的绝对数量方面使所有其他艺术家感到吃惊。这些作品包括使用刮汗板的男子雕像(*Apoxy-omenos*)，由马可·阿格里帕奉献给他的温泉浴场前面。提比略也非常赞赏这尊雕像。虽然在担任元首初期，他表现出多少能控制自己的感情，然而在这种情况下提比略无法控制自己，他把*Apoxyomenos*雕像搬到了自己的寝室，代之以一个复制品。但是，罗马人民对这件事情感到非常愤怒，他们在剧院举行抗议活动，高呼"把*Apoxyomenos*送回来！"提比略只能不顾自己对雕像的喜爱，被迫答应把它送回原处。

65. 据说利西波斯对青铜雕刻艺术做出了重大的贡献，如对毛发进行了细致的技术处理，制作的头部比从前雕刻家的更小，躯干更苗条和结实，因此他的雕像显得更高。他非常认真地维护"对称原则"——这个词在拉丁语之中没有对应的术语——他用一种新的、从未尝试过的方法改进了正方形的体型，那是老一辈雕刻家描绘人体时的标准。他喜欢说他创作的人，就像他自己看见的人一样。而他的前辈创作的人，则像过去的他们一样。利西波斯有一个突出的特点，即他的最后一道工序是修饰甚至最微不足道的细节。

69—70. 普拉克西特列斯(Praxiteles)虽然在大理石雕刻方面非常成功和出名,然而他也创作了一些非常美丽的青铜作品,包括《劫持珀尔塞福涅》(*the Rape of Persephone*)、《纺纱姑娘》(*the Girl Spinning*)、《巴克斯与醉汉》(*the Bacchus with a figure of Drunkenness*)——还有著名的《萨蒂人》(*the Satyr*)雕像。他还创作过年轻的阿波罗杀死正在向他爬过来的蜥蜴的雕像——《杀死蜥蜴的阿波罗》(*the Sauroctonos*)。

89. 关于佩里卢斯(Perillus)的事情,没有什么好说的。他比僭主法拉利斯更残酷,他为僭主创作了一头公牛,并且允诺如果把人关在公牛里面,从底下点燃一堆火,公牛就会怒吼起来。佩里卢斯自己是第一个遭受这种酷刑的人。这种酷刑对于他而言是罪有应得,因为他使这种最富有人情味的艺术脱离了诸神和人类的形象。还有许多其他的雕刻家仿效他,致力于制造刑具。佩里卢斯的作品保存下来只有一个原因,任何人看见这些作品都会憎恨创作出它们的这双手。

97. 用于制造雕像和金属薄板的青铜成分如下:矿砂被熔化,熔化的金属加入1/3的铜块——通常是用过的铜。这种铜块有一种固有的淡淡亮光,因为它由于摩擦和使用而变得柔和平淡。和它一起熔化的还有锡,在比例上是1份锡比8份铜。

98. 然而,还有一种"适合于模型浇铸"的青铜必须提到;这种合金非常柔和,因为其中加入了1/10的铅和1/20的银-铅成分;青铜最好的上色方法称为希腊法(Grecian)。最后是著名的青铜坩埚——名字出自铸造青铜的容器。这种合金的组成是每100磅铜需要3到4磅银-铅。铅加入塞浦路斯的铜之中,使雕像的裙边变成了紫红色。

99. 青铜器物擦亮比不擦更容易迅速腐蚀,除非给它们涂上一层橄榄油。人们认为把它们浸在液态的沥青之中保存最好。人们很早就使用青铜器记事,它可以永久保存;官方的事务记载在铜表上。

100. 铜矿砂和铜矿可以提供多种药材,它可以迅速治愈各种溃疡。但是，最有用的物质是 *cadmea*。[19] 这种副产品只有在冶炼白银过程之中才会出现；在这种情况下产生的产品颜色更白，不像矿藏之中的 *cadmea* 那么沉重，但是无法与铜矿提炼过程之中获得的物质相比。

107. 铜渣可以使用与洗铜同样的方式清洗，它是一种效果很差的药物。铜华[20]是一种有实际使用价值的药材。为了得到铜华，铜必须熔化，然后把它放入到温度更高的熔炉之中，用力拉长，使金属分出像小米鳞片似的层次，人们把这种东西称为“华”。当金属薄板放在水中冷却之后，它们会流出了更多红色的铜鳞片，称为“叶片”。用这种方法可以制造假的铜华，以叶片作为铜华的替代物出售。真正的铜华是拉长金属块形成的鳞片，其中有金属熔化的结块，特别是在塞浦路斯的熔炼车间之中更是这样。

108. 不过，如果医生们乐于允许我发表评论的话，他们对所有这些是一无所知的。他们会被一些名字搞糊涂，远离药品制造的地区。现在，他们在任何时候都离不开处方集，他们配制的药剂也是出自处方集，而且以损害可怜的病人利益为代价进行试验。他们依赖塞普拉西亚(Seplasia)药房的名声，用它出售假药做了数不清的坏事，他们还长期不要处方直接出售药膏和眼药膏。塞普拉西亚的伪劣产品和骗局以这种方式进行了大规模的宣传。

110. 使用最广泛的是制造铜绿(verdigris)——它的制造有几种方法。我们可以从用于提炼铜的矿石上把它刮下来，或者在黄铜上打孔，或者把铜片悬挂在封闭的容器之中用强醋浸泡，如果用铜板代替铜片，悬挂在醋之中，铜绿的质量还要好得多。

112. 铜绿可以用浸泡在胆液之中的纸草纸来检测，当真正的铜绿涂上去的时候，纸草纸立刻就会变成黑色。

113. 铜绿的药效非常适合做眼药膏。它的腐蚀性使患者必须用水冲洗眼睛。因此，使用温柔的拭子擦洗眼睛，直到腐蚀作用消

---

[19] 碳酸锌和硅酸锌。

[20] 红铜的氧化物。

除是非常必要的。

117. 经过冶炼之后，可以提取铜和 *cademea* 的矿砂被称为铜矿石。[21] *cademea* 是从地上的岩石之中开采出来的，而铜矿石是从地下开采出来的，并且立刻就会变成小碎块，变成柔软的、浓稠的、类似于黏在一起的物质。铜矿石可以从 *cademea* 之中进一步分离，其中包括3种矿物质——铜、*misy*[22] 和 *sory*[23]——下面我来说说这几种物质；在铜矿石之中，铜的矿脉形状是长方形的。最好的铜矿石是蜂蜜色的，具有美丽的矿脉条纹，容易破碎，但不坚硬。

121. 根据有些专家的记载，*misy* 是在地沟之中用火烤铜矿石的时候生成的，它美丽的黄色颗粒和松树的灰烬混杂在一起。不过，人们虽然从铜矿石之中获得了它，但它是组成矿石整体的一个部分，需要费力把它与矿石分离开来。品质最好的 *misy* 出自塞浦路斯的铜作坊。当它破碎的时候，其碎片发出的光芒就像黄金一样；而它在地下的时候，外貌就像沙子一样。提炼黄金的人通常要用到 *misy* 的混合物。

138. 我现在必须谈谈铁矿和铁矿砂。铁是最好的，也是最坏的生活资料。我们使用铁器耕地、种树、修理那些用于支撑藤本植物的树木，我们每年砍去死掉的树木，促使藤本植物长出新枝。我们使用铁器建筑房屋，开采石料，完成其他许多有益的工作。但是，我们又把铁器用来作战、屠杀和抢夺。我们不仅把铁器用于近战，而且把它变成了飞行的投射物。军队从前使用铁制的投射物，但现在它们又安上了真正的翅膀！我认为这是最令人遗憾地滥用了人类的才华：发明它可能是为了更快地达到杀人的目的，我们已经学会了让铁器如何飞行，并且给它安上了翅膀！

139. 让人类而不是大自然为此而受到谴责吧。为了铁，人们常常准备做一切可能的事情，而且毫无内疚感。在波尔森纳与罗

---

[21] *chalcitis.*

[22] 黄铜矿。

[23] 被分解的白铁矿。

马人民签订的条约之中,在驱逐国王之后,我们发现条约明确规定,铁器只能用于农业活动。最早的专家记载还说,在他们的时代,书写用的笔习惯上是骨头做的。有一份大庞培发布的命令保存至今,时间是在他第三次担任执政官时期,[24]在克劳狄被杀的骚乱时期,禁止在罗马出现任何武器。

140. 那些年代久远的工艺给铁器造就了文雅的用途。当时雕刻家阿里斯托尼达斯(Aristonidas)希望表达疯狂的阿萨马斯(Athamas)无精打采地坐着,并且由于悔恨自己把儿子利尔库斯(Learchus)抛下悬崖而不能自已的形象,他把铜铁混合在一起,为的是使用透过闪亮的红铜表面铁锈发出的光芒,以此表现羞愧的赧然面孔。

141. 这座雕像至今仍然保存在罗德岛。这里还有阿尔康制作的赫拉克勒斯铁像。他的作品得到了该神的启示。在罗马城,我们看见有铁制的高脚杯,这是贡献给报仇者马尔斯神庙的祭品。大自然仁慈地使铁器生锈,从而降低了它的威力。它以这种先见之明使那些对人类最恶毒的东西,比世界上任何东西死亡得更快。

142. 几乎在所有的地方都发现了铁矿,意大利的厄尔巴(Ilva)岛现在也有铁矿。铁矿比较容易辨认,因为土壤的颜色,它可以清楚地看见。冶炼铁矿石使用的技术和冶炼铜矿石的技术一模一样。在卡帕多西亚有一个问题,铁矿的存在是由于水源活动还是土壤性质所造成的结果,因为铸造厂供给铁的那个地区,它的土壤曾经被塞拉苏斯河(Cerasus)所淹没,但在其他方面没有这个问题。铁有许多不同的种类,这种多样性首先在土壤的性质或者气候上可以看出来:有些地方出产的铁柔软如铅;另外一些地方出产的铁像铜一样易碎,特别避免用来做轮子和护栏——做这些东西,柔软的铁比较合适。各种不同种类的铁都称为"锋利的矿砂",这个术语没有在其他金属上用过。它出自于词语"拉出锋利边缘"。

144. 就熔炉的使用而言,也有很大的不同:经过一道特殊的

---

[24] 公元前52年。

工艺，[25]铁被熔化，把自己的坚硬特性传给了锋刃；经过另外一道工艺，又把自己的坚固特性传给了铁砧和铁锤。但是，主要的区别在于水，烧红的金属需要不时地插入水中。在某些地区，水比其他东西更有用处，并且因为这个地区的铁器而使它声名远扬。例如，西班牙的比尔比利斯（Bilbilis）与塔拉戈纳（Tarragona），意大利的科姆（Comum），虽然这些地方连铁矿都没有。

145. 在所有的铁之中，塞里斯铁价格最贵：它是随着纺织品和皮革一道输入我国的。第二贵的是帕提亚铁。这些都是唯一用纯金属锻造的铁，其他的铁在熔化过程之中都掺入了柔软的金属。至于在这个世界中我们的地区，许多地方的矿藏都能够提供高品位的矿石，例如诺里库姆（Noricum）地区就是这样；其他地方也在开采铁矿，例如在苏尔莫纳（Sulmona）；正如我曾经说过的，还有的地区矿石是从水里开采的。

146. 锻造小型铁器通常使用油料冷却，以免它们用水冷却变得坚硬易碎。有一个值得注意的问题是，当铁矿石被熔化之后，铁变成液态，接着就变成海绵状，非常容易破碎。

147. 我将在稍后适当的地方讨论天然磁石（Lodestone）对铁的吸引力问题。

148. 建筑师提莫卡雷斯（Timochares）开始把天然磁石用于亚历山大城阿尔西诺伊的（Arsinoe）[26]神庙拱形建筑之中，为的是使神庙之中一尊铁的塑像看起来好像悬在半空一样。但是，这个计划因为他的去世，还有批准这个工程的托勒密二世的去世而终止了。

149. 铁矿比所有其他矿藏都丰富。在坎塔布里亚（Cantabria）濒临大西洋的沿岸地区有一座非常高的山，它的成分——几乎难以相信——完全是铁矿。

---

[25] 这种铁碳含量很高（nucleus ferri）。

[26] 阿尔西诺伊（约生于公元前300年）是利西马库斯和尼西亚之女，埃及国王托勒密二世·菲拉德尔福斯之妻（在位期间公元前286—前247年）。

150. 铁可以用铅白、石膏和沥青防止生锈；希腊人把铁锈称为 *antipathia*㉗。有人声称还可以通过宗教仪式来使铁获得这种保护。在幼发拉底河畔的宙格马城（Zeugma），据说有一条铁链是亚历山大大帝在那里修桥的时候用过的；这些铁链通常要修理那些生锈的部分，虽然起初它们都是没有生锈的。

156. 我的下一个课题是铅的性质。铅有两种：黑的和白的。铅白㉘更贵，希腊人称之为 *cassiteros*（意为"锡石"——中译者注）。根据传说，他们通常从大西洋㉙的诸岛获得铅白，用柳条筐把它运回来，筐上蒙着皮革。这就是在众所周知的卢西塔尼亚和加利西亚，从像沙子一样黑色的表层之中获取。

157. 锡的发现全凭其重量。偶尔也会出现极少数的锡块，特别是在过去水流湍急，现在已经干涸的河床之中。工人们洗去泥沙，在熔炉之中加热剩余物质。锡也可以在被称为 *alutiae* 的金矿之中发现，水流经过这些物质会冲洗出黑色的块状物，上面带着白色的锡点。这些块状物的重量与黄金一样，它们被放入收集它们的容器之中。随后，块状物被分别送入熔炉之中，提炼出了锡。

158—159。加利西亚没有铅矿，虽然邻近的坎塔布里亚有丰富的铅矿，但是没有锡矿。锡矿不出产白银，但从铅矿之中可以获得白银。荷马可以证明这个事实，即在特洛伊时期锡是很重要的，而且他把锡称为 *cassiteros*。铅有两个产地：或者它出自这种不出产其他物质的矿石本身，或者是它与白银一道出现，㉚在这种情况下，两种金属被熔化在一起。在熔炉之中，首先变成液态金属的称为 *stagnum*。接着变成液态的是含银的铅，剩余的物质就是含有杂质的铅，它占原有重量的 1/3。这些不纯的铅再次熔化，生产出了黑铅，㉛减少了 2/9 的重量。

㉗ "铁的对立面"。

㉘ 普林尼所说的"铅白"指的是锡。

㉙ 卡西特里德斯（"锡岛"）一般认为是康沃尔的圣米迦勒山。

㉚ 像含银的方铅矿一样，矿石含有铅和白银。

㉛ 普林尼指的是纯铅。

164. 我们用来制造管乐器和平底锅的铅是费尽力气从西班牙和高卢行省开采出来的;不过,在不列颠的地表也发现了非常丰富的铅矿。但是有一条限制生产的法律。下面是许多不同的铅产地地名——奥维多(Oviedo)、卡普拉里亚(Capraria)和奥雷斯特鲁姆(Olestrum)。不过,如果在熔炼的时候已经把矿渣仔细地清除干净,它们之间并没有本质的不同,使人感到非常奇怪的是,这些矿藏——只有这些矿藏——当它们废弃之后,又会重新补充,再度成为丰产的矿藏。[32]

166. 在医疗领域,铅用于祛除疤痕。由于它们具有凉性,铅板可以使用于较低的部位和肾脏,控制性欲亢奋和梦遗,如果在数量上后者发生的次数已经达到临床所说混乱状态的话。据说雄辩家卡尔弗斯(Calvus)曾经用这样的铅板控制自己的感情,保存自己的体力从事艰苦的研究工作。诸神高兴地使尼禄当上了皇帝,在他的胸部放置了一块铅板,当他在高声歌唱的时候,可以炫耀自己保护嗓子的方法。

167. 为了把它当成药物使用,铅必须在陶制的容器之中熔化。容器的底部要撒上一层薄薄的硫磺,然后使用铁棒轻轻地搅动。当它开始熔化的时候,呼吸道必须保护好,以免吸入铅熔炉之中散发出的致命有害气体。这种难闻的气体能很快地危害到犬类,所有金属发出的难闻气体都能毒害苍蝇、蚊子。这就是为什么在矿区找不到这些讨厌昆虫的原因。

169. 煅烧过的铅冲洗过后像锑和 *cadmea* 一样。它可以做收敛剂使用,抑制出血,愈合伤口。它也是非常有效的眼药(特别是防止眼睛肿胀),可以愈合溃疡留下的伤口或者肿块,可以治疗痔疮、肛裂和身体上的肿块。

---

[32] 普林尼在这里表达的是古代世界共同的观点,即矿藏的沉积物会自动地恢复。

第三十五卷　绘画、雕刻和建筑

1. 现在我来谈谈各种矿物和宝石，这些东西再加上其他许多重大问题，就需要单独设立许多卷来讨论，特别是对于希腊人而言。我将尽可能使我的计划简短而适宜，但是又不忽略任何必要的问题和自然界任何部分。

2. 首先，我要谈谈我对绘画的看法。它从前是名流的艺术——其流行与国王和人民是有很大关系的——它也为那些被认为有传之后世价值的艺术品带来了荣誉。但是，现在它却被大理石和黄金取代了。大理石板不仅贴上了整堵的墙壁，而且雕刻了图案，装饰了螺旋形的线段，它们代表着各种物体或者是动物。

3. 我们不再满足于在卧室的护墙板上雕刻山脉的风景，而是开始给石制的工艺品涂上颜料。这种习惯开始于尼禄担任元首时期。

4. 肖像制作，其描绘素材与人类的外貌非常类似，这是世代相传的，完全脱离了原型。许多青铜盾牌作为纪念品竖立着；人们在银币上刻画图案，这是一个模糊的人像轮廓。雕塑的头部是可以互换的——确实，从前这种话题的讽刺诗很流行。同时，人们在柱廊的墙壁上画满了古代的图案，或者是令人生畏的陌生肖像。至于他们自己的肖像，他们唯一关注的是荣誉能够像价格一样地上涨。因此，他们对自己的继承人拆开塑像，并且用绳子把它们拖出门外去感到很满意。

5. 因此，没有一个人的肖像保留下来了，人们抛弃的肖像，它们代表的不是他们自己，而是他们的金钱。他们用体育馆运动员的肖像装饰自己的更衣室，他们卧室的四周和自己身上挂满了伊壁鸠鲁的画像。他们在他的生日献祭，遵守他规定的每月 20 号的节日(他们把这种节日称为 *eikas*)，这些人甚至在自己还活着的时候，就不关心自己的名誉！这就是当时的情况。致命的腐败社会风气控制了艺术。从此，我们的思想感情无法表现出来，我们的身体特征也被忽略了。

6. 我们的祖先则完全不同。在他们的厅堂之中，肖像是受到赞美的物品。它们不是外国艺术家的塑像，不是青铜，不是大理石，也不是他们家庭成员的蜡像，这是一些画在个人骨灰瓮上的画像。因此，画中人的相貌可能来自家族葬礼的队伍之中。例如，当某人去世之后，他的家族成员只要是活着的，一律要参加葬礼。家谱可以根据与画像有关的线索追踪出来。

7. 我们祖先的档案馆之中充满了书籍、档案和官方有关他们成就的文字记录。在房子之外和大门的过梁周围是那些重要人物的肖像。从敌人那里缴获的战利品集中在他们的门口，即使是房屋后来的买主也不允许拿走它们。所以，它们更换了主人，房屋却好像还在举行凯旋仪式。

9. 我必须谈谈如何革新肖像——即使不谈金像与银像，至少也要谈谈青铜像——肖像竖立在图书馆之中，为的是在那些地方表彰人物的不朽精神。确实，即使是想象之中的肖像也是按特定的模型制造的。我们渴望的是那些没有保留到现在，只有荷马时期才出现过的的面容。

10. 我认为，没有什么比人们希望知道谁过去是什么人更有意思。在罗马，这样的习俗始自阿西尼乌斯·波利奥。他通过建立图书馆的方式，破天荒地使天才著作变成了公共财富。这种主意究竟是亚历山大城还是帕加马城历代诸王最先想出，这个问题我就很难讲清楚了，他们在建立图书馆方面是两个强有力的对手。

15. 绘画的起源现在还不清楚，它也不是本书原定范围的组成部分。埃及人声称他们在 6000 年之前就发明了绘画，比绘画传到希腊还早；这显然是空口说白话。有些希腊人认为绘画发明于西锡安，另外一些人认为是在科林斯，但大家一致认为绘画开始于描绘人影的轮廓。最早的人像就是这样的；在第二个阶段，人们发明了比较复杂的方法，绘画使用单一的颜色，有一种仍然在使用的方法就称为单色画手法。

16. 线条画的发明者是埃及人菲洛克勒斯（Philocles）或科林斯人克莱安西斯（Cleanthes）。但是，最初从事绘画的希腊人是科林斯的阿里迪塞斯（Aridices）和西锡安的特勒法尼斯（Telephanes）。他们不使用颜料，但在轮廓之中增加了额外的线条，这些艺术家习惯于给他们绘画的对象写上名字。据说科林斯的伊科方图斯（Ecphantus）是第一位使用粉末状的陶土颜料绘画的人。

17. 这一时期，绘画艺术在意大利已经很受欢迎。无论如何，今天仍然保存在阿尔代亚（Ardea）神庙的绘画，其时间早于罗马建城之时。虽然它们处于露天的情况下，却令人惊奇地保存了这么长的时间，而且像新的一样。同样，在拉努维乌姆（Lanuvium）还有同一位艺术家描画的裸体阿特兰塔（Atlanta）和海伦紧紧地靠在一起的画像；前者被描画成了一个贞女。两幅画像都是出奇的美丽，而且没有因为神庙的倒塌而受损。

18. 卡利古拉皇帝因为对它们充满了炽热的感情，打算移走这些画像，但灰浆的特性不允许这种移动。保存在凯里（Caeri）的许多画像其年代甚至更加古老。对于这些画像的准确鉴定证明，没有一位艺术家能够迅速地达到十全十美的地步。因为情况很清楚，在特洛伊战争时期还不存在绘画艺术。

19. 罗马的绘画在古代就很有名气。它起源于费边（Fabii）家族著名的绰号“皮克托”。[①] 第一位费边·皮克托用绘画装饰了健康神庙（Temple of Health）。[②] 这项工程一直保存到今天，克劳狄元首在位时期，这座神庙被火烧掉了。按照顺序，第二著名的是诗人

① 意为“画家”。

② 约公元前 304 年。

帕库维乌斯(Pacuvius)[3]在牛市(Cattle Market)赫丘利神庙的装饰品。帕库维乌斯是恩尼乌斯[4]的侄子,由于作为戏剧作家的名声,他提升了绘画在罗马的地位。

20. 在帕库维乌斯之后,绘画被认为是一种不值得有身份的人从事的职业——除非说起我们时代的图尔皮利乌斯(Turpilius),他来自威尼斯(Venetia),罗马骑士,他的美丽作品现在仍然保存在维罗纳(Verona)。在艺术家之中,图尔皮利乌斯是独一无二使用左手绘画的人。

22. 我认为马尼乌斯·瓦勒里乌斯·马克西姆斯·梅萨拉(Manius Valerius Maximus Messala)对于提高绘画的名声作出了重要的贡献,在罗马建城之后的490年,[5]他首先在库里亚会议厅(Curia Hostilia)的边墙举办了公开的画展;这发生在西西里战争时期,他在这场战争之中打败了迦太基人和希罗。卢西乌斯·西庇阿[6]把他在小亚细亚取得胜利的绘画陈列在卡皮托之中的时候,他也做出了同样的贡献。人们认为其兄弟阿非利加努斯(Africanus)曾经为此而烦恼——这也不是没有正当的理由,因为他的儿子在这场战争中被俘了。

23. 卢西乌斯·霍斯提利乌斯·曼奇努斯(Lucius Hostilius Mancinus)[7]是进攻迦太基时第一个登上城墙的人,他同样对埃米利亚努斯(Aemilianus)在罗马广场展出城市平面示意图和进攻城市的示意图感到愤怒:他站在示意图旁边,亲自向前来参观的普通公众详细讲解围攻的经过。这种社交活动使他在下一次选举之中赢得了执政官的职务。克劳狄·普尔切(Claudius Pulcher)提供的风景画展出时也获得了高度的赞扬。有一群鸟儿看来企图落在房顶的瓦片上,就因为是受到了这幅绘画太逼真的欺骗。

---

③ 罗马悲剧诗人(约公元前220—前130)。

④ 罗马史诗和喜剧诗人(约公元前239—前169)。

⑤ 公元前264年。

⑥ 卢西乌斯·西庇阿在公元前190年战胜安条克三世。

⑦ 第三次布匿战争时期(公元前149—前146)罗马舰队的统帅。

24. 卢西乌斯·穆米乌斯由于战胜希腊人[8]而获得了阿凯库斯的称号，他是第一位使外国的绘画获得罗马官方认可的人。在出售战利品时，阿塔罗斯国王[9]花了600000塞斯特斯购买阿里斯提德斯(Aristides)创作的一幅绘画。穆米乌斯对此价格深感惊奇，这就使他推想并怀疑这幅绘画之中必定有什么特别东西瞒过了他。因此，他不顾阿塔罗斯的强烈抗议，把它从出售物品之中撤回，把它陈列在刻瑞斯神庙展出；我认为这幅画是第一幅外国的绘画变为罗马国家所有的例子。在此之后，甚至在广场上也经常展出外国的绘画。

26. 但是在独裁官凯撒时期，他确立了绘画突出的官方地位，当时他把埃贾克斯(Ajax)和美狄亚的画像供奉在生育者维纳斯神庙之前。马可·阿格里帕与那些情趣高尚的人相比，是一个非常土气的人。他学习凯撒的榜样，他的语言在风格上高深莫测，配得上是一位最伟大的公民，他是为了使所有绘画和塑像国有化而生活，这比它们被不明不白地收归国库要好得多。一位同样朴素的著名人物从基奇库斯购买了两幅绘画；一幅是埃贾克斯，另一幅是阿弗罗蒂忒(Aphrodite)，花了1200000塞斯特斯，他还购买了一些小型的图画挂在自己豪华浴室的更衣室之中。但是，在这个豪华浴室翻修的时候，它们被短暂地移走了一段时间。

27. 已故的奥古斯都皇帝超越了所有其他人，他把两幅绘画悬挂在广场最繁华的地区，一幅绘画描绘的是《战争与凯旋》；另一幅是《卡斯托尔、波卢克斯与胜利同在》。同样，他在市民集会广场建成的元老院墙上，挂上了一幅尼米亚(Nemea)坐在一头狮子身上、手持棕榈枝的绘画，在她的旁边站着一位拄着拐杖的年迈老人；老人的头部上方有一辆两匹马拉的战车。在这幅绘画上，尼西亚斯(Nicias)加上了一段铭文，大意是这幅画是一幅“蜡画法”的绘画。

29. 我已经提到了最初的艺术家们使用过的颜色。在金属卷

---

⑧ 公元前146年，穆米乌斯攻克科林斯。

⑨ 帕加马国王(公元前159—前138在位)。

的开头部分，我就写到被称为单色的颜料，之所以使用这种名字，得名于使用它们的绘画。

30. 当事人供应给艺术家的鲜艳颜色是鲜红、富丽艳兰、朱红、绿色、靛蓝和鲜艳的紫红颜料。其他的颜色都是深色的。在整个调色板之中，有些颜料是天然的，有些是人造的。天然颜料是棕色、赭色、代赭色、白垩、白泥、米洛斯白和金黄。其他颜料都是人工调配的。比较常见的品种有黄赭色、煅铅白、雄黄、朱砂、叙利亚红和叙利亚黑。

36. 名为 *paraetonium* 的白垩得名于埃及的帕累托尼乌姆(Paraetonium)。人们认为它是海泡石和淤泥硬化形成的。这就可以解释为什么在它的内部可以发现小贝壳。白垩也发现于克里特岛和昔兰尼。

37. 米洛斯岛出产质量最好的泥灰 *Melinum*，其他的白色颜料是铅白，我在谈到铅矿的时候，已经说过它的特性。

38. 煅铅白是人们偶尔发现的，在皮雷乌斯，人们用罐子煅烧出一些煅铅白；它是在绘画时用来给阴影部分做底色的颜料。

41. 在人工调配的颜料之中包括黑色颜料 *atramentum*，但是它在土壤之中也以两种方式存在着：它或者像卤水一样慢慢地从土壤之中流出来，或者是真正的硫磺色土壤。画家们已经知道如何从山洞挖出的烧焦物质之中获得这种颜料。黑色颜料可以用几种方式从烟煤之中生产出来，它可以通过燃烧松脂或者是沥青来获得。这就促成了许多作坊的建立，这些作坊不向大气之中排放它们生产出来的烟雾。最高级的黑色颜料出自油松的木材。

43. 在制造各种黑色颜料的过程之中，最后一道工序是把它暴露在日光之下。制作墨水的黑色颜料要与树胶混合在一起，用于涂墙的黑色颜料要与动物胶混合在一起。

50. 最著名的画家——阿佩莱斯、埃辛(Aetion)、梅兰希乌斯(Melanthius)和尼科马科斯(Nicomachus)——都只用四种颜色来创作自己不朽的作品：[10]他们使用的白色颜料是泥；黄色颜料是阿提卡黄；锡诺普(Sinope)出产的红色和棕红色的赭石；还有黑色的颜料 *atramentum*。甚至每一幅绘画的售价都是价值连城。现在，由于紫红颜料在室内壁画之中大行其道，印度提供了其河中出产的淤泥、斗蛇的游戏和大象，现在已经没有第一流的绘画。当资源受到严重限制的时候，什么都是很好的。正如我先前已经解释过的那样，这种变化的原因就在于，今天的人们已经把物质利益看得比精神思想更高。

51. 在这里，我想举一个我们同时代人对待绘画的愚蠢例子。尼禄皇帝委托制作一幅他的肖像，这幅肖像的尺寸非常巨大，高度超过 120 罗马步，堪称史无前例。这幅已经完成的绘画在地母公园遭到闪电打击，和公园的大部分一起毁于大火。

52. 尼禄的一名释放奴隶参加了在安提乌姆举行的一场角斗士表演，描绘出所有角斗士及其助手栩栩如生的形象，装饰了公共柱廊。角斗士画像在许多代人之中一直引起极大的兴趣。但是，只有盖尤斯·泰伦提乌斯·卢卡努斯(Gaius Terentius Lucanus)才委托人创作角斗士表演的画像，并且将它们公开地展出。

53. 我将尽可能简要地把那些在绘画艺术方面著名的人物列出一个名单。

54. 希腊专家在这方面是前后不一的，他们把许多奥林匹亚纪年的画家置于青铜雕刻家和金属雕刻家之后：他们确定最早的画家属于第 90 届奥林匹克运动会期间，[11]虽然传说菲迪亚斯是最早的画家，而且在雅典还有一个他画的盾牌。

55. 坎多雷斯(Candaules)[12]用等重的黄金购买布拉尔库斯(Bularchus)的一幅与马格尼特人作战的绘画。绘画在这时非常受尊重。这件事情大约发生在罗慕路斯时期，因为坎多雷斯死于第

---

[10] 参见西塞罗，布鲁图斯，70；西塞罗提到了只用四种颜料的其他画家之名。

[11] 公元前 420—前 417 年。

[12] 公元前 8 世纪吕底亚国王。

18 届奥林匹克运动会期间，[13]或者像某些专家所说，与罗慕路斯是同一年；除非我搞错了，它证明绘画曾经非常受重视，而且在那时就已经达到了完美的程度。

56. 雅典人欧马鲁斯（Eumarus）是第一位在绘画中使男女有别的人物，并且涉及各种人物画像。克莱奥内（Cleonae）的西蒙（Cimon）发展了欧马鲁斯的发明，第一个引进斜影，即展示人脸的3/4 的肖像，还有风景画。他还改变了各种脸型，使被画的对象可以从后面、上面和下面观看。他还能画出关节和静脉的细部，以及衣服上的皱纹和衣褶。

57. 菲迪亚斯的兄弟帕内努斯（Panaenus）是《雅典人与波斯人马拉松大战》绘画的实际创作者。确实，颜料的使用这时已经非常广泛，艺术的手法也非常熟练，据说帕内努斯的绘画包括了参战领导者的肖像，即雅典一方的米太亚德（Miltiades）、卡利马科斯（Callimachus）和基尼吉鲁斯（Cynaegirus），野蛮人一方的达提斯（Datis）和阿尔塔菲尔尼斯（Artaphernes）。

58. 但是，在第 90 届奥林匹克运动会之前，在这些画家之后还有许多著名的画家，如塔索斯的波利格诺图斯（Polygnotus）是第一位描绘身着透视装、头戴多彩发箍妇女形象的画家。他还在技术上做出了许多的改进：他描绘张开的嘴唇仿佛是露出了牙齿，这种表达方式取代了原先僵硬的表现手法。

59. 波利格诺图斯无偿地用绘画装点了德尔菲的阿波罗神庙，还有雅典被称为“画廊”的柱廊，但是有部分工作是由领取报酬的米康（Micon）完成的。确实，波利格诺图斯是一位非常受尊敬的人物，近邻同盟会议、希腊最高的议会投票赞成给他公款招待的待遇。

60. 阿波罗多罗斯（Apollodorus）[14]是第一位反映现实主义的画家，并且真正依靠自己的画笔获得了荣誉。

---

[13] 约公元前 708—前 705 年。

[14] 例如，阿波罗多罗斯发明了明暗法（*skiagraphos*）。

61. 但是，赫拉克利亚的宙克西斯(Zeuxis)在第95届奥林匹克运动会的第4年，[15]跨入了被阿波罗多罗斯公开抛弃的艺术大门。

65. 在宙克西斯和帕拉西乌斯(Parrhasius)举行的一场竞赛之中，宙克西斯非常成功地画出了一幅葡萄，以至于鸟儿都飞到悬挂图画的地方。然而，帕拉西乌斯成功地创作了一幅 trompe-l'oeil(意为"错视画法的"——中译者注)绘画，以至于宙克西斯在评论鸟儿时傲慢地自吹，要求把展出的这幅绘画放到一边去，拿出图画来展览。当他认识到自己的错误之后，他以真诚的谦虚态度承认了它的价值。他说，虽然他能欺骗鸟儿，但帕拉西乌斯却能欺骗作为艺术家的他自己。

67—68. 帕拉西乌斯来自以弗所，他也对绘画做出了真正的贡献。他第一个引入了比例，第一个使绘画具有生动活泼的气氛，使发型变得优雅，嘴型变得漂亮。许多艺术家都承认，在轮廓素描方面，他是不可超越的。这是在绘画方面优雅的最高标志。他在描绘人体的主干和外表的轮廓方面，虽然无疑取得了很大的成就，获得了名声；但是，他在绘画之中肖像的体态曲线、色彩的边缘部分很少取得满意的成果。

79. 科斯的阿佩莱斯事业兴旺时期大约是在第112届奥林匹克运动会期间，[16]他的成就超越了所有过去和未来的画家。作为个人，他对于绘画艺术的贡献可以说几乎超过了其他所有艺术家的总和。他甚至还出版了几本论绘画艺术的著作。他的艺术作品由于优雅得体，显得特别的高贵。与他同时代的其他许多大画家，他钦佩他们的作品，赞美他们所有的人。但是，他们却认为自己缺少他所具有的优雅——希腊人所说的 *charis*(意为"神秘的个人魅力"——中译者注)——他们还说，虽然他们拥有其他所有的品质，但没有一个人在这方面可以望其项背。

80. 阿佩莱斯还获得了另外一项荣誉，他在赞扬普罗托格尼斯

---

[15] 公元前398年。

[16] 约公元前332—前329年。

(Protogenes)的作品时,赞扬后者付出了巨大的劳动,极其关注细节问题。他认为,他的作品在所有方面与普罗托格尼斯的作品不分高低,或者是普罗托格尼斯的作品占据优势。但是,他阿佩莱斯在有一个问题上占据优势,即他知道什么时候全力以赴地投入绘画工作。一个有益的警告是:过分的努力将会产生适得其反的结果。阿佩莱斯的坦诚不下于他的技巧。但是,他在构图方面次于梅兰希乌斯,在透视方面,即确定几个物体之间距离的艺术方面,逊于阿斯克勒皮奥多鲁斯(Asclepiodorus)。

81. 在普罗托格尼斯与阿佩莱斯之间,发生过一次奇怪的争吵。当时前者居住在罗德岛,阿佩莱斯乘船前往那里,渴望了解普罗托格尼斯的工作情况——他仅仅是根据后者的名声知道后者。他立刻来到了这位艺术家同行的画室,但后者不在家里。一位老妇注视着放置在画架上的一块大画板,高声说普罗托格尼斯不在家里,问是谁来看望他。阿佩莱斯说,"就是这个人",他拿起画笔画了一条穿过画板的极细彩色线条。

82. 普罗托格尼斯回来之后,老妇把阿佩莱斯画的东西指给他看。故事接下去说,普罗托格尼斯在认真地审视了线段之后,说来访者就是阿佩莱斯,因为这种线段不可能是其他任何人的作品。普罗托格尼斯使用另外一种颜料,在第一条线段上又画上了一条细线。当他离开画室的时候,他告诉老妇说,如果阿佩莱斯回来,就把这条线段指给他看。他就是阿佩莱斯要寻找的人。故事就这样发生了。阿佩莱斯回来了,因为自己的失败而感到羞赧,他用第三条彩线分开两条线段,却没有给任何细线留下空间。

83. 普罗托格尼斯于是承认失败,急急忙忙前往港口寻找自己的客人。他决定把这块画板传给子孙后代,这使所有的人,特别是是艺术家们感到惊奇。我听说这块画板在奥古斯都位于帕拉蒂尼(Palatine)宫廷的第一场大火之中被毁。[17] 这件作品先前受到广泛赞扬,正如它原先一样,除了光秃秃的线条之外,什么也没有。把

[17] 公元4年。

它悬挂在许多艺术家的杰作之中,它显得空荡荡的。由于这个原因,它在展出的时候更引人注目,名声超过了其他任何作品。

84. 阿佩莱斯的习惯是,每天必须留出时间从事画线条的艺术工作,这是众所周知的规矩。他把自己完成的绘画陈列在柱廊,供过往行人观看。他通常会躲在绘画的背后,听听人们发现了什么缺点,他认为普通大众是比他自己更敏锐的批评家。

85. 传说有个鞋匠批评他,因为他在画凉鞋的时候忽略了鞋边的扣环。第二天这位批评家感到非常骄傲,因为阿佩莱斯改正了他先前提到的人物腿部的错误。阿佩莱斯非常愤怒,他从画面背后探出头来,对他说道:"鞋匠,快去干你自己的活吧!"这次争吵也成了众所周知的事情。阿佩莱斯是一位恭谦有礼之士,这使他更加受到亚历山大的青睐。亚历山大大帝成了其画室的常客。由于他曾经下过一道命令,禁止任何艺术家为他画像。虽然他没有专业知识,他在阿佩莱斯的画室之中常常谈论绘画,阿佩莱斯通常劝他保持温文尔雅,他说,那些打底色的小伙计正在讥笑他。

86—87. 阿佩莱斯对待脾气不那么坏的国王,影响力是这样大。除此之外,亚历山大明白无误地赐予他荣誉。国王特别喜爱自己的情人之一潘卡斯特(Pancaste),他对于她的身体之美的喜爱,已经超出了赞美之外,他命令阿佩莱斯为她画一幅裸体画。当亚历山大知道阿佩莱斯已经与他的模特坠入爱河之后,他把潘卡斯特赐给了这位艺术家。亚历山大在这件事情上的宽宏大量,使他的自制能力令人印象深刻。他与潘卡斯特分手,不下于他取得的任何一场伟大胜利,也是一个了不起的业绩。他在这场战争之中战胜了自己的情感,他不仅放弃了自己的情人,而且放弃了自己钟爱之情。他没有因为考虑热爱某人的感情而受到影响,因为他具有王者的宽宏大量。她现在成了画家的人了,有些专家认为她就是《从大海之中出来的阿弗罗蒂忒》的模特。即使对于他的竞争对手而言,阿佩莱斯也是一位慷慨大方的人。他是第一个在罗德岛为普罗托格尼斯树立名声的人。

88. 普罗托格尼斯在自己同胞的眼中,不是一个高尚的人,他在本国常常被认为是预言家之流。当阿佩莱斯询问某些已经完成的画作价格时,普罗托格尼斯提出了一个很低的数字,但阿佩莱斯给了他 50 塔兰特,并且散布流言,他正在购买它们,以便当成自己的作品出售。这个计策使罗德岛人承认了这位艺术家。阿佩莱斯把这些画全部送给了那些出高价购买它们的人。阿佩莱斯还创作过许多成熟的、栩栩如生的、似乎是难以相信的肖像画,根据语法学家阿皮奥(Apio)、一位相面先生[18]——这是希腊人对这些根据面相预言人们未来者的称号——所说,根据这些肖像,可以说出这个人物何时死亡,或者他已经活了多少年。

89. 作为亚历山大的随行人员,阿佩莱斯曾引起托勒密的厌恶。托勒密成为埃及国王之后,阿佩莱斯被强迫迁往亚历山大城。他的对手出于恶意买通托勒密的一个管家,邀请他来赴宴。当阿佩莱斯回来之后,托勒密发怒了。他把管家们排成一行,以便阿佩莱斯可以指认那个发出邀请信的人。阿佩莱斯从壁炉的地面捡起一块烧过的木炭,在墙上画出了一个肖像。他开始绘画的时候,托勒密立刻认出了其管家的相貌。

90. 阿佩莱斯还画过独眼龙安提柯(Antigonus)国王的肖像。阿佩莱斯是第一位发明掩饰缺陷方法的艺术家:他画出的这幅肖像只有 3/4 的面部,因此失去的那只眼睛在肖像之中就看不到了。他只画出了国王看起来完整无缺的部分面容。在他的作品之中,还有许多人躺在灵床上的肖像。但是,很难说那些绘画是最著名的。

95. 阿佩莱斯的绘画,有一幅或者最少有一幅马的绘画保存下来了。那是为了参加竞赛而创作的,他从这幅画之中获得的不是人类而且是不会说话的畜生公正的评价。因为他看见对手通过不正当的手段占据了上风,他出人意料地把这些画展示给他带来的那些马观赏,它们只对阿佩莱斯的画发出嘶叫声。像这样的事情后来也经常发生,它证明这是评判艺术家技艺高低的一个好标准。

---

⑱ *metoposcopi*:本意为“检查前额的人”。

97. 其他的画家也从他的发明之中获益良多，但是也有人从不仿效任何人。他在完成绘画之后，通常要涂上一层黑色的凡立水，这层凡立水虽然很稀薄，但它的反光作用加强了各种颜色的亮度，保护了绘画免遭灰尘和肮脏的污染。只有经过仔细的检查才能看见。

98. 阿佩莱斯同时代人有底比斯的阿里斯提德斯（Aristides），他是第一位描绘人类的内心世界、表现人类特性——希腊人称为*ethos*——和情感的画家。

101. 正如人们所看到的那样，普罗托格尼斯也活跃在同一个时期。他出生在考努斯（Caunus），属于罗德岛的臣民。他在开始画家的生涯之初，非常贫穷，花了许多精力从事绘画工作。因此，他不是一位非常高产的作家。关于他的老师是谁，没有任何确实的资料。有些专家认为，他直到50岁之前还在画船舶。由于他在画雅典娜神庙柱廊的时候，是在雅典最著名的地方（他在那里画出了自己的成名之作*Paralus*和*Hammonias*，[19]有些人把后者称为*Nausicaa*），他添加了一些战船的图案，在船艏上的签名为“二等臣民”。[20]

102. 普罗托格尼斯最好的画像是雅利苏斯（Ialysus）[21]的画像，这幅画已经献给了罗马城的和平神庙。

104. 为了防止这幅绘画被烧毁，德米特里（Demetrius）国王[22]没有放火烧毁罗德岛城，当时放置这幅杰作的城市那边已经被占领了。因此，德米特里为了这幅绘画的缘故，错过了夺取胜利的机会！[23] 当时，普罗托格尼斯正在罗德岛城郊区自己的小花园之

---

⑲ 庇护为雅典国家公共事务服务的圣船的英雄。Hammonias 取代了古代名为 Salamnia 的船只。

⑳ *parerga*：细部不同于绘画的主体部分。

㉑ 神活故事之中罗德岛雅利苏斯城的奠基者。

㉒ 马其顿的，外号波利奥尔塞特斯。

㉓ 德米特里对罗德岛不成功的包围发生在公元前305年，罗德岛人从拍卖攻城器械之中获得金钱，建成了罗德岛的巨像。

中——在德米特里营地的中心地区——他没有因为激烈的战争而受到打扰,或者中断自己已经开始的工作,德米特里没有传唤他,而是问他为何大胆地留在城外。普罗托格尼斯回答说,他知道国王正在进行反对罗德岛人民的战争,而不是反对艺术的战争,德米特里愿意尽力保护他已经宽恕的人,为他安排警卫以确保他的安全。为了不让他经常耽误自己的工作,德米特里虽然是敌人,还去拜访过普罗托格尼斯。他放弃了获得胜利的希望,在战斗正酣的时候或者攻城的时候,还去看望了这位正在工作的艺术家。

115. 我应当提一提阿尔代亚(Ardea)神庙的这位画家,特别是因为他是这座城市的市民,并且因为绘画上的这段铭文而备受尊重:

> 马可·普劳提乌斯(Marcus Plautius)是一个值得尊敬的人,他装饰了最高的神朱庇特的配偶、天后朱诺的圣殿,装饰了配得上这个地方的绘画。这位尊敬的人物出生在辽阔的亚细亚,无论是现在还是将来,阿尔代亚永远赞美他精湛的技艺。

116. 这几行字用古典拉丁语写成。没有必要不提斯普里乌斯·塔迪乌斯(Spurius Tadius),他是属于已故的奥古斯都皇帝时代的人物。他第一个采用了极富吸引力特征的室内壁画,图案有农村的住宅、柱廊、美丽的花园、果园、树林、山丘、鱼塘、水渠、河流、海岸和人们希望美化的其他所有之物。他还描绘过散步的、航行的和种地的人们;他描绘他们参观农村的住宅,骑驴,乘马车,捕捉鱼类,狩猎野禽,打猎,甚至收获葡萄。

117. 他的有些作品展示了靠近穿过沼泽道路的美丽村庄,还有男人们为了打赌,弯下膝盖把妇女们扛在自己肩上的画面。这些绘画有些手法很好,非常风趣。塔迪乌斯还开创了描绘台地海滨城市景色的先河;这些绘画只花很少的钱就可以产生极其满意的效果。

118. 只有那些创作可移动绘画的作家，才能获得名声。这一古老的智慧是值得重视的——他们不会为了房屋的主人独自享乐，而去关注墙壁的装饰，因为这样完成的画作只能保留在一个地方，如果这里发生火灾，画作就难以幸免。普罗托格尼斯和他在小花园之中的别墅是幸运的。在阿佩莱斯的住宅之中没有湿壁画；那时候人们也不希望把整个墙壁都画上图画。实际上，每个艺术家是根据该城市的爱好来绘画的，而艺术家本人则是这个世界共同的财产。

147. 女性画家也有很多：如米康之女提马雷特(Timarete)，她按照古代流行的风格创作了《以弗所的阿尔忒弥斯》画像；画家克拉蒂努斯(Cratinus)之女和弟子艾琳妮(Irene)创作了《埃莱夫西斯的少女》《卡吕普索》《老男人》《魔术师西奥多鲁斯》《舞者阿尔基斯提尼斯》；奈阿尔科斯之女和弟子阿里斯塔雷特(Aristarete)，她的作品有《阿斯克勒皮俄斯》。当马可·瓦罗还是年轻人的时候，基奇库斯的雅雅(Iaia)，已经在罗马挥笔作画，她终生没有结婚，她也使用雕刻工具在象牙上作画。她的作品主要是女性画像，包括大型的木版画《奈阿波利斯的老妇》，还有对着镜子的自画像。

148. 没有一个人绘画的速度比她更快，她的绘画技巧是如此高明，以至于她的画像在价格上远远超过了同时代的大多数著名画家，即索坡利斯(Sopolis)和狄奥尼修斯(Dionysius)，他们的画作挂满了画廊。

151. 关于绘画艺术，已经说得非常充分了。现在我们来说说有关模特的事情。西锡安的陶工布塔德斯(Butades)利用泥土，在科林斯第一个采用了黏土制成的肖像模特。这事要感谢他的女儿。她爱上了一个年轻的男子，当他去外国的时候，她按照火把投射出其面部的阴影，在墙上刻画了一个黑色的轮廓像。他的父亲用黏土压在这个像上做成了一个塑像，并且把它与其他的陶器一起入炉烧造。据说这个陶像在穆米乌斯占领科林斯之前，一直保存在尼姆弗斯(Nymphs)的圣殿之中。

153. 第一位根据人类真实面部制作泥土人像，并且把蜂蜡浇铸到这个泥范之中，最后根据这个蜡模进行修改的人，是西锡安的利西斯特拉图斯（Lysistratus）。关于他的兄弟利西波斯的情况，我已经说过了。他是练习描绘准确肖像的开创者，在他之前的许多艺术家，比较关注的是如何胜过坐着的画像。利西斯特拉图斯还发明了利用塑像制造模具，这个经验后来广泛使用，以至于没有塑像或者肖像不是使用黏土范浇铸出来的。因此，人类知道使用泥土的模具，显然要比知道青铜雕刻早得多。

156. 马可·瓦罗赞扬帕西特列斯，[24]因为他说过模特是金属雕刻、青铜塑像和雕塑之母。虽然帕西特列斯是所有这些艺术之中最杰出的人物，他在设计模型之前从来不制作任何东西。瓦罗还断言这种艺术在意大利，特别是在伊特鲁里亚已经达到完美无缺的地步。

158—159. 在许多地方，至今还保留着陶土的塑像。确实，在罗马城和许多地方自治城市有大量的神庙三角墙，这是因为它们的造型美观、雅致和经久耐用；它们比黄金更值得重视，它们也确实是无可指责的。今天我们在神圣的宗教仪式之中，最重要的奠酒仪式，不是从萤石，也不是从水晶的容器之中，而是从陶土盘之中向外倒酒。陶土盘是大地母亲赐给我们的礼物。我们觉得她的仁慈难以言表，她的礼物接连不断。我们不会遗忘她赐予我们的恩惠，各种的谷物、葡萄、水果、香草、灌木、药物和金属。即使是对于黏土而言，日益增长的需求也超出了它的供应能力；它被用来做成酒罐、水管、澡堂的排水沟、屋顶上的瓦片、建造房屋的墙和地基用的烧结砖、陶轮制作的器皿，这使努马国王建立了第七个陶工行会。

160. 许多人喜欢使用陶棺安葬——例如，马可·瓦罗就是按照毕达哥拉斯派的做法，安葬在爱神木、橄榄和黑杨树的树叶之

---

[24] 意大利南部的希腊雕刻家，他的创作时间在公元前1世纪。他成为罗马公民在公元前89/90年之间。帕西特列斯发明了使用画点的方法，利用模型准确地复制雕像的办法。他创作了象牙的朱庇特雕像。

中。人类大多数使用陶土容器。萨摩斯陶器至今仍然因为其餐具而受到重视。

161. 在埃利色雷(Erythrae)的一座神庙之中，至今仍然陈列着2个两耳圆盘底花罐，它们因为雅致而被作为祭品献祭——这是师徒之间竞赛谁能够做出更薄的陶器的结果。在这方面，科斯的陶器最出名的。

163. 悲剧演员伊索(Aesop)花了100000塞斯特斯购买了一个盘子。我敢肯定那些读到这条信息的人将会勃然大怒，但是——老天在上——维特利乌斯(Vitellius)皇帝在位时期，下令制作了一个盘子，价值为1000000塞斯特斯。为了烧制这个盘子，在窑场建立专门的陶窑。由于奢侈之风如此增长，以至于陶器的价格竟然超过了萤石器皿的价格！

164. 因为这个盘子的缘故，穆西亚努斯在第二任执政官时期，[25]反对并且攻击维特利乌斯的人格，因为这个盘子好像一个大泥塘，虽然这个盘子并不如阿斯普雷纳斯(Asprenas)用来毒死130名客人的毒盘子更有名。这也是卡西乌斯·塞维鲁斯(Cassius Severus)提出起诉的基础。

165. 雷吉乌姆和库迈城因为他们的陶器而名声远扬。基贝勒(Cybele)被称为“加利(Galli)”的祭司们自我毁伤其容——如果我们相信马可·凯利乌斯所说——使用的就是萨摩斯陶器的碎片，而且他们只有使用这种东西才能避免并发症的危险。

169. 在阿非利加和西班牙，到处是被称为“结实的”黏土墙，因为它是采用在两块压紧的板子之中灌土的办法筑成，这种干打垒比凸面墙更结实。这种墙经久耐用、可以抗御风雨侵蚀和大火，比采石场出产的石料还强。即使今天在西班牙地区，还可以看见汉尼拔建造的瞭望塔，还有山脊上的土塔。同一条河流为建立防御工事和修筑堤坝抵御泛滥的河流提供了合适的、坚固的地基。而且，所有人都知道，如果要用生砖结构的话，分隔墙可以用泥巴和

---

[25] 公元70年。

枝条框架做成。

170. 砖块不是用多沙的、含沙的或多石的泥土做成的，而是使用黏土、白壤或红壤做成的，甚至也可以用粗砂做成。制砖的最好时机是春天，因为在仲夏季节砖块容易开裂，至于建筑物，只能推荐使用经过两年时间的砖块。当做砖的原料被捣碎之后，在用砖模制砖之前，还要将其用水浸泡。

171. 砖可以制成三种形状：第一种 *didoron*，我们使用的是长18英寸、宽12英寸的；第二种是 *tetradoron*，最后一种是 *pentradoron*。术语 *doron* 是古希腊语词，意为"手长或手宽"（上述三种砖分别为"两手宽、三手宽和五手宽"之意——中译者）。在希腊，小规格的砖头通常用于私人建筑，大规格的砖头用于公共建筑。在小亚细亚的皮塔纳（Pitana）——就像在远西班牙的马克西卢阿（Maxilua）和卡雷特（Callet）城市国家一样——出产的砖在干的时候可以浮在水面上；这种砖是用类似于浮石的物质做成的，它们在制成之后很有用处。

172. 除去"水门汀"建筑物之外，希腊人最喜欢砖墙，是因为这些东西如果建筑得真正垂直的话，可以一直屹立下去。

174. 在其他的矿藏之中，有一种具有特别重要作用的矿物就是硫磺（sulphur），[26]它可以损害其他许多的物质。硫磺出产在西西里和意大利之间的许多海岛上、奈阿波利斯周围地区和坎帕尼亚的莱夫科盖伊山（Leucogaei）。它从这里的矿井平巷中挖掘出来，并且用火提纯。

175. 硫磺有四种：第一种是菱形的硫磺；希腊人把它称为 *apyron*——意为"未接触火的"；这种硫磺是唯一形成固体块状的物体，而其他几种都是流体，需要用沸腾的油料处理。菱形硫磺可以通过采矿获得，它是一种半透明的绿色物体；这是医生使用的唯一硫磺。然后是"土"硫磺，这种硫磺只使用在漂洗店；第三种是 *egula*，这种硫磺只用来漂洗毛织物，它可以胜任这项工作。因为

---

[26] 奇怪的是这种矿物不包括在提奥弗拉斯图斯的论文《论宝石》中。

egula 可以使毛织物变得洁白、柔软；第四种专门用来制作灯芯。

177. 在宗教庆典之中，硫磺也占有一席之地——消毒清洁房屋。在温泉之中也可以看到它的潜在力量，没有其他任何物质比它更容易被点燃，它明确无误地显示出它包含着巨大的、极易燃烧的力量。雷电也会发出硫磺的气味，它们发出的光芒也具有硫磺的特点。

178. 沥青和硫磺具有相同的特点。它们在某些地方类似泥浆，在另外一些地方又类似矿藏。在死海，它以黏稠的泥浆流出，而在叙利亚海滨城市西顿，又发现它像矿藏一样。两种物质都已经固化，变浓到非常黏稠的地步。但是，也有液体状态的沥青，例如扎金图斯(Zacynthus)出产的沥青和巴比伦进口的沥青——巴比伦还有白色的沥青。阿波罗尼亚出产的沥青同样是液体状的，所有这些液态的沥青都被希腊人称为 *pissasphalton*，因为它们与植物树脂相同。

179. 还有稠油状的沥青；它发现于西西里岛阿格里真图姆的一条小河，并且污染了这条小河的水源。当地居民用芦苇捆收集沥青，沥青很快地粘着在芦苇捆上，用它可以代替灯油，还可以用它治疗驮兽的疥癣。有些专家把石脑油(Naphtha)也包括在沥青的品种之中。

180. 沥青可以根据其明亮的颜色、还有其重量和强烈的气味辨认出来。

183. 明矾的用处是很重要的。这个术语起源于土壤之中一种含盐的渗出物。它有几个不同的品种。在塞浦路斯有白色的明矾，还有一种略带黑色的明矾。颜色的不同虽然是次要问题，但每种明矾的用途有很大的不同：白色的、液态的明矾可以使毛织物染上明亮的颜色，黑色的明矾则最适合染成黑色或者深色的颜色。黑矾也可以用来提纯黄金。

184. 所有的明矾都产自水或矿泥之中，它是土壤之中渗出的物质，它在冬季的时候聚集在洼地之中，然后夏季的阳光使它变成结晶体。[27] 最早结晶的部分是白色的颜色。这种明矾产自西班牙、埃及、亚美尼亚、马其顿、本都、阿非利加、撒丁诸岛、米洛斯、利帕拉和斯特隆吉尔。价格最贵的明矾是埃及的，其次是米洛斯的，它有两个不用的品种，即液态的和稠密的。

185. 液态的明矾[28]具有收敛、固化和腐蚀作用。它可以治疗嘴唇的溃疡，并且可以止汗。

186. 有一种希腊人称为 *schistos*[29] 的固体明矾，破碎之后变成了白色的丝状物。由于这个原因，有些人把它称为"多毛的明矾"(*trichitis*)。这种明矾出自像铜矿一样的矿藏 *chalcitis*；它就像是水珠凝结成的泡沫。

194. 在药物之中发现有希俄斯的瓷土(Kaolin)；它和萨摩斯的土壤作用相同。它专门用来作女性面部的扑粉。

199. 还有一种称为银粉的白垩状矿物，可以用来擦亮银器。最低等的白垩，就是我们的先人在喀耳库斯(Circus)比赛时用来划终点线的白垩，当从海外运来的奴隶要出售的时候，也用来画奴隶的双脚。这些奴隶包括：罗马滑稽戏奠基人、安条克城的帕布利乌斯(Publius)；[30]他的堂兄弟、罗马天文学的奠基人马尼利乌斯·安条克(Manilius Antiochus)，[31]还有罗马第一位语法学家斯塔贝里乌斯·厄洛斯(Staberius Eros)。所有这些人，我们的先人都看到他们是如何被一条同样的船只运来的。

200. 我们暂且把这些人放到一边，转而关注他们在文学方面取得的成就。其他的例子可以在拍卖者的平台上看到，包括苏拉的释放奴隶克律索哥努斯(Chrysogonus)；昆图斯·卡图卢斯的释放奴隶安菲翁(Amphion)；有一个完整的名册——虽然现在不是复

---

[27] 普林尼显然知道沉淀和结晶的原理

[28] 钾矾。

[29] "可分裂的"。

[30] 帕布利乌斯·叙鲁斯(约公元前45年)。

[31] 大概是写过《天文学》的盖尤斯·马尼利乌斯之父(时当奥古斯都与提比略之时)。

制它的适当时机——其中记载了是谁利用特许权榨取罗马人民的血汗钱。

201. 这是那群将要被出售的奴隶身上的标记，也是过分自负命运的一种耻辱。我们曾经看见他们地位升到如此之高，以至于元老院裁定一位行政长官要服从克劳狄皇帝之妻阿格里帕管理之下的奴隶。后来，我们又见到他们在月桂环绕的束棒（fasces）的陪伴下被送回到他们脚上画着白垩标记，来到罗马的那个地方。

第三十六卷　石料、矿物和纪念碑

1. 石料的性质留待以后考虑——它是人类疯狂行为主要原因，更不要谈宝石、琥珀、水晶器皿[1]或者萤石。至今为止，我讨论过的所有东西，都可以认为是为了人类的利益而创造的。但是，大自然创造山脉是为了它自己的利益。它是控制地球内部的一种结构。同时，它也是控制河水暴涨和波浪侵蚀的一种手段——也就是由组成大自然的最坚硬物质来控制这些最野蛮的要素。仅仅是为了自己享乐，我们开采山石，把它们运出山去——而这些山脉，过去我们曾经认为即使是翻越它们也是一件引人注目的功绩。

2. 我们的前辈认为，汉尼拔和后来的辛布里人征服阿尔卑斯山，简直是奇迹。现在，同样是这座阿尔卑斯山，已经开采出上千个品种的大理石。许多阻碍通往大海的悬崖被清除了，道路平坦了。我们搬走了那些过去阻碍各个民族之间往来的障碍物；建造了船只来运输大理石。许多山脉就这样迎风破浪被搬到这里和那里，大自然最荒凉的地区。尽管如此，我们这样做，总比攀登到云雾之中寻找保存冷饮的容器理由更充分，也比为了喝到冰水而挖通高达天际的岩石理由更充分。

3. 当我们听说这些饮器的价格，看见大量的大理石通过海路和陆路运来，我们每个人的反应应该是，如果没有这些东西，许多人的生活将会幸福得多！确实，那些生产这些东西的人，或者说得更准确一点，是不得不忍受这些东西的人，不同于那些躺在色彩斑

---

① 希腊词语 *krystallos* 主要意为“冰”，它用来表示水晶，是因为它具有透明的外貌。

斓的大理石之中的人，说不上有什么目的或者喜爱——正如我们没有因为晚上的黑暗就被剥夺了这种喜爱，因为黑夜占据了我们一半的生命。

4. 这种想法使我们为先辈感到羞愧。克劳狄担任监察官时[②]通过的节约法令仍然有效；它们禁止在用餐的时候提供榛睡鼠和其他更微不足道的东西。但是，没有通过禁止进口大理石的法令，也没有通过禁止从海外获得这类商品的禁令。

5. 有些人可能会插话说，“但是没有进口大理石！”这是不符合实际情况的。大约有 360 根圆柱被运到了临时剧场的舞台，计划仅供 1 个月之用；这件事情发生在斯科鲁斯担任市政官时期。专家们无话可说。确实，他们做了一些使老百姓高兴的让步！但是，这样做有什么正当理由？邪恶是如何通过非官方渠道渗透进来的？还有多少人拥有象牙、黄金和宝石，准备私人使用？我们是否把所有的东西献给了诸神？

6. 好，就算是这样，就让他们去讨好老百姓吧。当那些最大的圆柱——将近 40 罗马步高的卢库卢斯式的(Lucullan)大理石——竖立在斯科鲁斯大厅的时候，专家们有没有沉默不言呢？这件事情不可能是偷偷摸摸地完成的。一名排污工程的承包者迫使斯科鲁斯同意在排水管道运送到帕拉蒂尼时，免除其排水管道受破坏的责任。与其允许开这样的先例，不如保护我们的道德规范，到底如何做更好呢？不过，当这些巨大的大理石块被拖过装饰着赤陶三角墙的神庙时，专家们仍然保持着沉默！我们不能设想斯考科斯接受过纯粹的邪恶教训，我们感到惊奇的是一个缺乏经验的国家无法预见到这种不道德行为的结果。因为它发生在马可·布鲁图时期，在某种纷争之中，在著名雄辩家、绰号“帕拉蒂尼的维纳斯”的克拉苏时期：克拉苏是第一位在帕拉蒂尼竖立外国大理石圆柱的人——虽然这些圆柱只是伊米托斯的(Hymettan)大理石，不过是 6 根不超过 12 罗马步长的圆柱。

---

② 公元前 169 年。

8. 道德上的考虑当然被置之度外，因为这种道德规范早已经崩溃了；人们认为企图阻止那些被禁止的东西是无济于事的，他们认为与其让法律不起作用，还不如干脆就没有法律。后来发生的事情证明，我们已经变得更好了。因为现在谁还能拥有这样巨大的圆柱大厅呢？不过，在我谈论大理石之前，我认为有必要把那些利用这种材料进行雕刻的优秀雕刻家列举出来。因此，我将从评论这些艺术家开始。

9. 在大理石雕刻方面最早获得名声的是迪坡努斯(Dipoenus)和斯库利斯(Scyllis)，他们出生在克里特岛，当时米底仍然很强大，居鲁士还没有登上波斯王位，也就是在第 50 届奥林匹克运动会期间。③ 他们去了西锡安，那里长期以来就是所有雕刻家们的大本营。为了创作神像，西锡安人与他们签订了一个国家的合同，但是在这些雕像完成之前，雕刻家们就抱怨受到了虐待，前往埃托利亚(Aetolia)去了。

10. 不久，一场饥荒很快席卷了西锡安，荒凉破败、可怕的灾难接踵而来。人们前往德尔斐的阿波罗神庙寻求救治的办法。神庙的回答是，迪坡努斯和斯库利斯将完成诸神的雕像。对西锡安人的要求是必须付给丰厚的报酬，并且要进行虔诚的展示。这些雕像是阿波罗、狄安娜、赫丘利和密涅瓦。密涅瓦的雕像后来遭到了雷击。

11. 在这些艺术家之前，希俄斯岛还有一位名叫梅拉斯(Melas)的雕刻家，在他之后是其子米西亚德斯(Micciades)、其孙阿基尔姆斯(Archermus)。阿基尔姆斯之子有布帕卢斯(Bupalus)和雅典尼斯(Athenis)，他们是诗人希波纳克斯(Hipponax)时期最出名的雕刻家，④可以确定他活跃在第 60 届奥林匹克运动会期间。⑤

③ 约公元前 580—前 577 年。

④ 以弗所的诗人希波纳克斯发明了跛脚抑扬格，或 *choliambs*，又称"跛脚的短长格"——三个二音部的短长格，也就是以一个扬扬格结尾。

⑤ 约公元前 540—前 537 年。

如果有人想追踪他们直到祖父的祖父的世系，那就必须追溯到相当于第一届奥林匹克运动会时期雕刻作品刚刚出现的时候。[⑥]

12. 希波纳克斯以其外貌丑陋而闻名于世。因此有一个庸俗的笑话是，人们把他的肖像在朋友圈子里展示和取笑。这件事情激怒了希波纳克斯，他在自己充满仇恨的诗歌之中粗鲁地攻击迪坡努斯和斯库利斯，以至于人们认为他们已经被迫悬梁自尽了。这并非事实，因为他们后来还在附近的海岛，例如提洛岛，雕刻了许多的雕像。

13. 据说在希俄斯本地有一尊狄安娜的头像被认为是他们创作的；头像放置在高处，进入建筑物的人们认为她的表情是悲哀的，但是当他们离开的时候，雕像看上去却好像兴高采烈，这使他们留下了深刻的印象。在罗马城也有看上去他们创作的许多雕像，放置在帕拉蒂尼山阿波罗神庙三角墙的角落，以及已故皇帝奥古斯都下令建筑的几乎所有建筑物之中。

14. 安布拉西亚(Ambracia)、阿尔戈斯(Argos)和克莱奥内曾经到处是迪坡努斯创作的雕像，所有这些雕刻家通常只使用帕罗斯出产的白色大理石，这种石料后来被称为 *lichnites*，根据瓦罗所说，这是因为它是用油灯[⑦]在采石场开采出来的。后来，又发现了许多其他品种的白色大理石，有些现在仅仅是卢纳(Luna)采石场才有。有一个荒诞的故事说在帕罗斯的采石场，有时用楔子劈开一块大石料，竟然发现里面有西莱努斯的肖像。

15。我必须进一步强调，石雕比绘画或者青铜雕像的历史要古老得多，这两者都是菲迪亚斯开始于第 83 届奥林匹克运动会期间[⑧]——大约是(距离第一届奥林匹克运动会——中译者注)332 年之后。菲迪亚斯本人据说专攻大理石雕刻，雕刻了精美绝伦的维纳斯雕像，陈列在纪念屋大维娅(Octavia)的罗马建筑物之中。这

---

⑥ 公元前 766 年。

⑦ *Lychnos* 意为“油灯”。

⑧ 约公元前 448—前 445。

件事是可以确定的，即菲迪亚斯教授过雅典人、第一流的著名雕刻家阿尔卡梅尼斯(Alcamenes)；在雅典的神庙之中，可以看见他雕刻的几座雕像。而在城外则有著名的维纳斯雕像，在希腊语之中称为《花园之中的阿弗罗蒂忒》。据说菲迪亚斯本人对这座雕像进行了最后的修饰。

17. 菲迪亚斯另一名弟子是帕罗斯的阿戈拉克里图斯(Agoracritus)；他因为年轻美貌的面孔深得老师的喜欢，由于得到老师的喜欢，据说后者允许他在自己的几座雕像上刻上自己的名字。两名弟子都参加了制作维纳斯雕像的竞赛；阿尔卡梅尼斯获得了胜利，但不是因为作品的质量，而是因为裁判员倾向于本国的公民，排斥外邦人。据说阿戈拉克里图斯后来按照规定出售了他制作的雕像，这座雕像也没有留在雅典；他把这座雕像称为《复仇女神》(Nemesis)。它竖立在阿提卡的拉姆努斯城(Rhamnus)。马可・瓦罗喜欢这座雕像胜过其他一切雕像。在同一座城市的大母神圣殿还有阿戈拉克里图斯的一座雕像。

18. 在所有听说过《奥林匹亚的朱庇特》雕像的人之中，菲迪亚斯毫无疑问是所有雕刻家之中最著名的雕刻家。所以，那些没有见过其雕像的人也可能认为他受到的赞扬是公正的。我将引用的证据虽然不够充足，但也足以证明他的天才。为此，我既不会求助于《奥林匹亚的朱庇特》的魅力，也不会求助于雅典城《密涅瓦》的尺寸，虽然它是用象牙和黄金制成的，高约39罗马尺。确实，我要引用的是这尊密涅瓦雕像的盾牌。在这个盾牌的凸面，菲迪亚斯雕刻了亚马孙女战士战斗的场面。在它的凹面是诸神与巨人战斗的场面。我还将提到她的凉鞋，上面雕刻了拉皮斯人(Lapiths)与半人半马怪物(Centaurs)战斗的场面。没有一个细节问题不符合唯美主义考虑。

20. 在青铜雕像的制作者之中，我提到过普拉克西特列斯，[9]不过，他胜过所有人之处还是大理石雕刻。在雅典的英雄墓地有许

---

⑨ 活动时期在公元前364—前361年。

多他制作的雕像。[10] 有一座雕像超越其他所有雕像，不仅因为它是普拉克西特列斯本人所作，而且它的名声传遍了这个世界，这就是《维纳斯》雕像。许多人乘船前往尼多斯，就是为了参观这座雕像。他还制作了两座雕像，并且把它们同时出售了。一座雕像穿着衣服，因为这个原因，它受到科斯人的喜爱，被他们买走；虽然普拉克西特列斯给它的报价与另一尊相同——但这尊雕像被认为是符合体统、适合于特定宗教节日使用的。因此，当尼多斯人要购买《维纳斯》雕像的时候，遭到了科斯人的拒绝，它的名气也因此大大地提高了。

21. 后来，尼科墨德斯(Nicomedes)[11]国王想要从他们手中购买这尊雕像，他答应一笔勾销所有的国债，这是一笔巨大的数字。但是，尼多斯人宁可忍受任何困难也不出售这尊雕像。他们这样做不是没有正当理由的，因为尼多斯是由于普拉克西特列斯的这尊雕像而出名的。这座神殿建筑是完全敞开的，因此这尊女神的雕像从四面八方都可以看见。而且，它的这种创作方式，被认为是得到了女神赞同的。从所有的方面来说，它都是令人钦佩的。据说有一个人爱上了这尊雕像，晚上藏在神庙中猥亵地抱着它；因为有一块斑迹证明了他的淫乱。

22. 尼多斯还有许多其他艺术家制作的雕像：如布里亚西斯的《巴克斯》、斯科帕斯(Scopas)的《巴克斯》和《密涅瓦》。但是，没有可靠的证据表明，普拉克西特列斯的《维纳斯》比上述作品之中的那件作品更有名。

25. 斯科帕斯配得上前面所说的荣誉。

30. 他的对手和同时代人是布里亚西斯、提莫修斯(Timotheus)和克莱奥查雷斯(Cleochares)。我必须把这些人与他

---

⑩ Ceramicus 本意为“英雄的墓地”。根据保萨尼阿斯所说，它得名于英雄克拉莫斯，狄奥尼索斯和阿里阿德涅假想的儿子。

⑪ 尼科墨德斯四世(公元前94—前75/74年在位)由于根据罗马的命令进攻本都，引发了米特拉达梯战争(公元前88年)。他把自己的王国遗赠给了罗马。

放在一起来讨论,因为他们都从事过陵墓浮雕的工作。这座陵墓是阿尔忒米西亚(Arte-misia)下令为其夫、卡里亚总督摩索拉斯(Mausolus)建造的,他死于第107届奥林匹克运动会的第二年。⑫由于这些雕刻家的细心,使这座陵墓成了世界七大奇迹之一。

31. 斯科帕斯雕刻陵墓的东面,布里亚西斯雕刻北面,提莫修斯负责南面,克莱奥查雷斯负责西面。在他们完成这个任务之前,女王就死了。但是,他们没有抛下尚未完工的建筑物,因为他们深信它将成为为他们自己带来荣誉、为他们的艺术工作带来荣誉的丰碑。还有第五位雕刻家。因为柱廊上还竖立了一座金字塔,比它的下部结构要高一倍。逐渐变短的24级台阶一直通向顶部,顶部立着由皮西乌斯(Pythius)制作的一辆大理石驷马战车。加上战车的高度,陵墓总的高度大约是150罗马步。⑬

37. 现在很少有出名的大雕刻家。有些人的作品虽然很出色,他们的名声却被与他们一个小组的其他许多艺术家搞得默默无闻了,因为荣誉是共享的,也不可能平均地分配给团体的每个成员。就克劳狄皇帝宫廷的《拉奥孔》群雕而言,情况就是这样。这件作品的地位超过了任何绘画或者是青铜器。拉奥孔、他的儿子和缠绕着的蛇,是用一块大石料雕刻成的,按照预定的计划,由三位最高水平的艺术家完成——哈格山大(Hagesander)、波利多鲁斯(Polydorus)和雅典诺多鲁斯(Athenodorus),他们都是罗德岛人。⑭

46—47. 我认为,标志着不同颜色的大理石最早出现在希俄斯的采石场,当时他们正在建筑城墙。把大理石切割成薄板的工艺,可能是在卡里亚(Caria)发明的。使用大理石最早的例子,我可以

---

⑫ 公元前352—前349年。

⑬ 皮西乌斯还负责陵墓的总体设计。

⑭ 拉奥孔群雕现在保存在梵蒂冈博物馆,实际上由5块石雕组成。阿波罗的祭司拉奥孔反对特洛伊人把木马拉进城。当他在向尼普顿献祭的时候,两条巨蛇由大海中出来,攻击了他两个儿子。当他企图与它们搏斗的时候,两条大蛇缠紧了他,把他缠死了。根据有一种说法,大蛇是阿波罗派来惩罚拉奥孔的,因为他不顾自己的祭司身份结婚了。

在哈利卡纳苏斯(Halicarnassus)的摩索拉斯宫廷之中找到。那里的砖墙装饰了普罗康内斯(Proconnesus)出产的大理石面板，

48. 根据科尼利乌斯记载，在罗马城第一个使用大理石面板装饰自己在凯利乌姆山(Caelian Hill)住宅整个墙面的，是来自福尔米伊(Formiae)的罗马骑士马姆拉(Mamurra)。他是尤里乌斯·凯撒在高卢的主要谋士。这项发明受到某些人的藐视，因为这件事情，马姆拉在维罗纳的卡图卢斯诗歌之中受到了谴责。作为无可否认的事实，他的住宅更清楚地证明了卡图卢斯所说："外高卢拥有的，他全都拥有。"[15]内波斯补充说，马姆拉是第一位在他的整个住宅竖立大理石圆柱的人，这些圆柱都是用卡律司托斯或者卢纳出产的坚固大理石做成的。

50. 我认为马可·斯科鲁斯的舞台是第一个使用大理石墙的建筑，但是，我不能马上就肯定这是大理石面板，还是经过抛光的大理石块——就像今天还在卡皮托的雷神朱庇特神庙墙壁一样。因为我没有发现在这么早的时期意大利就有大理石面板的证据。

51. 但是，不论谁是第一个发明切割大理石，并且自我欣赏的人，他都是一位误入歧途的能人。切割工作显然使用了铁器，但真正要达到目的还要使用沙子。锯床沿着一条非常细的锯缝给沙子施加压力，沙子来回运动，这就是真正的切割工作。[16] 最受赞赏的沙子是埃塞俄比亚的沙子——为了切割大理石，必须到那样遥远的地方去寻找这种物质！确实，人们甚至还前往印度寻找过沙子，然而，有一段时间甚至认为从那个国家进口珍珠都违反了我们严格的道德规范。

52. 印度的沙子在质量上属于第二等，埃塞俄比亚的质量更好，切割工作不会造成任何凹凸不平的现象，而印度的沙子就不能使大理石具有如此平整的表面。至于那些用来磨擦大理石的沙子，人们建议使用加热氧化的印度沙子来大抛光理石的表面。

---

⑮ 这是卡图卢斯诗歌 XXIX，3－4 的意译。

⑯ 这种技术至今仍然在使用。

53. 现在，不诚实的工匠敢用任何一条河流所产的沙子来切割大理石，造成了只有少数人才认识到的浪费和破坏。因为沙子越粗，生产出来的部件准确度就越差，大理石损坏越多。因为它的表面越是粗糙，它给抛光工人造成的麻烦就越多，这样就产生了很薄的面板。

55. 人们现在尚未谈论大理石的品种和颜色，因为它们已经是众所周知的事情。由于它们的数量众多，要把它们一一罗列出来也绝非易事。由于许多地方（它们全都出产大理石）都有自己的特色品种。采石场并没有所有的品种，还有许多品种是开采出来的。有的品种还非常珍贵，如拉克代蒙的（Lacedaemonian）的绿色大理石；它比其他任何大理石的颜色都明亮。

63. 在阿非利加被称为埃及的地方，发现了掺杂着金色斑点的红色花岗岩（granite）；它的特性适合做成油石，用于碾磨眼膏。在底比斯（Thebes）地区赛伊尼附近发现了另外一种红色花岗岩，先前被称为 *pyrrohopoecilus*。[17]

64. 埃及历代国王出于竞争的目的，制作了独块巨大的红色花岗岩方尖碑，把它献给太阳神。方尖碑象征着太阳的光辉，这就是独块巨石所象征的埃及词汇的意义。[18] 统治着赫利奥波利斯（Heliopolis）的美斯弗雷斯（Mesphres）[19]，是第一位竖立方尖碑的人，他在梦中受命要这样做。这件事情确实刻在石碑上；因为我们所见到的这些图案和象形符号就是埃及字母。

65. 后来，其他的国王也制作了独块巨石。塞索西斯（Sesothis）在赫利奥波利斯竖立了 4 座方尖碑，每根高约 80 罗马步。拉美西斯二世在位时期占领了特洛伊，他竖立了 1 座方尖碑，高 230 罗马步。他还在一个院落的出口竖立了另外 1 座方尖碑，这里曾经是维尼斯的宫殿；这座方尖碑高 200 罗马步，它特别厚，

---

⑰ 杂色红。

⑱ *Tekhe*：意为“阳光光束”，“方尖碑”。

⑲ 图特摩斯三世。

每边宽 17 罗马步。据说从事这项工作的工人有 120000 人。

66. 当着这座方尖碑将要垂直地竖立的时候，国王本人担心起重设备不足以提起如此巨大的重量，命令他的工人们注意危险情况的发生，他把自己的儿子绑在碑顶上，为了确保儿子的安全，施工方势必认真对待这座方尖碑。这个纪念碑非常值得赞美，以至于当冈比西斯攻击这座城市，火焰烧到了方尖碑基座的时候，他下令扑灭火焰。这证明他尊重这个非凡的庞然大物，尽管他没有为这座城市做一点好事。

67. 还有 2 座其他的方尖碑，1 座是兹马雷斯(Zmarres)所立，另一座是菲乌斯(Phius)所立。这 2 座方尖碑没有任何铭文，大约高 70 罗马步。托勒密·菲拉德尔福斯在亚历山大城竖立了 1 座方尖碑，高度差不多有 120 罗马步，[20]尼克特比斯(Necthebis)开采了这块巨石，没有在上面留下铭文。利用河流把它运来，竖起这块巨石证明比开采它是一个更重要的成就。有些专家认为是建筑师萨蒂鲁斯(Satyrus)使用木筏把它运来的。卡利克塞努斯(Callixenus)[21]认为它是菲尼克斯(Phoenix)运来的。他挖了一条运河，把尼罗河水引到了方尖碑所在地。两艘宽阔的平底船装载着花岗岩石块——每边宽 1 罗马步——直到石块的重量等于方尖碑的双倍，它们的总体积也达到两倍。这样船只才能下沉装上方尖碑，它的两端悬浮在运河的两岸。然后把花岗岩石块卸下，减轻了载重量的木筏承载着方尖碑的重量，这个纪念碑放置在取自同一个采石场的 6 块花岗岩支柱上，负责这项工作的顾问支付了 50 塔兰特。这座方尖碑被国王作为送给他的妻子和姐妹阿尔西诺伊的礼物，安放在阿尔西诺伊乌姆(Arsinoeum)。

69. 另外还有两座的方尖碑[22]竖立在亚历山大城靠近港口的凯

---

[20] 托勒密二世·菲拉德尔福斯(公元前 308—前 246)也建设了法罗斯灯塔、博物馆、图书馆和一条从尼罗河到红海的运河。

[21] 罗德岛的希腊人(活动时期约公元前 155 年)，他的作品涉及亚历山大城。

[22] 两座都保存下来了：一座是保存在伦敦的克娄巴特拉方尖碑；另一座在纽约。

撒神庙院子里。这两座方尖碑是为国王美斯弗雷斯开采的，高 63 罗马步。

70. 通过海路运输方尖碑显然是一个非常困难的任务。船只会广受关注。已故的奥古斯都皇帝贡献了运载第一座方尖碑的船只，并且把它保存在普特奥利(Puteoli)固定的船坞之中，作为这个丰功伟绩的标志。这条船只后来毁于大火。克劳狄皇帝曾经把盖尤斯·凯撒运输第三座方尖碑的船只保存了多年，因为它是一条令人惊奇的船只，一直都在航行。坚固的沉箱被放置在普特奥利的海岸边；这条船后来被拖到了奥斯提亚沉没，以利于修建码头。关于方尖碑还有一个问题，即寻找能够载着它们溯台伯河而上的船只。经验证明，台伯河正好与尼罗河一样深。

71. 这座方尖碑被已故的奥古斯都皇帝竖立在罗马圆形大竞技场，它是为国王普塞梅特涅浦塞尔弗雷乌斯(Psemetnepserphres)[23]而开采的。毕达哥拉斯访问埃及的时候，他正好是国王；方尖碑包括构成整体部分的基座，总共高 85 罗马步。在战神广场的那块巨石大约短 10 罗马步；它是为塞索西斯开采的。根据埃及学者所说，二者都刻上了记载自然科学知识的象形符号。

72. 奥古斯都使战神广场的这座方尖碑具有了特殊的用途——投射阴影和记录昼夜的长度。一块铺好路面的区域画出了相当于这块巨石高度的线条，以这种方式，一天最短的正午阴影可以延伸到铺好地面的边缘部分，随着阴影逐渐地变短或者变长，可以使用固定的青铜标尺在这个路上面进行测量。这种设计值得学习，它是法昆杜斯·诺维乌斯(Facundus Novius)灵机一动的结果。诺维乌斯把一个镀金的球体放置在这块巨石的顶部，以便阴影可以集中到它的尖端；否则，投射的阴影就可能非常模糊。他有这种想法，据说是因为看见了人头投射出的阴影。

73. 但是，这种测量与将近 30 年的历法不相符合；要么是太阳的轨道超出了相，要么是因为天体运行的某些变化而发生改变，或

㉓ 这个名字可能是误把萨姆提克和涅菲利普尔合在一起。

者是整个地球的运动略微偏离中心。我听说在其他地方也观察到这种现象。

75. 埃及金字塔(pyramid)值得一提。即使是顺便说说也行。它们是一些没有尖顶的、毫无意义地炫耀王室财富的东西,因为从总体上来看,这些的建筑既耗费了国王的继承人和那些阴谋反对他们的竞争者的金钱,也养活了那些被雇佣的工人。在这些艰巨而复杂的工作之中,他们表现得非常自负。还有一些尚未完工的金字塔遗址保存至今:1 座在阿尔西诺伊;2 座在孟斐斯,距离下面将要说到的迷宫(labyrinth)不远;2 座在先前的莫里斯湖(Moeris),这是一个巨大的人工湖。埃及人认为,这就是他们的奇迹和风景名胜之一,每个金字塔的顶部据说都高悬在水面之上。其他的 3 座金字塔世界闻名,站在尼罗河边的旅游者,从这个地区所有地点都可以看见它们。它们屹立在沙漠之中的石岗之上,附近有一个村庄名叫布西里斯(Busiris),那里的居民经常攀爬这些金字塔。

77. 在金字塔前面是斯芬克斯(sphinx),[24]它甚至更值得注意。当地居民把它当成神灵来敬奉,极少谈论它。他们认为国王哈尔米斯(Harmais)被安葬在它里面,他们还认为它是被搬到这里来的。但是,它是用当地岩石雕刻的。这个神奇动物的面孔是红色的——这是受到尊崇的标志。它头部的周长,在它的前额部分是 102 罗马步长。它的长度是 243 罗马步;从它的腹部到头部角蝰的顶点,高度大约是 62 罗马步。

80. 最大的金字塔占地面积几乎有 5 罗马亩大。它的四条边每边从一个角到另一个角,长度是 783 罗马步;从地面的基准面到顶部的高度是 725 罗马步。

81. 这些金字塔建造方法的蛛丝马迹没有保存下来。最重要的问题是如何把这些巨大的石料搬运到如此之高的地方:有些人

---

[24] 斯芬克斯以太阳神化身的形象表现吉萨三座大金字塔的建筑者之一的齐夫林国王,他作为警卫站在自己的陵墓旁。它曾经被图特摩斯四世(公元前 1425—前 21408)从流沙之中挖出来并且修复。

认为当金字塔升高的时候，人们用苏打和盐堆成了斜坡，因此当这座建筑完工的时候，这些东西就被河水淹没和溶解了。但是，其他人认为这些通道是泥砖做成的，它们在工程完工之后被用去建筑私人住宅了；因为他们认为尼罗河的水位较低，不可能淹没这个地区。

83. 由一位国王修建的另一座塔也受到了赞扬。这座塔位于法罗斯岛，控制着亚历山大城的港口；据说它花费了 800 塔兰特。[25] 托勒密国王为人慷慨大方，允许尼多斯的建筑师索斯特拉图斯(Sostratus)把名字刻在建筑物上。[26] 建立它的初衷是为了给在黑夜之中航行的船只提供信号灯，警告它们以防搁浅，指明港口的入口。许多地方现在点燃了同样的信号灯，如在奥斯提亚和拉文那。这些持续燃烧的信号灯有可能被认作行星的危险，因为从远处望去，火的外形很像是星星。同样是这位建筑师索斯特拉图斯，据说还是在尼多斯用桥墩建筑海滨人行道的第一人。

84. 我很乐意提一提迷宫的事情，它们是许多建筑物之中的佼佼者，有人为此献出了自己的聪明才智。这些建筑物不是像人们想象的神话传说。在埃及的赫拉克利奥波利斯(Heracleopolis)，现在仍然保存着一座迷宫。这是第一座建筑物——时间在 3600 年前。对于它的构造，有各种各样的不同解释。不论是真是假，毫无疑问的是，代达罗斯[27]就是以它为样板，建筑了克里特的迷宫；[28]但他复制的仅仅是道路的百分之一。在极其错综复杂的道路之中，它可以通风、前进、后退。不仅有许多罗马里狭窄的、难以行走或者骑行的地方，类似的情况我们在马赛克地板和年轻人在战神广

---

[25] 这座塔叫做法罗斯塔，它是一座高约 400 罗马步的灯塔。灯塔坚固的部分一直保存到 13 世纪。

[26] 索斯特拉图斯(活动时期为公元前 3 世纪前期)也是第一个在大海之中修建桥墩的人。

[27] 这个名字出自希腊语词汇 *daidala*；意为"精巧的工程"。

[28] 即国王米诺斯隐藏人身牛头怪的迷宫。

场的竞赛之中已经看到了，[29]而且，它常常有许多间隔门把人引入壁道，误导人们返回他们原来已经走过的那条道路。

86. 克里特的迷宫兴建在埃及之后。第三座迷宫在利姆诺斯(Lemnos)，第四座在意大利；所有迷宫都覆盖着精心处理过的拱形石顶。埃及的迷宫有一个入口和许多帕罗斯大理石的圆柱，无论如何，我对此感到惊奇。这座建筑物的其他部分是赛伊尼的花岗石做成的。大型的石材被用来支撑中央的过道。此外，赫拉克利奥波利斯的居民尽管仇视这项工程，但怀着极大的敬意为这项工程提供了帮助。

87—88. 要描述迷宫整个的设计或各个局部是不可能的事情，因为它代表了埃及人称为"诺姆"的各个行政区域。总共有21个诺姆，每个诺姆都有一个巨大的大厅作为代表。迷宫里还包括40座埃及诸如复仇女神等诸神各自管辖区域内的神庙，还有几座金字塔，每座高度约60罗马步，基座为4罗马亩。当人们走累了，他们可以走入迷宫的"小径"地区。这里有许多阁楼，通过斜坡或者90级台阶的柱廊可以到达，迷宫内有斑岩的圆柱、诸神的雕像、历代国王的塑像和怪兽的形象。有些大厅建成了这样，当大门打开的时候，里面会发出一种令人毛骨悚然的雷声。大多数通过迷宫本身的道路都处于阴暗状态之中。在迷宫的区域之外还有其他大型建筑，形成了希腊人所说的"厢房"。还有许多由地下长廊组成的地下室。

95. 希腊人对于伟大的观念，以许多真实和重要的事实体现在狄安娜神庙之中。它的建筑耗时120年之久，牵涉到整个小亚细亚地区。它建筑在一片沼泽地区，因此不用担心地震和地面下沉的影响。但是，为了避免如此巨大的建筑物奠基于不稳固的地面，首先搞了一个厚实的木炭层打底，然后铺上一层未剪过的羊毛。这座神庙长425罗马步，宽约225罗马步。神庙有127根高约60

---

[29] 普林尼提到的竞赛称为 *Lusus Troiae*，维吉尔也把这种竞赛与克里特的迷宫进行过比较(Aeneid, V, 588ff.)。

罗马步圆柱，每根圆柱都是不同的国王建立的。在这些圆柱之中，有36根装饰了浮雕图案——有一根是斯科帕斯装饰的。建筑顾问是切尔西弗隆。

96. 切尔西弗隆最大的功劳是，他成功地把这座巨大建筑的柱顶过梁提升到了预定的位置。他能做到这点，是因为使用了装满芦苇和沙子的袋子，还有修建缓慢上升的斜坡，高达柱顶的水平面。然后他逐渐地掏空底部的袋子，使柱顶过梁慢慢地安装到位。最大的困难出现在他试图固定门上过梁的位置时。这是一块最大的石料，不容易安装到位。切尔西弗隆心烦意乱，奇怪的是他最后的决定竟然是自杀。

97. 接下去的故事是，他费尽心思思考这个问题，但晚上睡觉的时候，狄安娜女神对他显灵，鼓励他继续活下去，因为她已经把石头安放好。第二天黎明的时候，这一切都变成了真的；石头的位置显然已符合每块石头的重量，这座建筑物其他的装饰图案足以写成几本书，但它们与天然的形态已经毫无关系了。

101. 现在，是我们继续讲述罗马的奇观，也是我们检查过去800多年历史，证明我们以自己的建筑物征服世界的时候了。

104. 我注意到米洛(Milo)作为一个性格最古怪的人，欠下了70000000塞斯特斯债务这个事实。在他那个时代，有地位的公民一直对下水道(sewers)管网感到惊奇，一般认为它是所有成就之中最伟大的成就。山丘被挖成了这个体系的通道。罗马变成了“用支柱撑起来的城市”，当马可·阿格里帕担任市政官的时候，[30]人们可以在这座城市之下划船。

105. 七条河流联合在一起，向前流过罗马城，它们像洪水一样，势必冲走前进道路上的一切东西。由于过量的雨水，它们狂暴的力量震动了下水道的底部和两边。有时候台伯河水倒灌，这是因为水面高过下水道。这时，强大的洪水在一个狭小的空间之中互相激荡，但坚固的结构屹立不动。

---

[30] 公元前33年。

106. 巨大的石块被拖过管道上方的地面；建筑物自动坍塌，或者是由于火灾而轰然倒塌；地球的地面震动——从塔尔奎尼乌斯·普里斯库斯时期开始，已经有700年了，但是许多下水道还几乎是完整无损地保存下来了。

现在我就来谈谈值得纪念的、不能忘怀的大事，它也最值得收入被那些著名历史学家忽略的记载之中。

107. 当在塔尔奎尼乌斯依靠那些劳动者的帮助，着手制定计划的时候——那时没有人知道下水道的管网将会因为它的规模，或者是建造所花费的时间，而闻名于世——由于许多公民企图避免自己的财产被耗尽，发生了群体性的自杀行为。结果，国王发明了一个前所未有的，或者从未用过的对策。他把自杀者的遗体钉在十字架上，让野兽或者猛禽把他们撕成碎片，为的是杀一儆百，让他们的同胞公民看看他们的下场，

108. 结果，知耻的观念成了罗马人民的特性，这种观念常在战争最绝望的时候重被召唤，以帮助他们渡过难关。

109. 最细心研究的专家认为，在马可·李必达和昆图斯·卡图卢斯担任执政官时期，[31]罗马没有比李必达的更好的住宅，而过了35年之后，我相信同样的房子最多不超过100栋。如果有人怀疑这个估计数字，就让他去见识大量的大理石，无数的绘画和王室的财富。这些物品都进入了这100栋住宅——直到现在，这些住宅屡次被其他人的住宅彻底超越。可以相信，火灾、惩治奢侈浪费以及人类的本性都难以使人理解，这种东西与人类本身相比，都不过是过眼烟云而已。

111. 但是，有两栋房子除外。我们看见的这两栋房子都是皇帝的宫殿，它们使罗马所有的房屋都相形见绌——他们是盖尤斯和尼禄的房子。尼禄的宫殿从任何方面来说都是一个标准的宫殿，它是“黄金宫殿”。

112. 确实，人们很难想象，与这些宫殿相比，国家先前赐予那

---

[31] 公元前78年。

些常胜将军建筑私人住宅的地块是如何之小。

113. 盖尤斯和尼禄的疯狂甚至比不上私人的财力：马可·斯科鲁斯作为市政官，在破坏道德规范方面比任何人引起的争议都多。他能升迁到这个有影响的地位，可能是因为其继父苏拉的罪行比他在流放期间屠杀成千上万人民还要严重得多。

114. 作为市政官，斯科鲁斯建筑了人类所能想象出来的最伟大建筑。它不仅比那些临时性的建筑物都大，而且比那些计划要存之久远的建筑物还大。这是一个三层的剧院，有360根圆柱——在这座城市之中，如果不是一位著名的公民提出批评，先前连6根伊米托斯的大理石圆柱都不能容忍。剧场最低一层是大理石的，中间一层是玻璃的——即使在后来，这也是闻所未闻的豪华——顶层是镀金的板材。底层的圆柱每根高约38罗马步。

115. 在圆柱之间是青铜像，总数是3000座。观众席有80000个座位——即使庞培剧院的40000座位，现在也认为是足够大了。虽然这座城市已经扩大了几倍，人口也更多了。这座剧院的其他设备——包括金线织成的服装、舞台布景和其他道具——就是这种规模，每日使用的剩余物资都被送到斯科鲁斯在图斯库卢姆的别墅，这座房子后来被愤怒的仆人放火烧毁了，他损失了30万塞斯特斯的财产。

116. 斯科鲁斯也从这场火灾之中得益：后来再也没有人仿效他的疯狂。

117. 因此，库里奥(Curio)不得不施展他的才华，设计了另外一种东西。它值得我们花力气去了解他设计了什么，我们现代的道德规范喜欢什么，什么是反向术语，什么是"越老越好"。[32] 库里奥建立了两座并排的巨大木质剧院，每座剧院都有旋转轴。两座剧院上午都进行演出；两个剧院方向相反，因此演员们的台词不会

---

[32] 这是有关 *maior* 的一个文字游戏，与斯科鲁斯和库里奥相比，普林尼像加图和其他知名人物一样生活，在这一点上，他是个 *maior*。但在实际年龄上他年轻(minor)。

互相干扰。然后，剧院突然旋转（据说这件事最初几天之后的发生的，有些观众还坐在他们的座位上），剧院的场角合在一起，形成了一个半圆形露天剧场。[33] 库里奥在这里上演角斗士的角斗——但是，罗马人民觉得自己比角斗士还处于更大的危险之中，因为库里奥把他们骗得团团转。

118. 有一件事情现在还难以搞清，我们究竟对什么事情更感吃惊，是发明家呢，还是发明，或者是彻底的创新观念？最令人惊奇的是一个人居然疯狂到去坐在这样危险和摇晃的座位上！

119. 这表现出的是对生命的轻蔑！我们可以非常正确地处理我们对于坎尼的抱怨！这是多么巨大的灾难！此时此地，所有罗马人民仿佛登上了由两个轴支持着的两条船，关注着这场决定自己命运的战斗，而且随时都可能由于机器掉了齿轮而导致灭亡！

120. 所有这一切的目的都只是为了赢得支持，为库里奥企图当上保民官而辩护。他希望维持对那些尚未决定态度投票者的影响力。他在演讲台上，总是在一些无关紧要的地方停下来，为的是向那些被他忽悠来参与这种危险活动的听众演说。

121. 现在，让我们转而谈论一些尚无人超越的成就，它们确实是很有价值的。

122. 最新的和代价高昂的工程，开始于盖尤斯皇帝，竣工于克劳狄时期，它超过了先前所有的高架渠：它的水源是库尔提乌斯、凯鲁雷乌斯和新阿尼奥河，它们都从第 40 个里程碑处流入罗马城，从这样高的海拔向这座城市所有山丘供水；这个工程总共花费 3.5 亿塞斯特斯。

123. 如果我们把充足的水源提供给公共建筑、澡堂、管道、私人住宅、花园和国有土地；如果我们考虑到渠水流过的路程、拱形的建筑物、穿越群山的渠道、通过河谷地区的平坦水道，我们只能得出一个结论：这是世界上最伟大的奇迹。

---

[33] 像普林尼描述的这种情况不可能发生。见后文，J. F. Healy, Oliny on Science and Technology(Oxford, 1999), 165, f. and fig. 12.2.。

124. 克劳狄被仇恨他的继承人所忽略的最卓越功绩之一，我认为起码是这条水渠，即他挖通了一座山脉，以便把水排入到富齐努斯湖(Fucine)。[34] 这项工程花费了无数的金钱，雇用了一支多年不曾有过的劳动大军。由于这座山是泥土的，废土不得不用起重设备把它堆在地面，别处的基岩不得不砍掉。如此巨大的工作量都不得不在黑暗之中进行——这是非亲见者所能想到，也非任何言语可以描绘的。

125. 在意大利许许多多奇怪的事情之中，有一件事情被杰出的自然科学家帕比里乌斯·费边(Papirius Fabianus)宣布为真正的奇迹。他认为大理石确实会在矿山之中生长出来；许多矿工也认为山坡的裂缝也会自动地长满。如果这些都是真的，就有理由相信这里将会有充足的大理石，以满足奢侈豪华生活方式的需要。

127. 铁会被磁铁(magnet)所吸引：不顾一切冲入一种真空状态，它接近磁铁的时候，会突然向前冲向磁铁，迅速地抓住它，并且与它吸附在一起。有些希腊人用另外的名字“吸铁石”称呼磁铁；有些人又把它叫做“赫拉克勒斯之石”。根据尼坎德尔(Nicander)所说，它之所以被称为*magnes*，是因为其发现者马格尼斯(Magnes)的缘故。他在伊达山发现了这种矿石。在其他许多地方，包括西班牙也发现了这种矿石。据说当他放牧自己的牲口的时候，他的凉鞋的铁钉和手杖的铁头碰到了这种石头，从而有了这个发现。

128. 索塔库斯(Sotacus)记载了5种磁铁矿(magnetite)。最上等的是埃塞俄比亚品种，它的价值与白银相等。

129. 一个人可能会说一块埃塞俄比亚磁铁可以把另外一块磁铁吸附自己身上。

131. 在特洛阿德(Troad)的阿索斯，发现许多制造石棺的石灰

[34] 这条水渠原计划把富齐努斯湖的湖水引入利里斯河(Liris)。这项工程雇用了3万名工人，花费了11年时间才完成。克劳狄皇帝为水渠的开工举行了盛大的典礼(公元52年)。后来对水渠的改造只获得了部分的成功。

石(sarcophagus),它们沿着一条裂缝分布。[35] 可以确定的是,有许多尸体安葬在石缝之中。除了牙齿之外,其他东西在40天之内都毁灭了。穆西亚努斯[36]是一位专家,他声称与遗体一起埋葬的镜子、刮汗板、衣服和鞋子也变成了石头。[37] 在吕底亚和东方,也有相同种类的石头,这些石头甚至会粘附在活人身上,吞噬他们的身体。

139. 石棉(Asbestos)看起来像明矾。非常耐火;可以抵抗所有魔力饮剂,特别是那些由麻葛调制的饮剂。

146. 在古代专家之中,索塔库斯除了磁铁之外,还记载了5种赤铁矿(haematite)。他认为最好的品种是埃塞俄比亚赤铁矿。

160. 透明石膏(selenite)虽然也被称为岩石,但它非常容易处理,可以切割成人们所希望的任何厚度的薄片。有一段时间,只有这边的西班牙出产透明石膏——还不是整个行省,只是在距离塞戈布里加城(Segobriga)半径100罗马里范围之内的地区。今天,塞浦路斯、卡帕多西亚、西西里和——最新发现的——阿非利加都出产透明石膏。但是,这些品种的质量都不如西班牙的。卡帕多西亚出产的石膏块最大,但它们是不透明的。

161. 西班牙的透明石膏使用升降井从很深的地方开采出来;在地表之下也发现了透明石膏,主要隐藏在当地的岩石之中,可以从中把它们开采出来。但是,大部分透明石膏都是以一种可以开采的方式存在着。因为它以独立的形式出现,就像采石场未经加工的大石块一样;至今为止,没有发现有一块透明石膏超过5罗马步长的。这证明透明石膏像水晶一样来自液体,由于地球内部的蒸发作用而被冻结和硬化为石头;因为当野兽掉在这些矿井之中的时候,它的骨髓经过一个冬天之后,就成了透明石膏的形状。

---

[35] 普林尼指的可能是石灰岩。

[36] 公元69年叙利亚统治者。他编纂了一本《不可思议的事物》,其中许多东西都是他在东方担任官职的时期得知的。

[37] 渗漏的水可能沉积成碳酸钙,在里面固结成硬物。而熟石灰的沉淀物也可以结成一层坚硬的外壳。

162. 有时也会发现黑色的透明石膏。但是,这种透明石膏会发出亮光,并且因为其质地柔软而受重视,具有不惧冷热的特点;即使把它涂在其他许多品种的大石头上,只要它没有受到破坏,它就不会变质。人们还发现了透明石膏的其他用途:在举行运动会期间,可以用它在圆形大竞技场的表面涂上一层薄薄的涂层,使它变成令人赞赏的、光彩夺目的外表。

163. 在尼禄担任元首时期,卡帕多西亚出现了一种石头。它是白色的、半透明的,具有大理石的硬度,即使是深黄色的矿脉也是如此。这种石头被称为细纹大理石(phengites)。尼禄使用它重修了命运女神庙,又称塞扬努斯圣所。它最早是塞尔维乌斯·图利乌斯国王奉献的,后来被并入尼禄的"黄金宫殿"之内了。由于这种石头具有半透明的性质,即使在神庙关闭大门的日子它也会发光。但是,它不像透明石膏的窗户,它的发光实际上在石头的内部,不能穿透石头。

189. 马赛克(mosaics)使用于苏拉时代。无论如何,现在仍然有小块镶嵌大理石拼成的马赛克地板,这是苏拉下令为普雷内斯特的命运女神庙做的。后来,马赛克又从地面转到了拱形的天花板,这种马赛克现在是用玻璃(glass)做成的。这是在技术上的一个创新。无论如何,阿格里帕在其罗马浴室的温室使用蜡画法装饰彩陶俑,其他地方则刷石灰水。我现在就来说说玻璃的特性。

190. 叙利亚与犹太地区相连的那个部分称为腓尼基,包括毗邻卡尔迈勒山的坎德比亚(Candebia)沼泽。这个地方被认为是贝卢斯河(Belus)的源头。它在流出 5 罗马里之后,汇入了毗邻托勒密王朝殖民地的大海之中。尽管它在宗教仪式上被认为是神圣的河流,它的河水流动是缓慢的,水质不适合饮用。这条河流既浑又深,只有在退潮的时候,才能露出沙子来。直到沙子被海浪冲刷干净,沙子之中的杂物被除掉之前,这种沙子不会反光。

191. 然后,也只有在这之后,当沙子被海水冲洗干净之后,它才可以使用。虽然海滩延伸不足半罗马里,但是在很长的时间里,这个地区是唯一的玻璃产地。据说有一条属于从事苏打买卖的商人船只曾经到过这里，他们沿着海滩前进，做了一顿饭。由于这里没有石头可以支起他们的饭锅，因此他们把船上的苏打块放在锅子之下，当苏打和沙子受热熔化之后，流出了一种从未见过的半透明液态物质，这就是玻璃的起源。[38]

192. 不久，由于人类的创造发明能力，不再满足于只把苏打混合在一起。人们开始往里增加镁的化合物。同样，在许多地方把发光的石料[39]加入其中熔化，然后再加入动物的壳类[40]和开采来的沙子。专家们声称，印度的玻璃是破碎的水晶做成的，因此，没有一种玻璃的质量可以与印度的相比。

193. 铜和苏打也被加入到混合物之中，它们要用轻的、干燥的木材生火熔化。玻璃与铜一样，要在熔炉之中经过许多道工序，才能形成黑色的块状物。[41] 这种熔化玻璃非常锋利，人们还没有感觉到一点痛苦，它就能刺穿骨头，伤害到人体的任何重要部位。这种块状的玻璃可以在作坊的熔炉之中再次熔化和着色。有些玻璃可以吹制成型，[42]有些使用模具成型，有些可以像白银一样雕刻。西顿曾经以玻璃器制造厂闻名于世。在其他许多物品之中，玻璃镜子是这里发明的。

194. 这是一个制造玻璃的古老方法。但是，现在意大利沃尔图努斯河，在库迈与利特努姆之间 6 罗马里的海岸线上也发现了白色沙子；这种极为柔软的沙子可以用作碾钵或者碾磨机的底子。然后把它与 3/4 的苏打混合在一起（根据重量或者分量），熔化之

---

[38] 玻璃是沙子（二氧化硅）、苏打（碱）和诸如石灰之类的碱土熔化的产物。沙子的不纯，可能含有普林尼记载之中忽略了的石灰。没有这种混合成分，可以做成水玻璃，即硅酸钠，关于玻璃的生产及这段文字，见，R. C. Aotlander, “Glasherstellung bei Plinius dem Alteren”, Glastechenische Berichte, 52,（1979），pp. 265 - 270。

[39] 大概是石英。

[40] 这些可以用作石灰的原料。

[41] 这个生产过程大概包括如下步骤：（1）在低温下焙烧；（2）熔化；（3）慢慢地冷却。每一个步骤都要使用不同的熔炉。

[42] 公元前 1 世纪中期之前还没有采用吹玻璃的技术。

后，再把它以熔化状态送到另外的熔炉之中。在这里它变成了块状，称为“沙苏打”。经过再次熔化，它就成了纯净的玻璃——明亮的玻璃块。现在，高卢和西班牙行省的沙子也以同样的方法混合在一起。

195. 据说提比略当皇帝的时候，发明了一种混合玻璃的方法，可以使玻璃具有弹性，但这个手工作坊被彻底破坏了，因为人们担心这会降低像铜、银和黄金之类金属的价值。由于这个故事流传久远主要是因为它经常地、反复地被提起，而非其真实性。但是，在尼禄担任元首时期，玻璃制造技术出现新发明是有可能的，由此生产出的两个名为“粗陶器”的小酒杯，一共卖了6000塞斯特斯。

198—199. 最昂贵的玻璃是透明的，其外观非常接近水晶的样子。不过，玻璃虽可取代了黄金和白银的酒具，但是只能盛冷水，不能盛热水。一个盛水的玻璃球对着阳光的时候，它所产生的热量可以点燃衣物。只要加热到适当的温度，破碎的玻璃片可以熔合到一起。即使如此，它们也不可能彻底地熔化，而只能熔化成单个的小圆球。就好像在制造玻璃的时候，出现被称为“眼珠”的小玻璃球一样；在许多情况下，这些玻璃球有多种颜色和多种形状。当玻璃用硫磺加热之后，它可以和石头黏合在一起。

200. 在描绘了由人类复制大自然的技术天赋造就的种种物事之后，我惊奇地想到，如果没有火的加入，没什么东西可以做成。火遇沙熔沙子，在条件具备的时候使它变成玻璃、白银、朱砂、铅、颜料和药剂。矿砂可以熔化生产出铜。火可以生产出铁，也可以让它回火，可以提纯黄金，煅烧石灰石以制造石灰，这些石灰可以把建筑物的砖块黏合在一起。

201. 其他物质也因为受到火的影响而不止一次获得了好处，同样的物质在经受了第一次、第二次和第三次火的提炼之后，可以具有不同的外形。木炭在燃烧和闷火之后开始具有特殊的力量；它在好像要熄灭的时候，力量反而增强了。火是大自然之中巨大的、强有力的元素，它的本质到底是破坏性更大，还是建设性更大，也一直是人们争论的焦点。

202—203. 火还可以用于制药领域。可以确定的是，由于日食造成的瘟疫，可以使用包括点燃大火的许多办法来消除。恩培多克勒和希波克拉底在不同场合表明了这一点。马可·瓦罗说过如下的一段话，请允许我引用他的原文："对于腹部和跌打损伤的痛苦而言——你家的炉灶就是你的药箱子。"炉灰制作的一剂碱液将会使你康复，在一场比赛之后，你可以看见角斗士从这种饮料之中获得的好处是多么巨大。而且，曾造成两位前执政官死亡的炭疽热（anthrax），也可以使用栎树的木炭加上蜂蜜治好。因此，即使在那些使用过的和被抛弃的物质之中，也存在着某些有用的物质——就像在灰烬和木炭之中存在着有用的物质一样。

204. 我不会略过罗马文学之中一个著名的有关炉灶的事例。传说塔尔奎尼乌斯·普里斯库斯在位时期，一条阴茎突然从炉灶傍边的灰烬之中伸出来，而一名被俘的少女奥克丽西娅就坐在那里，她是王后塔纳奎尔的女仆，就在火光前面完成了受孕。继承王位的塞尔维乌斯·图利乌斯，就是这样出生的。据说后来在图利乌斯的家中，当孩子睡觉的时候，便有火焰缭绕在孩子的头部周围。因此，他被认为是保护王室的神灵之子。

第三十七卷　宝石

1. 在我打算涉及的问题之中，只剩下宝石了。可谓造化钟神秀，造就了最大的奇迹。人们根据颜色、质地和宝石的精美程度分出如此之多的收藏种类，以至于认为胡乱摆弄宝石、把它雕刻成印章是一种罪过。他们认为某些宝石是无价的。因此，对于许多人而言，一块宝石可以为人们提供一个观察大自然的无比完美角度。

2. 建立在对被束缚的普罗米修斯错误释读基础之上的神话传说认为，佩戴指环起源于高加索山脉的山岩。指环上的宝石就是那块岩石的一部分，镶嵌在一个铁制底座上，戴在某个手指上；据说这就是最早的指环和宝石。

3. 这就是宝石开始流行的情况，它们是如此引人着迷，以至于萨摩斯的波利克拉特斯（Polycrates）——许多岛屿和沿岸地区的僭主，认为奉献一块宝石足以抵偿他的繁荣；即使是像他这样幸运的人也认为，他的运气实在是太好了。很显然，波利克拉特斯认为他应当把自己的解释与变幻无常的命运连接在一起。他应当受到可靠的保护，以免遭受她的敌意，一旦他遭受到这种大灾难——就表明他自己也已经厌烦了这种无休无止的幸运。因此，他扬帆出海，把指环投入了深水之中。[1]

4. 但是，国王的这个指环被一条大鱼吃进去了，鱼儿又把它送回来了——这是一个极好的预兆——由于命运变幻无常的安排，在自己的厨房之中，指环又送回给了它的主人。一般认为这块宝

① 见 Herodotus，III，40ff。

石是缠丝玛瑙(sardonyx),它现在陈列在——如果我们相信的话,这就是最早的宝石——罗马城和谐女神神庙,安装在金角上。这块宝石是利维娅赠送的,实际上,它淹没在许多更贵重的宝石之中。

12. 庞培对米特拉达梯的胜利,改变了珍珠和宝石的流行款式。卢西乌斯·西庇阿和格内乌斯·马尼利乌斯同样也获得了许多银器雕刻品、黄金的服饰、镶嵌着青铜的餐厅长沙发;穆米乌斯的胜利,则带来了科林斯的青铜器和绘画。为了把这些东西全部运回国,我要补充来自庞培凯旋仪式官方记载的正式说法。庞培的第三个凯旋仪式是在他的生日 9 月 29 日举行的,②以庆祝他打败亚细亚、本都和先前提到的所有民族的海盗。③ 在这个凯旋仪式之中,他运来了一张完整的赌桌和棋子;这张桌子有 4 罗马步长,1 罗马步宽,是用宝石做成的。在桌子上有一块金色的月长石,重 30 磅——它证明我们的自然资源已经被消耗殆尽,因为非宝石今天在数量上已经接近宝石了。

14—15. 还有以珍珠做成的庞培肖像。我认为他的外号“伟大的”,从来就没有保存在以这种方式庆祝其第一次凯旋仪式的人们记忆之中。

16—17. 在其他方面,他的凯旋仪式做了许多最值得重视的事情。他向国家贡献了 2 亿塞斯特斯,他献出 1 亿塞斯特斯给守卫海疆的指挥官和度支官,给予每个士兵 6000 塞斯特斯。对于我们而言,他的所作所为使我们更能宽容盖尤斯皇帝的举止,除了妇女们的其他衣着物品之外,他还穿上了装饰着珍珠的拖鞋——就像尼禄皇帝手持权杖,带着演员的面具,漫步在装饰着珍珠的沙发之间的举止一样。确实,我们觉得没有权利批评酒具和镶嵌宝石的其他家用器皿——甚至是半透明的戒指。可以肯定,任何奢侈浪费都比不上庞培的奢侈浪费危害严重。

---

② 公元前 61 年。

③ VII, 98(不包括这个片段)。

18. 同样是那次的胜利，第一次把萤石器皿(myrrhine ware)带到了罗马。庞培是第一位在凯旋仪式中向卡皮托的朱庇特神庙奉献萤石碗和酒杯的。萤石的器皿立刻就成了日常用品，人们竭尽全力想获得萤石的陈列品和餐具。这种奢侈浪费正在与日俱增。一位前执政官使用的萤石酒杯价值 70000 塞斯特斯，虽然它的容量只有 3 品脱。他是如此迷恋这个酒杯，以至于经常咀嚼酒杯的边缘。但这样的破损反倒令其增值。今天，没有一件萤石器物的价格高于它。

19. 他花在购买其他物品上的钱数，可以从物品的数量众多推断出来；它们的数量是这样之多，以至于尼禄从那个人的子女手中将其没收和展出的时候，它们摆满了尼禄在台伯河对面花园之中的私人剧院！这座建筑物是如此之大，当尼禄要为在庞培剧场的演出排练的时候，就在这里对着观众演唱。

20. 当前执政官提图斯·佩特罗尼乌斯(Titus Petronius)去世时，他打坏了一个萤石的长柄汤勺，那是他花了 30 万塞斯特斯购买的，这就使皇帝的餐桌无法得到这件东西。[4] 但是，尼禄不愧是一个皇帝，他花了 100 万塞斯特斯购买了一个碗，从而超过了所有人的奢侈浪费。国家的总司令和父亲竟然为了饮酒付出如此巨大的代价，真是一件值得大书特书的事情！

21. 东方输出萤石器皿。在其他许多普普通通的地方都发现了这种矿藏，特别是在帕提亚王国。但是，最好的萤石品种出产在卡尔马尼亚。真正的矿物被认为是液体状的，它在地下因为高温而变成了固体。萤石块从来没有比小陈列品更大的。通常连酒具那么大体积的东西也难得一见，关于这种酒具，我已经提到过了。它们会发出光芒，但是不强烈——确实，更准确地说，它们发出的是闪光。它们的价值取决于本身色彩斑斓的颜色。在纹路呈圆形旋转的时候，萤石的变化反复从紫红变成白色、再变成两种颜色的混合色。紫红变成了火红色、乳白色、红色，新颜色似乎贯穿了整

---

④ See Tacitus, *Annals*, XVI, 19.

个的纹路。

22. 有些人特别欣赏其内部五彩缤纷,其边缘会反射颜色的蛋石块。小块的蛋石同样具有吸引力。

23. 水晶产生的原因截然不同;它是因为严寒而硬化的。无论如何,这种矿藏只能出现在雨雪冻结的地方。而且它毫无疑问是冰的一种。这就是希腊术语称之为 *krystallos* 的原因。[5] 东方输出的水晶如下:印度的品种比其他任何品种更受欢迎。在小亚细亚也发现了水晶,一种质量非常低劣的品种出产在阿拉班达(Alabanda)和奥尔托西亚(Orthosia)附近地区,塞浦路斯同样也出产这种水晶。在欧罗巴,高质量的水晶出产在阿尔卑斯山区。

24. 朱巴是这种说法的权威,即在红海面对阿拉比亚的尼克龙岛(Nicron)也出产水晶,在附近的海岛上出产贵橄榄石(peridot)。他声称,托勒密王朝有一位名叫毕达哥拉斯的官吏挖到了一块不下于1肘尺的贵橄榄石。科尼利乌斯·博库斯(Cornelius Bacchus)提到,在安梅恩西亚山区的卢西塔尼亚,当矿井的水面降到水平面的时候,可以发现重量惊人的水晶。

25. 以弗所的色诺克拉特斯(Xenocrates)有一个令人惊奇的发现,在小亚细亚和塞浦路斯,用犁头也能够翻出水晶,因为先前认为除了在岩石之中外,它们不可能出现在土壤中。苏迪尼斯(Sudines)声称它们只出现在朝南的地方。一般认为在多水的地方不可能发现水晶,不论是寒冷的地方还是结冰的河流。

26. 因此,水晶必定出自天空纯粹雪花形式的湿气。正是因为这个原因,它不能耐受高温,只能用来做冷饮器皿。水晶为什么是六面体的,原因很难解释清楚。这种困难还因为其末端的不对称性而复杂化了。而它的表面通常是非常光滑的,即使是熟练的珠宝师也难以达到这样完美的程度。

27. 至今为止,我们见过的最大水晶块,是奥古斯都之妻利维娅奉献给卡皮托神庙的那块水晶;它的重量约有150磅。根据色

---

⑤ 冰。

诺克拉特斯记载，他见过一个容器，可以盛 7 加仑物品，有些专家还提到有一个印度的容器可以盛 4 品脱物品。我可以毫不含糊地确认，阿尔卑斯山区的水晶形成于那些难以攀登的地区，人们需要用绳索悬在半空中，才能把它开采出来。许多勘探者都熟知水晶存在的标志。

29. 水晶应对另外一种疯狂的迷恋负责。前几年，一个中产的已婚妇女花了 150000 塞斯特斯购买了一把长柄勺。当尼禄听说万事俱休之时，他在盛怒之下把 2 个水晶杯子摔在地上，打碎了；这是对那些他想惩罚的同代人的报复行动，不让其他人使用这些杯子喝酒。水晶破碎之后没有办法修复。玻璃现在已经像水晶一样，它自身的价值已经提高，尽管它的竞争对手的价值并未因此降低。

30. 在接下去的奢侈品名单之中，就是琥珀了。虽然至今为止它只是妇女们专用的装饰品。即使是奢侈品，也无法编造出这种用法的理由。

31. 琥珀为揭穿希腊人虚假的记载提供了一个机会。我的读者们请保持耐心，因为这对于认清这件事是很重要的，即希腊人留传至今的每一件事物，并不是都值得赞美的。

42. 现在已经知道，琥珀出产于北方大洋的海岛上，日耳曼人把它称之为 *glaesum*。据说在这些海岛之中，有一个我们称为格里萨里亚(Glaesaria)的海岛——日尔曼尼库斯·凯撒曾经参与那里的海军行动，琥珀在当地被称为奥斯特拉维亚(Asteravia)。琥珀是液体形成的，它从一种松树的内部流出来——就好像树脂从樱桃树之中流出来，或者松香从松树之中流出来一样，当它变成一大滴液体的时候，就掉了下来。这种精华由于冷却和适当的热度而凝固，或者是在春汛之后树脂被海水从海岛上卷走。无论如何，琥珀在海岸边受到海水冲洗，以这种形式旋转，以至于它们看起来好像是悬浮着，没有固定在海床上。

43. 甚至我们的先辈也认为琥珀是树上的精华，[6]因此把它称为 *sucinum*（意为"黄琥珀"——中译者注），有一个事实是，当它在摩擦和燃烧的时候，会发出松树的香味，好像松明子和松烟的气味，它表明这种树属于一种松树。

45. 有一位至今仍然健在的罗马骑士，曾经被负责为尼禄皇帝举行角斗士表演的尤利安努斯(Julianus)派去寻找琥珀。他沿着商路和海岸线旅行，运回了大量的网子，把它们张开使野兽无法接近圆形大竞技场的短墙。这些网子打结使用的便是琥珀块。确实，武器、担架和在一天之内要用的所有装备——每天的表演都是不同的——都有琥珀的装饰品。

46. 尤利安努斯运回罗马的琥珀块，最重的大约是 13 磅。这块琥珀最初像液体一样流动，得到了某些东西的证明，如蚂蚁、蚊子和蜥蜴之类，在琥珀里面可以看见这些动物。这些动物毫无疑问是被黏在新鲜的树液上，当树液变成固体的时候就留在了其中。

48. 在用手指摩擦琥珀时，热气被释放出来，它可以吸引麦秆，椴树干燥的树叶和树皮，就像磁铁可以吸引铁块一样。

49. 在奢侈品之中，琥珀是如此值钱，甚至是一块琥珀人体小雕像，也要比许多活着的、健康的奴隶价钱贵得多。说起科林斯青铜器，那是一种受人喜爱的铜、银和金的合金。我也已经提到过萤石和水晶器皿诱人的特性。珍珠可以戴在头上，宝石可以戴在手指上。简言之，凡是我们喜欢的所有其他东西，都是因为我们可以炫耀或者使用它们；但是，琥珀只能使我们的内心得到满足，知道它是一件奢侈品。

51. 人们发现琥珀也有某些药用价值。但是，这并不是妇女们喜欢它的原因。

54. 我们现在就从价格最高的宝石开始，讨论石料的知识。此外，为了人类最大的利益，我将顺便驳斥麻葛散布的恶劣谎言。对于宝石，他们曾经有很多说法，从具有可供选择的药物功能这种诱

---

⑥ sucus.

惑性宣传,到它们具有超自然的性质。

55. 长期以来,金刚石(diamon)只有国王才了解,而且也只是国王之中很少的人才知道,它的价格比人类所拥有的任何财产都高,而不仅仅是比任何宝石都高。*Adamas*⑦是赋予非常偶然发现的"金结"的名字,它存在于金矿之中,而且显然只能在黄金之中形成。古代专家认为,它出产在位于墨丘利神庙与麦罗埃岛(Meroě)之间的埃塞俄比亚境内;他们声称许多实物还不如黄瓜的种子大,在色彩上也不像它们。

56. 现在已知的金刚石有6种。一种是印度八面晶体的金刚石,它不是在黄金之中形成的,而是与水晶有某种亲缘关系,它的透光性和六角形光滑的平面与水晶相似。它的两端逐渐变细,成为尖端。它之所以最引人注目,是因为它像两个基部连在一起的陀螺。它的大小甚至有榛子那么大。与印度金刚石类似,但是较小的是阿拉比亚金刚石,它也是在类似的条件下形成的。其他种类具有银子灰白色的外表,仅形成于质量最好的黄金之中。

57. 所有这些宝石都要放在一块铁砧上检验:它们是如此耐受打击,以至于锤子的头部可能被劈成两半,铁砧可能移动位置。金刚石的硬度几乎无法形容。同样,由于耐受烈火,它的特性是绝不会变热。这就是它得名的原因,因为根据希腊术语的意思,⑧它就是"不可征服的力量"。希腊人把另外一种金刚石称为"小米种子",⑨因为它的体积类似于后者。第二种以"马其顿"金刚石著称,它发现于腓力城的金矿之中;它的体积就跟一粒黄瓜种子一般大。

58. 接下来的品种称为"塞浦路斯"金刚石(Cypriot),它发现于

⑦ 某种坚硬的物质——可能是白金,虽然普林尼把它的颜色与黄瓜的种子相比,与这种解释不符合。又见提奥弗拉斯图斯,《论宝石》,32。

⑧ 术语 *adamas* 有几种意义,它指的可能是任何坚硬的物体。印度的金刚石早已闻名于世。参见 Manilius, Astronomicon, IV, 926。与普林尼的说法相反,金刚石在锤子的打击之下可以被打碎。但它们只有在温度大约超过700°的时候才会受到影响。

⑨ Cenchros.

塞浦路斯，色彩接近于铜的颜色。还有就是含铁的矿石，它具有铁的光泽；它比其他的金刚石更重，在其他方面也不相同。

60. 当一颗金刚石被成功地粉碎之后，它会分裂成许多小到几乎看不见的碎块。这些碎块都会被雕刻师淘走，把它们安装在自己的铁工具之上，因为稍微用力就可以用它们雕刻最坚硬的表面。

62. 在价值上，仅次于金刚石的是印度和阿拉比亚的珍珠。祖母绿(emerald)居于第三位有几个原因。确实，外表上没有颜色的宝石更受人喜爱。不过，由于我们喜欢观赏植物和绿叶，我们认为祖母绿最受人欢迎，因为与它们相比，绝对没有任何物品比它们更绿。

63. 而且，祖母绿是唯一因为颜色纯正而使我们视觉满意的宝石。在我们因观看其他物品而视力受损之后，我们可以凝视祖母绿而使视力恢复正常。宝石工发现这是恢复他们视力最好的办法。因为对于疲劳的眼睛而言，宝石柔和的绿色具有缓解作用。

64. 祖母绿一般是凹面形状，因此它们可以使人的视线集中。由于这个原因，一般认为祖母绿应当保持它们的天然状态，而不应当进行雕琢。无论如何，西徐亚和埃及出产的祖母绿非常坚硬，以至于无法给它们做出标记。当祖母绿呈薄片状的时候，它们可以像镜子一样照出物体的形象。尼禄皇帝通常在观看角斗士格斗时，观看祖母绿表面照出的格斗情况。

66. 传说在塞浦路斯有一座狮子的雕像，屹立在位于金枪鱼场附近赫尔米亚斯王子墓塚上；狮子的眼睛是用祖母绿镶嵌而成，即使是从水底下看起来它们也非常的明亮，以至于金枪鱼都吓得逃走了。渔民们长期以来都对这种奇怪现象感到困惑。直到他们更换了狮子眼睛之中的宝石。

76. 许多人认为，绿柱石(beryls)即使与祖母绿不是同一码事，那也是类似的物体。绿柱石出产在印度，而在其他地方很少发现。所有的绿柱石都被熟练的工匠切割成六面体，因为它们的色彩在表面没有破开之前是阴暗的，只有多面体反光才能使它们恢复生气。如果使用其他方式切割，就会使它们失去光泽。最被人看重的绿柱石是那些类似大海一样纯绿色的。

78. 印度人非常喜欢细长的绿柱石。他们喜欢把绿柱石而不是宝石做成长长的棱柱体，因为他们认为长度就是优点。

79. 有些人认为绿柱石天生就是棱柱体。印度人发现了一种给水晶上色、伪造宝石，特别是伪造绿柱石的方法。

103. 电气石（tourmaline）在奥尔托西亚（Orthosia）、整个卡里亚以及邻近地区都有发现。但质量最好的出产在印度。我发现还有其他的品种，例如紫罗兰红的和玫瑰红的电气石。当电气石在太阳之下受热的时候，或者当它们在两个手指间摩擦的时候，据说它们能够吸引麦秆和纸莎草的纤维。

104. 还有人声称，红宝石（ruby）虽然价值低得多，也具有同样的吸引力。

121. 印度的紫晶（amethysts）品质最佳，虽然在阿拉比亚与叙利亚交界的佩特拉（Petra）地区以及小亚美尼亚、埃及和加拉提亚（Galatia）也发现了紫晶。质量最差和最不值钱的品种出产在塔索斯和塞浦路斯，有些人解释“紫晶”的名字是因为其鲜艳的颜色近似葡萄酒的色彩，而它终究还是紫罗兰色调，稍次于葡萄酒的红色。但是，所有的紫晶都是透明的，具有美丽的紫罗兰色彩，并且很容易雕刻。

124. 麻葛伪称，紫晶可以防止醉酒，它们就是因为这个原因[10]才得了这个名字的。

126. 埃塞俄比亚送给我们蓝宝石（sapphires）和黄宝石（topaz），黄宝石是一种闪光的、金黄色的透明宝石。

136. 接下来的宝石名叫“彩虹石”（rainbows stone）。这是在红海的一座岛屿上开采出来的，这座岛屿距离贝勒奈斯（Berenicê）60罗马里。除了一点不同之外，它在所有的方面都算是水晶。有些专家也曾经把它叫做“水晶”。它被称为“彩虹石”是因为它在房间中可以吸收阳光，可以折射光线，把彩虹的色彩投射到附近的墙壁

---

[10] 希腊语词汇 *amethystos* 意为“不醉”。

上;它可以不停地改变自己的颜色,这种千变万化的结果引起了人们日益增长的好奇心。

137. 一般认为,彩虹石像水晶一样有六个面,但有些专家声称它的面是粗糙的,各个角度是不相等的。他们说,在阳光充足的情况下,这种宝石能够折射照在它们身上的光束,同时以某种光线照亮它前面相连的物体。但是,正如我已经说过的那样,它只能在暗处发光。质量最好的是那些能够发出最强彩虹效果,最像自然奇观的彩虹石。

186. 我们还可以采用另外一种分类法给宝石分类,它有别于我们时常表现主题的方法。因为有些宝石得名于身体的各个部分:例如肝臭重晶石得名于肝脏,[11]还有许多不同的皂石得名于动物天然的脂肪。[12] *triophthalmos*[13] 是一种缟玛瑙,它的外貌像三只人眼组合在一起。

187. 有些宝石得名于动物:例如,*carcinias* 叫这种名字,是因为它具有螃蟹的色彩;[14] *echitis* 是因为它具有蝰蛇[15]的色彩。scorpitis 具有蝎子的色彩或者外貌。

188. 无生命物体的相聚合出现在 *ammochrysus* 这一事例之中,它的外表像是黄金[16]与沙子[17]混在一起。cenchrites 好像是撒落的小米粒;[18]dryites 好像是栎树的树干。[19] cissitis 是无色透明的宝石,可以看见其中的常春藤叶子,[20]这些叶子布满了整块宝石。

193. 一些没有名字的宝石可能出人意料地出现,例如,据提奥

[11] 肝(hepar)。

[12] 硬脂酸(stear)。

[13] 三眼的。

[14] *carcinos.*

[15] *echis.*

[16] *chrysos.*

[17] *ammos.*

[18] *cenchros.*

[19] *drys.*

[20] *cissos.*

弗拉斯图斯所说，[21]有一次在兰普萨库斯的金矿发现了一块宝石，因为其美丽而送给了亚历山大。

196. 现在，我根据近代专家对宝石的看法，对于我们研究各种宝石意义做些一般性的评论。凹面和凸面的宝石被认为价值低于那些平面的宝石，细长形状的宝石价格最贵；然后是所谓的透镜状的，接下来是平面的，圆形的；具有尖角的宝石最不受重视。

197. 鉴别宝石的真伪是一个困难的问题，因为人们已经发现如何把一种真的宝石做成另外一种假的宝石。例如，缠丝玛瑙可以用黏胶把三种宝石黏在一起做成，这种欺骗方法是无法发现的：在一种宝石之中取出一块黑色的宝石，在另一种宝石之中取出一块白色的宝石，在另一种之中又取出一块红色的宝石——它们在自己的品种之中都是高质量的。而且，根据那些我没有提及其姓名的专家们论文，他们概括了如何用给水晶上色的办法伪造祖母绿和其他透明宝石；或者是使用肉红玉髓伪造缠丝玛瑙；同样，还可以用别的宝石伪造其他宝石。确实，没有比这更欺骗社会的牟利行为。

198. 然而，我还是应该揭示鉴别伪造宝石的方法。因为这是一件正大光明的事情，即使是奢侈品也需要受到保护，打击造假。因此，除了我在叙述每一种高质量宝石的时候所作的评论之外，现代专家的意见是，透明的宝石一般要在早晨检查，如果不行，至少要在中午之前，肯定不能更晚。

199. 鉴定有许多不同的方式；首先是称重量，因为真的宝石比较重；然后是比较凉的感觉，真的宝石放在嘴中感觉更凉；在这之后是比较物理特征：伪造的宝石内部深处有气泡，粗糙的表面有美观的条纹，不协调的光泽和亮度，在进入人们的眼睛之前就逐渐地减弱了。

200. 最有效的检测方法是敲一小块宝石的碎片下来，把它放在铁片上加热，不过，可以理解宝石商人会拒绝这样做。同样，他

---

[21] *De Lapidibus*, 32. 提奥弗拉斯图斯实际上没有提到亚历山大。

们也反对用锉刀进行检测。黑曜石薄片划不动真正的宝石，但在伪造的宝石上每一道划痕都呈现白色。宝石之间也有很大的区别，有些宝石不能用铁工具雕刻，有些只能用钝的铁工具雕刻；但是，所有的宝石都可以使用金刚石雕刻。钻孔所产生的高温对宝石有很大的影响。出产宝石的河流是阿塞西尼斯河、恒河和整个地区，印度是宝石的主要产地。

201．现在，我已经结束了关于大自然造化的记载，也到了对它的产物、对提供这些产物的地区作出某些严谨评价的时候了。在全世界，在整个穹窿之下，意大利是所有国家之中最美丽的地方，具有赢得大自然王冠的所有东西。意大利是世界的统治者和第二个母亲——她拥有众多的男女、将军、士兵和奴隶，她在艺术和工艺方面具有突出的地位，她具有卓越的天才、良好的地理位置、健康而又温和的气候，她与各国人民交往便利，她的海岸有许多港口，宜人的风吹拂着她。所有的这些优点都来自意大利的地理位置——因为这块陆地伸出在最有利的地方，在东方和西方的中间——而且它有充足的水源、茂密的森林、可以通行的山脉、无害的野生动物、肥沃的土壤和富饶的牧场。

202．在人们可以有理由期望获得的东西方面——主要是谷物、葡萄酒、橄榄油、羊毛、亚麻、衣物和幼畜，没有一个地方比意大利更著名。意大利马比其他的马更适应训练场；在金矿、银矿、铜矿和铁矿方面，意大利是首屈一指的。而且她是依照法律来开采矿山的。她像孕妇一样把它们囊括在自己内部，作为她的嫁妆，她赐予我们许多不同的果汁、谷物和不同的味道的果实。

203．在讲完意大利之后，我要把印度的神奇故事放在一边，讲一讲西班牙，至少是讲一讲沿海地区。西班牙虽然有部分地区崎岖不平，它也是一个富饶的地区，盛产谷物、橄榄油、葡萄酒、马匹和各种各样的矿藏。因此，高卢远不能与西班牙相提并论，西班牙还有一个优点，因为它的沙漠有细茎针茅草、透明石膏和作为奢侈品的颜料。这是一个激励工作、奴隶训练有素，男人身体强健、感情敏锐的地方。

204. 在大自然的产物之中,出自海洋的最昂贵的是珍珠;出自地表最昂贵的是水晶;出自地球内部最昂贵的是金刚石、祖母绿、宝石和萤石器皿;出自土壤的东西有胭脂虫、罗盘草、甘松和塞里斯的丝织品。出自树叶的最贵重产品是桂皮;出自灌木最昂贵的产品是砂仁;出自树木或灌木的是琥珀、香脂、没药和乳香;出自根部最昂贵的产品是芳香的闭鞘姜属。出自有生命动物的,在陆地上最昂贵的产物是象牙;在海洋中是海龟壳。在动物的皮革和皮毛方面,最昂贵的是塞里斯染色的皮革和阿拉比亚的母山羊毛,即我们所说的 ladanum(灌木)。在两栖动物之中,最昂贵的是用有壳水生动物做成的猩红色和紫红色染料。鸟类除了可以用于战争的羽毛和科马吉尼的鹅油之外,没有作出杰出的贡献。我不能忽略一个事实,即所有男人都为之疯狂的黄金在这个昂贵用品的名单之中才仅仅占据第 10 位。而与黄金在一起买卖的白银,几乎排在第 20 位。

205. 向您致敬,大自然,万物之母,您向我展示了您的仁慈,因此我是罗马公民之中唯一对您的各个方面赞美的人。

译名对照表

（罗马数字为卷，阿拉伯数字为节）

Abarimon　阿巴里蒙（喜马拉雅山脉之中的地区）vii，11
Aborigines　阿博里吉内人（斯里兰卡古代部落）vi，81
Abydus　阿拜多斯城（特洛阿德）ii，150
Acesines，R　阿塞西尼斯河（今印度杰纳布河）xii，23；xvi，162；xxxvii，200
acetabulum　醋杯（希腊度量衡单位）xxi-xxii，185
Achaemenis　阿契美尼斯（古波斯）xxvii，18
Achaia　阿哈亚城（希腊）xxxiv，36
Acherusian Marsh　阿谢鲁西亚沼泽（今意大利富萨罗湖）iii，61
Achilles　阿喀琉斯（特洛伊战争的希腊英雄，密尔弥冬人的国王）xxx，5－6
Achilles　阿喀琉斯（海绵的一个品种）ix，148
Acilius　阿齐利乌斯（罗马城街名）xxix，12
Acilius Sthenelus　阿齐利乌斯·斯塞内卢斯（罗马葡萄园主）xiv，48
Acmodae　阿克莫迪群岛（今英国设德兰群岛）iv，103
Aconite　乌头（植物）xxvii，4－7
Acragas　阿克拉加斯（古代著名雕刻家，生卒年代和籍贯不详）xxxiii，154
acre　英亩（面积单位）xiv，48；xviii，6－7
Acrocorinth　阿克罗科林斯（科林斯的卫城）iv，11
Acron　阿克伦（原籍阿格里真图姆，医师）xxix，6
Acropolis　卫城（特指雅典卫城）vii，194
Actê　阿克特（阿提卡远古时期的称号）iv，23
Actium　亚克兴角（希腊阿卡纳尼亚北部海岬，亚克兴大战的战场）vii，147－49；ix，119；xxxii，2
actus　阿克图斯（罗马长度单位，约合 120 英尺）xviii，9
Adamas　白金（宝石）xxxvii，55
Adriatic　亚得里亚海 iii，117
Adsiabene　阿德西亚贝内（古代帕提亚西部地区）vi，109－110

agnus castus　西洋牡荆树(植物)xxiv，59 - 60
Agonaces　阿戈拉塞斯(公元前 3 世纪，赫米普斯的老师)xxx，4
Agoracritus　阿戈拉克里图斯(菲迪亚斯的弟子，帕罗斯的雕刻家)xxxvi，17
Agraeans　阿格里人(阿拉比亚部落)vi，161
Agrigentum　阿格里真图姆(今意大利阿格里真托)viii，41 - 55、155；xxix，6；xxxv，179
Agriopa　阿格里奥帕(传说之中冶金业的发明者之父)vii，195
Agrippa，Marcus Vipsanius　阿格里帕(公元前 63—前 12，罗马将领和政治家、多次担任执政官、地图制作者)vii，45
Agrippina Major　大阿格里皮娜(阿格里帕之女)13；vii，45
Agrippina Minor　小阿格里皮娜(阿格里帕之女)vii，45；x，83、120；xxxiii，63
Ajax　埃贾克斯(神话人物，俄庞提洛克里人的国王)xxxv，26
Ajax　埃贾克斯(安条克三世大象之名)viii，12；
Akragas　阿克拉加斯(古希腊城邦之一)vii，19898 - 9
Alabanda　阿拉班达城(卡里亚、水晶产地)xxxvii，23
alabeta　阿拉贝塔(埃及鱼类)v，51
Alba　阿尔巴城(拉丁姆)xiv，25、64
Alban，Mt　阿尔班山(又作 Albanus，意大利拉丁姆)xxxiv，43
Albani　阿尔巴尼人(亚细亚的)8
Albania　阿尔巴尼亚(亚细亚古高加索地名)vii，12
Albion　阿尔比昂(古代不列颠本地的称呼)iv，102
Albucrara　阿尔布克拉拉(加利西亚金矿产地)xxxiii，80
Albula　阿尔布拉河(台伯河最初的名称)iii，53 - 5
Alcamenes　阿尔卡梅尼斯(菲迪亚斯的学生，雕刻家)xxxvi，15
Alcas，R　阿尔卡斯河(比希尼亚)xxxi，21
Alcibiades　亚西比德(公元前 450—前 404？雅典将军和政治家)xxxiv，26
Alcippe　阿尔基普(一名罗马妇女)vii，33
Alcisthenes　阿尔基斯提尼斯(一名舞蹈家)xxxv，147
Alcon　阿尔康(大约与克劳狄皇帝是同时代人，外科医生)xxix，22；xxxiv，141
Alexander　亚历山大大帝(公元前 356—前 323，腓力二世之子、古代最著名军事家和政治家之一，亚历山大帝国创始人)见全书各处
Alexanderia　亚历山大城(伊朗的、即木鹿)vi，45
Alexandria　亚历山大城(埃及)v，62
Alexandropolis　亚历山大城(帕提亚)vi，109 - 110
Allobroges　阿洛布罗克斯人(凯尔特部落)vii，166
Alpine，Mt　阿尔卑斯山脉(欧洲)xiv，132
Alps　阿尔卑斯山脉(欧洲)ii，194、iii，119；xxxvi，2

Aquilo　东北风(希腊语称 Boreas)ii，129
Aquitania　阿奎塔尼亚(凯尔特)xxvi，4
Arabantiphocus　阿拉班提霍库斯(传说中的巴比伦人)xxx，5－6
Arabastrae　阿拉巴斯特雷人(印度部落)vi，74－5
Arabia　阿拉比亚(亚细亚地区名)v，72；vi，160－1；vii，74；xii，28－32;53－84；xxxi，78；xxxvii,62、121
Arabians　阿拉比亚人(伊斯兰时代之前的阿拉伯人称呼)vi，122
Arabis，R　阿拉比斯河(古代伊朗)ix，7
Arabus　阿拉布斯(神话人物,巴比伦与阿波罗之子)vii，195－6
Arachne　阿拉克内(传说之中发明毛纺业者之父)vii，195－6
Aradus　阿拉杜斯岛(腓尼基海岛)v，128
Arramii　阿拉米人(希腊古代作家对塞种部落的称呼)vi，45
Arbalo　阿尔巴洛(日耳曼地名)xi，55
Arcadia　阿卡迪亚(伯罗奔尼撒半岛)xvi，245；xxxi，26－27
Arcadian　阿卡迪亚的(伯罗奔尼撒半岛)xvi，50、245
Arcadians　阿卡迪亚人(阿卡迪亚居民)viii，81
Archagathus　阿凯加图斯(公元前 219 年罗马第一位医师,伯罗奔尼撒人)9；xxix，12
Archelaus　阿基劳斯(公元前 1 世纪,卡帕多西亚末王)9；xviii，22
Archermus　阿基尔姆斯(梅拉斯之孙,公元前 6 世纪希腊雕刻家)xxxvi，11
Archilochus　阿基洛库斯(公元前 685 年左右,帕罗斯抒情诗人)vii，109
Archimedes　阿基米德(公元前 287—前 212,锡拉库萨的大数学家、力学家)vii，125
Arcturus　大角、牧夫座 α 星(天文学)xi，421
Ardea　阿尔代亚(今意大利罗马南部城镇)xxxv，17；xxxv，115
Areopagus　阿勒奥帕格斯山、雅典最高法院(因在阿勒奥帕格斯山得名)vii，200；xxxiii，156
Arescon　阿瑞斯康(希腊变性男子名,曾经叫 Arescusa)vii，33
Argos　阿尔戈斯城(阿尔戈利斯的城市和地区)xxxvi，14
Argos　阿尔戈斯城(伯罗奔尼撒地区)vii，33、195
Ariacae　阿里亚基人(西徐亚部落之一)vi，45
Ariadne　阿里阿德涅(希腊神话人物)xxxvi，22
Ariani　阿里亚尼人(中亚部落)vi，109－110
Aricia　阿里西亚(罗马的郊区)iii，85
Aridices　阿里迪塞斯(约公元前 8—前 7 世纪,希腊最早的画家之一,科林斯人)xxxv，16
Arri　阿里人(中亚部落)vi，109－110
Arimaspi　阿里马斯皮人(部落名)vii，10

学派别创始人)vii，124；xx，42；xxv，6；xxvi，12－13；xxix，6
Asclepiades　阿斯克勒皮阿德斯(公元前1世纪，米尔利安历史学家、语言学家)xxvi，12－13
Asclepiodorus　阿斯克勒皮奥多鲁斯(公元前4世纪后期雅典画家)xxxv，80
Asclepius　阿斯克勒皮俄斯(医药神)xxxv，147
Asia　亚细亚(古代世界三个大陆之一)iii，3；xxv，154
Asia　亚细亚(托罗斯山脉这边的地区和罗马亚细亚行省)vii，98
Asines，R　阿西内斯河(意大利西西里)iii，89
Asinius Pollio　阿西尼乌斯·波利奥(公元前76—公元4年，执政官、演说家、历史学家和诗人，在罗马建立第一个公共图书馆)i，5；vii，115；xxxv，10
Aspendus　阿斯彭杜斯城(今土耳其安塔利亚东25英里的贝尔基斯附近)xxxi，73
Asphaltites lacus　沥青湖(拉丁语)v，72注
Asprenas　阿斯普雷纳斯(罗马名人)xxxv，164
Assos　阿索斯(今土耳其西北部贝赫拉姆卡勒)ii，211；xxxvi，131
Assyria　亚述(今土耳其东南和伊拉克东北地区)vi，121
Astacus　阿斯塔库斯城(阿卡纳尼亚)ii，235
Astacus　阿斯塔库斯城(比希尼亚)ii，235
Astapus，R　阿斯塔普斯河(埃塞俄比亚)v，53
Asteria，I　阿斯特里亚岛(又称Asteris，提洛岛别名)iv，66
Asthma　哮喘(医)xxiii，56
Astyages　阿斯提阿格斯(公元前584—前530，米底国王)前言，13
Astomi　阿斯托米人(印度东部居民)vii，25
Astura　阿斯图拉(今意大利拉丁姆城镇)xxxii，2
Ateius Capito　阿泰乌斯·卡皮托(罗马法学家)xviii，107－8
Athamas　阿萨马斯(神话人物，哈卢斯和特奥斯的建城者)xxxiv，140
Athena　雅典娜(胜利和智慧女神)xxxiv，54
Athenians　雅典人ii，188
Athenis　雅典尼斯(阿基尔姆斯之子，约公元前6世纪后期希腊雕刻家)xxxvi，11
Athenodorus　雅典诺多鲁斯(罗德岛人，公元初期拉奥孔群雕的作者)xxxvi，37
Athens　雅典城(雅典城邦的都城)vii，194；xv，19
Athos，Mt　圣山(传说中的神山)vii，27
Atianos，R　阿提亚诺斯河(塞里斯的河流)vi，55
Atilius Regulus　阿提利乌斯·雷古卢斯(公元前256年任执政官)viii，37
Atlanta　阿特兰塔(希腊传说之中的贞女)xxxv，17
Atlantic　大西洋(又作Atlantic Sea)iii，3；xxxiv，149、156
Atlas，Mt　阿特拉斯山(利比亚)v，6；xiii，91

Baeton　贝通(亚历山大大帝远征时的测量员)vi,60;vii,11
Bagradas, R　巴格拉达斯河(迦太基)viii, 37
Baiae　贝伊城(坎帕尼亚,有温泉的地方)iii,61
Baiae, bay of　贝伊湾(坎帕尼亚)ix, 168-9; xxxi, 4-5
Baldeness　秃头 xxviii, 163
Balsam　香脂、香脂树(植物)xii, 111-123; xxxvii, 204
Bambolus, R　班博卢斯河(阿非利加)v, 9-10
bamboos　竹子(植物)xvi, 162-4
Bananas　香蕉(大蕉的果实)xii, 24
banyan　榕树(印度等地)xii, 22
Barbarus, Mt　巴尔巴鲁斯山(意大利坎帕尼亚)14; iii,60
Barace　巴拉塞(古代印度南部海港)vi, 99-104
barley　大麦(农业)xviii, 48
Basilisks　狼人(传说之中的怪物)viii, 78
Bastanae　巴斯塔尼人 vii, 98
Bauli　博利城(意大利坎帕尼亚)iii,61
Bavilum　巴维农(西班牙)xx, 198-2100
bay trees　月桂树(植物)xiii, 139
Bear　熊(动物)xxviii, 163
beeches　山毛榉、柏树(植物)xvi, 35
beer　啤酒 xiv, 193
bees　蜜蜂(昆虫)xi, 11-12; xxi-xxii, 70-74
behen-nut　辣木果(植物)xiii, 9
Bel　贝勒(两河流域大气之神)vi, 122; vii, 123
Belerus　贝莱鲁斯(被柏勒洛丰杀死)xiii,注释 13
Belgic Gaul　比利时高卢 vii, 76;xv, 103
Bellerophon　柏勒洛丰(神话人物)xiii, 88
Belus　贝卢斯(巴比伦主神)vi, 121
Belus, R　贝卢斯河(叙利亚)xxxvi, 190
Bereavement, temple of　亡者神庙(罗马)ii, 16
Berenicê　贝勒奈斯城(红海)xxxvii, 136
Bergamum　贝尔盖姆(意大利边境地区)xxxiv, 2
Berosus　贝罗苏斯(公元前4世纪末一前3世纪初,巴比伦马杜克神庙祭司,天文学家)vii, 123、193
beryls　绿柱石、绿玉(矿物)xxxvii, 76-79
Berytus　贝里图斯城(今黎巴嫩贝鲁特)xiv, 73、66
Bilbilis　比尔比利斯城(今西班牙东北部卡拉塔)xxxiv, 144

Cannibal　坎尼波人(西徐亚食人部落)vii，11
Canopic，m　克诺珀斯河口(埃及尼罗河口之一)v，47、128
Canopus　克诺珀斯(神话人物，墨涅拉俄斯的舵手)v，128
Cantabria　坎塔布里亚(伊比利亚地区)xxxi，23；xxxiv，149
Cantabrian. Mt　坎塔布里亚山(伊比利亚)
Cantabrian，S　坎塔布里亚海 ix，8
Cantabrians　坎塔布里亚人(伊比利亚部落)
Cantharidae　坎萨里德人(克拉佐梅尼部落居民)vii，174
Canusium　坎努西乌姆城(今意大利卡诺萨)viii，190－191
Capitalia，R　卡皮塔利亚山脉(印度)vi，74
Capitol　卡皮托(地名，罗马)ii，21；vii，182；x，51；xiii，88
Capitoline Hill　卡皮托山(罗马)xxvi，45
Capitolinus　卡皮托利努斯(罗马公民，获得多次公民冠)xvi，14
Cappadocia　卡帕多西亚(今土耳其安纳托利亚东部)vii，98；xxxi，77
Capraria　卡普拉里亚(铅矿产地)xxxiv，164
Capua　卡普阿城(意大利)vii，176；xv，注释 17。xxxiii，164
Caralis　卡拉利斯角(撒丁岛)iii，87
Caralis　卡拉利斯城(今西西里卡利亚里)
Cardamom　小豆蔻(植物)xiii，9
Caria　卡里亚(小亚细亚)xxxvi，46－47
Carmania　卡尔马尼亚(今伊朗南部地名)vi，84、109－110；xxxiii，118；xxxvii，21
Carmedes　卡尔梅德斯(公元前 214—前 128，雅典哲学家、公元前 255 年派往罗马的使节之一)vii，122
Carmel，Mt　卡尔迈勒山(腓尼基)xxxvi，190
Carnaedes　卡尔尼德斯(公元前 214—前 128，柏拉图学派的哲学家，昔兰尼)vii，112
Carnifex　屠夫(医德不良者的外号)9
Carrhae　卡雷城(美索不达米亚)vii，79
Carrhae，Battle of　卡雷大战(公元前 53 年罗马与帕提亚之间的战争)vii，79
Carteia　卡泰亚城(古称塔特苏斯、伊比利亚)ix，92
Carthage　迦太基(今突尼斯东北部沿海地区)v，4；vi，200；vii，85；x，123
Carthaginian　迦太基的 vi，200
Carystus　卡律司托斯(今希腊卡律司托斯)xxvi，10；xxxvi，48
Casians　卡索斯人(斯波拉德斯群岛卡索斯岛居民)
Casiri　(外貌像西徐亚人)vi，55
Casinum　卡西努姆城(今意大利卡西诺)vii，33

Cecropia　塞克罗皮亚城(以塞克罗普斯之名命名的城市,即雅典卫城)vii, 194
Cecrops　塞克罗普斯(神话人物、阿提卡的建城者)vii, 194
Celegeri　卡莱格里人(黑海附近居民)iii, 149
Cales　卡莱斯(伊特鲁里亚城市)xxviii, 14
Celtiberia　凯尔特伊比利亚(塔古斯河流域的伊比利亚地区)iv, 119
Celtic　凯尔特人的、凯尔特语的 iii, 122
Celts　凯尔特人(凯尔特地区部落)viii,6
Celtscythians　凯尔特西徐亚人(西北部落的统称)
Cenchreae　森契雷伊港(科林斯)iv, 10
Centaurs　半人半马怪物(希腊神话)xxxvi, 18
Centaurs　森陶尔斯(著名艺术家)xxxiii, 154
Ceos　凯奥斯岛(基克拉泽斯群岛之一)vii, 123; xxvi, 10
Cephisia　凯菲西亚城与河(阿提卡)iv, 23
Cephren　齐夫林(大金字塔建筑者之一)xxxvi,注释 23
Ceramicus　英雄墓地(雅典)xxxvi, 20
Cerasus, R　塞拉苏斯河(今土耳其吉雷松地区)xxxiv, 142
Cerbani　塞巴尼人(阿拉比亚部落)vi, 161
Cerberus　刻耳柏洛斯(地狱凶狠的看门狗)xxvi, 4
Ceres　刻瑞斯(罗马谷物和耕作女神、谷神星)iii,60; vii, 191; xxxiv, 15; xxxv, 24
Chabura　卡布拉(美索不达米亚地名)xxxi, 37
Chalcedon　卡尔西顿城(今土耳其卡德柯伊)ix, 50–51; xxix,注释 6
chalci　哈尔基(希腊度量衡单位)xxi-xxii, 185
Chalcidians　卡尔西斯人(卡尔西斯居民)iii,61
Chalcidice　卡尔西迪斯(叙利亚地名)x, 48
Chaldaean　迦勒底人的(巴比伦的部落)vi, 121
Chalk　白垩(矿物)xxxv, 199
Chalybes　卡里比人(本都部落,荷马提到的哈利宗人)vii, 197
Chance　命运、命运女神(see Fortune)ii, 22
Charax　查拉克斯城(科西嘉岛)iv, 9
Charcoal　木炭(化合物)xxxvi, 201
Chares　查雷斯(公元前 3 世纪,林都斯雕刻家、罗德岛巨像的雕刻者)xxxiv, 41
chariot races　赛车(罗马的体育活动)vii, 186
Charis　魅力(希腊语)xxxv, 79
Chrmadas　查尔马达斯(记忆力非凡的希腊人)vii, 89
Charmis　查尔米斯(马西利亚的医生,被克劳狄皇帝流放)xxix, 10/22
Charybdis　卡律布迪斯(怪物和旋涡,西西里海峡)iii, 87

Circeii　喀耳刻伊(今意大利罗马与那不勒斯之间的拉丁姆城镇)iii，56；xxv，11；xxxii，60、62
Circuses　大竞技场(罗马)vii，84；viii，17、53、69
Ciribo　锡里波(伊朗波斯湾地名)vi，109－110
Cisalpine　阿尔卑斯山南的(欧罗巴)7
Citrus-trees　柑橘树(植物)xiii，2
Claucus　克劳库斯(科林斯国王)xiii，注释 12；
Claudius　克劳狄(公元前 169 年罗马监察官)xxxvi，4
Claudius Caesar　克劳狄·凯撒(公元前 10—公元 54，罗马皇帝、历史学家)6；ii，92；iii，119；v，2；vii，33、74；viii，160
Claudius Pulcher　克劳狄·普尔切(罗马帝国早期著名画家)xxxv，23
Clazomenae 克拉佐梅尼城(今土耳其士麦那西部乌尔拉-伊斯凯莱希)ii，149；vii，174；xiv，73
Cleanthes　克莱安西斯(约公元前 8—前 7 世纪，科林斯著名艺术家)xxxv，16
Cleochares　克莱奥查雷斯(公元前 4 世纪雕刻家)xxxvi，30
Cleombrotus　克莱昂布罗图斯(凯奥斯人)vii，123
Cleonae　克莱奥内城(阿尔戈斯)xxxv，56；xxxvi，14
Cleopatra　克娄巴特拉(公元前 69—前 30 年，埃及最后一位女王)ix，119；xxxiii，49
Clesippus　克莱西普斯(漂洗工人)xxxiv，11－2
Cimax Megale　阶梯形地区(米底)vi，109－110
Clitarchus　克利塔库斯(亚历山大大帝远征的随从和传记作者)vi，198
Clitus　克利图斯(亚历山大大帝战友，后被杀)xiv，58
Clodius　克洛迪乌斯(公元前 104 年罗马官员)xxxiii，45
Closter　克洛斯特(传说之中锭子的发明者)vii，195
clouds　乌云(天文)ii，85、131
Clusium　克卢西乌姆城(意大利伊特鲁里亚中部)ii，140
Clytaemnestra　克莱泰姆内斯特拉(神话人物，滕达雷乌斯之女、阿伽门农之妻)xxix，注释 3.
Cnidus　尼多斯城(今土耳其克里奥角)ii，96、236；xvi，156；xxxvi，20、83
Cnossus　克诺索斯城(距今克里特伊拉克利翁东南 4 英里，古代米诺斯王国的都城)vii，125、175
Coans　科斯人(科斯城居民)xxxvi，20
Cocanicus，L　科卡尼库斯湖(西西里岛)xxxi，73
Cocks　公鸡(动物)x，46
codeine　可待因(药物)xx，198－200
Coelius　科利乌斯(罗马历史学家)xxxi，21

Etesian　地中海季风 v，55
Ethiopia　埃塞俄比亚(阿非利加的地区)v，53；vi，165；xxiv，163
Ethiopians　埃塞俄比亚人(阿非利加的部落)v，47；x，122
ethos　古希腊人所说的精神特质、气质或普遍特质 xxxv，98
Etna，Mt　埃特纳火山(意大利)ii，236；iii，89
Etruria　伊特鲁里亚(今意大利托斯卡纳)ii，140、iii，38；viii，195；xiv，88；xviii，97；xxxiii，35；xxxv，156
Etruscan　伊特鲁里亚的 ii，138、199；iii，60
Etruscans　伊特鲁里亚人 ix，136
Euanthes　埃安特斯(关于该人的情况一无所知)viii，81
Euboea　埃维亚岛(今希腊埃维亚)xvi，245；xxxi，29
Euboean　埃维亚语 xvi，245
Eudemus　欧德姆斯(罗马宫廷人员，与德鲁苏斯之妻通奸)xxix，20
Eudoxus　欧多克索斯(活动时期为公元前 240 年左右，基齐库斯的旅行家，探险家)vi，198；
Eudoxus　欧多克索斯(公元前 408—前 355，尼多斯的天文学、数学家和地理学家)4；vii，24；xxx，3
Eugenia　番樱桃属(一种优质葡萄名)xiv，25
Eumarus　欧马鲁斯(约公元前 6 世纪后期雅典艺术家)xxxv，56
Eumenes　欧迈尼斯(卡尔迪亚的、亚历山大部将)xiii，69 - 70
Eumolpus　尤摩尔普斯(雅典人、种植葡萄和树木)vii，198 - 199
Eupharates，R　幼发拉底河(两河流域)vi，109 - 110；xxxiv，150
Eupompus　欧庞普斯(公元前 4 世纪后期，利西波斯同时代的雕刻家)xxxiv，61
Europa　欧罗巴(希腊神话之中的美女)xii，11
Europe　欧罗巴(有人居住世界的一部分，本书指地中海北部希腊化地区)iii，3
Europus　幼罗波斯(中亚地名)vi，109 - 110
Euryanus　欧里亚努斯(传说之中雅典建筑业的发明者)vii，194
Eurymede　欧里墨德(科林斯王后，柏勒洛丰之母)xiii，注释 12
Eurymenae　欧里梅尼(古罗马地名)xxxi，29
Eurystheus　欧里西乌斯(斯塞内卢斯之子)v，3
Euthymenes　欧西梅尼斯(萨拉米斯岛人)vii，76
Eutyche　优迪克(一名高产妇女)vii，33
Euxine　攸克辛海(即本都)iii，149
Evagon　埃瓦贡(使者)xxviii，30
Evagoras　埃瓦戈拉斯(公元前 410—前 374，塞浦路斯的萨拉米斯国王)ii，236
Eyes　眼睛 xi，139 - 150
Fabii　费边(罗马一著名家族名号)xxxv，19

Fucine, L　富齐努斯湖(今意大利富奇诺湖)xxxi, 41; xxxvi, 124
Fufius Salvius　富非乌斯·萨尔维乌斯(罗马大力士,生卒年代不详)vii, 83
Fullers earth　漂白土(矿物)xxiv, 3

Gabbara　加巴拉(阿拉比亚人,克劳狄时期来到罗马)vii, 74
Gabienus　加比耶努斯(公元前1世纪,凯撒的士兵)vii, 178
Gades　加德斯城(今西班牙加迪兹)ii, 167、168; xxix, 18
Gades, G　加德斯湾(今西班牙加迪兹)ix, 8
Gaetulia　盖图里亚(今阿尔及利亚南部)v, 12; viii, 48、54; ix, 127
Gaetulians　盖图里亚人(利比亚最大部落)viii, 20
Gaia Caecilia　盖亚·凯西利亚(即塔纳奎尔)viii, 194
Gaius Antistius　盖尤斯·安提斯提乌斯(罗马建城之后775年的执政官)xxxiii, 32
Gaius Antonius　盖尤斯·安东尼(马可·安东尼的叔父)xxxiii, 53
Gaius Aqwilius　盖尤斯·阿奎利乌斯(克拉苏同时代人,罗马骑士)xvii, 2
Gaius Asinius Gallus　盖尤斯·阿西尼乌斯·高卢斯(公元前8年,罗马执政官)xxxiii, 135
Gaius Asinius Pollio　盖尤斯·阿西尼乌斯·波利奥(罗马建城之后775年的执政官)xxxiii, 32
Gaius Caecilius　盖尤斯·凯西利乌斯(公元前113年任罗马执政官)ii, 100; xxxiii, 135
Gaius Caecilius Isidorus　盖尤斯·凯西利乌斯·伊西多鲁斯(罗马执政官盖尤斯·凯西利乌斯的释放奴隶)xxxiii, 134
Gaius Caligula　盖尤斯·卡里古拉(公元37—41,罗马皇帝)v, 2; vii, 45; xxxvii, 16-17
Gaius Cassius Longinus 盖尤斯·卡西乌斯·朗基努斯(公元前171年,罗马执政官)vii, 33
Gaius Caesar　盖尤斯·凯撒(公元12—41,又称卡里古拉,日尔曼尼库斯之子)vi, 160; xiv, 55
Gaius Duilius　盖尤斯·杜伊利乌斯(罗马海军将领,在海战中击败迦太基人)xxxiv, 20
Gaius Fabius　盖尤斯·费边(公元前269—前268,罗马执政官)xxxiii44
Gaius Fannius　盖尤斯·法尼乌斯(公元前222年任罗马执政官)ii, 99
Gaius Flaminius　盖尤斯·弗拉米尼乌斯(公元前187年担任罗马执政官)
Gaius Fulius Chresimus　盖尤斯·富利乌斯·克雷西乌斯(罗马释放奴隶)xviii, 41
Gaius Grachus　盖尤斯·格拉古(公元前153—前121,提比略之弟,担任保民官

Gangarid Calingae　甘加里德・卡林盖人(印度一民族)vi,65
Ganges, R　恒河(印度)ix, 1-4; xxxiii,66;xxxvii, 200
Garamantes　加拉曼特人(又作 Garamantians,利比亚部落)v, 45; viii, 142
garlic　大蒜(植物)xx, 50
Gaul　高卢(今意大利北部、法国、比利时和德国部分地区)ii, 167; vi, 57; vii, 105; viii, 196
Gauli, I　高利岛(马尔特斯群岛之一戈佐岛,西西里附近)iii, 92
Gauls　高卢人 viii, 191; xxxiii, 14
Gaza　加沙(犹太地区的)xii,64-5
Gebbanitae　格巴尼太人(阿拉比亚南部部落)xii,63、88
Gedrosi　格德罗西人(即格德罗西亚人)ix, 7
Geese　鹅(动物)x, 46
Gegania　格加尼亚(一名贵族出身、富有而淫乱的罗马妇女)xxxiv, 11-2
Gela　格拉城(西西里)xxxi, 73
Gellius　格利乌斯(公元前 2—1 世纪)vii, 192、194、197
Gemelli, Mt　盖梅利山(今意大利梅利山)iii, 89
Gems　宝石(矿物)xxxvi, 1; xxxvii, 54
Gennesaritis. L　根内萨里提斯湖(叙利亚)
Genii　掌管人们命运之神(罗马)ii, 16
Ger, R　盖尔河(阿非利加)v, 15
Germanicus Caesar　日尔曼尼库斯・凯撒(公元前 15—公元 19,提比略皇帝之义子)ii, 96;viii, 4、185; xiv, 55; xxxvii, 42
Germany　日耳曼(欧洲)前言,2; ii, 167; vii, 84
Gerra　盖拉城(今沙特欧盖尔)xxxi, 78
Gesoriacum　热索里亚库姆(今法国布洛涅)iv, 102
Ginger　姜(植物)xii, 28
Giraffes　长颈鹿(动物)viii,67
Girl Spinning　《纺纱姑娘》(普拉克西特列斯)xxxiv,69-70
gladiolus　唐菖蒲(植物)xiii, 18
Glaesaria, I　格里萨里亚岛(北方大洋)xxxvii, 42
Glanis, R　格拉尼斯河(今意大利基亚纳河)iii, 53-5
glass　玻璃 xxxvi, 114、192-9
Glaucus　格劳库斯(荷马史诗之中的英雄、吕西亚的首领)xxxiii,6
Gnaeus Baebius Tamphilus　格内乌斯・贝比乌斯・坦菲卢斯(罗马行政长官)vii, 182
Gnaeus Carbo　格内乌斯・卡波(公元前 82 年与盖尤斯・马里乌斯同时担任执政官)vii, 165

Lead　铅、铅矿(金属)iii，30；xv，22；xxxi，57；xxxiii，95；xxxiv，156
Leaena　利埃纳(雅典妓女)vii，86
Learchus　利尔库斯(阿萨马斯之子)xxxiv，140
Leborium　莱波里乌姆(意大利坎帕尼亚)iii,60、
Lechaeae　莱契伊港(科林斯)iv，10
Leda　勒达(神话人物)xxi,注释 1。
leeches　水蛭(海洋动物)xxxii，123 - 124
Lemnos，I　利姆诺斯岛(爱琴海)xxxvi，86
Leneaus　勒尼乌斯(大庞培的释放奴隶,知识分子)xxv，7
Lentiscus　连提斯库斯(公元前 5 世纪前期、雕刻家毕达哥拉斯同时代人)xxxiv，59
Leontine　莱昂提内(今西西里伦蒂尼)xxxi，26 - 7
Leontines　莱昂提内人(又作 Leontini,建立埃维亚城)
Leontini　莱昂提尼人(狮子城居民)xxxiii，83
Lepidus　李必达(罗马人名)vii，51、134
leprosy　麻风病(医学)xx，198 - 200；xxvi，7 - 8
Lesbian　莱斯沃斯的 xiv，73
lettuces　莴苣、生菜(植物)xx，50 - 64
Leucippus　留基伯(公元前 5 世纪后期,希腊哲学家)ii，3
Leucogaei　莱夫科盖伊山(坎帕尼亚)xxxv，174
Liburnia　利布尔尼亚(今克罗地亚)viii，191
Libya　利比亚(古代阿非利加的称呼)v，1
Libyan　利比亚的 v，1
Licinian　李锡尼的 xv，8
Licinius Murena　李锡尼・穆雷那(公元前 84 年,罗马在亚细亚的省长)ix，170
Ligurian　利古里亚的 iii，122；xv,66
Ligurians　利古里亚人(从前的希腊部落萨利斯人)iii，38
Lilybaeum　利利比乌姆城和海角(又称 Lilybanaeum,今西西里马尔萨拉)iii，87；vii，85
Lime-trees　欧椴、椴(植物)xvi，35
Lindos　林都斯城(罗德岛)xxxiii，81；xxxiv，41
Lions　狮子(动物)viii，46 - 58
Lipara，I　利帕拉岛(西西里附近,利帕里群岛最大岛屿、尼多斯的殖民地)iii，92；xxxv，184
Liris，R　利里斯河(意大利)xxxvi，124
Lissa　利萨城(毛里塔尼亚)v，2
Liternum　利特努姆城(坎帕尼亚和同名的河流)iii,61

Lucius Mummius　卢西乌斯·穆米乌斯(公元前146年,罗马监察官)xxxiii, 57; xxxiv, 36; xxxv, 24
Lucius Murena　卢西乌斯·穆雷纳(生年不详,罗马帝国早期政治家)xxxiii, 53
Lucius Munatius Plancus　卢西乌斯·穆纳提乌斯·普兰库斯(约公元前20年去世,罗马政治活动家)i, 31
Lucius Opimius　卢西乌斯·奥皮米乌斯(公元前121年任执政官)xiv, 55
Lucius Papirius Cursor　卢西乌斯·帕皮里乌斯·科索(约公元前3世纪初期) vii, 200; xiv, 91、149
Lucius Paullus　卢西乌斯·保卢斯(公元前49年罗马执政官)ii, 147; vii, 214
Lucius Piso　卢西乌斯·皮索(公元前133年任罗马执政官,作家)ii, 140; viii, 17、195; xxviii, 14; xxxiii, 38
Lucius Plancus　卢西乌斯·普兰库斯(公元前42年任罗马执政官)ii, 99; ix, 121
Lucius Publius Cornilius Rufus　卢西乌斯·帕布利乌斯·科尼利乌斯·鲁弗斯(罗马执政官)vii, 166
Lucius Scipio　卢西乌斯·西庇阿(公元前190年击败安条克三世)vii, 88; xxxv, 22; xxxvii, 12
Lucius Sulla　卢西乌斯·苏拉(公元前138—前78,罗马政治家、统帅和独裁者) vii, 187; viii, 53
Lucius Tarquinius Priscus　卢西乌斯·塔尔奎尼乌斯·普利斯库斯(传说中的罗马国王)
Lucius Valerius　卢西乌斯·瓦勒里乌斯(公元前86年任罗马执政官)ii, 100
Lucrine, L　卢克莱恩湖(今意大利卢克里诺湖)iii,61; ix, 168 - 169; axxxii,62
Lucullan　卢库卢斯式的、豪华的(得名于罗马将军和执政官卢库卢斯)xxxvi,6
Lucullus, Lucius Licinius　卢库卢斯(约公元前117—前56,罗马将军和执政官,远征东方,击败本都国王米特拉达梯,以奢侈豪华而闻名)
Lucus　卢库斯(约公元1世纪初期医生,奈阿波利斯人)xxxi, 26 - 27
Lucus　卢库斯(公元前106—前56)ix, 170
Luna　卢纳城(今意大利卡拉拉西部)xxxvi, 14、48
Lupercal　卢珀科尔(罗马地名)xv, 77
lupin　羽扁豆(植物)xiii, 141
Lusitania　卢西塔尼亚(今葡萄牙和西班牙西部)viii, 191; xv, 103; xxii, 3; xxxiii, 78; xxxiv, 156; xxxvii, 24
Lusitanians　卢西塔尼亚人(又称 Lusonians,伊比利亚部落)VII, 96
Lutatian　卢塔提亚的(樱桃品种)xv, 102
luxuria　奢侈的生活方式 12
Lycabettus, Mt　利卡贝图斯山(今希腊雅典)iv, 23
Lyceium　吕刻昂神庙(雅典、亚里士多德的学园在附近)8

Marmara, S　马尔马拉海(黑海的一部分)iv, 76;ix, 50
Marmarus　马尔马鲁斯(传说中的巴比伦人)xxx, 5-6
Maronea　马罗尼亚城(色雷斯)xiv, 53
Maroneum　马罗尼乌姆(意大利西西里)iii, 89
Marrucini　马鲁西尼人(意大利部落)ii, 199
Mars　马尔斯(古罗马战神)ii, 34; xxx, 5-6;xxxiv, 141
Mars　火星(行星)ii, 34、192
Marsi　马尔西人(意大利亚平宁山区部落)vii, 15; xxv, 11; xxviiii, 30
Marsic War　马尔西战争(公元前91年,又称同盟战争)ix, 168-169
Martius　马提乌斯(竞技场名)xxxiv, 39-40
Marv　木鹿城(又称安条克,古属伊朗,今属土库曼)前言,15
Masada　马萨达(古犹太人要塞,马萨达精神的发源地,今以色列死海南部)v, 73
Masinissa　马西尼萨(约公元前240—前149,努米底亚国王)vii,62
Massage　按摩(医疗)xxviii, 53-54
Massagetae　马萨革泰人(又称 Massagetans,里海地区部落)vi, 45
Massicus, Mt　马西库斯山(今意大利坎帕尼亚)iii,60
Massilia　马西利亚(今法国马赛)ii, 187; vii, 186;xiv, 9; xxix, 9
Masurius Sabinius　马苏里乌斯·萨比尼乌斯(罗马皇帝提比略及后代皇帝时期重要的法学家,萨比尼乌斯法学派创始人)xv, 135
Mauretania　毛里塔尼亚(今摩洛哥)V, 14; iii, 91
Mauretania Caesariensis　毛里塔尼亚·凯撒里恩西斯(今阿尔及利亚)v, 14
Mausoleum　陵墓(摩索拉斯的)xxxvi, 25
Mausolus　摩索拉斯(公元前395—377年,卡里亚国王、希腊七贤之一)xxxvi, 30
Maxilua　马克西卢阿(西班牙的城市国家)xxxv, 171
Mechir　梅西尔(埃及月名,相当于罗马1月)vi, 99-104
Medea　美狄亚(又作 Medeia,伊阿宋之妻,科尔基斯的女巫)ii, 235; xxv, 10; xxxv, 26
Medic　米底的(苹果的种类)xv, 47
Medicine　医学、药物(医)xx,64
Media　米底(今伊朗)vi, 43
medimni　梅迪姆尼(又作 *medimnus*,约1.5蒲式耳或52.53升))
Mediterranean　地中海的、地中海(亚细亚、欧罗巴和利比亚交界地区)iii, 3
Medullae　梅杜利(波尔多附近,今法国梅多克)xxxii,62
Megalesian　梅加莱的 vii, 123
Megara　迈加拉城(希腊)vii, 195; xxv, 154
Megasthenes　麦加斯提尼(公元前4—前3世纪,塞琉古一世派往印度的大使,历史学家)6;vi, 58、81; vii, 23、25; viii, 46

nard　甘松、甘松油膏(香料成分)xiii，18
Nareae　纳里伊人(印度居民)vi，74
Narsissus　纳尔西苏斯(克劳狄时期的罗马富人)xxxiii，134
Nasamones　纳萨莫尼人(又称 Nasamonians，利比亚部落)v，34；vii，14
Naxos　纳克索斯岛(基克拉泽斯群岛之一)iv，67
Naxos　纳克索斯城(意大利西西里)iii，89
Nea　尼亚城(特洛阿德)ii，210
Neacyndi　尼辛迪人(古代印度南部居民)vi，99 - 104
Neapolis　奈阿波利斯(今意大利那不勒斯)ii，197；xxix，7 - 8；xxxv，147、174
Neapolis　奈阿波利斯城(本都的卡帕多西亚)ix，170
Nearchus　奈阿尔科斯(亚历山大部将，率军由印度航海回两河流域)vii，28
Nearchus　奈阿尔科斯(生卒年代难以确定，其画作年代约为公元前 4 世纪，著名画家)xxxv，147
Necron，I　尼克龙岛(红海、水晶产地)xxxvii，24
Necthebis　尼克特比斯(埃及第 30 王朝统治者)xxxvi，67
Nemausus　内马乌苏斯城(今法国尼姆)ix，29
Nemesis　复仇女神(希腊神话，又称报应女神)xxxvi，17
Nemea　尼米亚(希腊女神)xxxv，27
Nemesis　复仇女神(希腊女神)xxviii，22；xxxvi，87 - 88
Neptune　尼普顿(罗马神话的海神，相当于希腊的波塞冬)xxxvi，37
New Carthage　新迦太基(伊比利亚)iii，16
Nicaea　尼西亚城(洛克里斯)vii，12
Nicaeus　尼西乌斯(拜占庭拳击师)vii，51
Nicander　尼坎德尔(公元前 185—前 135，诗人、语言学家和医师)xxxvi，127
Nicias　尼西亚斯(雅典艺术家)xxxv，27
Nicias　尼西亚斯(公元前 413 年雅典远征锡拉库萨的统帅)ii，54
Nicias　尼西亚斯(迈加拉人、漂洗业的发明者)vii，195 - 196
Nicomachus　尼科马科斯(公元前 4 世纪，希腊著名画家)xxxv，50
Nicomedes　尼科墨德斯(公元前 94—前 75/4，比希尼亚国王)xxxvi，21
Nicron，I　尼克龙岛(红海)xxxvii，24
Niger，R　尼日尔河(阿非利加)v，44
Nightingales　夜莺(动物)x，81 - 84
Nile，R　尼罗河(非洲)iii，121；v，34
Nilides　尼利德斯(古代传说尼罗河的发源地)v，51
Ninus　尼努斯(尼尼微的建立者)xxxiii，注释 36
Nisiaea　尼萨(又作 Nisa，帕提亚在中亚的王城)vi，109 - 110
Nitrias　尼特里亚斯(印度海盗据点)vi，99 - 104

Panthus　潘图斯(波利达马斯之父)vii，165
Paper　胡椒(植物)xii，26－28
Paphian　帕福斯的(塞浦路斯)
Paphlagonia　帕夫拉戈尼亚(今黑海、安纳托利亚北部)vii，98
Paphos　帕福斯城(又称 Paphus,今塞浦路斯克蒂马附近)ii，210
Papirius Fabianus　帕比里乌斯·费边(公元前 1 世纪后期-公元 1 世纪初期,罗马著名演说家和自然哲学家)xxxvi，125
Papirus　帕皮鲁斯(公元前 89 年罗马官员)xxxiii，45
Papyrus　纸莎草、纸莎草纸(植物)xiii,68－89
Paraetaceni　帕里塔塞尼人(帕提亚居民)vi，109－110
Paraetonium　帕累托尼乌姆城(埃及)xxxv，36
Parakeets　长尾鹦鹉(鸟类)x，118
Parasinum　帕拉西努姆(西徐亚地区)ii，211
Paria，I　帕里亚岛(小亚细亚沿岸岛屿)v，128
Parian　帕罗斯的 xxxvi，86
Paris　帕里斯(神话人物,海伦之夫,普里阿摩斯之子)xxi,注释 1
Parium　帕里乌姆城(今土耳其马尔马拉海西南沿海城镇)vii，13
Parnassus，Mt　帕尔纳索斯山(福基斯和多利斯境内)xv，134
Paropamisus. Mt　帕罗帕米苏斯山脉(今中亚兴都库什山)vi，71
Paros　帕罗斯岛(基克拉泽斯群岛之一)iv,67；xxxvi，14－15
Parrhasius　帕拉西乌斯(约公元前 400 年,以弗所画家)xxxv,61、67－68
Parrots　鹦鹉(鸟类)x，117
Passagarda　帕萨迦达(古波斯第一个都城)vi，109－110
Pathenope　帕尔忒诺珀(塞壬女妖之一,因用歌声迷惑奥德修斯不成而自杀)iii,62
Parthenon　帕台农神庙(雅典)xxxiv，54
Parthia　帕提亚(伊朗古国和中亚行省,我国称为安息)ii，235；v，88；vi，109－110；vii，79；xiii，18；xxv，154
Parthians　帕提亚人(帕提亚居民)viii，19；xiii，71；xxxiv，145
Parthinii　帕提尼人(伊利里亚部落)i,注释 5
Pasiteles　帕西特列斯(希腊雕刻家,公元前 1 世纪初获得罗马公民权)xxxiii，130；xxxv，156
Passagarda　帕萨迦达(古波斯第一个都城)vi，109－110
Patale，I　帕塔雷岛(印度河)vi，71、99－104
Patrocles　帕特罗克莱斯(公元前 4—前 3 世纪塞琉古将领)vi，58
Patroclus　帕特罗克卢斯(安条克三世的大象名)viii，12
Pausanias　保萨尼阿斯(公元 2 世纪希腊旅行家)xxxvi，22
Pausia　保西亚(罗德岛对面的地名)xxxi，30

Phaethon　法厄同(神话故事人物,变成了杨树)iii, 117
Phalaris　法拉利斯(约公元前 570—前 554,阿克拉加斯的僭主)vii, 200; xxxiv, 89
Phalerom　法莱隆港(今希腊比雷埃夫斯东部)iv, 23; xxxiv, 27
Pharos. I　法罗斯岛(今下埃及一个半岛)v, 128; xiii,69－70; xxxvi,注释 19
Pharsalus　法萨卢斯城和地区(今希腊东北部色萨利的法尔萨拉)v, 58; vii, 94、112; viii, 154; xxvi, 19
Pharusi　法鲁西人(阿非利加部落,先前来自波斯)v, 46
Phaselis　法塞利斯城(今土耳其南部城镇)ii, 236
Phasis　法西斯城(本都)vi, 45
Phazaca　法扎卡(伊朗米底主要城市)vi, 4
Pheidon　菲敦(公元前 650 年,阿尔戈斯国王,度量衡的发明者)vii, 198
Pheneus　菲内乌斯城(阿卡迪亚)xxv, 26
Pheneus, R　菲内乌斯河(阿卡迪亚)xxxi, 26－7
Phengites　细纹大理石(矿物)xxxvi, 165
Pherae　菲雷城(今希腊东北部城镇色萨利)vii, 166
Pherecydes　菲勒塞德斯(公元前 540 年,锡罗斯岛巴比斯之子、哲学家和最早的散文家、毕达哥拉斯之师)ii, 190; vii, 172
Phiale　菲阿勒(埃及孟斐斯的一个小地方)viii, 186
Phidias　菲迪亚斯(活动时期约公元前 490—前 430,雅典雕刻家)xxxiv, 49、54; xxxv, 54、57; xxxvi, 15－39
Phidippides　菲迪皮得斯(希腊长跑运动员)vii, 84
Philadelphus　菲拉德尔福斯(公元前 308—前 246,即埃及国王托勒密二世)vi, 58
Philip　腓力二世(公元前 359—前 336,亚历山大之父,马其顿王)ii, 97; vi, 199; xxxiii, 49
Philip　腓力五世(公元前 220—前 178,马其顿王德米特里之子)
Philippi　腓力城(马其顿)vii, 147; xxxi, 106;xxxvii, 57
Philiscus　菲利斯库斯(萨索斯的)xi, 19
Philo　菲洛(公元前 4 世纪,建筑师、雅典佩雷乌斯军事设施的建立者)vii, 125
Philocles　菲洛克勒斯(约公元前 7 世纪中期希腊在埃及的殖民地诺克拉提斯城的画家,他把埃及绘画艺术传入了希腊,但埃及绘画产生时间比普林尼所说的更早)xxxv, 16
Philonicus　菲洛尼库斯(亚历山大大帝时期的牧人)viii, 154
Philonides Maximus　圆形大竞技场(罗马)vii, 84; xxxvi, 71、162
Philonides　菲洛尼德斯(亚历山大的传令兵)ii, 181; vii, 84
Philosophy　哲学 vi,66
Philyra　菲利拉(希腊神话之中的仙女)vii, 195－196;xxx, 5－6

Salt　盐 v，34
Samaria　撒马利亚(以色列中部)v，70 - 71
Samian　萨摩斯的 xxxv，194
Samnites　萨莫奈人(意大利部落)xiv，91；xxxiv，43
Samnite wars　萨莫奈战争 xvi，11
Samos　萨摩斯岛(爱琴海)ii，37
Samos　萨摩斯城(萨摩斯岛)vii，198；viii，57
Samosata　萨摩萨塔城(今土耳其萨姆萨特，幼发拉底河西岸)ii，235
Sancus　桑库斯(萨宾人的主神，相当于希腊的天神宙斯，神庙在奎里纳山) viii，194
Santoni　桑托尼人(阿奎塔尼亚部落)xxvi，45
sapphires　蓝宝石、刚玉宝石(矿物)xxxvii，126
Sapphires　蓝宝石(矿物)xxxvii，126
Sarcophagus　石棺、制造石棺的石灰石(矿物)xxxvi，131
Sard　肉红玉髓(矿物)xxxvii，197
Sardis　萨迪斯城(又作 Sardeis，今土耳其伊兹密尔东 50 英里，古代吕底亚首府) vii，195
sardonyx　缠丝玛瑙(矿物)xxxvii，197 - 198
Sarmatians　萨尔马提亚人(又称 Sarmatae，梅奥提斯湖畔游牧部落)viii，162；xxii，2
Sarnus. R　萨尔努斯河(今意大利萨尔诺河)iii，62
Saronic，G　萨罗尼亚湾(即萨拉米斯湾)iv，10
Sarpedon　萨耳珀冬(神话人物，宙斯之子、克里特人首领)xiii，88
Saturn　土星、萨图恩(罗马农神)ii，32、34、44、192；vii，195 - 6；xv，77
Satyrs　萨蒂人(希腊森林之神，好色之徒，也有人认为是猴子)v，7、44；vvii，24；xxxiv，69 - 70
Satyrus　萨蒂鲁斯(埃及建筑师)xxxvi，67
Saulaces　索拉西斯(埃厄忒斯的后裔，科尔基斯的统治者)xxxiii，52
Sauni　索尼人(科尔基斯部落居民)xxxiii，52
Sauromatae　索罗马提人(又称 Sauromatians，本都西徐亚部落)vii，12
Savus，R　萨乌斯河(坎帕尼亚)iii，61
scabies　疥疮(医)xx，3
Scamanderia　斯卡曼德里亚(特洛阿德境内小国)v，115
Scarpheia　斯卡菲亚城(洛克里斯)4
Scepsis　锡普西斯城(特洛阿德)iii，122；vii，89
schistos　明矾、矾盐和铁矿石的统称 10
sciatica　坐骨神经痛(医)xxviii，21

Thoma　托马(格巴尼太人的都城)xii,64－65
Thorax　托拉克斯城(印度)vi，74－75
Thoricus，C　托里库斯角(阿提卡)iv，23
Thracians 色雷斯人(色雷斯居民)iii，149；xvi，144
Thrason　斯拉松(古代雕刻家,引进了多项技术)vii，195
thrush　歌鸫(鸟类)x，120
Thucydides　修昔底德(公元前5世纪,雅典政治家、著名史学家)iii，86;vii，111
Thule　图勒(意为“极北地区”)ii，187
Thybris，R　蒂布里斯河(台伯河原名)iii，53－55
Thyme　百里香(植物)xx，56、264；xxi-xxii，56
Tiber. R　台伯河(又作 Tiberis,意大利)iii，38；ix，168－9；xxxvi，70
Tiberius Nero　提比略·尼禄(37—68,罗马皇帝)vii，84
Tiberius Gracchus　提比略·格拉古(公元前162—前133,在担任保民官时因进行社会改革被贵族寡头杀死)xiii，83
Tibur　提布尔(罗马的郊区)iii，86;xxxi，41
Ticinus　提西努斯(今意大利提契诺)vii，106
Tifernum　提费尔努姆(意大利地名)iii，53－55
Tigranes　提格兰(公元前96—56年,亚美尼亚国王)vii，98
Timachi　提马克人(黑海居民)iii，149
Timaeus　蒂迈欧篇(柏拉图著作名)i,注释3
Timaeus　提米乌斯(约公元前352年生,陶罗梅尼亚的历史学家)iv，103；xxxiii，42－43
Timagenes　提马格尼斯(公元之交,亚历山大城演说家、历史学家)xxxiii，118
Timarete　提马雷特(约公元前5世纪,米康之女,著名画家)xxxv，147
Timo　提莫(公元前3世纪,雅典人,皮罗的弟子,厌世独居者)vii，80
Timochares　提莫卡雷斯(约公元前4世纪末—前246,埃及著名建筑师)xxxiv，148
Timosthenes　提莫斯提尼(罗德岛人,公元前280年埃及舰队司令,历史学家)v，47；vi，198、
Timotheus　提莫修斯(公元前4世纪雕刻家)xxxvi，30
Tin　锡(不列颠)iv，104、119；xxxiii，130；xxxiv，157
Tingi　廷吉城(今摩洛哥丹吉尔)v，2
Tingis　廷吉斯城(莫鲁西亚)v，2
Tingitana　廷吉塔纳(古罗马阿非利加行省之一,今摩洛哥)v，14
Tinia，R　提尼亚河(台伯河的支流)iii，53－5
Tiridates　提里达特斯(伊朗麻葛,尼禄时期出使罗马)xxx，16
Tiridates　提里达特斯(亚美尼亚国王,尼禄时期前往罗马)xxxiii，53

Tripolitis　特里波利提斯(意为"三座城市",贝拉戈尼亚地区)
Triptolemus　《特里普托勒摩斯》(索福克勒斯的剧本)xviii,65
Trispithami　特里斯皮塔米人(印度东部居民)vii, 25
Tritanus　特里塔努斯(一名罗马角斗士)vii, 81
Tritons　特赖登(罗马神话之中海神的侍从)ix, 9 - 11
Troad　特洛阿德(伊利昂地区,小亚细亚)ii, 210
Trogus　特罗古斯(公元前 1 世纪—1 世纪,罗马历史学家,写过 40 卷的世界历史等)vii, 33; xi, 274
Trojan War　特洛伊战争(希腊城邦远征小亚细亚的战争);xxx, 4
Trophonian　特罗福尼亚的,ii, 38
Trossuli　特罗苏利(罗马骑士的称号)xxxiii, 36
Tuder　图德尔城(意大利弗拉米尼乌斯大道旁)ii, 148
Tuditanus　图蒂塔努斯(公元前 129 年任罗马执政官,历史学家,演说家霍滕修斯的外祖父)xiii, 87,
Tullus Hostilius　图卢斯·霍斯提利乌斯(公元前 673—前 642,罗马王政时代第三位国王)ii, 140; ix, 136;xvi, 11; xxviii, 14
tunny-fish　金枪鱼(海洋动物)ix, 44
turpentine tree　产松脂的树木(植物)xvi, 245
Turpilius　图尔皮利乌斯(罗马骑士)xxxv, 20
Turtle-shell　海龟壳(海洋动物)xxxvii, 204
turtles　海龟、玳瑁和甲鱼类动物 xxxii,注释 4;;xxxvii, 204
Tuscan　托斯卡纳(意大利一个地区)xxxiv, 41
Tusculum　图斯库卢姆城(今意大利弗拉斯卡蒂)ii, 211; xxxvi, 115
Tybis　提比斯(埃及月名,相当于罗马的 12 月)vi, 99 - 104
Tychius　提齐乌斯(维奥蒂亚)vii, 195 - 196
Tylos, I　提洛斯岛(今巴林)xvi, 221
Tyndareus　滕达雷乌斯(神话人物,被医神救活)xxix, 3
Typhon　堤丰(神话之中的埃及国王)ii, 91
Tyre　提尔城(又名推罗,腓尼基重要工商业城市)前言,16; ix, 127; xiv, 73; xxii, 3
Tyro　提尔人(腓尼基部落)vi, 165
Tyros, I　蒂罗斯岛(又作 Tylos,今巴林岛)xii, 39

Ulcers　溃疡 xxxiv, 169
Umbria　翁布里亚(即 Ombrica,意大利地名)iii, 38
umbrians　翁布里亚人(意大利居民)ii, 188; iii, 53 - 55
Universe　宇宙(天文学)ii, 1 - 17;29 - 101

上海三联人文经典书库

已出书目

(上、下) [美]亨利·富兰克弗特 著 郭子林 李 岩 李凤伟 译

15.《大学的兴起》 [美]查尔斯·哈斯金斯 著 梅义征 译

16.《阅读纸草,书写历史》 [美]罗杰·巴格诺尔 著 宋立宏 郑 阳 译

17.《秘史》 [东罗马]普罗柯比 著 吴舒屏 吕丽蓉 译

18.《论神性》 [古罗马]西塞罗 著 石敏敏 译

19.《护教篇》 [古罗马]德尔图良 著 涂世华 译

20.《宇宙与创造主:创造神学引论》 [英]大卫·弗格森 著 刘光耀 译

21.《世界主义与民族国家》 [德]弗里德里希·梅尼克 著 孟钟捷 译

22.《古代世界的终结》 [法]菲迪南·罗特 著 王春侠 曹明玉 译

23.《近代欧洲的生活与劳作(从15—18世纪)》 [法]G.勒纳尔 G.乌勒西 著 杨 军 译

24.《十二世纪文艺复兴》 [美]查尔斯·哈斯金斯 著 张 澜 刘 疆 译

25.《五十年伤痕:美国的冷战历史观与世界》(上、下) [美]德瑞克·李波厄特 著 郭学堂 潘忠岐 孙小林 译

26.《欧洲文明的曙光》 [英]戈登·柴尔德 著 陈 淳 陈洪波 译

27.《考古学导论》 [英]戈登·柴尔德 著 安志敏 安家瑗 译

28.《历史发生了什么》 [英]戈登·柴尔德 著 李宁利 译

29.《人类创造了自身》 [英]戈登·柴尔德 著 安家瑗 余敬东 译

30.《历史的重建:考古材料的阐释》 [英]戈登·柴尔德 著 方 辉 方堃杨 译

31.《中国与大战:寻求新的国家认同与国际化》 [美]徐国琦 著 马建标 译

32.《罗马帝国主义》 [美]腾尼·弗兰克 著 宫秀华 译

33.《追寻人类的过去》 [美]路易斯·宾福德 著 陈胜前 译
34.《古代哲学史》 [德]文德尔班 著 詹文杰 译
35.《自由精神哲学》 [俄]尼古拉·别尔嘉耶夫 著 石衡潭 译
36.《波斯帝国史》 [美]A. T. 奥姆斯特德 著 李铁匠等 译
37.《战争的技艺》 [意]尼科洛·马基雅维里 著 崔树义 译 冯克利 校
38.《民族主义：走向现代的五条道路》 [美]里亚·格林菲尔德 著 王春华等 译 刘北成 校
39.《性格与文化：论东方与西方》 [美]欧文·白璧德 著 孙宜学 译
40.《骑士制度》 [英]埃德加·普雷斯蒂奇 编 林中泽 等译
41.《光荣属于希腊》 [英]J. C. 斯托巴特 著 史国荣 译
42.《伟大属于罗马》 [英]J. C. 斯托巴特 著 王三义 译
43.《图像学研究》 [美]欧文·潘诺夫斯基 著 戚印平 范景中 译
44.《霍布斯与共和主义自由》 [英]昆廷·斯金纳 著 管可秾 译
45.《爱之道与爱之力：道德转变的类型、因素与技术》 [美]皮蒂里姆·A. 索罗金 著 陈雪飞 译
46.《法国革命的思想起源》 [法]达尼埃尔·莫尔内 著 黄艳红 译
47.《穆罕默德和查理曼》 [比]亨利·皮朗 著 王晋新 译
48.《16 世纪的不信教问题：拉伯雷的宗教》 [法]吕西安·费弗尔 著 赖国栋 译
49.《大地与人类演进：地理学视野下的史学引论》 [法]吕西安·费弗尔 著 高福进 等译 [即出]
50.《法国文艺复兴时期的生活》 [法]吕西安·费弗尔 著 施诚 译
51.《希腊化文明与犹太人》 [以]维克多·切利科夫 著 石敏敏 译
52.《古代东方的艺术与建筑》 [美]亨利·富兰克弗特 著 郝

海迪　袁指挥　译

53.《欧洲的宗教与虔诚:1215—1515》［英］罗伯特·诺布尔·斯旺森　著　龙秀清　张日元　译

54.《中世纪的思维:思想情感发展史》［美］亨利·奥斯本·泰勒　著　赵立行　周光发　译

55.《论成为人:神学人类学专论》［美］雷·S. 安德森　著　叶汀　译

56.《自律的发明:近代道德哲学史》［美］J. B. 施尼温德　著　张志平　译

57.《城市人:环境及其影响》［美］爱德华·克鲁帕特　著　陆伟芳　译

58.《历史与信仰:个人的探询》［英］科林·布朗　著　查常平　译

59.《以色列的先知及其历史地位》［英］威廉·史密斯　著　孙增霖　译

60.《欧洲民族思想变迁:一部文化史》［荷］叶普·列尔森普　著　周明圣　骆海辉　译

61.《有限性的悲剧:狄尔泰的生命释义学》［荷］约斯·德·穆尔　著　吕和应　译

62.《希腊史》［古希腊］色诺芬　著　徐松岩　译注

63.《罗马经济史》［美］腾尼·弗兰克　著　王桂玲　杨金龙　译

64.《修辞学与文学讲义》［英］亚当·斯密　著　朱卫红　译

65.《从宗教到哲学:西方思想起源研究》［英］康福德　著　曾琼　王涛　译

66.《中世纪的人们》［英］艾琳·帕瓦　著　苏圣捷　译

67.《世界戏剧史》［美］G. 布罗凯特　J. 希尔蒂　著　周靖波　译

68.《20世纪文化百科词典》［俄］瓦季姆·鲁德涅夫　著　杨明天　陈瑞静　译

69.《英语文学与圣经传统大词典》［美］戴维·莱尔·杰弗里(谢大卫)主编　刘光耀　章智源等　译

70.《刘松龄——旧耶稣会在京最后一位伟大的天文学家》［美］斯坦尼斯拉夫·叶茨尼克 著 周萍萍 译
71.《地理学》［古希腊］斯特拉博 著 李铁匠 译
72.《马丁·路德的时运》［法］吕西安·费弗尔 著 王永环 肖华峰 译
73.《希腊化文明》［英］威廉·塔恩 著 陈 恒 倪华强 李 月 译
74.《优西比乌：生平、作品及声誉》［美］麦克吉佛特 著 林中泽 龚伟英 译
75.《马可·波罗与世界的发现》［英］约翰·拉纳 著 姬庆红译
76.《犹太人与现代资本主义》［德］维尔纳·桑巴特 著 艾仁贵 译
77.《早期基督教与希腊教化》［德］瓦纳尔·耶格尔 著 吴晓群 译
78.《希腊艺术史》［美］F·B·塔贝尔 著 殷亚平 译
79.《比较文明研究的理论方法与个案》［日］伊东俊太郎 梅棹忠夫 江上波夫 著 周颂伦 李小白 吴 玲 译
80.《古典学术史：从公元前6世纪到中古末期》［英］约翰·埃德温·桑兹 著 赫海迪 译
81.《本笃会规评注》［奥］米歇尔·普契卡 评注 杜海龙 译
82.《伯里克利：伟人考验下的雅典民主》［法］ 樊尚·阿祖莱 著 方颂华 译
83.《旧世界的相遇：近代之前的跨文化联系与交流》［美］ 杰里·H.本特利 著 李大伟 陈冠堃 译 施诚 校
84.《词与物：人文科学的考古学》修订译本 ［法］米歇尔·福柯 著 莫伟民 译
85.《古希腊历史学家》［英］约翰·伯里 著 张继华 译
86.《自我与历史的戏剧》［美］莱因霍尔德·尼布尔 著 方永 译
87.《马基雅维里与文艺复兴》［意］费代里科·沙博 著 陈玉聃 译

88.《追寻事实:历史解释的艺术》 [美]詹姆士 W.戴维森 著 [美]马克 H. 利特尔著 刘子奎 译

89.《法西斯主义大众心理学》 [奥]威尔海姆·赖希 著 张峰 译

90.《视觉艺术的历史语法》 [奥]阿洛瓦·里格尔 著 刘景联 译

91.《基督教伦理学导论》 [德]弗里德里希·施莱尔马赫 著 刘平 译

92.《九章集》 [古罗马]普罗提诺 著 应明 崔峰 译

93.《文艺复兴时期的历史意识》 [英]彼得·伯克 著 杨贤宗 高细媛 译

94.《启蒙与绝望:一部社会理论史》 [英]杰弗里·霍松 著 潘建雷 王旭辉 向辉 译

95.《曼多马著作集:芬兰学派马丁·路德新诠释》 [芬兰]曼多马 著 黄保罗 译

97.《自然史》 [古罗马]普林尼 著 李铁匠 译

图书在版编目(CIP)数据

自然史/[古罗马]普林尼著;李铁匠译.—上海:上海三联书店,2018.7
(上海三联人文经典书库)
ISBN 978-7-5426-6389-4

Ⅰ.①自… Ⅱ.①普…②李… Ⅲ.自然科学史—世界—古代 Ⅳ.①N091

中国版本图书馆CIP数据核字(2018)第153638号

自然史

著　　者 / [古罗马]普林尼

译　　者 / 李铁匠
责任编辑 / 黄　韬
装帧设计 / 徐　徐
监　　制 / 姚　军
责任校对 / 张大伟

出版发行 / 上海三联书店
(201199)中国上海市都市路4855号2座10楼
邮购电话 / 021-22895557
印　　刷 / 上海展强印刷有限公司

版　　次 / 2018年7月第1版
印　　次 / 2018年7月第1次印刷
开　　本 / 640×960　1/16
字　　数 / 500千字
印　　张 / 32.25
书　　号 / ISBN 978-7-5426-6389-4/N·15
定　　价 / 120.00元

敬启读者,如发现本书有印装质量问题,请与印刷厂联系 021-66510725